U0195690

国家科学技术学术著作出版基金资助出版

# 太阳能建筑热利用
# 原理与方法

王登甲　刘艳峰　陈耀文◎著

中国建筑工业出版社

**图书在版编目（CIP）数据**

太阳能建筑热利用原理与方法 / 王登甲，刘艳峰，
陈耀文著. -- 北京 ：中国建筑工业出版社，2025. 3.
ISBN 978-7-112-30913-9

Ⅰ. TU18

中国国家版本馆 CIP 数据核字第 20252WE060 号

太阳能是推动建筑实现低碳甚至零碳化运行最为重要的可再生能源之一。针对我国西部地区太阳能资源富集特征、独特的建筑类型及用能规律，本书编写组聚焦建筑中太阳能热利用原理、方法与技术体系，开展了近 20 年的深入研究，筛选并科学凝练成果形成本书。本书的主要内容：在被动式太阳能热利用方面，重点描述了技术适宜性及设计原则、太阳能建筑通风蓄热原理、太阳能建筑动态热负荷计算方法等；在主动式太阳能供暖方面，重点阐述了太阳能高效集热原理与技术、太阳能蓄热系统设计方法、太阳能供暖组合热源系统、太阳能供暖系统整体优化匹配方法及软件工具等。

本书旨在为高等院校和科研院所的暖通空调、建筑技术、新能源科学与工程等专业的研究生提供参考用书，同时也适用于从事低碳建筑、可再生能源利用、建筑综合能源管理等领域的工程技术人员。

责任编辑：张文胜

责任校对：姜小莲

**太阳能建筑热利用原理与方法**

王登甲　刘艳峰　陈耀文　著

\*

中国建筑工业出版社出版、发行（北京海淀三里河路 9 号）

各地新华书店、建筑书店经销

国排高科（北京）人工智能科技有限公司制版

鸿博睿特（天津）印刷科技有限公司印刷

\*

开本：787 毫米×1092 毫米　1/16　印张：21　字数：524 千字

2025 年 3 月第一版　　2025 年 3 月第一次印刷

定价：**88.00** 元

ISBN 978-7-112-30913-9

（43970）

# 序

围绕"双碳"目标，在建筑领域如何充分利用可再生能源，实现绿色低碳、可持续发展，成为众多学者和工程师关注的焦点。太阳能作为一种取之不尽、用之不竭的清洁能源，在建筑领域的应用潜力巨大。长期以来，关于被动式太阳房、主动式太阳能供暖等太阳能热利用相关技术在建筑行业已有长足的发展。但是，关于建筑中太阳能热利用的共性原理、太阳能高效集热蓄热技术方法、太阳能供暖精准匹配设计方法等问题尚有待系统地解决。

《太阳能建筑热利用原理与方法》一书阐述了被动式太阳能技术适宜性及设计原则、太阳能建筑蓄热通风技术、太阳能建筑动态热负荷计算方法，描述了太阳能高效集热原理与技术、太阳能集热和蓄热系统设计方法、太阳能供暖组合热源系统、太阳能供暖系统优化匹配方法等相关内容，丰富和完善了建筑中太阳能热利用领域的知识成果体系，具有专业性和实用性，可为低能耗太阳能建筑设计、太阳能供暖技术领域从业者和研究者提供理论方法和工程实践参考。

作为绿色建筑全国重点实验室学术骨干，王登甲教授带领"建筑节能与太阳能供暖"青年科技团队，长期从事太阳能富集区建筑节能与太阳能供暖领域科学原理、设计方法与技术体系研究，先后主持了"十四五"国家重点研发计划课题"太阳能富集区零碳建筑关键技术集成研究与示范"、国家自然科学基金区域联合基金重点项目"黄土高原城镇建筑太阳能零碳供暖设计原理与方法体系研究"等 10 余项国家级课题，成果在西藏、青海等高原地区和西北地区进行了广泛实践应用，主持/参与编写国家标准《平板型太阳能集热器》、西藏自治区地方标准《民用建筑太阳能应用技术规程》等多部标准规范，研究成果作为主要支撑曾获 2019 年西藏自治区科学技术一等奖、2023 年国家科技进步奖二等奖。作为反映作者长期学术研究成果的学术著作——《太阳能建筑热利用原理与方法》的问世，无疑将为我国建筑太阳能热利用领域带来新的启示，实乃对太阳能供暖领域的一大学术贡献。

　　作为绿色建筑全国重点实验室一项重要学术成果，值此《太阳能建筑热利用原理与方法》出版之际，谨表祝贺，是为序。

中国工程院院士
绿色建筑全国重点实验室主任
2024 年 11 月 30 日于西安

# 前　　言

随着我国新型城镇化进程不断加快，建筑规模迅速扩大，导致建筑用能与碳排放持续增长。目前，建筑行业能耗已超过全社会总能耗的 30%，建筑碳排放也已占到全国碳排放的 32%，成为我国主要的碳排放源之一。在建筑中高效利用太阳能、地热能等可再生能源，可有效减少建筑运行阶段的化石能源消耗、降低碳排放，是建筑领域实现"双碳"目标的重要技术路径。

我国青藏高原和西北地区冬季寒冷、供暖期长，当地多数建筑的供暖能耗占到全年能耗的 60% 以上，传统化石能源燃烧供暖方式造成了严重的环境污染和温室气体排放问题。然而，此类地区太阳能资源极其丰富，地域辽阔、住区相对分散，太阳能收集的条件相对充足，具备利用太阳能实现建筑低碳化运行的先决条件。在众多太阳能利用技术中，太阳能热利用与建筑供暖需求匹配度高，属于低品位热能的高效直接利用，因此，探索建筑中太阳能热利用共性设计方法，开发适配于青藏高原极端气候区的太阳能供暖支撑技术，对于我国西部供暖行业的低碳转型发展至关重要。

笔者所在科研团队开展西部建筑节能与太阳能供暖领域研究近 20 年，本专著是在总结笔者及科研团队在建筑太阳能热利用方面研究成果的基础上完成的。通过成果筛选和科学化凝练，专著从"两部分、九章节"重点描述了太阳能建筑热利用方面的系列研究成果。"两部分"包括被动式太阳能热利用和主动式太阳能供暖系统。"九章节"的内容排布为：第 1 章重点介绍了太阳能建筑热利用的分类及发展历程；被动式太阳能热利用部分重点探讨了技术适宜性及设计原则（第 2 章）、太阳能建筑蓄热通风原理（第 3 章）、太阳能建筑动态热负荷计算方法（第 4 章）等内容；主动式太阳能供暖系统部分重点阐述了太阳能高效集热原理与技术（第 5 章）、太阳能集热系统（第 6 章）和蓄热系统（第 7 章）设计方法、太阳能供暖组合热源系统（第 8 章）、太阳能供暖系统优化匹配方法及软件工具（第 9 章）

等内容。上述各章节内容依据建筑太阳能热利用领域的科学研究和行业发展实际需求，从新原理、新方法和新技术三个方面分类凸显了相关成果。

本专著的相关研究得到了"十四五"国家重点研发计划课题"太阳能富集区零碳建筑关键技术集成研究与应用"（2022YFC3802705）、"十三五"国家重点研发计划"藏区、西北及高原地区利用可再生能源采暖空调新技术"（2016YFC0700400）的支持，还受到国家自然科学基金区域创新发展联合基金"高原藏区零能耗宜居建筑设计理论与关键技术研究"（U20A20311）和面上项目（52078408、51878532）等课题资助。专著中的实验和实测研究成果均是在绿色建筑全国重点实验室的相关实验平台和仪器设备的支撑下完成的。在此，对上述科研课题的持续支持和实验平台提供的良好条件表示感谢。

本专著中大量的现场调研测试、实验研究及数值计算分析，源自笔者所在科研团队历届研究生的成果积累。博士生赵东雪、胡家乐、周恒、曲磊、王柏超、赵一婷、唐欢龙、庄照犇、余作相、辛鑫为本专著的汇总、校稿、插图和表格制作做出了大量贡献。正是因为与研究生们的共同坚持和一起努力，才得以形成本著作，在此对他们的辛勤付出表示衷心感谢。

特别感谢刘加平院士为本书作序。2007 年，笔者首次踏上青藏高原，开启了高原建筑节能和太阳能供暖领域的学习与研究工作，在此期间，多次得到刘院士的指导和启发，使笔者在科学研究过程中少走了很多弯路，也坚定了扎根西部高原、从事太阳能供暖领域科学研究的信念。

本专著获得了 2023 年度国家科学技术学术著作出版基金的资助，这对本书的质量以及出版进度都有着积极的推动作用。

希望本专著能够为太阳能富集区低能耗太阳能建筑设计、太阳能供暖工程实践提供理论、方法和技术支撑，为我国西部建筑行业低碳转型发展、早日落实碳中和任务做出贡献。

限于编写团队的学术水平和见识，本书难免会有不妥之处，恳请读者批评指正！

2024 年 11 月

# 目　　录

# 第 1 章

# 绪　　论

## 1.1　我国建筑能耗与碳排放

21 世纪以来，随着城镇化高速发展，我国建筑规模迅速扩大，城乡建筑面积已达 696 亿m²，人均住宅面积已逐步接近发达国家水平。建筑面积的大幅增加导致了建筑领域用能与碳排放的持续增长，建筑能耗、工业能耗与交通能耗并称为我国"三大能耗"。目前，建筑业造成的直接和间接碳排放已占全国碳排放的 38%，是全社会碳排放的主要源头。

国家主席习近平在第七十五届联合国大会一般性辩论上提出，中国将提高国家自主贡献力度，采取更加有力的政策和措施，二氧化碳排放力争于 2030 年前达到峰值，努力争取 2060 年前实现碳中和（简称"双碳"目标），对我国全社会低碳转型发展指出了明确的目标和时间表。"双碳"目标不仅是能源领域的转型，更是社会、经济、文化发展的深刻变革。随后，《中共中央 国务院关于完整准确全面贯彻新发展理念做好碳达峰碳中和工作的意见》《2030 年前碳达峰行动方案》和《"十四五"建筑节能与绿色建筑发展规划》等政策文件相继发布，明确了我国城乡建设领域降低碳排放的任务要求，提出了建筑行业是城乡建设领域节能减排与能源消费变革工作的重点。如何有效降低建筑行业能耗、实现建筑领域的"双碳"目标是重要任务。

我国建筑领域的用能和碳排放主要包括建筑建造、运行、拆除等不同阶段，其中绝大部分用能和温室气体排放都发生在建筑建造和运行两个阶段（图 1-1）。据统计，2022 年我国建筑建造和运行用能分别占全社会总能耗的 9% 和 21%，未来随着我国经济社会发展及人民生活水平的提高，建筑用能在全社会用能中的比例还将继续增长。

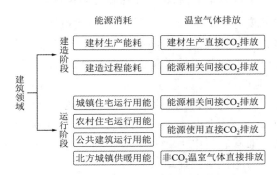

图 1-1　建筑领域能耗及温室气体排放的边界和种类

建筑建造阶段的能源消耗指由于建筑建造所导致的从原材料开采、建材生产、运输以及现场施工所产生的能源消耗。随着我国城镇化进程不断推进,大规模建设活动的开展需要使用大量建材,建材的生产过程产生了大量的能源消耗。建材生产的能耗是建筑业建造能耗的最主要组成部分,其中钢铁和水泥的生产能耗占到建筑业建造总能耗的80%以上。

建筑运行阶段的能源消耗是为建筑内居住者或使用者提供供暖、通风、空调、照明、炊事、生活热水,以及其他为了实现建筑的各项服务功能所产生的能源消耗。我国建筑运行阶段能源消耗分类如图1-2所示。

图1-2　建筑运行阶段能源消耗分类

(1)北方城镇供暖用能:指我国北方地区采取集中供暖方式的省份的城镇冬季供暖能耗,包括各种形式的集中供暖和分散供暖。将此部分用能单独考虑的原因是北方城镇地区的供暖多为集中供暖,与其他建筑用能以楼栋或者以户为单位不同,此部分供暖用能在很大程度上与供暖系统的结构形式和运行方式有关,其实际用能数值按照供暖系统统一核算。2022年,我国北方城镇供暖能耗为2.17亿tce,占当年全国建筑总运行能耗的20%。

(2)城镇住宅运行用能:指除了北方城镇供暖用能外,全国城镇住宅所消耗的其他能源。用能终端主要包括家用电器、空调、照明、炊事、生活热水,以及夏热冬冷地区的冬季分散供暖。2022年,我国城镇住宅能耗为2.91亿tce,其中炊事、家电和照明能耗是我国城镇住宅除集中供暖外能耗以外最大的三个分项。

(3)公共建筑运行用能:指除了北方城镇供暖用能外,城镇和农村地区商业及公共建筑内(包括办公建筑、商业建筑、旅游建筑、科教文卫建筑、通信建筑、交通运输类建筑)由于使用空调、照明、插座、电梯、炊事、各种服务设施而产生的能耗,以及夏热冬冷地区城镇公共建筑的冬季供暖能耗。2022年,我国公共建筑运行能耗为4.08亿tce,占当年全国建筑总运行能耗的36%。公共建筑总面积的增加、大体量公共建筑占比的增长,以及用能需求的增长等因素导致了公共建筑单位面积能耗从2001年的17.0 kgce/m² 增长到2022年的26.5kgce/m² 以上,能耗强度增长迅速,同时能耗总量增幅显著。

(4)农村住宅运行用能:指农村家庭生活所消耗的能源,包括炊事、供暖、降温、照明、热水、家电等。2022年,我国农村住宅运行能耗为2.01亿tce,占当年全国建筑总运行能耗的18%。近年来,随着农村电力普及率增加和农村收入水平提高,以及农村家电数量和使用的增加,农村户均能耗呈快速增长趋势。

虽然上述四类用能总量基本在同一水平,但从建筑面积而言,城镇住宅和农村住宅最大，北方城镇供暖面积和公共建筑面积分别占我国建筑面积总量的 1/4 和 1/5；从能耗强度看，公共建筑和北方城镇供暖能耗强度显著高于其余两者（图 1-3）。

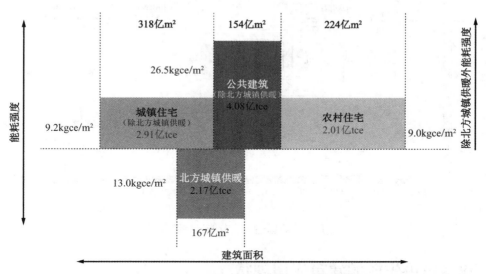

图 1-3　我国各类建筑运行用能的能耗强度

从温室气体排放的角度来看，按照排放源的特点可将建筑领域温室气体排放分为四种：建筑建造和维修导致的碳排放、建筑运行过程中的直接碳排放、建筑运行过程中的间接碳排放、建筑运行过程中的非二氧化碳类温室气体排放。

（1）与建筑建造相关的二氧化碳排放：建筑与基础设施的建造不仅消耗大量能源，还会导致大量二氧化碳排放。2022 年，我国与建筑建造相关的碳排放总量约为 42 亿 t $CO_2$，其中与建材生产运输阶段用能相关的碳排放和水泥生产工艺过程碳排放分别占比 77% 和 20%。

（2）与建筑运行相关的二氧化碳排放：主要包括直接碳排放、与电力相关的间接碳排放和与热力相关的间接碳排放。2022 年，我国建筑运行过程中碳排放总量约为 22 亿 t $CO_2$，按照四个建筑用能分项的碳排放占比分别为：农村住宅 19%、公共建筑 34%、北方城镇供暖 23% 和城镇住宅 24%。

（3）建筑领域非二氧化碳温室气体排放：除二氧化碳排放以外，建筑运行阶段使用的制冷产品（制冷机、空调、冰箱等）泄漏的制冷剂，也是导致全球温升的一种温室气体，因此建筑运行阶段还会带来这部分非二氧化碳温室气体排放。

面对建筑建造和运行过程中如此大规模的能耗与碳排放量，我国自 1986 年发布首个建筑节能设计标准以来，形成了适用于不同气候区居住建筑和公共建筑的节能系列标准规范，为我国建筑行业节能减碳工作提供了技术引领和支撑，其中主要包括《严寒和寒冷地区居住建筑节能设计标准》JGJ 26、《夏热冬冷地区居住建筑节能设计标准》JGJ 134、《温和地区居住建筑节能设计标准》JGJ 475 和《公共建筑节能设计标准》GB 50189。随着标准规范中对约束性控制指标的要求不断提高，未来我国建筑行业将继续向低能耗建筑、超低能耗建筑、零能耗建筑、零碳建筑实现跨越式发展，相关从业者将竭力完成建筑部门的碳达峰和碳中和目标（图 1-4）。

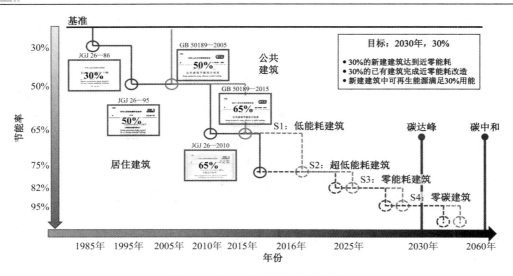

图 1-4　我国建筑业节能发展路径

## 1.2　我国可再生能源建筑应用现状

建筑行业节能有"节流"和"开源"两条路径，包括建筑本体节能、设备能效提升和可再生能源利用三大环节（图 1-5）。建筑本体节能包括建筑围护结构保温、建筑隔热与防热设计、建筑通风遮阳技术、门窗等透明结构设计等，而建筑设备系统能效提升包括高效制冷机房、低碳供热技术、高效通风空调系统、低能耗输配系统、建筑能源智慧管控等。近年来，随着我国绿色建筑、近零能耗建筑技术的快速发展，太阳能供暖空调、地源热泵技术、生物质能供热、空气源/水源热泵技术、风电/水电技术等在建筑中的应用不断提高，各类可再生能源利用技术已成为大力减少建筑部门用能、尽快实现建筑业"双碳"目标的重要途径。

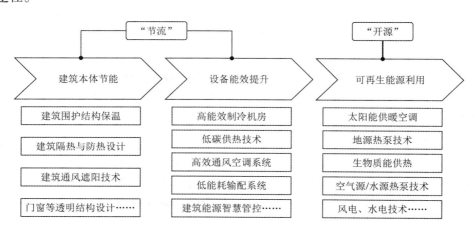

图 1-5　建筑行业节能的"三大环节、两条途径"

目前，在建筑工程实践中应用较广泛的可再生能源主要包括地热能、太阳能、生物质能和风能等，各类可再生能源装机容量见图 1-6。

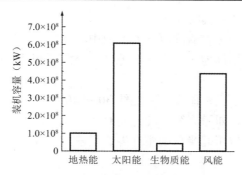

图 1-6　我国各类可再生能源装机容量

我国地热资源潜力巨大，全国中深层地热年可开采量相当于 18.7 亿 tce，地级以上城市浅层地热能可开采量相当于 7.0 亿 tce，地热利用技术主要包括浅层地源热泵、中低温地热水直接利用、中深层地热能供热技术等。近年来，我国地热能利用快速增长，浅层和中深层地热能建筑供暖面积约为 11.2 亿 m²，占到全国集中供热面积的 9.0%。

我国生物质能源资源总潜力可达 8.9 亿 tce，但建筑领域生物质能的应用目前处于发展阶段，建筑用生物质能的利用效率偏低、用能方式落后、市场机制不完善，仍无法规模化替代传统能源。

风能在建筑领域的应用主要为风力发电，我国风能技术可开发量为 7.0 亿～12.0 亿kW，资源储量巨大，具有分布广泛、无污染等优点，但易受区域气候、空气流速等因素影响。

相比地热能、生物质能、风能等可再生能源，我国每年地表吸收的太阳能大约相当于 1.7 万亿 tce，利用潜力巨大。同时，太阳能还具有分布不受地域限制、能源品位与建筑供暖、生活热水等用能需求相吻合的特点。因此，太阳能热利用技术是建筑用能中替代常规能源、减少温室气体排放的重要"开源"节能技术措施，是建筑行业低碳发展的主要选择之一。

## 1.3　我国太阳能热利用的基础条件

我国太阳能资源总体呈"高原大于平原、西部干燥区大于东部湿润区"的分布特点。全国各地太阳年辐照量为 3340～8400MJ/m²，全国 2/3 以上地区的太阳年辐照量超过 5000MJ/m²，年日照时数在 2200h 以上。

### 1.3.1　我国太阳辐照分布规律

从我国太阳年辐照量分布来看，西藏、青海、新疆、宁夏南部、甘肃、内蒙古南部、山西北部、陕西北部、辽宁、河北东南部、山东东南部、河南东南部、吉林西部、云南中部和西南部、广东东南部、福建东南部、海南岛东部和西部以及台湾西南部等广大地区的太阳年辐照量很大。其中，青藏高原地区的太阳年辐照量最大，当地平均海拔高度在 4000m 以上，大气层薄而清洁，透明度好、纬度低、日照时间长，拉萨市的年平均日照时数可达 3000h 以上，太阳年辐照量达 8000MJ/m²，显著高于我国其他省份和同纬度地区。四川、贵州两省及重庆市的太阳年辐照量最小，尤其是四川盆地，雨雾多、晴天较少，重庆市的年平均日照时数仅为 1150h。

我国太阳能资源分布的主要特点有：

（1）太阳能的高值中心（青藏高原）和低值中心（四川盆地）都处在北纬22°～35°；

（2）太阳年辐照量，西部地区高于东部地区，除西藏和新疆两个自治区外，基本上是南部地区低于北部地区；

（3）由于南方多数地区云多雨多，在北纬30°～40°，太阳能分布情况与一般的太阳能随纬度而变化的规律相反，即随着纬度的升高而增长。

（4）我国大部分地区位于北半球的中纬度，夏季太阳高度角大、日照时间长，夏季太阳辐射能多于冬季。

影响太阳辐射差异的原因主要包括纬度高低、地形地势、气候条件等。从我国太阳年辐照量的分布来看，在我国西部地区，由青藏高原（太阳能资源丰富区）向北到新疆中北部地区（太阳能较丰富区）过渡，体现了由于太阳高度角的大小关系，年太阳辐照量由低纬度地区向较高纬度地区递减规律；从东部沿海地区向西北内陆地区，由太阳能资源较差区向太阳能资源较丰富区和最丰富区过渡，这种和经度地带类似的变化过程，是距海远近、降水量等气候条件影响的结果；几乎在同纬度的青藏高原由于地势较高、空气稀薄，形成了太阳能资源最丰富区，四川盆地由于盆地地形影响形成太阳能资源最差区。

### 1.3.2　我国太阳能资源分区

根据各地的太阳年辐照总量和年日照时数，我国太阳能资源区划分为五个等级，分别是太阳能资源最丰富区、太阳能资源较丰富区、太阳能资源中等区、太阳能资源较差区和太阳能资源最差区，如表 1-1 所示。

我国太阳能资源分区　　　　　　　　　　　　　　　　　表 1-1

| 分区 | 年日照时数（h） | 年辐照量（MJ/m²） | 主要地区 |
| --- | --- | --- | --- |
| 太阳能资源最丰富区 | 3200～3300 | 6680～8400 | 宁夏北部、甘肃北部、新疆东南部、青海西部、西藏西部 |
| 太阳能资源较丰富区 | 3000～3200 | 5852～6680 | 河北西北部、山西北部、内蒙古南部、宁夏南部、甘肃中部、青海东部、西藏东南部、新疆南部 |
| 太阳能资源中等区 | 2200～3000 | 5016～5852 | 山东、河南、河北东南部、山西南部、新疆北部、吉林、辽宁、云南、陕西北部、甘肃东南部、广东 |
| 太阳能资源较差区 | 1400～2200 | 4180～5016 | 湖南、广西、江西、浙江、湖北、福建北部、陕西南部、安徽南部 |
| 太阳能资源最差区 | 1000～1400 | 3344～4180 | 四川大部分地区、贵州 |

（1）太阳能资源最丰富区：全年日照时数为 3200～3300h，每平方米面积一年内接受的太阳辐照量为 6680～8400MJ，相当于 225～285kg 标准煤燃烧所发出的热量。主要包括宁夏北部、甘肃北部、新疆东南部、青海西部和西藏西部等，是我国太阳能资源最丰富的地区，与印度和巴基斯坦北部的太阳能资源相当。尤以西藏西部的太阳能资源最为丰富，全年日照时数达 2900～3400h，年辐照量高达 7000～8000MJ/m²，仅次于撒哈拉大沙漠，

居世界第二位。

（2）太阳能资源较丰富区：全年日照时数为 3000～3200h，每平方米面积一年内接受的太阳辐照量为 5852～6680MJ，相当于 200～225kg 标准煤燃烧所发出的热量。主要包括河北西北部、山西北部、内蒙古南部、宁夏南部、甘肃中部、青海东部、西藏东南部和新疆南部等。

（3）太阳能资源中等区：全年日照时数为 2200～3000h，每平方米面积一年内接受的太阳辐照量为 5016～5852MJ，相当于 170～200kg 标准煤燃烧所发出的热量。主要包括山东、河南、河北东南部、山西南部、新疆北部、吉林、辽宁、云南、陕西北部、甘肃东南部、广东等。

（4）太阳能资源较差区：全年日照时数为 1400～2200h，每平方米面积一年内接受的太阳辐照量为 4180～5016MJ，相当于 140～170kg 标准煤燃烧所发出的热量。主要包括湖南、广西、江西、浙江、湖北、福建北部、陕西南部、安徽南部等。

（5）太阳能资源最差区：全年日照时数为 1000～1400h，每平方米面积一年内接受的太阳辐照量为 3344～4180MJ，相当于 115～140kg 标准煤燃烧所发出的热量。主要包括四川大部分地区、贵州等。

### 1.3.3　我国太阳能资源与建筑用能需求

综合考虑我国太阳能资源分布和建筑热工设计分区，南方和北方不同地区对于太阳能资源的利用存在显著差异（表 1-2）。

我国太阳能资源条件与建筑用能需求分区　　　　　　　　　　表 1-2

| 资源条件 | 主要地区 | 气候分区 | 建筑用能需求 |
| --- | --- | --- | --- |
| 太阳能资源最丰富区 | 宁夏北部、甘肃北部、新疆东南部、青海西部、西藏西部 | 严寒地区、寒冷地区 | 供暖需求 |
| 太阳能资源较丰富区 | 河北西北部、山西北部、内蒙古南部、宁夏南部、甘肃中部、青海东部、西藏东南部、新疆南部 | 严寒地区、寒冷地区 | 供暖需求 |
| 太阳能资源中等区 | 山东、河南、河北东南部、山西南部、新疆北部、吉林、辽宁、云南、陕西北部、甘肃东南部、广东 | 严寒地区、寒冷地区、温和地区、夏热冬暖地区 | 供暖需求降温需求 |
| 太阳能资源较差区 | 湖南、广西、江西、浙江、湖北、福建北部、陕西南部、安徽南部 | 夏热冬冷地区、夏热冬暖地区 | 降温需求 |
| 太阳能资源最差区 | 四川大部分地区、贵州 | 寒冷地区、夏热冬冷地区 | 供暖需求降温需求 |

太阳能资源最丰富区、太阳能资源较丰富区和太阳能资源中等区约占全国总面积的 2/3 以上，基本位于具有供暖需求的严寒和寒冷地区，可利用当地良好的太阳能资源条件推广太阳能供暖技术。太阳能资源较差区和太阳能资源最差区对应夏热冬冷和

夏热冬暖地区，在考虑建筑遮阳的基础上可采用高效太阳能制冷空调技术满足建筑内降温需求。

## 1.4 太阳能建筑热利用技术原理与分类

太阳能建筑热利用技术可分为被动式太阳能建筑热利用技术和主动式太阳能建筑热利用技术（图 1-7）。被动式太阳能建筑热利用技术是基于太阳能直接作用于透明和非透明围护结构的热传递过程，通过对建筑朝向和周围环境的合理布置、内部空间结构和外部形体的巧妙处理以及围护结构和建筑材料的合理选择，使其在冬季集热、蓄热和分配太阳能的热利用技术，其构造简单，造价低廉，维护管理方便。主动式太阳能热利用技术是依靠机械动力，通过太阳能集热器、蓄热装置和机械输送设备等光热光电设备来收集、储存、输送热量的技术，可调节性强，但其初投资高、系统复杂。

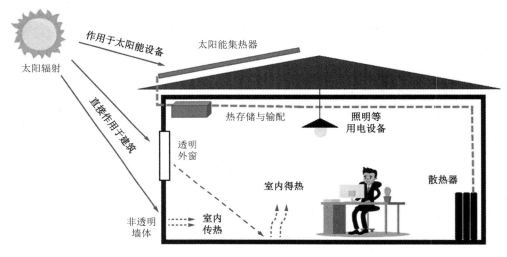

图 1-7 太阳能建筑光热综合利用

### 1.4.1 被动式太阳能建筑热利用技术

被动式太阳能建筑热利用主要技术包括直接受益式被动太阳能技术、集热蓄热墙式被动太阳能技术、附加阳光间式被动太阳能技术和组合式被动太阳能技术等。

1. 直接受益式被动太阳能技术

直接受益式被动太阳能技术是最早使用的一种被动式太阳能热利用技术，也是最常采用的一种。冬季，太阳辐射透过透明玻璃构件，直接投射到室内，通过光热转化被具有吸热特性的地板、墙体及家具等蓄热体吸收。被吸收热量一部分以对流方式传入室内空气，另一部分通过辐射作用将热量储存于蓄热体内，并逐渐释放出来（图 1-8）。直接受益式被动太阳能技术的缺点是夜晚降温速度快，室内温度波动幅度大。因此，适用于白天使用的房间，如办公楼、学校等公共建筑。保温节能处理是直接受益式技术的关键所在，除增加保温窗板或保温窗帘外，将普通单层玻璃窗户改为双层中空窗或 Low-E 玻璃窗户等节能窗户是该技术的重要节能措施。

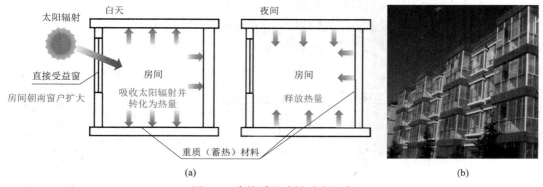

图 1-8 直接受益式被动太阳房

（a）热利用原理图；（b）实景图

## 2. 集热蓄热墙式被动太阳能技术

集热蓄热墙由玻璃罩盖、蓄热材料（砌块、混凝土、土坯等）、上下通风孔组成，在南向透明玻璃窗后设置重型结构墙作为集热装置，并在墙体表面涂有吸收率较高的吸热材料以促进热量吸收。集热蓄热墙式被动太阳能技术白天吸收穿过玻璃盖板的太阳辐射热，一部分热量储存在墙体内，以导热方式逐渐传入室内；另一部分热量以对流的方式通过通风孔进入室内（图 1-9）。与直接受益式被动太阳能技术相比，集热蓄热墙式被动太阳能技术具有较好的蓄热能力。集热蓄热墙式被动太阳能技术的集热性能受集热墙厚度、通风孔径、空气间层厚度、表面吸收率、集热面积大小、房间深度等因素影响，需根据使用情况具体考虑。在结构允许的条件下，尽可能使上、下对流口分别设置在集热蓄热墙的顶端和下端，以加大对流供热量。

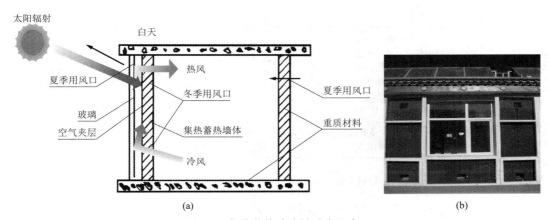

图 1-9 集热蓄热墙式被动太阳房

（a）热利用原理图；（b）实景图

## 3. 附加阳光间式被动太阳能技术

附加阳光间式被动太阳能技术分为透明玻璃阳光间和主体房间两部分。白天透过阳光间玻璃的太阳辐射热，一部分通过公共隔墙上的门窗开口，直接进入房间内，被地面、墙体吸收；另一部分照射到公共墙上存储起来，以热传导和对流换热的方式将热量逐步传递到房间内。附加阳光间作为缓冲空间，对房间热量的散失起到了一定抑制作用（图 1-10）。阳光间围护结构全部或部分由玻璃等透明结构构成，其地面和公共墙需具有一定的蓄热性能，当阳光间得到太阳辐射热时，形成温室效应，提升阳光间空气及蓄热体温度。夜间缺少太阳辐射热，室外温度较低，阳光间将向室外散热。此时关闭风口，阳光间作为保温空气间层可降低房间温度波动，维持室内热环境稳定性。

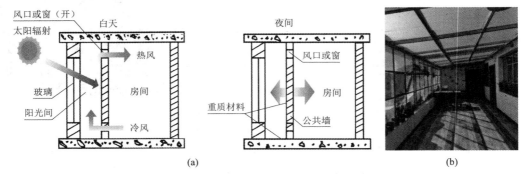

图 1-10　附加阳光间式被动太阳房

（a）热利用原理图；（b）实景图

### 4.组合式被动太阳能技术

组合式被动太阳能技术是指通常采用两种及以上被动式热利用构件的被动式太阳能建筑热利用技术。附加阳光间通常与窗、门或其他通风口配合使用，同时满足供暖和采光需求。例如，将直接受益窗与有通风口的集热蓄热墙组合，可满足采光和集蓄热的要求。

不同被动式太阳能建筑热利用技术的设计要点与应用建筑类型如表 1-3 所示。

被动式太阳能建筑热利用技术要点　　　　　　　　　　表 1-3

| 技术类型 | 直接受益式被动太阳能技术 | 集热蓄热墙式被动太阳能技术 | 附加阳光间式被动太阳能技术 |
|---|---|---|---|
| 设计要点 | 合理设置窗墙面积比，外窗保温性能和密封性；综合考虑直接受益外窗透明围护结构得失热量；外窗增加保温窗帘，白天防眩光、夜间保温 | 合理设计集热蓄热墙、玻璃盖板、通风夹层及通风孔尺寸；冬季高效热循环、夏季放热排热运行管理；结构安全、易于清扫 | 阳光间透明结构采光、集热保温及结构安全性能；合理设计阳光间进深；隔墙及墙间窗性能设计 |
| 应用建筑类型 | 办公楼、教学楼等白天使用为主的建筑 | 住宅楼、宿舍楼等全天使用或有蓄热要求的建筑 | 教学楼、办公楼、住宅楼等南向阳光间或封闭阳台 |

## 1.4.2　主动式太阳能建筑热利用技术

主动式太阳能建筑热利用技术是指借助机械动力驱动的水泵或风机，把经过太阳能加热的水或空气送入室内，以达到供生活热水、供暖等目的。与被动式太阳能热利用技术相比，主动式太阳能建筑热利用技术能更有效地利用太阳能。随着经济的发展和技术的进步，主动式太阳能建筑热利用技术应用越来越广泛。

主动式太阳能热利用系统包括集热系统、蓄热系统、辅助加热系统、热用户或供暖末端和控制系统等子系统（图 1-11）。集热系统通过光热转化将进入集热器的低温水加热，并通过换热器将加热后的高温水所携带的热量传递至蓄热系统。当集热系统集热量大于建筑所需热量时，将多余热量存储，当集热量不足时释放储存热，满足热量需求。当蓄热系统的储热仍无法满足建筑热需求时，运行辅助加热系统。控制系统根据太阳能集热量、蓄热量和建筑热需求来确定各子系统工作状态，使主动式太阳能热利用系统整体协调运行。

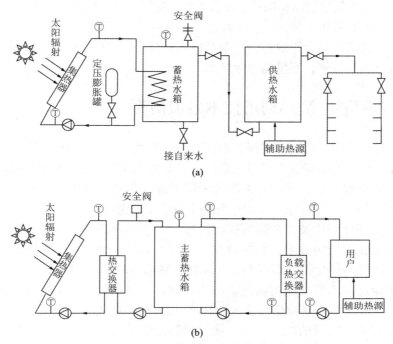

图 1-11 主动式太阳能热利用系统

（a）主动式太阳能生活热水系统；（b）主动式太阳能供暖系统

太阳能热水热利用系统和太阳能空气热利用系统是两种重要的主动式太阳能热利用系统形式。太阳能热水热利用系统具有工质容易获得、性能参数确定、蓄热量大，但冬季易冻结的特点；太阳能空气热利用系统具有系统操作灵活，不易出现漏水、冻结、过热的特点。

太阳能热水热利用系统工作原理为：太阳光穿过透明玻璃进入集热器内，大部分能量被集热器内的吸收层吸收，然后将热量传给冷水，冷水加热后温度升高、密度变小，靠重力自动流入蓄热水箱上部，水箱下部的冷水由于密度大而依靠自流或水泵驱动流入集热器继续获得热量，周而复始，水箱内的冷水逐渐被加热，进而利用换热器将蓄热水箱的热量逐渐提取出来以备生活热水或供暖系统使用。当太阳能集热量和蓄热量不能满足需求时，则由辅助热源系统提供热量。太阳能热水热利用系统的集热多采用间接形式，利用液态水作为集热器吸热传热工质，可同时为热用户供应生活热水和供暖热水。末端散热装置应选取热媒输送和蓄热空间小，与蓄热装置易结合的散热器或低温地面辐射盘管。系统蓄热方式多采用短期蓄热方式，同时可与燃气、电锅炉等辅助热源配合。由于蓄热装置的蓄热能力有限，为保证热量的可靠供应，系统需配备可靠的常规能源作为辅助热源。当采用水或其他液体作为传热介质时，系统会因管理不善或冻结等原因发生漏水现象，影响系统正常运行。因此，在可能发生冻结的地区应用时须采取防冻措施。此外，还需采取措施防止系统在非供暖季节的过热现象发生。

太阳能空气热利用系统多采用平板集热器收集太阳能，加热空气用于热风供暖，主要由吸热板透明盖板、隔热层和外壳等部分组成。冷空气从集热器底部进入，以对流形式吸收吸热板的热量升温，由于热压作用，被加热的空气从上部流出，如此循环，以达到加热房间空气的目的。如果集热器角度过小，热压作用不明显，可设置通风机，对气流进行机械循环。太阳能空气集热器结构简单，安装方便，制作及维修成本低，无腐蚀防冻等问题，可在立面系统和屋面系统中使用，在与建筑结合方面具有一定的优势。在夏季能遮挡部分墙面，降低建筑物吸收的太阳辐射；冬季对建筑具有一定的保温作用。末端多采用热风供暖系统，一般仅用于供暖，不供应生活热水。

## 1.5　我国太阳能建筑热利用技术发展历程

我国近代建筑依次经历了初建期、发展期和成熟期，建筑逐步采用大面积开窗等被动式太阳能建筑热利用技术以及太阳能光热系统等主动式太阳能建筑热利用技术。

20 世纪 70 年代开始，我国对被动式太阳能建筑热利用技术逐步开展了深入研究，前期技术攻关阶段经历了探索、中试、试点、推广四个阶段（图 1-12）。1977～1980 年是对被动式太阳能热利用技术的研究探索阶段，一些学者建立了太阳能建筑热工特性数学模型，分析了技术应用效果，并在甘肃、青海、天津等地建立了我国首批被动式太阳能实验房，为后期的优化设计研究奠定了基础。1981～1985 年的中试阶段，被动式太阳能建筑供暖理论逐渐丰富，相关数理模型逐步完善，被动式太阳能实验房在我国东北、西北、华北、青海、西藏等地相继建成。1986～1990 年是被动式太阳能建筑热利用从理论到实践不断完善、提高的试点阶段，期间编制出版了我国太阳能建筑热工设计手册及测试标准，被动式太阳能供暖试点建筑在全国各地大量涌现，为此后大面积推广积累了经验。1991～1995 年，被动式太阳能建筑热利用已从试点阶段进入实用推广阶段，我国建造实验性太阳房和被动式太阳房供暖示范建筑总面积超过 10 万 m²，分布于北京、天津、青海、河北、山东、内蒙古、新疆、辽宁、西藏、宁夏、河南、陕西等地，几乎涵盖了所有民用建筑类型。通过四个关键阶段的长期探索与实践，我国被动式太阳能建筑热利用领域已形成较为全面的研究体系。然而，被动式太阳能建筑热利用虽然具有形式简单、成本低廉、维护方便的特点，但受限于集热面积小、集热效率低等因素，仅依靠被动式太阳能建筑热利用技术往往难以满足建筑供暖需求。

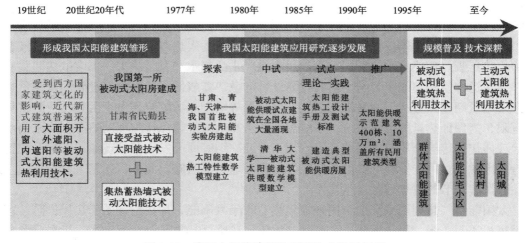

图 1-12　我国太阳能建筑热利用技术发展历程

近年来，在国家政策的大力支持下，主动式太阳能建筑热利用技术得到了快速发展和应用。早期主动式太阳能建筑热利用技术形式以户用主动式太阳能热水系统为主，系统规模小，主要用于提供生活热水，但普及程度高、群众接受度高。在北方"清洁取暖"政策的驱动下，主动式太阳能供暖技术不断取得创新和突破，相关产品市场规模飞速增长。数据表明，2023 年全国新增用于供暖的太阳能集热器面积已达到 342.8 万 $m^2$。同时，随着大型太阳能集中供暖技术的进步，相关项目也逐步落地，以西藏自治区浪卡子县太阳能区域供暖工程为例，该工程位于海拔 4000m 以上地区，采用规模化太阳能集热技术、大型埋地蓄热水体技术以及智能化控制系统，实现供暖期的运行太阳能保证率达到 100%，为太阳能富集区低碳集中供暖技术的工程应用提供了有效参考。

我国太阳能资源非常丰富，不断开发和应用太阳能建筑热利用技术，对推动太阳能零碳建筑发展、促进建筑领域实现"双碳"目标具有重要意义。同时，在西北及高原等太阳能资源最丰富区率先发展和采用太阳能建筑热利用技术，既具有先行优势，还可起到示范带头作用。未来在国家政策的引导和支持下，我国太阳能建筑热利用技术必将迎来更加全面和快速的发展。

## 1.6 太阳能建筑热利用技术应用要点

我国丰富的太阳能资源为太阳能建筑热利用技术的发展和应用提供了优势条件，太阳能建筑热利用技术的工程应用已具有较大规模，在"双碳"目标的引导下将具有更大的发展潜力，需进一步关注技术应用中以下几个方面的问题：

1. 被动式太阳能建筑热利用技术地区适宜应用策略及关键设计参数

被动式太阳能建筑热利用技术的传统应用多采用新型建材、建筑部件改造等方法，缺少在建筑设计初期对气候条件、建筑选址、密度、朝向、空间布局形态等因素的综合考虑。其中，气候条件的影响最为关键。然而我国幅员辽阔、各地区气候差异显著，建筑种类和体量多变、空间布局形态和被动技术可应用部位多样性强，往往使得不同地区、不同建筑类型的被动式太阳能建筑热利用技术运用不合理，造成资源浪费、应用效果差等问题。在实际应用中，应综合考虑被动式太阳能建筑热利用的舒适性和节能性，对太阳辐射资源、室外气温及建筑空间功能、建筑热负荷需求等进行全面考虑，对不同地区、不同建筑类型因地制宜地应用集热蓄热墙式、附加阳光间式、直接受益窗式等被动式太阳能建筑热利用技术。

因此，需明确被动式太阳能建筑热利用技术的地区适宜应用策略及其关键设计参数，从而为工程技术人员提供设计参考，使被动式太阳能建筑热利用技术既能满足使用要求，又能保证较高的太阳能利用率和较合理的经济性。

2. 太阳能建筑动态热环境特征及热负荷计算方法

太阳能具有明显的波动不连续特性，且与太阳能建筑的热需求特性存在较大差异，掌握太阳能建筑动态热环境特征是进行太阳能建筑热利用和保证太阳能供暖效果的基础。此外，相比于传统建筑，太阳能建筑依赖太阳能进行供暖，而波动的太阳能热量会加剧建筑热负荷的波动。目前，国内标准关于建筑热负荷计算通常采用稳态计算方法，该方法虽简便易行，但并不能反映太阳能建筑热负荷的波动特性。同时，太阳能建筑的动态负荷专用计算工具的缺失，也为太阳能建筑热负荷参数获取、太阳能建筑热利用技术的关键设备选型带来了一定阻碍。

因此，需明确太阳能建筑动态热环境特征，并提出太阳能建筑动态负荷计算方法及不同地区、不同类型太阳能建筑热负荷指标，进一步开发太阳能建筑动态热负荷计算软件，从而可为太阳能供暖系统的设计和运行调节提供精准、可靠的方法依据。

3. 适用于极端条件的高效太阳能集热技术及相关产品

太阳能集热产品属于太阳能供暖系统核心部件，其热性能直接关系到太阳能供暖系统的应用效果。当前太阳能集热产品在平原地区取得了较好的应用效果，但面对西部高原等强辐射、大温差、极端低温的极端气候区，需针对性改善集热产品性能或研发高性能产品。目前我国保有量最大的太阳能集热产品是平板集热器和真空管集热器，前者热损大、难防冻，而真空管集热器则具有易爆管等缺点。

因此，需以提高集热器太阳能得热、同时减小热损失为原则，从改善集热器结构、提高集热效率、提升耐冻耐高温性能等方面进行高效太阳能集热技术及相关产品开发，从而保障太阳能集热系统安全高效运行。

4. 太阳能供暖系统的专用匹配设计方法

目前，太阳能供暖系统的容量设计通常以冬季室外气候条件为依据，设计容量的供需匹配效果有待提升。为保障极端情况下的需求，太阳能供暖系统的设备容量常常需要超量设计，系统初始投资较高。此外，设备容量的超量也使得系统在非供暖季尤其是夏季发生集热量远大于用热量的情况，从而使集热系统易产生过热、热量浪费等现象，进一步还会导致集热工质过热汽化，并通过放气阀间断性溢出，而由于集热量未能及时利用、工质蒸汽难以回收，常导致集热系统运行费用较高。

因此，需提出结合供暖区域气候特点与建筑类型、建筑负荷需求等条件的太阳能供暖系统专用设计方法，从而为实现太阳能供暖系统的匹配设计和良好的经济性提供参考。

5. 太阳能供暖系统智能运行控制方法和运维管理

在设计的基础上，太阳能供暖系统应更加注重运行管理。然而目前对系统安装成功之后的系统运行控制与维护管理关注度不高，系统控制方法和运维策略有待完善，供需运行匹配效果有待提升。系统的供热量与建筑的需热量之间的非同步性是导致供需难匹配的关键原因。建筑需热量与气象条件有关：太阳辐射较好的时间段室外气温较高，建筑热需求也相对降低；恶劣天气下室外气温较低、太阳辐射较差，建筑需热量也相对升高。同时，不同地区气候复杂、全年天气多变，实际运行过程中太阳能供暖系统的供热量具有波动不连续、日差额较大的特点。太阳能供暖系统供热量极强的波动性和难以精准预估的特点，导致系统对天气变化和建筑热需求变化的响应能力、控制精度和敏捷性要求极高。但是，传统集中供暖系统的运行控制方法和运维管理模式，对太阳能供暖系统并不适用，对供需匹配效果的改善作用有限。

因此，需提出不同建筑类型、不同天气场景下太阳能供暖系统在热量供应、蓄放热规律、建筑热需求变化响应等方面的运行控制方法和运维管理策略，从而提高太阳能供暖系统的运行稳定性和供需匹配程度。

## 1.7 本书撰写思路与主要内容

本书聚焦于太阳能建筑热利用的原理和方法，主要介绍我国太阳能建筑热利用现状及潜力、各类太阳能建筑热利用技术及适宜性利用策略、太阳能建筑热负荷特性及计算方法、高性能太阳能集热技术与关键产品、太阳能供暖系统设计与优化等内容。

第 1 章阐述了我国建筑能耗与碳排放情况，介绍了我国太阳能资源条件和太阳能建筑热利用技术的发展历程、技术原理与分类，并概述了当前太阳能建筑热利用领域的现状与问题，引出撰写本书的原因及目的；第 2 章阐述了被动式太阳能供暖技术适宜性及设计原则，并介绍了被动式太阳能建筑的室内热环境特征；第 3 章阐述了太阳能新风预热墙体蓄热楼板、通风吊顶等太阳能建筑热利用技术的原理及性能；第 4 章阐述了太阳能建筑动态热负荷特性，并提出了简化计算方法；第 5 章阐述了太阳能高效集热原理与技术方法，并分析了不同条件下各种集热器的热性能及适用性；第 6 章阐述了太阳能集热系统热力、水力特性，并提出了系统优化设计方法；第 7 章阐述了太阳能蓄热系统的蓄放热特性，并提出了蓄热系统优化设计方法；第 8 章提出了多种太阳能热源系统方案与优化设计方法；第 9 章提出了太阳能供暖系统的优化匹配方法和相关软件工具（图 1-13）。

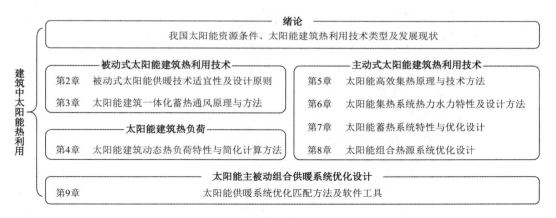

图 1-13 本书章节安排

综上，本书旨在厘清太阳能建筑热利用的技术类型和热量传递机理，提出相关技术的应用原则、应用方案和匹配优化设计方法，完善太阳能建筑热利用的理论体系，提出科学的太阳能建筑热利用方法，指导工程项目合理选用相关技术方案和适宜性产品，从而实现太阳能热利用技术在建筑中的高效应用，助力建筑领域绿色低碳发展理念的落实和"双碳"目标的实现。

## 1.8 本章小结

我国建筑建造阶段与运行阶段的能耗与碳排放持续增长，可再生能源利用技术已成为大力减少建筑部门用能、尽快实现建筑业"双碳"目标的重要途径。由于太阳能具有利用潜力巨大、分布范围广等特点，太阳能热利用技术是建筑用能中替代常规能源、减少温室气体排放的重要"开源"节能技术措施。应基于我国太阳辐照分布规律、太阳能资源分区、太阳能资源与建筑用能需求，在深入了解被动式与主动式太阳能建筑热利用技术原理与方法后，合理应用各项太阳能热利用技术。

# 第 2 章

# 被动式太阳能供暖技术适宜性
# 及设计原则

## 2.1 概述

我国地域辽阔，地理与气候特征多样，特别是在太阳能资源与气候条件方面，各地区之间存在显著差异。这种差异对于被动式太阳能供暖技术的实际应用效果产生了影响，因此，对被动式太阳能供暖技术进行地区、建筑类型适宜性划分尤为关键。在明确被动式太阳能供暖技术在各地区适宜性的基础上，进一步结合建筑运行模式及供暖需求，深入分析被动式太阳能供暖技术下的热环境效果，因地制宜地确定被动式太阳能供暖技术设计原则与方法，是确保该技术在我国不同地区实现太阳能高效热利用的关键。

## 2.2 被动式太阳能供暖技术适宜性划分

被动式太阳能供暖技术适宜性划分主要基于建筑所处的地理位置、气候特点、建筑类型、热环境需求等因素展开。围绕上述多种因素建立被动式太阳能供暖技术适宜性划分指标，以一种或多种指标结合的评估形式对各地区进行被动式太阳能供暖技术适宜性划分。本节对目前常见的被动式太阳能供暖技术适宜性划分指标进行了梳理，综合多种适宜性划分指标，剖析全国不同区域的被动式太阳能供暖技术适宜性。

### 2.2.1 被动式太阳能供暖技术适宜性划分指标

目前，基于气候条件、太阳能资源等因素，常用的被动式太阳能供暖技术适宜性划分指标如表 2-1 所示。

被动式太阳能供暖技术适宜性划分指标　　　　　　　　　　　表 2-1

| 划分角度 | 指标 |
| --- | --- |
| 气候条件 | 综合气象因素 |
| | 垂直南向太阳辐射总量与供暖度日数的比值 |
| | 平均南向辐射温差比 |
| | 南向垂直面太阳辐射照度 |

| 划分角度 | 指标 |
|---|---|
| 气候条件 | 最冷月南向垂直面上辐射温差比 |
| | 综合辐射百分比 |
| | 供暖度日数 |
| | 冬季室外温度日较差度日数 |
| | 不舒适湿指数 |
| 被动式太阳能供暖技术利用程度 | 冬半年被动技术利用时间 |
| | 被动技术有效利用时间比 |

### 2.2.2　适宜性区域划分方法及结果

1. 以最冷月南向垂直面上辐射温差比、供暖度日数和冬季室外温度日较差度日数为指标的区域划分

最冷月南向垂直面上辐射温差比综合反映了室外气温与太阳辐照度对被动式太阳能供暖方式的影响。我国位于北半球，南向为主要的集热面，因此现有很多研究采用最冷月南向垂直面上辐射温差比 $\overline{HT}$ 作为被动式太阳能供暖技术气候适宜性分区指标，该指标的计算如下式所示：

$$\overline{HT} = \frac{\overline{I}_{z,\text{win}}}{T_i - T_{ac}} \tag{2-1}$$

式中　$\overline{I}_{z,\text{win}}$——投射在窗户（集热部件采光口）表面的平均太阳辐照度，W/m$^2$；

$T_i$——室内计算温度，℃；

$T_{ac}$——最冷月室外空气平均温度，℃。

供暖度日数可表示一个地区的寒冷程度，气候越寒冷对被动式太阳能供暖的需求越高。供暖度日数是一年中当某天室外日平均温度低于设定值时，将该日平均温度与设定值的差值度数乘以天数，所得出的乘积的累加值。该指标对于排除寒冷程度低、对于被动式太阳能供暖技术低需求的区域有显著优势，可有效减少冬季室外低温持续时间短而夏季温度高的地区利用被动式太阳能供暖技术造成夏季过热的问题。供暖度日数 $HDD$ 计算如下式所示：

$$HDD = \sum_{n=1}^{nd} \left(T_b - \overline{T}_{wa}\right)_n^{+} \tag{2-2}$$

式中　$nd$——统计天数，d；

$T_b$——室内基础温度，℃；

$\overline{T}_{wa}$——该天室外平均温度，℃。

"+"表示只取 $\left(T_b - \overline{T}_{wa}\right)_n$ 的正值；室内基础温度 $T_b$ 是室温设计下限值。

室温波动幅度是评价被动式太阳能供暖技术应用效果的重要指标之一，被动式太阳能建筑室内温度波动主要受室外空气温度的影响，并呈周期性变化。将冬季每日室外温度日较差值与被动式太阳能建筑室内基础温度日较差限值的差值累加得出冬季室外温度日较差度日数 $TDD$。

$$TDD = \sum_{n=1}^{nd} (\Delta T_{\mathrm{wb}} - \Delta T_{\mathrm{na}})_n^+ \tag{2-3}$$

式中　$\Delta T_{\mathrm{wb}}$——室外温度日较差值，℃；

　　　$\Delta T_{\mathrm{na}}$——被动式太阳能建筑室内基础温度日较差限值，℃。

"+"表示只取 $(\Delta T_{\mathrm{wb}} - \Delta T_{\mathrm{na}})_n$ 的正值。

以全国区域为例，采用 k-means 聚类算法对 270 个气象台站的最冷月南向垂直面上辐射温差比和以 15℃为基础温度的供暖度日数进行聚类，对代表不同冬季温度波动特征的地区进行划分，将不同区域的边界进行重叠，准确得出不同供暖需求、温度波动差异的被动式太阳能供暖技术气候适宜性分区。

根据最冷月南向垂直面上辐射温差比对我国进行分区，得出五类地区：最佳适宜区、高适宜区、较适宜区、一般气候区和不适宜区，如表 2-2 所示。

基于最冷月南向垂直面上辐射温差比划分的被动式太阳能供暖技术
气候适宜性分区　　　　　　　　　　　　　　　　　　　表 2-2

| 区域 | 最冷月南向垂直面上辐射温差比 $[\mathrm{W/(m^2 \cdot ℃)}]$ | 气候特点 | 适宜性特点 |
| --- | --- | --- | --- |
| Ⅰ区：最佳适宜区 | 10.45～289.01 | 冬季太阳辐射强但室外温度低，或冬季太阳辐射适中，室外温度高 | 最适宜 |
| Ⅱ区：高适宜区 | 6.80～10.25 | 冬季太阳辐射强但室外温度较低，或冬季太阳辐射适中，室外温度较低 | 适宜性高 |
| Ⅲ区：较适宜区 | 4.51～6.67 | 冬季太阳辐射较强但室外温度低，或冬季太阳辐射低，室外温度较低 | 较适宜 |
| Ⅳ区：一般气候区 | 3.047～4.49 | 冬季太阳辐射很低，但室外温度较低 | 适宜性较低 |
| Ⅴ区：不适宜区 | −755.1～2.92 | 冬季太阳辐射极低，或冬季室外温度高 | 不适宜 |

利用以 15℃为基础温度的供暖度日数将全国分为供暖高需求、供暖适中需求、供暖低需求三类地区。供暖高需求区的供暖度日数为 3981.58～7063.28℃·d，供暖适中需求区的供暖度日数为 1967.22～3909.12℃·d，供暖低需求区的供暖度日数为 93.97～1852.22℃·d。满足供暖需求以及温度波动条件下的被动式太阳能供暖技术适宜性分区如表 2-3 所示。

满足供暖需求及温度波动的被动式太阳能供暖气候适宜性分区　　　　表 2-3

| 区域划分 | 供暖度日数 $HDD$（℃·d） | 气候适宜性特点 | 供暖需求特点 |
| --- | --- | --- | --- |
| Ⅰ-B 区：供暖中需求最佳适宜区 | 2253.55～3614.29 | 最适宜 | 需求较高 |
| Ⅱ-A 区：供暖高需求高适宜区 | 3981.58～6845.57 | 适宜性高 | 需求高 |
| Ⅱ-B 区：供暖中需求高适宜区 | 1984.05～3851.35 | 适宜性高 | 需求较高 |
| Ⅲ-A 区：供暖高需求较适宜区 | 4091.07～6560.99 | 较适宜 | 需求高 |
| Ⅲ-B 区：供暖中需求较适宜区 | 1967.22～3626.87 | 较适宜 | 需求较高 |

续表

| 区域划分 | 供暖度日数 HDD（℃·d） | 气候适宜性特点 | 供暖需求特点 |
|---|---|---|---|
| Ⅳ-A 区：<br>供暖高需求一般气候区 | 4062.18～7063.28 | 适宜性较低 | 需求高 |
| Ⅳ-B 区：<br>供暖中需求一般气候区 | 2174.44～3909.12 | 适宜性较低 | 需求较高 |
| Ⅴ区：不适宜区 | 1.38～4885.74 | 不适宜 | — |
| Ⅵ区：供暖低需求适宜区 | 93.97～1852.22 | 适宜 | 需求低 |

注：Ⅰ、Ⅱ、Ⅲ、Ⅳ、Ⅴ、Ⅵ是依据最冷月南向垂直面上辐射温差比进行的区域划分，分别代表最佳适宜区、高适宜区、较适宜区、一般气候区、不适宜区和低需求适宜区；字母 A、B 分别代表供暖高需求区、供暖中需求区。

**2. 以室外空气温度和太阳辐射强度为指标的区域划分**

以青藏高原为例，利用室外空气温度和太阳辐射强度进行区域划分。《民用建筑热工设计规范》GB 50176—2016 依据最冷月平均温度和日平均温度低于 5℃的天数将青藏高原地区划分为严寒、寒冷以及温和三个气候区。建筑热工设计气候区域划分依据如表 2-4 所示。

建筑热工设计分区及依据　　　　　　　　　表 2-4

| 气候区名称 | 分区指标 | |
|---|---|---|
| | 主要指标 | 辅助指标 |
| 严寒地区 | 最冷月平均温度 ≤ -10℃ | 145d ≤ 日平均温度小于 5℃的天数 |
| 寒冷地区 | -10℃< 最冷月平均温度 ≤ 0℃ | 90d ≤ 日平均温度小于 5℃的天数 < 145d |
| 温和地区 | 0℃ < 最冷月平均温度 ≤ 13℃<br>18℃ < 最热月平均温度 ≤ 25℃ | 0 ≤ 日平均温度小于 5℃的天数 < 90d |

依据太阳能资源分区，将青藏高原划分为Ⅰ类、Ⅱ类以及Ⅲ类三个地区，如表 2-5 所示。

青藏高原地区太阳能资源等级区划表　　　　　　　表 2-5

| 区划类型 | 年日照时数（h） | 年太阳能辐照量（MJ/m²） | 主要代表地区 |
|---|---|---|---|
| Ⅰ类 | 3200～3300 | 6680～8400 | 西藏西部、青海西部、甘肃北部、新疆东南部及宁夏北部 |
| Ⅱ类 | 3000～3200 | 5852～6680 | 西藏东南部、青海东部、甘肃中部、新疆南部及宁夏南部 |
| Ⅲ类 | 2200～3000 | 5016～5852 | 新疆北部、甘肃东南部及云南地区 |

注：Ⅰ、Ⅱ、Ⅲ以青藏高原地区太阳能的年日照时数和年太阳能辐照量进行区域划分，其中Ⅰ类地区的年日照时数最高、年太阳能辐照量最高，Ⅱ、Ⅲ依次递减。

结合建筑热工设计气候分区以及太阳能资源分布现状，将我国青藏高原地区划分为七块区域：Ⅰ类—寒冷地区、Ⅰ类—严寒地区、Ⅱ类—寒冷地区、Ⅱ类—严寒地区、Ⅲ类—寒冷地区、Ⅲ类—严寒地区以及Ⅲ类—温和地区。以Ⅰ类—寒冷地区为例，该地区按照太阳能资源等级划分，为Ⅰ类地区；按照建筑热工分区划分，为寒冷地区。Ⅲ类—温和地处于温和地区，冬季供暖需求较低。

## 2.3 青藏高原居住建筑被动式太阳能供暖技术适宜性设计

由于青藏高原地区建筑的独特性及居民生活起居规律的特殊性，调研青藏高原各气候区的典型建筑形态，结合我国被动式太阳能供暖技术利用的现状，室内设计温度为15℃可基本满足人们日常工作和生活需要，自然状态下建筑本体保温和室内人为得热量可维持室内温度高于室外3℃以上，室内设计温度取15℃可以保障供暖的基本要求。本节按照房间使用时间段将房间分为三类模式：模式1为0:00～24:00使用的房间；模式2为8:00～21:00使用的房间；模式3为21:00～次日8:00使用的房间。因此，基于温度保障原则针对青藏高原不同气候区提出典型建筑三种房间使用模式适用的被动式太阳能供暖技术设计原则。

### 2.3.1 应用被动式太阳能供暖技术热环境分析

以室外空气温度和太阳辐射强度为指标划分出适宜性分区结果，选取典型城市如下：代表Ⅰ类—寒冷地区的拉萨、代表Ⅰ类—严寒地区的格尔木、代表Ⅱ类—寒冷地区的林芝、代表Ⅱ类—严寒地区的玉树、代表Ⅲ类—寒冷地区的马尔康以及代表Ⅲ类—严寒地区的民和地区，代表城市的典型日相关信息如表2-6所示。

青藏高原地区代表城市典型日信息

表 2-6

| 区域 | 代表城市 | 供暖天数（d） | 典型日 | 典型日平均温度（℃） | 典型日平均辐射强度（W/m²） |
|---|---|---|---|---|---|
| Ⅰ类—寒冷地区 | 拉萨 | 126 | 1 月 13 日 | −2.04 | 175.9 |
| Ⅰ类—严寒地区 | 格尔木 | 170 | 1 月 31 日 | −6.80 | 146.4 |
| Ⅱ类—寒冷地区 | 林芝 | 100 | 1 月 10 日 | −0.16 | 145.8 |
| Ⅱ类—严寒地区 | 玉树 | 191 | 1 月 11 日 | −6.74 | 129.8 |
| Ⅲ类—寒冷地区 | 马尔康 | 122 | 1 月 26 日 | −0.36 | 106.8 |
| Ⅲ类—严寒地区 | 民和 | 146 | 1 月 5 日 | −6.90 | 85.6 |

注：Ⅰ、Ⅱ、Ⅲ以青藏高原地区太阳能的年日照时数和年太阳能辐照量进行区域划分，其中Ⅰ类地区的年日照时数最高、太阳能辐照量最大，Ⅱ、Ⅲ依次递减。依据最冷月平均温度和日平均温度小于5℃的天数将青藏高原地区划分为严寒、寒冷以及温和三个气候区。

1. 应用直接受益式被动太阳能技术

青藏高原各地区室外气候特点不同，直接受益式被动太阳能技术的集热量与建筑热需求存在矛盾关系；此外，直接受益式被动太阳房室温在时间上波动大，窗墙面积比对室内白天温度的提升效果更显著；同时，房间功能和模式不同，内热源分布也不同，适用的窗墙面积比也不同。对青藏高原地区三类模式的房间，直接受益式被动太阳能技术适用区域作出划分：对于Ⅰ类—寒冷地区和Ⅱ类—寒冷地区，21:00～次日8:00使用的房间适用直接受益式被动太阳能技术，即合理利用直接受益式被动太阳能技术可使使用时段内室内最低温度高于15℃；对于其他地区，由于利用直接受益式被动太阳能技术集热量有限，无论何种模式的房间，室内最低温度均无法高于15℃。

根据不同模式，直接受益式被动太阳能技术适宜性划分并不相同，提出了基于典型建筑三类模式的直接受益式被动太阳能技术设计策略，如表2-7所示。对于Ⅰ类—寒冷地区，21:00～次日 8:00 使用的房间推荐窗墙面积比大于 0.6；0:00～24:00 使用的房间和 8:00～21:00 使用的房间在使用时段内无法保证室内最低温度高于 15℃，即使窗墙面积比大于 0.6，也仅能保证80%以上的时间室内温度高于 15℃。对于Ⅱ类—寒冷地区，21:00～次日 8:00 使用的房间推荐窗墙面积比大于 0.7；0:00～24:00 使用的房间和 8:00～21:00 使用的房间在使用时段内无法保证室内最低温度高于 15℃，即使窗墙面积比大于 0.8，也仅能保证80%以上的时间室内温度高于 15℃。对于其他气候区，仅利用直接受益式被动太阳能技术无法满足建筑所需热量，室内温度较低，室内温度高于 15℃的时间低于40%；其中，Ⅰ类—严寒地区及Ⅱ类—严寒地区，当窗墙面积比大于 0.8 时，8:00～21:00 使用的房间 40%～60%的时间室内温度高于 15℃。

**青藏高原地区直接受益式被动太阳能技术适宜性优先等级表**　　　　　　表 2-7

| 地区 | 温度 | 优先模式 |
| --- | --- | --- |
| Ⅰ类—寒冷地区（拉萨） | 室内最低温度高于 15℃ | 模式3：窗墙面积比为 0.6～0.9 |
| | 室内最低温度低于 15℃，但 80%以上的时间室温高于 15℃ | 模式1：窗墙面积比为 0.6～0.9，模式2：窗墙面积比为 0.6～0.9，模式3：窗墙面积比 0.5 |
| | 室内最低温度低于 15℃，但 60%～80%的时间室温高于 15℃ | 模式1：窗墙面积比为 0.4～0.5，模式2：窗墙面积比 0.4～0.5，模式3：窗墙面积比 0.4 |
| | 40%以下的时间室温高于 15℃ | 模式1：窗墙面积比为 0.3，模式2：窗墙面积比为 0.3，模式3：窗墙面积比为 0.3 |
| Ⅰ类—严寒地区（格尔木） | 40%以下的时间室温高于 15℃ | 模式1：窗墙面积比为 0.3～0.9，模式2：窗墙面积比为 0.3～0.7，模式3：窗墙面积比为 0.3～0.9 |
| | 室内最低温度低于 15℃，但 40%～60%的时间室温高于 15℃ | 模式2：窗墙面积比为 0.8～0.9 |
| Ⅱ类—寒冷地区（林芝） | 室内最低温度高于 15℃ | 模式3：窗墙面积比为 0.7～0.9 |
| | 室内最低温度低于 15℃，但 80%以上的时间室温高于 15℃ | 模式1：窗墙面积比为 0.7～0.9，模式2：窗墙面积比为 0.8～0.9，模式3：窗墙面积比为 0.5～0.6 |
| | 室内最低温度低于 15℃，但 60%～80%的时间室温高于 15℃ | 模式1：窗墙面积比为 0.5～0.6，模式2：窗墙面积比为 0.6～0.7 |
| | 室内最低温度低于 15℃，但 40%～60%的时间室温高于 15℃ | 模式1：窗墙面积比为 0.4，模式2：窗墙面积比为 0.4～0.5，模式3：窗墙面积比为 0.4 |
| | 40%以下的时间室温高于 15℃ | 模式1：窗墙面积比为 0.3，模式2：窗墙面积比为 0.3，模式3：窗墙面积比为 0.3 |
| Ⅱ类—严寒地区（玉树） | 室内最低温度低于 15℃，但 40%～60%的时间室温高于 15℃ | 模式2：窗墙面积比为 0.7～0.9 |
| | 40%以下的时间室温高于 15℃ | 模式1：窗墙面积比为 0.3～0.9，模式2：窗墙面积比为 0.3～0.6，模式3：窗墙面积比为 0.3～0.9 |
| Ⅲ类—寒冷地区（马尔康）<br>Ⅲ类—严寒地区（民和） | 40%以下的时间室温高于 15℃ | 模式1：窗墙面积比为 0.3～0.9，模式2：窗墙面积比为 0.3～0.9，模式3：窗墙面积比为 0.3～0.9 |

注：Ⅰ、Ⅱ、Ⅲ以青藏高原地区太阳能的年日照时数和年太阳能辐照量进行区域划分，其中Ⅰ类地区的年日照时数最高、年太阳能辐照量最高，Ⅱ、Ⅲ依次递减。依据最冷月平均温度和日平均温度小于 5℃的天数将青藏高原地区划分为严寒、寒冷以及温和三个气候区。模式 1 为 0:00～24:00 使用的房间；模式 2 为 8:00～21:00 使用的房间；模式 3 为 21:00～次日 8:00 使用的房间。

### 2. 应用集热蓄热墙式被动太阳能技术

集热蓄热墙式被动太阳能技术在集热量与建筑需热量的匹配间存在差异；应用集热蓄热墙式被动太阳能技术时室温的均衡性较好，墙墙面积比［某一朝向的集热蓄热墙总面积与同朝向墙面总面积（包括窗面积）之比］大小对室温的提升效果也具有时间均衡性，但无太阳辐射的清晨时段房间温度最低。同时，房间模式不同，内热源分布也存在差异，因此，房间模式不同，适用的墙墙面积比大小也不同。对青藏高原地区三类模式房间集热蓄热墙式被动太阳能技术适用区域作出划分：对于 Ⅰ类—寒冷地区和Ⅱ类—寒冷地区，21:00～次日 8:00 使用的房间均适用集热蓄热墙式被动太阳能技术，对于其他地区，由于利用集热蓄热墙式被动太阳能技术集热量有限，不论何种模式的房间，室内最低温度均无法高于 15℃。

根据房间的不同使用模式，集热蓄热墙式被动太阳能技术适宜性划分并不相同，提出了基于典型建筑三类模式适用的集热蓄热墙式被动太阳能技术设计策略。各气候区集热蓄热墙式被动太阳能技术划分优先等级如表 2-8 所示。对于 Ⅰ类—寒冷地区，0:00～24:00 使用的房间推荐墙墙面积比为 0.7～1；8:00～21:00 使用的房间推荐墙墙面积比为 0.7～1。21:00～次日 8:00 使用的房间推荐墙墙面积比为 0.5～1。对于Ⅱ类—寒冷地区，三类模式房间推荐墙墙面积比均为 0.7～1。对于其他地区，仅利用集热蓄热墙式被动太阳能技术无法满足建筑所需热量，室内热环境极差，室内温度高于 15℃的时间甚至低于 40%。

**青藏高原地区集热蓄热墙式被动太阳能技术适宜性优先等级表　　表 2-8**

| 地区 | 温度 | 优先模式 |
| --- | --- | --- |
| Ⅰ类—寒冷地区（拉萨） | 室内最低温度高于 15℃ | 模式 1：墙墙面积比为 0.7，模式 1：墙墙面积比为 1，模式 2：墙墙面积比为 0.7，模式 2：墙墙面积比为 1，模式 3：墙墙面积比为 0.5，模式 3：墙墙面积比为 0.7，模式 3：墙墙面积比为 1 |
| | 室内最低温度低于 15℃，但 60%～80%的时间室温高于 15℃ | 模式 1：墙墙面积比为 0.5 |
| | 室内最低温度低于 15℃，但 40%～60%的时间室温高于 15℃ | 模式 1：墙墙面积比为 0.3，模式 2：墙墙面积比为 0.5 |
| | 40%以下的时间室温高于 15℃ | 模式 2：墙墙面积比为 0.3，模式 3：墙墙面积比为 0.3 |
| Ⅱ类—寒冷地区（林芝） | 室内最低温度高于 15℃ | 模式 1：墙墙面积比为 0.7，模式 1：墙墙面积比为 1，模式 2：墙墙面积比为 0.7，模式 2：墙墙面积比为 1，模式 3：墙墙面积比为 0.7，模式 3：墙墙面积比为 1 |
| | 室内最低温度低于 15℃，但大于 80%的时间室温高于 15℃ | 模式 3：墙墙面积比为 0.5 |
| | 室内最低温度低于 15℃，但 40%～60%的时间室温高于 15℃ | 模式 1：墙墙面积比为 0.5 |
| | 40%以下的时间室温高于 15℃ | 模式 1：墙墙面积比为 0.3，模式 2：墙墙面积比为 0.3，模式 3：墙墙面积比为 0.3，模式 2：墙墙面积比为 0.5 |
| 其他气候区 | 40%以下的时间室温高于 15℃ | 模式 1：墙墙面积比为 0.3，模式 1：墙墙面积比为 0.5，模式 1：墙墙面积比为 0.7，模式 1：墙墙面积比为 1，模式 2：墙墙面积比为 0.3，模式 2：墙墙面积比为 0.5，模式 2：墙墙面积比为 0.7，模式 2：墙墙面积比为 1，模式 3：墙墙面积比为 0.3，模式 3：墙墙面积比为 0.5，模式 3：墙墙面积比为 0.7，模式 3：墙墙面积比为 1 |

注：Ⅰ、Ⅱ、Ⅲ以青藏高原地区太阳能的年日照时数和年太阳能辐照量进行区域划分，其中Ⅰ类地区的年日照时数最高、年太阳能辐照量最高，Ⅱ、Ⅲ依次递减。依据最冷月平均温度和日平均温度小于 5℃的天数，将青藏高原地区划分为严寒、寒冷以及温和三个气候区。模式 1 为 0:00～24:00 使用的房间；模式 2 为 8:00～21:00 使用的房间；模式 3 为 21:00～次日 8:00 使用的房间。

3. 应用集热蓄热墙与直接受益窗组合式被动太阳能技术

集热蓄热墙与直接受益窗组合式太阳房的室温在时间上的均衡性受窗墙面积比因素的影响，窗墙面积比越大，最低温度越低，但最高温度越高，平抑室温的效果越差。同时，房间模式不同，内热源分布也存在差异，因此，房间模式不同，适用的窗墙面积比大小也不同。对青藏高原地区在三类模式下集热蓄热墙与直接受益窗组合式被动太阳能技术适用区域作出划分：对于Ⅰ类—寒冷地区和Ⅱ类—寒冷地区，三类模式房间均适用集热蓄热墙与直接受益窗组合式被动太阳能技术，即合理利用该技术可使使用时段室内最低温度高于15℃。对于其他地区，由于利用集热蓄热墙与直接受益窗组合式被动太阳能技术集热量有限，不论何种模式房间，室内最低温度均无法高于15℃。

根据房间的不同使用模式，集热蓄热墙与直接受益窗组合式被动太阳能技术适宜性划分并不相同，提出了基于典型建筑三类模式适用的集热蓄热墙与直接受益窗组合式被动太阳能技术设计策略。各气候区集热蓄热墙与直接受益窗组合式被动太阳能技术适用性划分优先等级如表2-9所示。对于Ⅰ类—寒冷地区以及Ⅱ类—寒冷地区，不论窗墙面积比多大，不论何种模式的房间，集热蓄热墙与直接受益窗组合式被动太阳能技术均可使室内最低温度高于15℃；由于窗墙面积比越小，室温平抑效果越好，因此，上述地区窗墙面积比不宜大于0.6。对于Ⅰ类—严寒地区以及Ⅱ类—严寒地区，仅利用集热蓄热墙与直接受益窗组合式被动太阳能技术无法满足建筑所需热量，0:00～24:00使用的房间及8:00～21:00使用的房间，当窗墙面积比较大时，也仅能保证40%～60%的时间室温高于15℃。对于其他气候区，仅利用集热蓄热墙与直接受益窗组合式被动太阳能技术无法满足建筑所需热量，热环境差，室内温度高于15℃的时间甚至低于40%。

青藏高原地区集热蓄热墙与直接受益窗组合式被动太阳能技术适宜性优先等级表　表2-9

| 地区 | 温度 | 优先模式 |
|---|---|---|
| Ⅰ类—寒冷地区（拉萨）、Ⅱ类—寒冷地区（林芝） | 室内最低温度高于15℃ | 模式1：窗墙面积比为0.2～0.8，模式2：窗墙面积为0.2～0.8，模式3：窗墙面积比为0.2～0.8 |
| Ⅰ类—寒冷地区（格尔木） | 室内最低温度低于15℃，但40%～60%的时间室温高于15℃ | 模式1：窗墙面积比为0.7～0.8，模式2：窗墙面积比为0.7～0.8 |
| | 40%以下的时间室温高于15℃ | 模式1：窗墙面积比为0.2～0.6，模式2：窗墙面积比为0.2～0.6，模式3：窗墙面积比为0.2～0.8 |
| Ⅱ类—严寒地区（玉树） | 室内最低温度低于15℃，但40%～60%的时间室温高于15℃ | 模式1：窗墙面积比为0.4～0.8，模式2：窗墙面积比为0.3～0.8 |
| | 40%以下的时间室温高于15℃ | 模式1：窗墙面积比为0.2～0.3，模式2：窗墙面积比为0.2，模式3：窗墙面积比为0.2～0.8 |
| Ⅲ类—寒冷地区（马尔康）Ⅲ类—严寒地区（民和） | 40%以下的时间室温高于15℃ | 模式1：窗墙面积比为0.2～0.8，模式2：窗墙面积比为0.2～0.8，模式3：窗墙面积比为0.2～0.8 |

注：Ⅰ、Ⅱ、Ⅲ以青藏高原地区太阳能的年日照时数和年太阳能辐照量进行区域划分，其中Ⅰ类地区的年日照时数最高、年太阳能辐照量最高，Ⅱ、Ⅲ依次递减。依据最冷月平均温度和日平均温度小于5℃的天数，将青藏高原地区划分为严寒、寒冷以及温和三个气候区。模式1为0:00～24:00使用的房间；模式2为8:00～21:00使用的房间；模式3为21:00～次日8:00使用的房间。

4. 应用太阳能热风蓄热楼板供暖系统与被动技术组合式技术

根据房间的不同时间段使用模式，太阳能热风蓄热楼板供暖系统与被动技术组合式技术适宜性划分并不相同，提出了基于典型建筑三类模式适用的太阳能热风蓄热楼板供暖系统与被动技术组合式技术设计策略：Ⅰ类—寒冷地区及Ⅱ类—寒冷地区为传统被动式太阳能供暖技术适用区，即合理利用传统被动式太阳能供暖技术可使室内最低温度高于 15℃；Ⅰ类—严寒地区、Ⅱ类—严寒地区、Ⅲ类—寒冷地区为传统被动式太阳能热利用与屋顶强化太阳能供暖组合式技术适用区，即合理利用传统被动式太阳能供暖与屋顶强化太阳能供暖组合式技术，可使室内最低温度高于 15℃；Ⅲ类—严寒地区为太阳能供暖技术不适用区，即使建筑南向与建筑屋顶的太阳能利用面积最大化，室内最低温度仍低于 15℃。

## 2.3.2　被动式太阳能供暖技术适宜性设计策略

在保证使用时段内室内最低温度高于 15℃ 的前提条件下，合理的被动式太阳能供暖技术类型如表 2-10 所示。

青藏高原地区被动式太阳能供暖技术的适宜性　　　　　　表 2-10

| 地区 | 技术适用性 | 特点 |
|---|---|---|
| Ⅰ类—寒冷地区、Ⅱ类—寒冷地区 | 窗墙面积比为 0.7～1 的集热蓄热墙式被动太阳能技术；窗墙面积比小于 0.6 的集热蓄热墙与直接受益窗组合式被动太阳能技术 | 21:00～次日 8:00 供暖的房间，还推荐窗墙面积比分别大于 0.6、大于 0.7 的直接受益式被动太阳能技术 |
| Ⅰ类—严寒地区、Ⅱ类—严寒地区、Ⅲ类—寒冷地区 | 传统被动式太阳能供暖与屋顶强化太阳能组合技术；窗墙面积比为 0.2 的集热蓄热墙与直接受益窗组合式被动太阳能技术或墙墙面积比为 1 的集热蓄热墙式被动太阳能技术 | 避免室内昼夜温差过大；建筑窗墙面积比不宜大于 0.5 |
| Ⅲ类—严寒地区 | 传统被动式太阳能供暖技术基础上结合屋顶强化太阳能供暖技术 | 室内热环境舒适性较差；全天仅 30% 左右的时间室内温度高于 15℃ |

注：Ⅰ、Ⅱ、Ⅲ以青藏高原地区太阳能的年日照时数和年太阳能辐照量进行区域划分，其中Ⅰ类地区的年日照时数最高、年太阳能辐照量最高，Ⅱ、Ⅲ依次递减。依据最冷月平均温度和日平均温度小于 5℃ 的天数，将青藏高原地区划分为严寒、寒冷以及温和三个气候区。

# 2.4　西北乡域中小学教学建筑被动式太阳能供暖技术适宜性设计

## 2.4.1　基于供暖温度需求下的被动式太阳能供暖技术适用性

基于房间使用模式、人体舒适温度对西北乡域中小学建筑提出了被动式太阳能供暖技术适用性设计策略。西北乡域小学建筑不同房间的供暖时间模式及供暖温度需求如表 2-11 所示。

西北乡域小学建筑分时分区供暖需求　　　　　　表 2-11

| 建筑类型 | 供暖时间模式 | 供暖温度需求（℃） |
|---|---|---|
| 教室 | 模式 1：8:00～17:00 | 13～18 |
| 教师宿舍 | 模式 2：7:00～22:00，22:00～7:00 | 16～18<br>11～13 |
| 食堂 | 模式 3：12:00～13:30 | 16～18 |

**1. 应用直接受益式被动太阳能技术**

直接受益式被动太阳能技术对于满足仅在白天有供暖需求的房间具有显著优势。针对8:00～17:00 供暖，三种被动式太阳能供暖技术白天室内空气温度与教室供暖需求温度区间对比结果如图 2-1 所示。应用直接受益式及集热蓄热墙式被动太阳能技术的房间空气温度均有较好的温度优势。综合考虑室内热环境、经济性和采光性，白天教室类功能建筑房间适宜选择南向大面积窗的直接受益式被动太阳能技术。

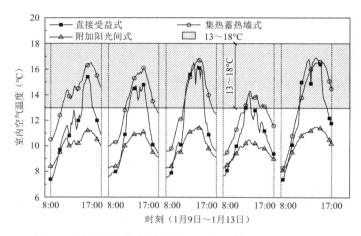

图 2-1　被动式太阳能技术应用于白天供暖的房间室内温度

**2. 应用集热蓄热墙式被动太阳能技术**

集热蓄热墙式被动太阳能技术对于满足昼夜有不同热需求的全天使用的建筑具有显著优势。从图 2-2 可以看出，集热蓄热墙式被动太阳能技术白天和夜间的室温均低于宿舍类建筑昼夜 2 个时间段的供暖需求区间，难以完全满足其供暖需求。其中白天室温低是由于该地区当前测试设计条件下集热量不足；夜间室温低是由于在午后 16:00 左右温度骤降，因为室外温度低，太阳辐射明显降低，通风孔仍处于开启状态，在空气夹层内出现较大的热压差，存在明显的热损失。因此，还需对集热蓄热墙式被动太阳能技术进行优化设计，改变室温变化特征，满足分时分区供暖需求。

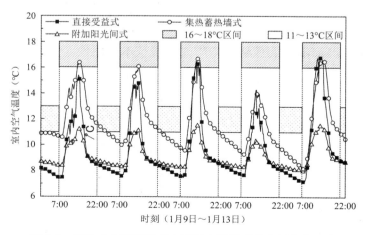

图 2-2　被动式太阳能技术应用于全天供暖的房间室内温度

3. 应用附加阳光间式被动太阳能技术

附加阳光间式被动太阳能技术对于满足仅在午间有供暖需求的建筑具有显著优势。针对仅考虑 12:00～13:30 供暖需求的建筑，应用三种被动式太阳能供暖技术时房间内温度变化情况如图 2-3 所示。12:00～13:30 时 3 类模式房间的平均室温均低于 16℃；附加阳光间内温度可较好地满足餐厅类建筑午间供暖需求。因此仅仅使用不足 2h 的餐厅等午间使用的建筑可考虑采用附加阳光间式被动太阳能技术。此外，日温度波动较小的附加阳光间房间可考虑作为厨房、值班室等使用。

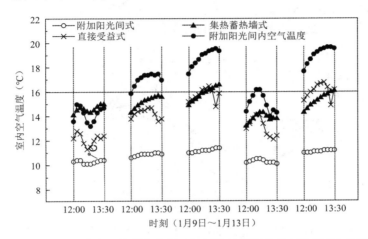

图 2-3　被动式太阳能技术应用于午间供暖房间时室内温度变化情况

4. 被动式太阳能供暖技术适宜性设计策略

集热蓄热墙式被动太阳能技术适宜于全天供暖的建筑；白天供暖的建筑则仍宜采用大面开窗的直接受益式被动太阳能技术；午间供暖的建筑宜采用附加阳光间式被动太阳能技术。

### 2.4.2　基于供暖时间需求下的被动式太阳能供暖技术适用性

结合太阳能资源分区和建筑热工分区，将供暖地区重新划分为Ⅰ—严寒地区、Ⅱ—严寒地区、Ⅲ—严寒地区、Ⅳ—严寒地区、Ⅰ—寒冷地区、Ⅰ寒冷地区、Ⅲ—寒冷地区和Ⅳ—寒冷地区，其中Ⅰ严寒地区代表按太阳能资源分区划分，该地区为Ⅰ类地区；按建热工分区划分，该地区为严寒地区。西北乡域中小学建筑基于四种房间供暖使用模式，提出被动式太阳能供暖技术适宜性设计策略。本节建筑房间不同的供暖时间模式如表 2-12 所示。

建筑房间供暖时间模式　　　　　　　　　　　　表 2-12

| 类型 | 供暖时间 | 备注 |
|---|---|---|
| 模式 1 | 00:00～24:00 | 用于全天使用的房间 |
| 模式 2 | 07:00～21:00 | 用于白天和部分夜间使用的房间 |
| 模式 3 | 07:00～17:00 | 用于仅白天使用的房间 |
| 模式 4 | 21:00～次日 7:00 | 用于仅夜间使用的房间 |

1. 应用不同类型的被动式太阳能供暖技术下的室内热环境分析

不同的被动式太阳能供暖技术所营造的室内热环境不同，选择典型城市，分析其采用被动式太阳能供暖技术的热环境特征。

（1）Ⅰ—寒冷地区

拉萨地区典型日室外温度平均值为−6.3℃，低于当地供暖室外计算温度0.5℃，因此可认为该典型日条件下计算所得结果比冬季室外平均温度计算更为可靠。如图2-4所示，仅采用直接受益式被动太阳能技术的房间4:00～12:00的室内温度不足14℃，其他时间其他类型房间均能满足室内热需求。表明拉萨地区使用集热蓄热墙+直接受益式和附加阳光间式两种被动式太阳能供暖技术均优于直接受益式被动太阳能技术。同窗墙面积比的集热蓄热墙式+直接受益式被动太阳能技术相比，其他形式的被动式太阳能供暖技术室内温度波动最小，窗墙面积比越小，室内温度波动越平缓。因此，满足采光要求的前提下，该类地区应尽可能减小南向窗面积。

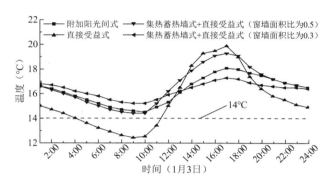

图2-4　拉萨地区应用不同被动式太阳能技术下室内温度曲线图

集热蓄热墙式+直接受益式和附加阳光间式被动太阳能技术均能满足4种供暖时间模式下房间的供暖需求，而对于供暖时间为0:00～24:00、7:00～21:00以及7:00～17:00的三种供暖时间模式的房间要使用直接受益式被动太阳能技术，只需在7:00～12:00进行少量的辅助加热措施。在Ⅰ—寒冷地区，更推荐窗墙面积比为0.5的集热蓄热墙式+直接受益式被动太阳能技术，其白天温度仅次于直接受益式被动太阳能技术，但夜间温度明显高于其他式被动太阳能供暖技术。

（2）Ⅲ—寒冷地区和Ⅱ—严寒地区

北京地处Ⅲ—寒冷地区，其典型日室外空气温度平均值为−5.6℃，温度波动范围为−10.9～0.1℃（图2-5）。对于0:00～24:00使用的房间来说，优先选用集热蓄热墙式+直接受益式（窗墙面积比为0.3）被动太阳能技术，其次选用附加阳光间式被动太阳能技术，再次选用集热蓄热墙式+直接受益式（窗墙面积比为0.5）被动太阳能技术。应用直接受益式被动太阳能技术房间的白天温度很高而夜间温度又很低，不适于0:00～24:00供暖的房间。在温度不能满足的7:00～11:00，如需要可通过增加辅助热源来补充。

西宁地处Ⅱ—严寒地区，对于7:00～21:00供暖的房间来说，其逐时温度需达到14℃。因此，优先选用直接受益式被动太阳能技术，并在7:00～11:00辅助加热；其次选择集热蓄热墙式+直接受益式（窗墙面积比为0.45）被动太阳能技术［图2-5（b）］，房间辅助加热；再次选用集热蓄热墙式+直接受益式（窗墙面积比为0.3）被动太阳能技术；辅助加热有困难的地区，应优先选择窗墙面积比较小的集热蓄热墙式+直接受益式被动太阳能技术。对于7:00～17:00供暖的房间，选择结果与7:00～21:00供暖的房间类似。对于21:00～次日7:00供暖的房间来说，在满足室内逐时温度为12℃的要求下，尽量选择使用附加阳光间式被动太阳能技术。因此，优先选用的顺序是：附加阳光间式被动太阳能技术、集热蓄热墙式＋直接受益式（窗墙面积比为 0.3）被动太阳能技术、集热蓄热墙式＋直接受益式（窗墙面积比为 0.5/0.45）被动太阳能技术。

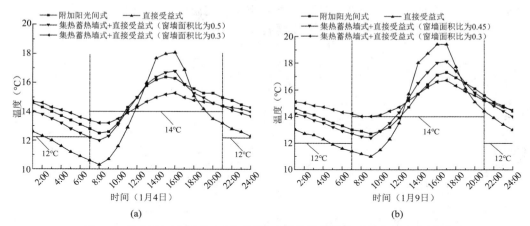

图 2-5　北京和西宁地区应用不同被动式太阳能技术下室内温度曲线图

（a）北京；（b）西宁

（3）Ⅰ—严寒地区和Ⅱ—寒冷地区

格尔木地处Ⅰ—严寒地区，太阳能资源极其丰富，但典型日平均温度只有−12.3℃，室外平均温度极低。如图 2-6（a）所示，采用直接受益式被动太阳能技术的房间逐时平均温度高于 14℃的时间仅 3h（15:00～18:00）；采用集热蓄热墙式＋直接受益式（窗墙面积比为 0.45）被动太阳能技术的房间逐时温度高于 14℃的时间仅 2h（16:00～18:00）。但是应用集热蓄热墙式＋直接受益式（窗墙面积比为 0.3）被动太阳能技术的房间室内温度在 21:00～次日 7:00 均在 12℃之上，比较适宜仅夜间使用的房间（如宿舍等）。

喀什地处Ⅱ—寒冷地区，太阳能资源比格尔木差，典型日室外空气温度平均值为−8.1℃，如图 2-6（b）所示。因此，建议在满足采光的前提下，此类地区采用较小窗墙面积比的集热蓄热墙式＋直接受益式被动太阳能技术可满足夜间供暖房间的热需求。

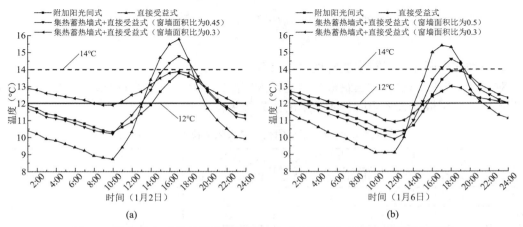

图 2-6　格尔木和喀什地区应用不同被动式太阳能技术下室内温度曲线图

（a）格尔木；（b）喀什

（4）Ⅲ—严寒地区、Ⅳ—严寒地区、Ⅳ—寒冷地区

赤峰、丹东、克拉玛依地区典型日室外温度平均值分别为−15.4℃、−10.8℃、−24.9℃。如图2-7所示，应用各被动式太阳能供暖技术下房间室内温度均低于12℃的要求。在Ⅲ—严寒地区、Ⅳ—寒冷地区、Ⅳ—严寒地区，室外空气平均温度低且太阳能资源不够丰富。因此，以上地区不建议使用被动式太阳能供暖技术。

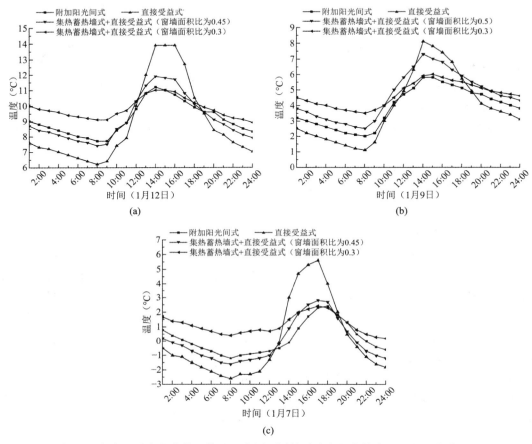

图2-7　赤峰、丹东和克拉玛依地区应用不同被动式太阳能技术下室内温度曲线图

（a）赤峰；（b）丹东；（c）克拉玛依

### 2. 被动式太阳能供暖技术适宜性设计策略

对西北乡域中小学教学建筑进行被动式太阳能供暖技术适宜性区划，获得不同供暖时间模式下，应用被动式太阳能供暖技术的优先等级，如表2-13所示。

不同供暖时间模式下应用被动式太阳能技术优先等级表　　　　　　表2-13

| 模式 | 附加阳光间式 | 直接受益式 | 集热蓄热墙式 + 直接受益式 | | 分区 | 典型地区 |
| --- | --- | --- | --- | --- | --- | --- |
| | | | 窗墙面积比为0.5/0.45 | 窗墙面积比为0.3 | | |
| 模式1 | B | D | C | A | | |
| 模式2 | B | D | A | C | Ⅰ—寒冷地区 | 拉萨 |
| 模式3 | B | D | A | C | | |
| 模式4 | B | D | C | A | | |

| 模式 | 附加阳光间式 | 直接受益式 | 集热蓄热墙式 + 直接受益式 | | 分区 | 典型地区 |
|---|---|---|---|---|---|---|
| | | | 窗墙面积比为 0.5/0.45 | 窗墙面积比为 0.3 | | |
| 模式 1 | B | D | C | A | Ⅲ—寒冷地区、Ⅱ—严寒地区 | 北京、济南、兰州、太原、天津、西安、烟台、郑州、阿勒泰、敦煌、额济纳旗、二连浩特、哈密、大同、那曲、奇台、若羌、西宁、伊宁 |
| 模式 2 | D | A | B | C | | |
| 模式 3 | D | A | B | C | | |
| 模式 4 | A | D | C | B | | |
| 模式 1 | B | D | C | A | Ⅰ—严寒地区、Ⅱ—寒冷地区 | 格尔木、葛尔、昌都、和田、喀什、库车、民勤、吐鲁番、银川 |
| 模式 2 | B | D | C | A | | |
| 模式 3 | B | D | C | A | | |
| 模式 4 | B | D | C | A | | |
| 模式 1 | — | — | — | — | Ⅲ—严寒地区、Ⅳ—严寒地区、Ⅳ—寒冷地区 | 长春、哈尔滨、黑河、佳木斯、漠河、沈阳、乌鲁木齐 |
| 模式 2 | — | — | — | — | | |
| 模式 3 | — | — | — | — | | |
| 模式 4 | — | — | — | — | | |

注：模式是指建筑房间不同的供暖时间模式，主要分为四种；模式 1 的供暖时间段为 0:00～24:00；模式 2 的供暖时间段为 7:00～21:00；模式 3 的供暖时间段为 7:00～17:00；模式 4 的供暖时间段为 21:00～次日 7:00；模式的详细信息如表 2-12 所示。A～D 被动式太阳能供暖技术优先等级逐渐递减。

## 2.5　本章小结

全国各区域的太阳能资源分布不均，室外气象参数也存在极大差异，使得被动式太阳能供暖技术呈现不同的应用效果。结合建筑热环境特殊需求，本章梳理了被动式太阳能供暖技术适宜性划分指标，综合多种适宜性划分指标，对不同区域归纳出被动式太阳能供暖技术适宜性划分方法。为准确选择不同地区的被动式太阳能供暖技术，进一步调研归纳不同区域的典型建筑形态以及建筑供暖时段及温度需求，探究不同被动式太阳能供暖技术对全国居住建筑、青藏高原地区居住建筑、西北乡域中小学教学建筑的室内热环境影响规律，提出不同区域的被动式太阳能供暖技术的适宜性设计策略。

# 第 3 章

# 太阳能建筑一体化蓄热通风
# 原理与方法

## 3.1 概述

为了降低冬季冷风渗透负荷，营造更好的室内热环境，改善室内空气品质，本章提出了基于太阳能热利用技术的建筑一体化蓄热通风技术，主要包括多孔渗透型太阳能新风预热供暖墙、外置玻璃盖板型太阳能新风预热供暖墙、新型集成式太阳能集热蓄热墙、太阳能热风蓄热楼板供暖系统和多级相变太阳能通风吊顶，如图 3-1 所示。

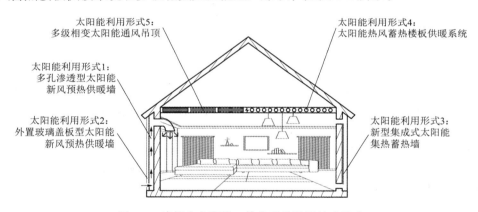

图 3-1　建筑中太阳能一体化蓄热通风技术形式

## 3.2 多孔渗透型太阳能新风预热供暖墙

我国北方供暖能耗是建筑能耗的重要部分，而冷风渗透热负荷又是冬季供暖负荷的主要组成部分。冬季供暖要求建筑具有良好的密闭性，致使冬季室内新风不足、空气品质恶化现象普遍存在。若能利用自然能源将冬季室外新风进行预热后送入室内，则可在一定程度上缓解冬季新风不足、供暖能耗高的问题。因此，在我国太阳能资源丰富区，多孔渗透型太阳能新风预热供暖墙是一种高效可靠的被动式太阳能热利用技术，将太阳能热利用与建筑结构进行一体化设计，新风和热需求有机结合，是一种新型太阳能建筑热利用技术。该技术能够在供暖的同时做到有效预热新风，缓解冬季室内新风需求、降低冷风渗透负荷，节约供暖能耗与提升室内品质之间矛盾的问题。

　　本节提出并建立了多孔渗透型太阳新风预热供暖墙数理模型，给出了关键设计参数，为该技术在建筑中的高效应用提供工程设计参考。

### 3.2.1　多孔渗透型太阳能新风预热供暖墙构成及工作原理

　　多孔渗透型太阳能新风预热供暖墙包括集热系统和气流输送系统，如图 3-2 所示。集热系统包括渗透型太阳能集热板（简称集热板）、空气夹层、渗透孔。集热板由金属材料制成，通常其表面上涂有深色吸热层并设置微小渗透孔。集热板布置在建筑南外墙，也可以布置于东西墙外表面，与建筑外墙之间留有空气间层形成空气夹层，其四周密封。气流输送系统包括预热新风管道、变频风机。空气夹层内的空气通过热对流吸收集热板的太阳辐射热，以达到预热新风的目的，进而送入室内。

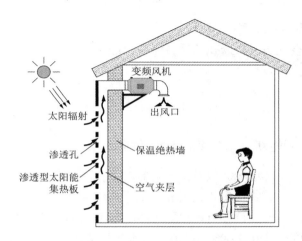

图 3-2　多孔渗透型太阳能新风预热供暖墙系统构成及工作原理

　　多孔渗透型太阳能新风预热供暖墙能够将太阳能热利用与建筑结构进行一体化设计，具有如下优点：

　　（1）预热通风效果良好。多孔渗透型太阳能新风预热供暖墙以其特定的结构优势，使其能够将预热的新鲜空气通过送风管道送入目标房间，通过风阀控制风量从而改变预热空气的温度。给房间通入新鲜的、经过预热的空气，可以有效改善室内空气品质，提高人体舒适性，进而提高人员身体健康和工作学习效率。

　　（2）太阳能利用率高。不同于常规玻璃太阳能集热方式，玻璃对可见光具有较高的反射率，大约会反射掉 15%的太阳能，降低了集热效率；而通过金属板可以高效收集太阳能，进而通过强制对流方式将热量送入室内，热利用效率高。

　　（3）施工安装方便、应用广泛。多孔渗透型太阳能新风预热供暖墙组成部件简单，主要包括集热板、四周密封挡板、风机、风管、出风口等设备，可广泛应用于公共建筑、住宅建筑、工业厂房等有新风需求的场合。

　　（4）节约能源，环境友好。该新风预热供暖墙主要构件为集热板和风机，动力设备仅有风机，无其他耗能设备，运行和生产成本低；太阳能清洁，对环境无污染。

### 3.2.2 多孔渗透型太阳能新风预热供暖墙热性能评价指标

通过以下热性能指标来评估多孔渗透型太阳能新风预热供暖墙的热性能，以获得最佳设计和运行参数，主要有热交换率 $\eta_{\text{wall}}$、集热效率 $\eta$ 以及出风口最大温差 $\Delta T$。

$$\eta_{\text{wall}} = \frac{T_{\text{ao}} - T_{\text{a}}}{T_{\text{p}} - T_{\text{a}}} \tag{3-1}$$

$$\eta = \frac{m_{\text{air}} c_{\text{p,air}}(T_{\text{ao}} - T_{\text{a}})}{I A_{\text{p}}} \tag{3-2}$$

$$\Delta T = T_{\text{ao}} - T_{\text{a}} \tag{3-3}$$

式中　$\eta_{\text{wall}}$——热交换效率，%；

$T_{\text{ao}}$——出风口空气温度，℃；

$T_{\text{a}}$——环境温度，℃；

$T_{\text{p}}$——集热板温度，℃；

$m_{\text{air}}$——室外空气通过渗透孔的质量流量，kg/s；

$c_{\text{p,air}}$——空气比热容，J/(kg·℃)；

$I$——太阳辐射强度，W/m²；

$A_{\text{p}}$——集热板面积，m²。

### 3.2.3 多孔渗透型太阳能新风预热供暖墙热性能

考虑不同结构参数、环境参数以及运行参数对多孔渗透型太阳能新风预热供暖墙热性能的影响，通过实验测试方式从集热板表面温度、热流密度、集热效率与热交换效率、集热量与传热占比等参数方面进行分析评价。为减小环境波动对实验准确性以及可靠性的影响，实验室内空气温度保持在 22.0℃±2.0℃。实验测试现场如图 3-3 所示。

(a)　　　　　　　　(b)　　　　　　　　(c)

图 3-3　实验测试现场

（a）太阳能模拟发射器；（b）集热板；（c）测试现场

1. 集热板表面温度与热流变化

太阳辐射强度对集热板表面平均温度、热流密度的影响如图 3-4 所示。

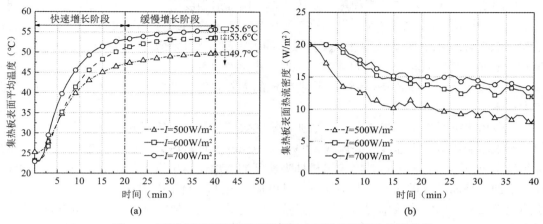

(a)　　　　　　　　　　　　　　(b)

图 3-4　不同太阳辐射强度下集热板表面平均温度和热流密度

（a）集热板表面平均温度；（b）集热板表面热流密度

如图 3-4（a）所示，随着太阳辐射强度的增加，集热板表面平均温度会有所升高，系统运行约 20min 后进入平稳期；当太阳辐射强度为 700W/m² 时，集热板表面平均温度达到 56℃左右。

如图 3-4（b）所示，集热板表面热流密度随时间的变化有下降的趋势，当系统运行约 30min 后，集热板表面热流密度趋于稳定。此外，集热板表面热流密度随着太阳辐射强度的增大有所增加，但并非线性增加，增幅有所降低。

2. 集热效率与热交换效率

太阳辐射强度为 500~700W/m²，风机抽吸速度：低风速 0.50~0.55m/s、中风速 0.70~0.75m/s、高风速 0.90~0.95m/s，渗透孔径为 2~6mm 时的单位集热板面积集热效率和热交换效率变化情况如图 3-5 所示。

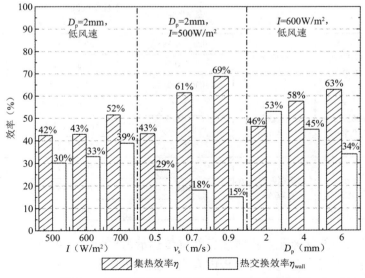

图 3-5　不同工况下系统集热效率和热交换效率

注：$I$—太阳辐射强度；$v_s$—风机抽吸速度；$D_p$—渗透孔径。

如图 3-5 所示，集热效率和热交换效率随太阳辐射强度的增加均有所提高。太阳辐射强度为 500W/m²、600W/m² 时，集热效率和热交换效率分别约为 40% 和 30%；当太阳辐射强度为 700W/m² 时，集热效率和热交换效率明显提高。当太阳辐射强度分别为 600W/m²、700W/m² 时，集热效率分别约为 43%、52%，热交换效率分别约为 33%、39%。集热效率和热交换效率分别提高约 9% 和 6%。说明较低的太阳辐射强度对集热效率和热交换效率有较大影响。

随着风机抽吸速度和渗透孔径的增加，集热效率和热交换效率的趋势相反，两者差距越来越大。当风机抽吸速度为高风速（0.90～0.95m/s）时，热交换效率只能达到 15%，而集热效率可以达到 69%。这是因为风机抽吸速度的增加使得出风温差降低，但同时渗流速度会增加，从而导致进入空气夹层的空气量增加。由式(3-1)和式(3-2)可知，出风温差会影响热交换效率，而集热效率同时受出风温差和空气量影响。风机抽吸速度从 0.50m/s 变化到 0.95m/s，集热效率可以提高 26%，热交换效率降低 14%。说明空气量的增加速率远大于出风温差的下降速率。当渗透孔径为 6mm 时，集热效率最大可以达到约 63%，当渗透孔径为 2mm 时热交换效率最大达到约 53%。渗透孔径由 2mm 增加到 6mm，热交换效率基本呈均匀下降趋势，下降幅度约为 9.5%。集热效率的增加是比较明显的，提高了 5%～12%，这主要与出风温差和空气量有关。

3. 集热量与传热占比

在不同风机抽吸速度、渗透孔径下单位集热板面积的集热量如表 3-1 所示，可以看出渗透孔径和太阳辐射强度的增大均可以有效提高单位集热板面积的集热量，新风量和总的集热量也会相应提高。单位集热板面积的集热量在风机抽吸速度为高风速（0.90～0.95m/s）、较大渗透孔径（6mm）以及较强的太阳辐射强度（700W/m²）下达到最大。

**不同运行工况下单位集热板面积集热量**　　　　　　　　　　表 3-1

| 类型 | 变量 | 变量数值 | 单位集热板面积集热量（W/m²） | 新风量（m³/h） |
|---|---|---|---|---|
| 太阳辐射强度 $I$ = 500W/m²，渗透孔径 $D_p$ = 2mm | 抽吸风速 $v_s$（m/s） | 0.50～0.55 | 50.6～51.5 | 32～35 |
| | | 0.70～0.75 | 31.3～36.5 | 45～48 |
| | | 0.90～0.95 | 77.6～84.2 | 58～61 |
| 太阳辐射强度 $I$ = 600W/m² 抽吸风速 $v_s$ = 0.50～0.55m/s | 渗透孔径 $D_p$（mm） | 2 | 86.5～89.3 | 32～35 |
| | | 4 | 108.7～113.4 | |
| | | 6 | 134.2～135.1 | |
| 渗透孔径 $D_p$ = 2mm，抽吸风速 $v_s$ = 0.50～0.55m/s | 太阳辐射强度 $I$（W/m²） | 500 | 50.6～51.5 | 32～35 |
| | | 600 | 79.6～85.6 | |
| | | 700 | 99.1～102.9 | |

多孔渗透型太阳能新风预热供暖墙各部分传热量占集热板总集热量的比例如图 3-6 所示。可以看出空气夹层内空气和集热板内表面对流换热量占比最大，达到 38.5%，说明多孔渗透型太阳能新风预热供暖墙对空气的预热效果是可观的；集热板对墙体的辐射换热量、空气夹层内空气和墙体的对流换热量占比很小，分别只有 2.0%、2.9%；其他部分传热占比

基本相同。

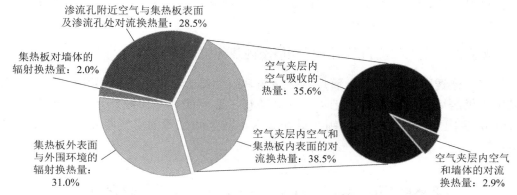

图 3-6    多孔渗透太阳能新风预热供暖墙各构件传热量占集热板总集热量的比例

注：$D_p = 2mm$, $I = 700W/m^2$, $v_s = 0.50\sim0.55m/s$。

### 3.2.4  建筑新风量与热负荷的关系

根据现行相关标准要求的换气次数，对比有无多孔渗透型太阳能新风预热供暖墙时，新风量和热负荷的关系。

通过对新风量、送风温度和新风负荷的关系分析，基于换气次数的需求，可以得出相应多孔渗透型太阳能新风预热供暖墙适用的建筑类型，如图 3-7 所示。

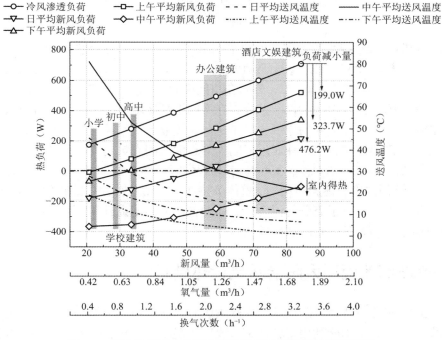

图 3-7    多孔渗透型太阳能新风预热供暖墙适用的建筑类型

可以发现，以送风温度和新风负荷的减少量为参考标准时，学校建筑可调性空间最大，办公建筑适中，酒店文娱建筑次之。因此，对以上功能建筑，多孔渗透型太阳能新风预热供暖墙的适用性排序为：学校建筑 > 办公建筑 > 酒店文娱建筑。考虑到学校及办公建筑昼用夜停的取暖特点，此类建筑更适用，而酒店文娱建筑可以作为辅助用热通风进行应用。

### 3.2.5 多孔渗透型太阳能新风预热供暖墙室内热环境

将多孔渗透型太阳能新风预热供暖墙与建筑相结合，通过建立多孔渗透型太阳能新风预热供暖墙房间模型，基于数值计算获得了此供暖墙对室内热环境的影响情况。以 15:00 室内空气温度分布为例，得到室内不同空间位置的空气温度情况，如图 3-8 所示。

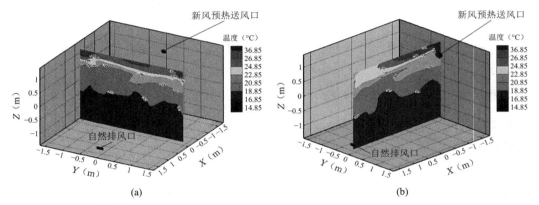

图 3-8 多孔渗透型太阳能新风预热墙室内空气温度分布（15:00）

（a）房间 X 方向；（b）房间 Y 方向

由图 3-8 可以发现，X、Y 方向的室内空气温度基本分为三个温度梯段，由下至上温度逐渐升高。第一梯段 20.9℃以上，分布在房间上部区域（1.9～2.6m），占房间整体空间的 20%～25%；第二梯段 18.9～20.9℃，分布在房间中间区域（1.1～2.1m），占房间整体空间的 25%～30%；第三梯段 18.9℃以下，分布在房间下部区域（0～1.2m），占房间整体空间的 45%～55%。产生此类现象的原因主要是送风位置靠近房间顶部，且热气流向上运动，因此第一梯段的高温区域较小，并靠近房间上部，但房间人员主要活动区温度基本维持在第二、第三梯段，最低为 15℃，基本可以满足人员热舒性需求。同时，Z 方向中间截面（垂直高度 1.5m 处）的温度整体相对均匀，整体维持在 18.9℃左右，主要在于中间截面室内空气经过热对流作用，进行了充分的混合。总体而言，从温度提升和空间温度分布均匀性两方面都可以满足室内人员的热舒适性需求。

## 3.3 外置玻璃盖板型太阳能新风预热供暖墙

前节叙述了多孔渗透型太阳能新风预热供暖墙，通过新风预热初步解决了新风产生额外负荷问题，但是其太阳能利用率较低，造成新风温度低，且在高侧风、严寒地区热损失大。在此基础上，本节将多孔渗透型太阳能新风预热供暖墙增加外置玻璃盖板，并且将原有的集热金属平板升级为波纹板，并采用下送风方式，形成外置玻璃盖板型太阳能新风预热供暖墙（简称新型太阳墙）。

本节旨在采用通风方式和结构的协同优化提高外置玻璃盖板型太阳能新风预热供暖墙的热效率,分析其内部的热特性和流动特性;研究新型太阳墙营造舒适室内环境的运行方法,以满足室内温度、新风量的需求;提出新型太阳墙的工程计算方法,为新型太阳墙的高效热利用提供完整的设计计算指导。

### 3.3.1　外置玻璃盖板型太阳能新风预热供暖墙物理模型

新型太阳墙结构如图 3-9 所示。采用波纹形集热板和下进下送式的通风方式,通过双通道效应、波纹增加流道长度和湍流度来提高对流换热量,从而提高太阳能利用率,且下送风更有利于提升室内空气温度的均匀性和工作区的空气品质。

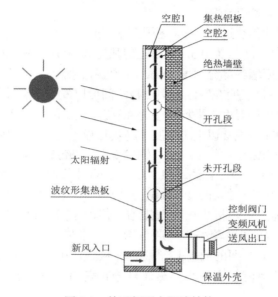

图 3-9　外置新型太阳墙结构

新型太阳墙由热交换系统和预热新风供应系统组成,如图 3-10(a)所示。太阳能热交换系统包括玻璃盖板、集热板、双通道空腔、保温墙体,如图 3-10(b)所示。

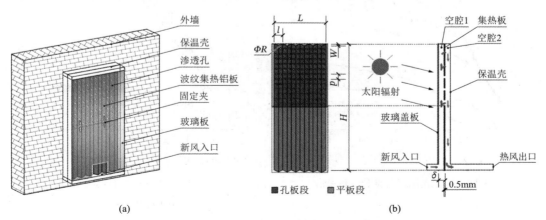

(a)　　　　　　　　　　　　　　　　(b)

图 3-10　新型太阳墙安装和运行示意图

(a)新型太阳墙安装示意;(b)运行示意

集热板由波纹状的圆孔铝板和表面黑色涂层制成，以增加吸热量，表面吸收率可达90%以上，空气被密封在玻璃盖板和集热板之间，形成空腔1。空气也被密封在保温墙体和集热板之间，形成空腔2。送风系统由新风入口、热风出口和变频风机组成。集热板接收太阳辐射，空腔1中的空气通过对流传热吸收集热器的热量。空气被加热后，通过风压和热压作用进入空腔2进行二次传热。最终，变频风机通过热风出口把预热的新鲜空气送进房间。

### 3.3.2 外置玻璃盖板型太阳能新风预热供暖墙热性能

通过控制变量法研究了不同结构因素和环境因素下新型太阳墙的热特性变化规律，对新型太阳墙的热性能进行评价。

1. 各部分温度和集热板热流密度

为分析新型太阳墙的传热过程，在渗透孔径为4mm、风机抽吸速度为0.75m/s、高度比（开孔段与集热板的比例，$H^*$）为0.5、太阳辐射强度为600W/m²、进风温度为15℃的工况条件下，测量了新型太阳墙各部分温度变化，如图3-11所示。可以看出，空腔与集热板之间的平均温差小于6℃。这表明在空腔与集热板之间可以发生更有效的对流换热。出风口空气温度略低于空腔2的平均温度，平均温差为4.3℃。这是因为出风口在空腔2以下，部分热空气由于热压而集中在空腔2以上。空腔1与集热板进行一次传热，初始温度明显升高。35min后，集热板表面温度趋于稳定，一次传热减弱。空腔2与集热板之间的二次传热量较大。出风口空气温度比环境空气温度高14.9℃，出风口附近空气温度达到22.7℃。

集热板表面热流密度随时间的变化如图3-12所示，图中$H_c$为集热板高度，$H_p$为测点到集热板底部的距离。集热板表面覆盖锡箔，但由于直接辐射空腔1仍有额外温升，导致集热板和空气的热流密度较小，热通量增加，并在35min后保持不变。这说明约35min后集热板与空腔1之间的温差趋于稳定。从数值上看，集热板中部以上的热流密度较大，而中部以下的热流密度较小。热通量分布表明，空腔1上部与集热板之间的换热量最大。

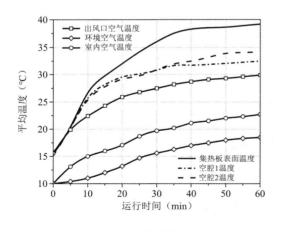

图3-11 新型太阳墙各部分温度变化

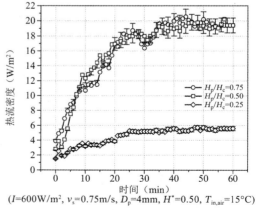

$(I=600\text{W/m}^2, v_s=0.75\text{m/s}, D_p=4\text{mm}, H^*=0.50, T_{\text{in,air}}=15℃)$

图3-12 集热板表面热流密度随时间的变化

2. 入口渗流速度变化

入口渗流速度（简称入渗速度）反映了空腔中空气的流动，间接反映了吸热效应。从

图 3-13（a）可以看出，入渗速度随太阳辐射强度的增大而增大。这一现象表明，增加的热压也有助于空气通过孔的渗透。不同高度比条件下的入渗速度如图 3-13（b）所示，在空腔 1 的上部和下部入渗速度较高，而在中层入渗速度较低。空腔 1 上部受右向热压和风压的共同驱动，入渗速度最大。由于空腔 1 下部的空气接近出口，风压决定了入渗速度。空腔 1 中部的空气受到向上的热压和向下的风压，造成空腔 1 中部吸力较弱，入渗速度最低。

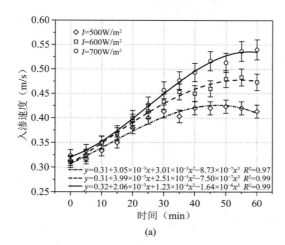

(a)

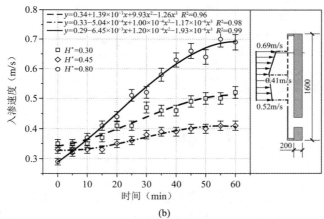

(b)

图 3-13　不同太阳辐射强度和高度比条件下的入渗速度

（a）不同太阳辐射强度下的入渗速度；（b）不同高度比条件下的入渗速度

**3. 结构参数和运行参数对空腔温度的影响**

稳定时间是指系统在一定的环境条件下达到稳定状态所需要的时间。将温度变化率小于 0.05℃/min 所需的时间定义为新型太阳墙稳定运行时间。一次传热决定了空腔 1 的温度，二次传热决定了两层空腔之间的温差。稳定条件下空腔 2 的温度是通过集热板加热的空气的最终温度，反映了一次传热和二次传热的综合作用。

不同条件下空腔平均温度和稳定时间变化曲线如图 3-14 所示。新型太阳墙的封闭结构提供了蓄热，因此集热板上升到一定温度需要更长的时间。初始升温速率没有达到最大值。空腔 1 的温度在前 15min 内升高，随着时间的推移，空腔 2 的温度逐渐超过空腔 1。由于二次加热，空腔 2 的温度普遍高于空腔 1。

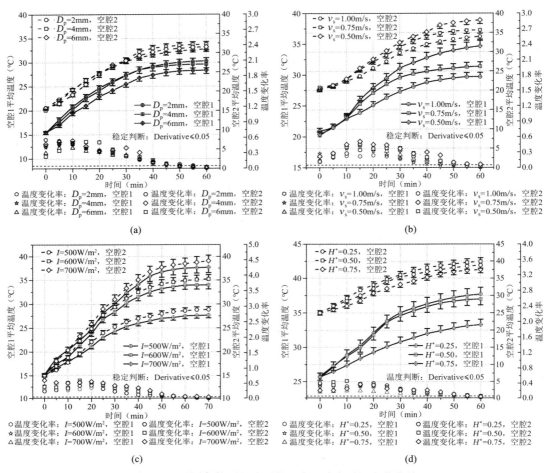

图 3-14　不同条件下空腔平均温度和稳定时间变化曲线

（a）$I = 600\text{W/m}^2$，$v_s = 0.75\text{m/s}$，$H^* = 0.50$，$T_{\text{in,air}} = 15\text{℃}$；（b）$I = 600\text{W/m}^2$，$D_p = 6\text{mm}$，$H^* = 0.75$，$T_{\text{in,air}} = 20\text{℃}$；
（c）$D_p = 4\text{mm}$，$v_s = 0.75\text{m/s}$，$H^* = 0.25$，$T_{\text{in,air}} = 15\text{℃}$；（d）$I = 600\text{W/m}^2$，$v_s = 0.75\text{m/s}$，$D_p = 2\text{mm}$，$T_{\text{in,air}} = 25\text{℃}$

不同渗透孔径（$D_p$）条件下的空腔平均温度和稳定时间，如图 3-14（a）所示，随着渗透孔径的增大，两空腔之间的温差逐渐增大，最大温差为 4.3℃。当渗透孔径为 2mm 时，二次加热效果较差，一次加热效果较好。而渗透孔径为 6mm 的一次加热和二次加热效果与渗透孔径 2mm 相反，导致空腔 2 的温度较低。空腔 2 在渗透孔径为 4mm 时达到最高温度（32.1℃），说明一次加热和二次加热的传热效率并不最高，但渗透孔径为 4mm 时总传热量最大。因此，合适的渗透孔径对传热有重要影响，渗透孔径太大或太小，将不会提供最大的传热率。

如图 3-14（b）所示，随着风机抽吸速度的降低，空腔 1 和空腔 2 的温度升高，分别达到 34.8℃、38.4℃，各空腔之间的温差在 3.5℃左右变化。说明风机吸入速度不是影响二次加热的主要因素。风机抽吸速度越低，各空腔的平均温度越高。

如图 3-14（c）所示，随着太阳辐射强度的增加，各空腔的温度逐渐升高，空腔 1 和空腔 2 的温度分别达到 37.9℃、39.1℃，而由于二次传热，各空腔之间的温差变化约 1℃，这表明太阳辐射强度对二次传热的影响可以忽略不计。此外，稳定时间随太阳辐射强度的增加而增加，原因可能是在更高的温度下达到热平衡需要更多的时间。

如图 3-14（d）所示，空腔 1 的温度与高度比呈负相关，最高达到 38.0℃。随着高度比的增加，空腔之间的温差从 1.1℃增加到 4.3℃。这说明高度比对二次传热有显著影响。与渗透孔直径相似，在高度比为 0.50 时，由于一次传热与二次传热相结合，传热速率最大。

上述结果表明，影响二次传热的主要因素是渗透孔径和高度比。通过优化集热板渗透孔径和高度比，可以改变气体在集热板内的流动规律，增加气体在集热板内的换热量。

4. 结构参数和运行参数对进、出口温升的影响

温升直接反映了新型太阳墙对外部空气的预热效果。图 3-15 为不同结构参数和运行参数下空气的温升情况。随着太阳辐射强度的增加，温升幅度增大；随着风机抽吸速度的增加，温升逐渐减小。渗透孔径和高度比越大，二次传热量越大，一次传热量越小，最终温升越低；渗透孔径和高度比越小，一次传热量越大，二次传热量越小，同时也降低了温升上限。

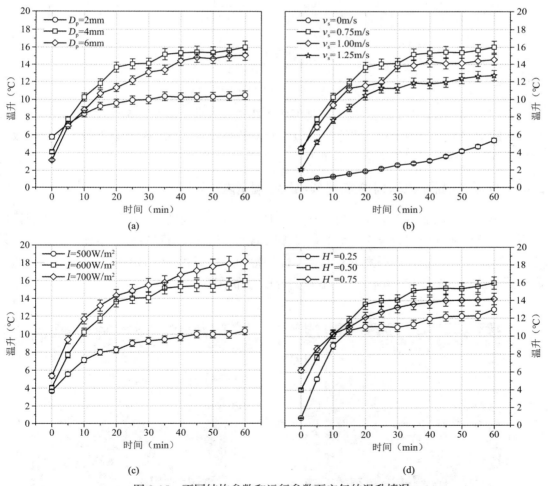

图 3-15　不同结构参数和运行参数下空气的温升情况

（a）$I = 600\text{W/m}^2$，$v_s = 0.75\text{m/s}$，$H^* = 0.50$，$T_{in,air} = 20℃$；（b）$I = 600\text{W/m}^2$，$D_p = 4\text{mm}$，$H^* = 0.50$，$T_{in,air} = 20℃$；
（c）$v_s = 0.75\text{m/s}$，$D_p = 4\text{mm}$，$H^* = 0.50$，$T_{in,air} = 20℃$；（d）$I = 600\text{W/m}^2$，$v_s = 0.75\text{m/s}$，$D_p = 4\text{mm}$，$T_{in,air} = 20℃$

5. 结构参数和运行参数对热交换效率和集热效率的影响

热交换效率和集热效率是新型太阳墙重要的性能指标，反映了空气从集热板吸收热量和吸收总辐射热的能力。图 3-16 所示为不同工况下集热效率和热交换效率。

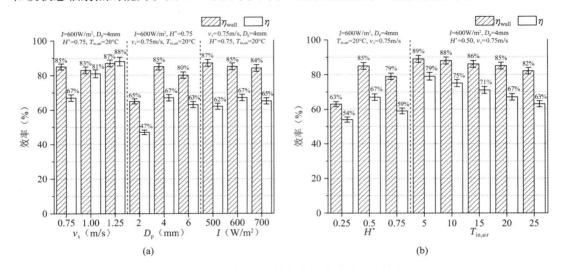

图 3-16　不同工况下的集热效率和热交换效率

（a）参数 $v_s$、$D_p$、$I$ 变工况；（b）参数 $H^*$、$T_{in,air}$ 变工况

由图 3-16 可知，提高风机吸入速度可使集热效率提高达 87%。集热效率随渗透孔径和高度比的增加不呈线性增长，渗透孔径为 4mm、高度比为 0.50，温升幅度较大，集热效率提高了 67%，这为集热板的选择提供了重要参考。

### 3.3.3　外置玻璃盖板型太阳能新风预热供暖墙室内热环境

应用新型太阳墙可以解决建筑的新风需求和渗透负荷问题。可以通过热舒适指标评价新型太阳墙的实际应用效果，从而为新型太阳墙的应用和运行设置提供指导。应用送风装置的建筑需着重考虑室内温度分布的均匀性，特别是顶部和底部的温差不宜过大，以免造成热量的浪费。图 3-17 为新型太阳墙室内温度分布情况。

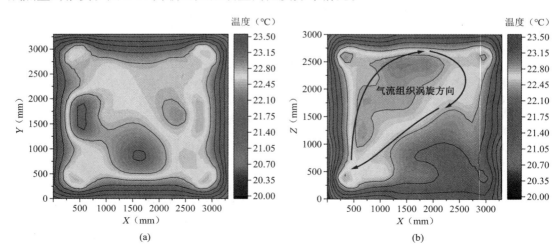

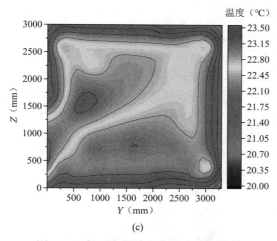

图 3-17　新型太阳墙室内温度分布情况

（a）XY 截面温度等高线；（b）XZ 截面温度等高线；（c）YZ 截面温度等高线

图 3-17（a）和（b）显示，在 X 近 0 区域内空气温度更高，说明气流组织以如图 3-17（b）所示的方向产生涡旋运动。靠近 Y 的 0 区域是出风口，因此温度较高，而 X 轴上温差最大不超过 1.5℃，说明东西侧人员的体感相当。由图 3-17（c）可知，初速度为 Y 正向的出风气流受浮升力的作用沿着 YZ 斜向上运动，斜度与温差相关。可以看出，除了靠近出风口的区域，Y 轴方向上温度差异不超过 0.5℃。此外，室内顶部与底部的温差不超过 1℃，说明室内温度分布相对均匀。

### 3.3.4　外置玻璃盖板型太阳能新风预热供暖墙应用分析

不同地区和不同功能建筑的热需求存在较大差异，因此需进行新型太阳墙的适应性分析。选择了西安、西宁、乌鲁木齐、临夏、银川和西藏日喀则作为代表城市，以 2020 年冬季最冷的晴天作为典型日。

新型太阳墙对不同地区相同功能建筑的热负荷和负荷消除率如图 3-18 所示。可以发现，由于日照充足，日喀则表现出更大的负荷消除率和更低的热负荷，且完全消除热负荷时段为 9:00～17:00，长达 8h，综合效果最好；乌鲁木齐能完全消除热负荷的时段大致在 11:00～16:00。

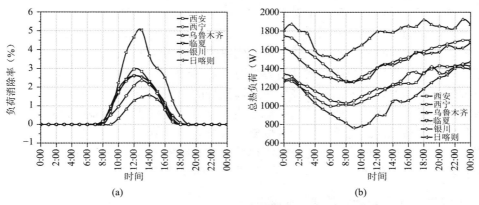

图 3-18　不同地区相同功能建筑的热负荷和负荷消除率

（a）负荷消除率；（b）热负荷

以西安为例，不同功能建筑的负荷消除率如图 3-19 所示。随着不同功能建筑新风量的需求增加，虽然换热效率得到了提升，但新风渗透负荷增长率更大。因此，负荷消除率减小。若考虑 75% 的时间不保证率，全部建筑满足负荷需求；若考虑 50% 的时间不保证率，化学实验室、厨房不能满足负荷需求；若考虑 25% 的时间不保证率，仅有住宅和办公室可以满足负荷需求。因此，针对不同的建筑类型，运行时间需要跟进调整，并根据建筑功能需要考虑辅助热源的功率。

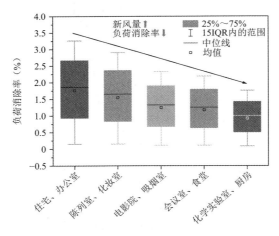

图 3-19    西安不同功能建筑的负荷消除率

综上可知，新型太阳墙不仅能有效提升太阳能利用率、营造良好的室内环境，而且受寒冷、高侧风的室外环境影响较小，从而能够缓解多孔渗透型太阳新风预热供暖墙效率低和在严寒地区应用受限等问题。

## 3.4    新型集成式太阳能集热蓄热墙

集热蓄热墙是常见的被动式太阳能供暖形式之一。与常规围护结构相比，集热蓄热墙在墙体外侧加设了玻璃盖板和吸热涂层，墙体上下侧设有通风口，玻璃盖板与重质墙体之间的空间作为空气流动通道。白天，吸热涂层会吸收透过玻璃盖板的太阳辐射热，进而加热夹层内的空气，空气被加热后上升至上通风口进入室内，以对流的方式向室内供热；同时，墙体外表面通过导热的方式向室内供热，其中一部分热量被墙体吸收并使自身的温度升高。夜间，墙体将在白天储存的热量释放到室内，达到供热效果。

集热蓄热墙在采用传统砖砌式建造方法时，存在现场施工周期长、人工需求数量较大、构造过程需要湿作业以及大面积建造质量难以把控的问题。若将集热蓄热墙设计为集成式安装构件，在工厂中将构造所需的组件标准化生产后，统一运输到现场进行安装，既能简化施工程序、缩短工期，还可以减少现场施工人员数量、节省人工费用。针对上述问题，本节提出了一种新型集成式太阳能集热蓄热墙，对其结构进行了解析，分析了其构造要点和安装步骤，并对比分析了其节能效果，为其在建筑中大面积推广利用提供依据。

### 3.4.1    新型集成式太阳能集热蓄热墙构造

新型集成式太阳能集热蓄热墙（简称新型集热蓄热墙）采用"开洞墙体—通风口盖

板—钢框通过锚固件与墙体连接—铺设内置保温材料—安装玻璃盖板"的集成方式，其墙体材料有钢筋混凝土、XPS 保温板、不锈钢和钢筋等。新型集热蓄热墙的结构拆解如图 3-20（a）所示。新型集热蓄热墙可以采用的保温方式有内保温、外保温、夹芯保温和墙体自保温，以外保温为例，其侧视结构如图 3-20（b）所示，相应构件包括隔热挡板、上下通风口、吸热涂层、窗框和玻璃盖板等。

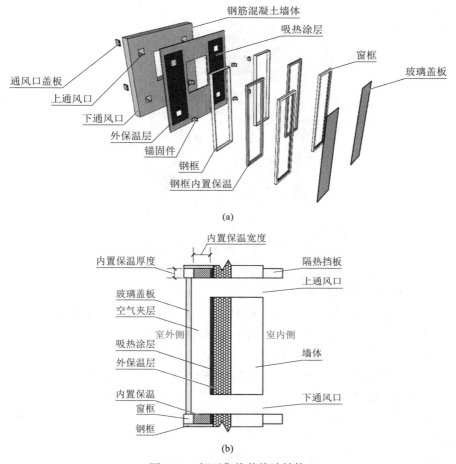

图 3-20　新型集热蓄热墙结构

（a）结构拆解；（b）以外保温为例的侧视结构示意图

新型集热蓄热墙的结构特征主要体现在以下方面：

（1）墙体上下具有通风口，白天进行对流传热时，下通风口为冷空气进风口，上通风口为被壁面加热后空气的出风口，为了保障空气有一定的吸热时间，上下通风口在垂直方向上有一定的距离。

（2）室内一侧，通风口设有可开闭的隔热挡板，一般采用铰链与墙体连接，方便隔热挡板开闭，操作简单。白天太阳辐射较强时，隔热挡板开启，使进入通风口的冷空气被加热，而夜间或阴雨天太阳辐射较弱，隔热挡板关闭。

（3）新型集热蓄热墙外表面一侧涂有深色吸热涂层，以使墙体外表面吸收更多热量。

（4）距墙体外表面一定间距，设有玻璃盖板，与墙体外表面之间的空间形成空气夹层。

四周需要进行密封隔热处理，以防止空气夹层的热量流失。

### 3.4.2 新型集成式太阳能集热蓄热墙尺寸

新型集热蓄热墙的热工性能与结构参数直接相关，且应当选取满足结构要求的墙体截面厚度。新型集热蓄热墙的主要结构参数包括：墙体外侧吸热涂层种类、空气夹层厚度、上下通风口中心距、上下通风口面积，其装配效果如图 3-21 所示。

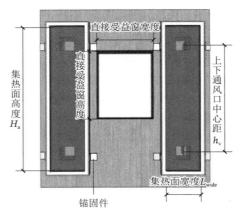

图 3-21　新型集热蓄热墙装配效果

结合装配式建筑的一般要求，新型集热蓄热墙的结构参数参照下述规定选取：

（1）墙体外侧的吸热涂层种类除了影响外墙表面的吸收率外，还直接关系到墙体的外观，考虑到建筑的审美需求，常见的吸热涂层有三种：当墙体外表面为混凝土（不涂吸热涂层）时，吸收率取 0.8；当墙体外表面采用铁铜复合氧化物时，吸收率取 0.9；当墙体外表面采用黑镍电镀涂层时，吸收率取 0.95。

（2）随着空气夹层厚度的增大，对流传热量先增大后减小，导热量逐渐增大，总传热量在 50mm 时达到最佳，同时为了减小外挂玻璃盖板的重量和体积，选取 50mm 为空气夹层厚度。

（3）当通风口与空气夹层沿高度垂直方向的截面积之比小于 0.8 时，新型集热蓄热墙的供热效果会下降，由（2）确定空气夹层厚度以后，再根据新型集热蓄热墙的宽度进行通风口面积计算，为了尽可能减小墙体打孔对墙体力学性能的影响，建议通风口面积与空气夹层沿高度垂直方向的截面积之比为 0.8。

（4）新型集热蓄热墙的供热性能与上下通风口中心距呈正相关，将上下通风口中心距视为开洞处理，根据规范规定，预制剪力墙洞口上方连梁高度不宜小于 250mm，采用灌浆套筒连接时，套筒上端第一道水平分布钢筋距离套筒顶部不应大于 50mm，由于预制钢筋剪力墙中钢筋的直径一般不超过 12mm，此时根据套筒直径选型，套筒高度不超过 300mm，装配式建筑的层高一般为 2.8m，由于上下通风口中心距取自通风口的尺寸中心，洞口本身沿墙体高度也有一定尺寸，故上下各留有 100mm 的高度。综上所述，建议新型集热蓄热墙的上下通风口中心距为 2m。

（5）对于保温层厚度的选取，采用净得热系数来评价墙体热工性能，通过模拟计算不同保温层厚度下典型设计日新型集热蓄热墙的净得热系数。考虑保温层厚度的增加会增大初投资和墙体总厚度，在 40mm 时外保温和剩余围护结构的收益情况较好，保温层的增加对内保温净得热系数的影响较小，对夹芯保温几乎不影响。新型集热蓄热墙墙体推荐统一使用 40mm 厚保温层。当采用无保温集热蓄热墙时，需要在集热面之外的剩余围护结构部分粘贴保温层。

综上所述，新型集热蓄热墙结构参数如表 3-2 和表 3-3 所示。

涂层和保温层参数　　　　　　　　　　　　　　　　　　表 3-2

| 结构名称 | 形式 | 吸收率 | 结构名称 | 形式 | 厚度 |
|---|---|---|---|---|---|
| 吸热涂层 | 混凝土 | 0.80 | 保温层 | 内保温 | 40mm |
| | 铁铜氧化物 | 0.90 | | 夹芯保温 | |
| | 黑镍电镀 | 0.95 | | 外保温 | |

集热构件参数　　　　　　　　　　　　　　　　　　　　表 3-3

| 参数 | 取值 |
|---|---|
| 集热面高度 $H_a$（m） | 高度不限 |
| 集热面宽度 $L_{wide}$（m） | 和空气夹层厚度之积与通风孔面积之比为 0.8 |
| 通风口面积 $A_v$（m²） | 截面面积之比 0.8 |
| 空气夹层厚度 $\delta_{ag}$（mm） | 50 |
| 上下通风孔中心距 $h_v$（m） | 2 |

对连接钢框与整个墙体的锚固件规格主要是通过应力计算进行选取，锚固件的结构示意如图 3-22 所示。

锚固件的尺寸参数包括锚固板面积、锚固板厚度、锚固钢筋直径、锚固钢筋之间沿水平和垂直方向的间距、锚固钢筋锚入深度等，其中锚固钢筋直径和锚入深度直接影响钢筋锚入墙体内的体积，与热工性能计算有关，故需要对这两个关键参数进行计算后再选取满足条件的规格尺寸，有效锚固深度（$L_{ab}$）和锚固钢筋中心距（$Z$）示意如图 3-23 所示。

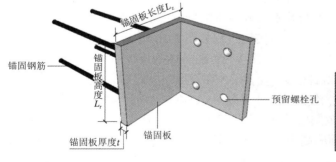

图 3-22　锚固件结构示意

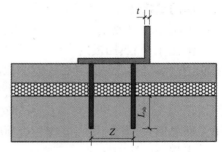

图 3-23　锚固深度 $L_{ab}$ 和锚固钢筋中心距 $Z$

由于新型集热蓄热墙的构件质量较小，采用最小尺寸的钢筋锚固件进行验算。经过计算可知，有效锚入深度为 150mm 时可以满足要求，锚固件尺寸为 8mm 厚锚固板，6mm 锚固件钢筋 ×4（根钢筋）可以满足大部分工程需求，锚固件的锚入深度如表 3-4 所示。同时，建议锚固件锚入混凝土墙体（夹芯保温时为内叶板）的长度为 150mm。

以房间宽 3.6m、高 2.8m、进深 5m 为例，直观地展现新型集热蓄热墙的装配效果，如图 3-24 所示。钢筋混凝土墙体厚度为 260mm，除南向围护结构保温层采用 40mm 外，其余围护结构保温层均为80mm。单片新型集热蓄热墙宽1m、高2.4m，上下通风口中心距为2m，上（或下）通风口面积为0.04m²，空气夹层厚度为0.05m，外表面吸收率为0.95。

不同保温形式锚固件锚入深度　　　　　　　表3-4

| 保温厚度（mm） | 30 | 40 | 50 | 60 | 70 | 80 | 90 | 100 |
|---|---|---|---|---|---|---|---|---|
| 内保温 | 150 | | | | | | | |
| 外保温 | 180 | 190 | 200 | 210 | 220 | 230 | 240 | 250 |
| 夹芯保温 | 240 | 250 | 260 | 270 | 280 | 290 | 300 | 310 |

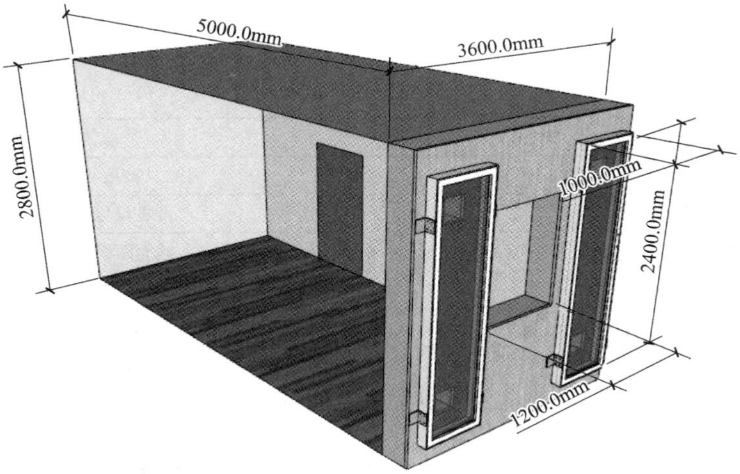

图3-24　新型集热蓄热墙的装配效果

### 3.4.3　新型集成式太阳能集热蓄热墙安装步骤

要实现新型集热蓄热墙的有效运行，需要按照一定顺序进行安装，使其满足一般集热蓄热墙的结构特征。由于集热构件的安装并不影响墙体本身与建筑的连接，所以图3-25所示装配顺序均出现在墙体安装固定之后，具体安装过程如图3-26所示。

步骤a：隔热挡板的安装。采用铰链与墙体连接，实现隔热挡板绕轴旋转。隔热挡板需要使用保温材料，使其具有一定的保温隔热功能，减少在通风口关闭时，热量向室外流失。

步骤 b：预设锚固件与涂高吸收涂层。以外保温形式为例，在传热面的两侧预设锚固件，预先在新型集热蓄热墙传热面范围内的保温层外表面涂刷高吸收涂层；如果集热面采用无保温形式，则直接在墙体外表面刷高吸收涂层，提高墙体外表面对太阳辐射的吸收率。

步骤 c：锚固链接。在锚固件靠近墙体的一侧，使用螺栓将钢框通过锚固件与墙体连接。在钢框内设置内置保温层，与墙体靠紧，这一步是为了形成空气夹层四周的空间，减少空气夹层空气热量的损失。

步骤d：窗框与玻璃盖板安装。将窗框设置在内置保温层的外侧，与内置保温层紧贴，在锚固件的外侧设置螺栓，将钢框与窗框连接，然后安装玻璃盖板。

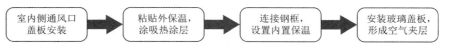

图3-25　新型集热蓄热墙安装步骤

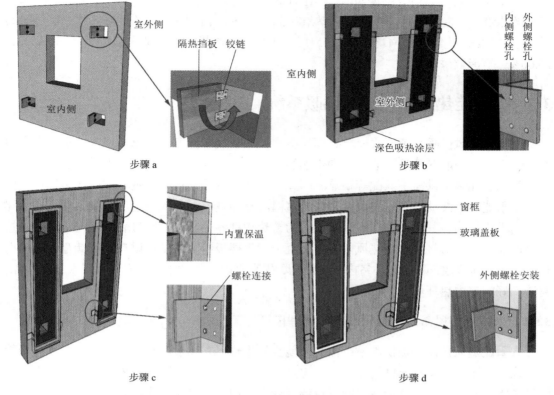

图 3-26　新型集热蓄热墙安装过程

### 3.4.4　新型集成式太阳能集热蓄热墙节能效果

在相同条件下，不装配新型集热蓄热墙的普通房间的耗热量与装配新型集热蓄热墙的房间的耗热量对比如图 3-27 所示。

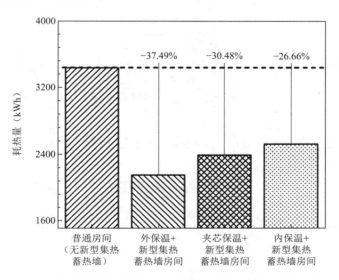

图 3-27　装配新型集热蓄热墙的房间与普通房间的耗热量对比

由图 3-27 可知，整个供暖期内，相比普通房间的耗热量，外保温＋新型集热蓄热墙房间的耗热量、夹芯保温＋新型集热蓄热墙房间的耗热量、内保温＋新型集热蓄热墙房间的耗热量分别减少 4641.26MJ、3773.15MJ、3299.75MJ，节能率分别为 37.49%、30.48%、26.66%，节能效果明显。

## 3.5　太阳能热风蓄热楼板供暖系统

太阳能热风供暖系统形式简单、不易冻裂损坏、成本低廉，广泛应用于太阳能富集地区。但由于太阳能热源具有波动性和不连续性等特点，导致太阳能热风供暖系统存在不稳定、间断性和热量供需不匹配等缺点。因此，在结合供暖末端时设置相应的蓄热构件，以缓解太阳能热源波动性和不连续性带来的室温波动和昼夜温差等问题。混凝土楼板作为建筑中的重质结构，其热惯性较大，可以作为蓄热构件储存热量，经过衰减后可以延迟热量的释放。因而，若将太阳能热风供暖与混凝土蓄热楼板组合，则可以在白天储存太阳辐射热量，在夜间释放，从而减小室内温度波动，提高室内热舒适水平，充分利用太阳能资源，营造良好的室内热环境。

### 3.5.1　太阳能热风蓄热楼板供暖系统物理模型

太阳能热风蓄热楼板供暖系统由太阳能空气集热器（简称集热器）、风机及预埋楼板管道组成。直接送热风系统将集热器加热的空气直接送至室内，如图 3-28（a）所示。直接送热风系统无蓄热部件，会造成房间昼夜温差较大，白天风温高、夜间难满足要求。因此，在此基础上结合楼板等混凝土结构蓄热，提出了楼板开式送风系统、楼板闭式辐射对流系统（简称楼板闭式送风系统），分别如图 3-28（b）（c）所示。楼板开式送风系统的热风先经过混凝土楼板的风管道再进入室内，楼板闭式辐射对流系统的热风经过混凝土楼板的风管道进行储存，以辐射方式进行散热。

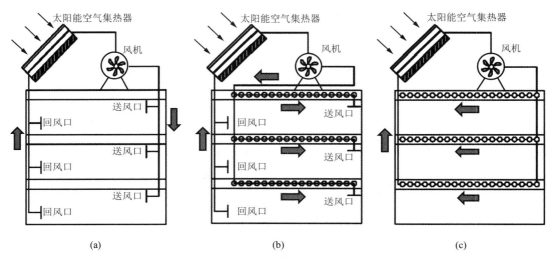

图 3-28　太阳能热风供暖系统的三种形式

（a）直接送热风系统；（b）楼板开式送风系统；（c）楼板闭式送风系统

### 3.5.2 太阳能热风蓄热楼板闭式系统蓄放热特性

本节对影响供暖末端蓄放热特性的蓄热楼板厚度、入口风速和入口温度等因素进行分析，以掌握热风蓄热楼板在运行工况下的蓄放热特性。

1. 蓄热特性

（1）楼板厚度的影响

蓄热阶段不同楼板厚度下楼板表面热流密度和平均温度如图 3-29 所示。不同楼板厚度下，蓄热阶段楼板表面热流密度和平均温度的变化规律相似，其值随时间逐渐增大而趋于减缓。增加楼板的厚度，楼板表面的热流密度和平均温度降低，达到稳定所需的时间增长。楼板厚度为 150mm、200mm、250mm、300mm 时，楼板表面热流密度达到稳定的时间分别为 14.4h、18.1h、21.8h、25.5h，可见楼板厚度对楼板蓄热至稳定状态所需时间影响较大。稳定后的楼板表面热流密度和平均温度分别为 151.7W/m²、142.0W/m²、129.2W/m²、120.0W/m² 和 30.0℃、29.3℃、28.3℃、26.7℃。楼板厚度每增加 50mm，达到稳定的时间增加 3.7h，楼板表面热流密度减少约 10W/m²，平均温度减少约 0.7℃。

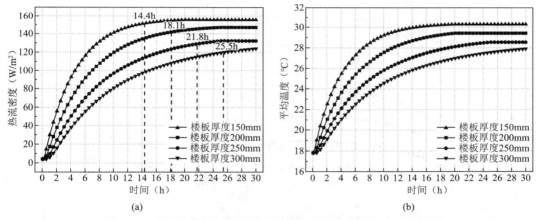

图 3-29　蓄热阶段不同楼板厚度下楼板表面热流密度和平均温度

（a）热流密度；（b）平均温度

（2）入口风速的影响

蓄热阶段不同入口风速下楼板表面热流密度和平均温度如图 3-30 所示。随着入口风速的增大，楼板表面热流密度和平均温度达到稳定所需的时间缩短，稳定后的热流密度和平均温度增大。入口风速为 2m/s、4m/s、6m/s、8m/s、10m/s 时，达到稳定的时间为 17.2、14.4h、12.8h、11.6h、10.8h，稳定后的热流密度和平均温度分别为 119.1W/m²、151.2W/m²、171.5W/m²、186.2W/m²、196.9W/m² 和 27.5℃、30.0℃、31.5℃、32.5℃、33.3℃。可见，入口风速每增加 2m/s，达到稳定的时间逐渐减小，同时楼板表面热流密度和平均温度的增加量逐渐减少。然而当入口风速超过 6m/s 后，其对楼板表面热流密度和平均温度的影响较小。

（3）入口温度的影响

蓄热阶段不同入口温度下楼板表面热流密度和平均温度如图 3-31 所示。在不同入口温度下，楼板表面热流密度和平均温度达到稳定所需时间相同，均为 14.6h，可见入口温度对楼板蓄热至稳定状态所需时间没有影响。入口温度为 40℃、50℃、60℃、70℃时，楼板表面热流密度和平均温度分别为 103.6W/m²、151.9W/m²、201.0W/m²、250.7W/m² 和 26.5℃、30.2℃、33.8℃、37.4℃。可见入口温度每增加 10℃，达到稳定时楼板表面热流密度约增大 50W/m²，平均温度约增大 3.6℃。

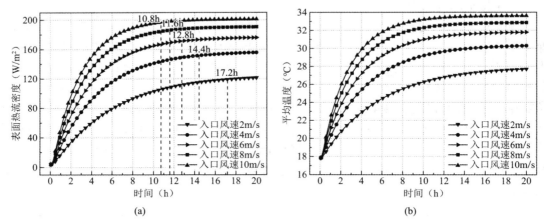

图 3-30　蓄热阶段不同入口风速下楼板表面热流密度和平均温度

（a）表面热流密度；（b）平均温度

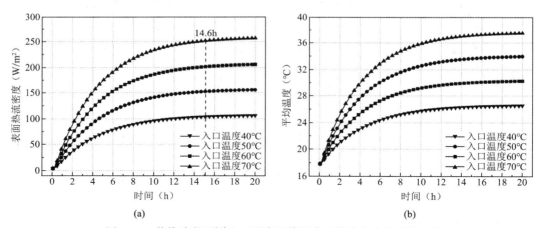

图 3-31　蓄热阶段不同入口温度下楼板表面热流密度和平均温度

（a）热流密度；（b）平均温度

**2. 放热特性**

**（1）楼板厚度的影响**

放热阶段不同楼板厚度下楼板表面热流密度和平均温度如图 3-32 所示。放热过程中，楼板厚度越大，楼板表面热流密度和平均温度衰减速率越慢，相同时间内热流密度和平均温度下降得越小。在相同的放热时间内（10h），楼板厚度为 150mm、200mm、250mm、300mm 时，楼板表面热流密度和温度分别下降 97.5W/m²、71.6W/m²、52.1W/m²、39.6W/m² 和 7.6℃、5.5℃、4.0℃、3.1℃。这是因为楼板厚度越大，楼板的热惯性越大，放热阶段楼板表面热流密度和平均温度下降得越缓慢。

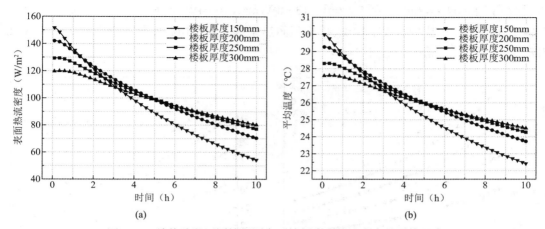

图 3-32　放热阶段不同楼板厚度下楼板表面热流密度和平均温度

（a）表面热流密度；（b）平均温度

（2）入口风速的影响

放热阶段不同入口风速下楼板表面热流密度和平均温度如图 3-33 所示。入口风速越大，放出的热量越多，楼板表面热流密度和平均温度下降得越快。在相同的放热时间内（10h），当入口风速为 2m/s、4m/s、6m/s、8m/s、10m/s，楼板表面热流密度和平均温度分别下降 77.4W/m²、100.2W/m²、114.1W/m²、124.0W/m²、131.1W/m² 和 6.1℃、7.8℃、8.7℃、9.4℃、9.9℃。入口风速每增加 2m/s，楼板表面热流密度和温度下降幅度逐渐减小。可见，入口风速增大到一定程度后（大于 6m/s），对楼板表面热流密度和平均温度的影响较小。

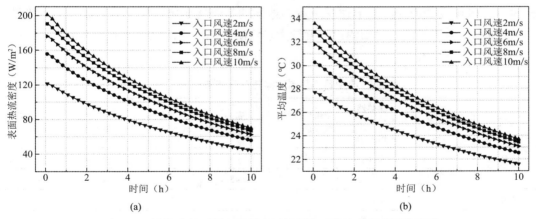

图 3-33　放热阶段不同入口风速下楼板表面热流密度和平均温度

（a）表面热流密度；（b）平均温度

（3）入口温度的影响

放热阶段不同入口温度下楼板表面热流密度和平均温度如图 3-34 所示。不同入口温度下楼板表面热流密度和平均温度的变化规律与不同入口风速下的变化规律类似。在相同的放热时间内（10h），当入口温度为 40℃、50℃、60℃、70℃时，楼板表面热流密度和平均温度分别下降 67.4W/m²、100.2W/m²、133.8W/m² 、168.4W/m² 和 5.4℃、7.8℃、10.1℃、12.4℃。可见，入口温度每增加 10℃，楼板表面热流密度和平均温度降低幅度分别为 33W/m² 和 2.3℃。

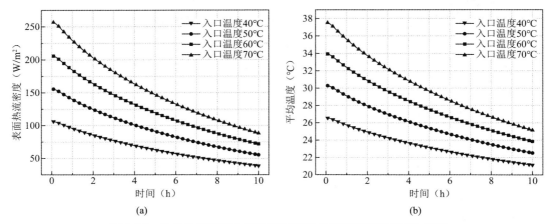

图 3-34　放热阶段不同入口温度下楼板表面热流密度和平均温度

（a）表面热流密度；（b）平均温度

### 3.5.3　建筑能耗与集热器集热量的关系

　　根据室外空气干球温度和太阳辐射条件，选择了拉萨、玉树和兴海三个典型地区分析建筑能耗与集热器集热量的关系。以某周转房示范建筑为例，该建筑共 3 层，层高为 3.4m，每层共计 8 户，客厅和卧室均为南向房间；供暖系统热源采用太阳能平板空气集热器。

　　示范建筑的屋顶尺寸为 15m × 6m，集热器单排串联的最大数量为 13 片（安装角度为 45°时，最多可设置 3 排）。上述三个典型地区的集热器在典型日的集热效率和集热量如表 3-5 所示。由于拉萨的太阳辐射强度较大且气温较高，因此该地区的集热器集热效率较高，日均集热量较大。

**典型日集热器的集热效率和集热量**　　　　　　　表 3-5

| 地区 | 集热器类型 | 集热器尺寸（m）（长×宽） | 单组集热器串联数量（片） | 安装角度（°） | 平均集热效率（%） | 出口温度范围（℃） | 日均集热量（W/m²） |
|---|---|---|---|---|---|---|---|
| 拉萨 | 太阳能平板空气集热器 | 2×1 | 13 | 45 | 43.4 | 30～70 | 145.9 |
| 玉树 | | 2×1 | 13 | 45 | 38.5 | 30～60 | 83.5 |
| 兴海 | | 2×1 | 13 | 45 | 30.3 | 30～50 | 42.0 |

　　通过计算典型日各地区不同节能水平下不同楼层的日总能耗和集热器日总集热量，获得了不同工况下的日总供热量与建筑日总能耗的比值（供需比），如表 3-6 所示。

　　供需比等于 1 时，表明集热器收集的总热量正好与建筑室温维持在 15℃以上消耗的总热量相等。然而，由于集热器仅在昼间收集热量并供给房间，而夜间并无热量供应，因此当供需比等于 1 时，并不意味着房间的温度可以维持在 15℃以上。

　　由表 3-6 可知，供需比小于 1 时，房间温度存在低于 15℃的时段。由于拉萨的太阳辐射强度和气温较高的气候特点，即使在低节能水平下，仍有部分工况的供需比大于 1，当节能率达到中、高节能水平时，所有工况的供需比均大于 1。玉树在低节能水平下供暖系统的供需比均小于 1；兴海在低、中节能水平下的供需比均小于 1，仅在高节能水平下的一层且集热器排数大于 2 时，供需比才大于 1。当然，增大供需比意味着集热系统和建筑节能投资成本的增加，而且供需比过大还可能引起室内温度过热，影响热舒适性。

典型日集热器总供热量与建筑能耗对比 表 3-6

| 地区 | 气候特点 | 节能率 | 楼层 | 日总能耗（MJ） | 集热器总面积（m²） | 日总供热量（MJ） | 供需比 |
|---|---|---|---|---|---|---|---|
| 拉萨 | 高辐射、高气温 | 0 | 一层 | 328.14 | 26 | 324.4 | 0.99 |
| | | | | | 52 | 648.8 | 1.98 |
| | | | | | 78 | 973.2 | 2.97 |
| | | | 二层 | 487.63 | 26 | 324.4 | 0.67 |
| | | | | | 52 | 648.8 | 1.33 |
| | | | | | 78 | 973.2 | 2.00 |
| | | | 三层 | 651.27 | 26 | 324.4 | 0.50 |
| | | | | | 52 | 648.8 | 1.00 |
| | | | | | 78 | 973.2 | 1.49 |
| | | 64% | 一层 | 117.03 | 26 | 324.4 | 2.77 |
| | | | | | 52 | 648.8 | 5.54 |
| | | | | | 78 | 973.2 | 8.32 |
| | | 66% | 二层 | 167.62 | 26 | 324.4 | 1.94 |
| | | | | | 52 | 648.8 | 3.87 |
| | | | | | 78 | 973.2 | 5.81 |
| | | 64% | 三层 | 238.45 | 26 | 324.4 | 1.36 |
| | | | | | 52 | 648.8 | 2.72 |
| | | | | | 78 | 973.2 | 4.08 |
| | | 82% | 一层 | 65.13 | 26 | 324.4 | 4.98 |
| | | | | | 52 | 648.8 | 9.96 |
| | | | | | 78 | 973.2 | 14.94 |
| | | 81% | 二层 | 102.97 | 26 | 324.4 | 3.15 |
| | | | | | 52 | 648.8 | 6.30 |
| | | | | | 78 | 973.2 | 9.45 |

| 地区 | 气候特点 | 节能率 | 楼层 | 日总能耗<br>（MJ） | 集热器总面积<br>（m²） | 日总供热量<br>（MJ） | 供需比 |
|---|---|---|---|---|---|---|---|
| 拉萨 | 高辐射、高气温 | 82% | 三层 | 134.35 | 26 | 324.4 | 2.41 |
| | | | | | 52 | 648.8 | 4.83 |
| | | | | | 78 | 973.2 | 7.24 |
| 玉树 | 中辐射、中气温 | 0 | 一层 | 601.01 | 26 | 184.2 | 0.31 |
| | | | | | 52 | 368.3 | 0.61 |
| | | | | | 78 | 552.5 | 0.92 |
| | | | 二层 | 959.87 | 26 | 184.2 | 0.19 |
| | | | | | 52 | 368.3 | 0.38 |
| | | | | | 78 | 552.5 | 0.58 |
| | | | 三层 | 1318.15 | 26 | 184.2 | 0.14 |
| | | | | | 52 | 368.3 | 0.28 |
| | | | | | 78 | 552.5 | 0.42 |
| | | 64% | 一层 | 198.10 | 26 | 184.2 | 0.93 |
| | | | | | 52 | 368.3 | 1.86 |
| | | | | | 78 | 552.5 | 2.79 |
| | | 63% | 二层 | 340.87 | 26 | 184.2 | 0.54 |
| | | | | | 52 | 368.3 | 1.08 |
| | | | | | 78 | 552.5 | 1.62 |
| | | 64% | 三层 | 459.64 | 26 | 184.2 | 0.40 |
| | | | | | 52 | 368.3 | 0.80 |
| | | | | | 78 | 552.5 | 1.20 |
| | | 85% | 一层 | 72.07 | 26 | 184.2 | 2.56 |
| | | | | | 52 | 368.3 | 5.11 |
| | | | | | 78 | 552.5 | 7.67 |
| | | 84% | 二层 | 126.50 | 26 | 184.2 | 1.46 |
| | | | | | 52 | 368.3 | 2.91 |
| | | | | | 78 | 552.5 | 4.37 |
| | | 85% | 三层 | 175.95 | 26 | 184.2 | 1.05 |
| | | | | | 52 | 368.3 | 2.09 |
| | | | | | 78 | 552.5 | 3.14 |

续表

| 地区 | 气候特点 | 节能率 | 楼层 | 日总能耗（MJ） | 集热器总面积（m²） | 日总供热量（MJ） | 供需比 |
|---|---|---|---|---|---|---|---|
| 兴海 | 低辐射、低气温 | 0 | 一层 | 813.24 | 26 | 99.6 | 0.12 |
| | | | | | 52 | 199.2 | 0.24 |
| | | | | | 78 | 298.8 | 0.37 |
| | | | 二层 | 1363.51 | 26 | 99.6 | 0.07 |
| | | | | | 52 | 199.2 | 0.15 |
| | | | | | 78 | 298.8 | 0.22 |
| | | | 三层 | 1909.26 | 26 | 99.6 | 0.05 |
| | | | | | 52 | 199.2 | 0.10 |
| | | | | | 78 | 298.8 | 0.16 |
| | | 63% | 一层 | 322.52 | 26 | 99.6 | 0.31 |
| | | | | | 52 | 199.2 | 0.62 |
| | | | | | 78 | 298.8 | 0.93 |
| | | 64% | 二层 | 544.10 | 26 | 99.6 | 0.18 |
| | | | | | 52 | 199.2 | 0.37 |
| | | | | | 78 | 298.8 | 0.55 |
| | | 64% | 三层 | 771.64 | 26 | 99.6 | 0.13 |
| | | | | | 52 | 199.2 | 0.26 |
| | | | | | 78 | 298.8 | 0.39 |
| | | 83% | 一层 | 163.47 | 26 | 99.6 | 0.61 |
| | | | | | 52 | 199.2 | 1.22 |
| | | | | | 78 | 298.8 | 1.83 |
| | | 82% | 二层 | 314.8 | 26 | 99.6 | 0.32 |
| | | | | | 52 | 199.2 | 0.63 |
| | | | | | 78 | 298.8 | 0.95 |
| | | 83% | 三层 | 427.56 | 26 | 99.6 | 0.23 |
| | | | | | 52 | 199.2 | 0.47 |
| | | | | | 78 | 298.8 | 0.70 |

通过上述分析可知，类似于拉萨的高辐射、高气温地区，其集热器得热量大，建筑热负荷小，在低节能水平下，铺设大面积的集热器即可满足供暖能耗，中节能水平以上时，单排集热器收集的热量即可满足供暖能耗；玉树等中辐射、中气温地区，集热器的集热量难以满足低节能水平下的供暖能耗，中节能水平下可满足二层以下的供暖能耗；兴海等低辐射、低气温地区，集热器的集热量均无法满足中、低节能水平下的供暖能耗，即使高节

能水平下，集热器满铺时，也仅能满足一层的供暖能耗。

### 3.5.4　太阳能热风蓄热楼板供暖系统室内热环境

本节从太阳能热风蓄热楼板供暖系统供热量和室内热环境两方面评价系统的应用效果。

1. 供热量

不同形式的太阳能热风供暖系统供给房间的热量如图 3-35 所示。直接送热风系统仅在白天向房间供热，夜间无热量供应。楼板送风系统（开式、闭式）除了白天向房间供热外，还将一部分热量蓄存在楼板中，夜间同样能给房间供热。楼板开式送风系统与闭式送风系统的供热规律略有差异，由于楼板开式送风系统中加热楼板后的回风又流入室内，对房间进行二次加热，因而其白天供给房间的热量要多于楼板闭式送风系统；而楼板闭式送风系统中热风仅不断循环地加热楼板，因而楼板中蓄存的热量要多于楼板开式送风系统，故夜间楼板闭式送风系统供给房间的热量要多于楼板开式送风系统。但楼板开式送风系统的日总供热量要大于楼板闭式送风系统，其原因是楼板闭式送风系统中集热器进口温度为楼板的出口温度，而楼板开式送风系统集热器的进口温度为室内空气温度，由于楼板出口温度要高于室内空气温度，所以楼板闭式送风系统的集热器进口温度高，导致集热器的效率较低。

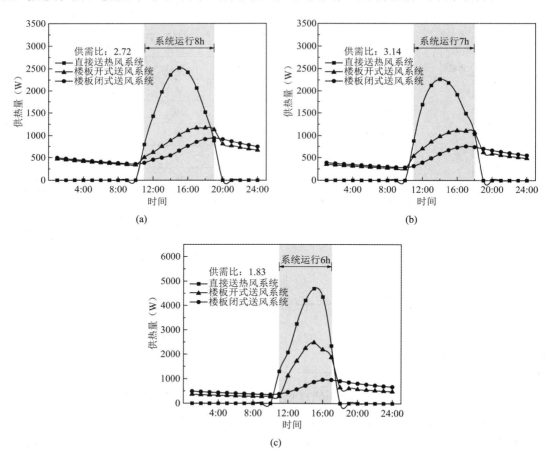

图 3-35　不同形式的太阳能热风供暖系统供给室内的热量

（a）拉萨；（b）玉树；（c）兴海

可以看出，太阳能热风供暖系统的供热量峰值出现时间有所差异，直接送热风系统的供热高峰出现最早，楼板开式送风系统次之，楼板闭式送风系统最晚。以拉萨为例，直接送热风系统的供热高峰出现在 15:00 左右，楼板开式送风系统出现在 17:00 左右，而楼板闭式送风系统出现在 19:00 左右。

2. 室内热环境

不同形式的太阳能热风供暖系统室内空气温度变化如图 3-36 所示。

由图 3-36（a）可知，拉萨地区除直接送热风系统外，其余两种系统的室内空气温度均高于 15℃，直接送热风系统的室内温度在白天高于楼板送风系统（开式、闭式），而夜间则低于楼板送风系统。室温波动幅度有所差异，直接送热风系统的昼夜温差最大，约为 13℃；楼板开式送风系统次之，约为 7℃；楼板闭式送风系统最小，约为 6℃。

由图 3-36（b）可知，在玉树，建筑房间昼夜温差与拉萨类似，直接送热风系统昼夜温差仍然超过 10℃，楼板闭式送风系统约为 5℃。

由图 3-36（c）可知，在兴海，直接送热风系统和楼板开式送风系统的室内温度能够维持在 15℃以上，而楼板闭式送风系统的室温有近 10h 低于 15℃；直接送热风系统和楼板开式送风系统的昼夜温差均大于 10℃，原因是兴海地区的昼夜温差大，为使房间的温度全天均高于 15℃，需铺设大面积集热器，白天向房间内供入大量热能，因而导致白天温度升高幅度较大。

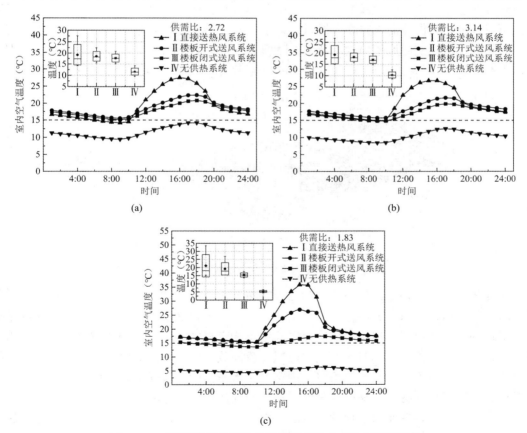

图 3-36　不同形式的太阳能热风供暖系统室内空气温度变化

（a）拉萨；（b）玉树；（c）兴海

## 3.6 多级相变太阳能通风吊顶

从前述分析可知，太阳能热风供暖系统容易造成白天温度过高、夜间温度较低的室温波动等问题。因此，如何在集热量有限的情况下，平抑热风出口温度波动，延长出口温度满足热舒适需求区间的运行时间，是太阳能热风供暖系统亟需解决的问题。因此，本节提出了新型供暖末端——多级相变太阳能通风吊顶，该新型供暖末端以真空管太阳能空气集热器（简称真空板集热器）为热源，多级相变蓄热单元与室内吊顶相结合，沿热风流体流动方向依次设置不同熔点的多级相变材料，使换热流体与相变材料的温差维持在一定范围，从而实现太阳能蓄放热过程中能量的逐级利用。

### 3.6.1 多级相变太阳能通风吊顶构造及工作原理

多级相变太阳能通风吊顶在矩形风管中布置三层尺寸相同的相变材料板（简称多级相变通风吊顶），沿换热流体流动方向依次布置几种熔点不同的相变材料（PCM）。相变材料两端以及各级相变材料之间都设置有保温材料。考虑到该末端布置在房间顶部，由于自然对流效应的存在，并不适合采用辐射供暖方式，因此应尽量通过换热流体将热量带入室内，故矩形风管外部包裹一定厚度的保温层，防止热量通过风管外壁向外界环境扩散。多级相变通风吊顶可以根据房间供暖需求并联多根风管，布置灵活。图 3-37 显示了布置有三种不同熔点相变材料的多级相变通风吊顶构造及工作原理。该末端有两个进风口、两个出风口，分别对应白天蓄热进风口与出风口，夜间放热进风口与出风口，风口均由百叶风口控制启闭。

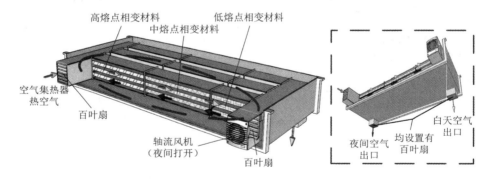

图 3-37 多级相变通风吊顶构造及工作原理

多级相变通风吊顶的工作原理分为白天蓄热与夜间放热两个阶段。白天蓄热阶段，蓄热进风口与出风口开启，放热进风口与出风口关闭，来自真空管集热器的热空气通过风机送入吊顶的空气通道内，热空气依次流经高熔点相变材料、中熔点相变材料、低熔点相变材料，相变材料在蓄热的同时向室内送暖风；夜间放热时，放热进风口与出风口开启，蓄热进风口与出风口关闭，放热风机将室内空气送入吊顶的空气通道内，依次流经低熔点相变材料、中熔点相变材料、高熔点相变材料，与其换热然后送入室内。

下文将对多级相变通风吊顶的蓄放热性能展开讲述，对影响蓄放热性能的关键参数进行优化设计，并分析其对室内热环境的影响，为多级相变蓄热技术与太阳能热风供暖系统结合奠定理论基础同时提供设计参考。

### 3.6.2　多级相变太阳能通风吊顶蓄放热性能

选取高导热定形相变材料作为多级相变通风吊顶中的相变蓄热单元，它主要由膨胀石墨与石蜡制备而成，具有相变时相态不发生改变、易压制成型、导热性能相对较好、潜热值大等特点。为了能蓄存多品位热能，选择熔点最为接近的 57℃、44℃、37℃三种相变材料。

相变材料在蓄放热时可分为三个温度变化阶段。蓄热时：第一阶段，固态显热蓄热占主导，升温较快；第二阶段，温度升高到熔点附近，而后形成一个温度较为平缓的潜热蓄热平台期；第三阶段，液态显热蓄热占主导地位，温度快速升高。放热时：第一阶段，液态显热放热，温度快速下降；第二阶段，相变材料下降到相变熔点温度后，形成温度下降缓慢的潜热放热平台期，相变材料释放潜热；第三阶段，固态显热蓄热释放。

1. 变入口温度条件下多级相变通风吊顶蓄放热性能

通过对比实验，探究入口温度随太阳辐射变化而波动时对多级相变通风吊顶蓄放热性能的影响。图 3-38 为蓄热时入口峰值温度为 80℃、90℃、100℃的工况下，多级相变通风吊顶蓄热时出口温度的变化情况。峰值温度为 80℃时，出口温度与入口温度变化大致相同，呈现先增大后减小的趋势，未出现出口温度缓慢上升的第三阶段，这是因为各部分相变材料在该入口温度及蓄热时间条件下并未完全融化所致；当峰值温度升高到 100℃时，第二阶段的温度升高速度加快，出口温度波动变大，出口峰值温度变大。峰值温度为 80℃、90℃、100℃时出口峰值温度分别为 62.9℃、70.1℃、81.9℃。综上所述，多级相变通风吊顶能够有效降低真空管集热器出口温度波动，削减出口峰值温度，保证房间在白天不会出现过热现象。确定好多级相变通风吊顶尺寸后，应匹配合适的真空管集热器面积来保证出口温度波动处于较低状态，以维持白天多级相变通风吊顶良好的供暖效果。

入口峰值温度为 80℃、90℃、100℃时，多级相变通风吊顶放热时出口温度变化情况如图 3-39 所示。由于入口温度基本相同，出口温度变化与入口温度变化类似。入口峰值温度为 80℃时，由于各部分相变材料并未完全融化，导致其潜热放热阶段较其他两个工况明显减少。峰值温度为 90℃、100℃时，出口温度的差异主要体现在开始时显热放热阶段，对整个过程中较为重要的潜热放热阶段影响不明显。

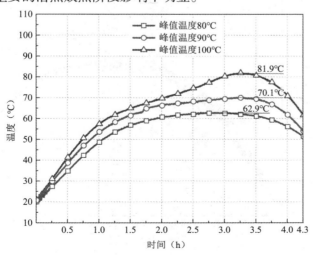

图 3-38　不同入口温度下多级相变通风吊顶蓄热时出口温度变化情况

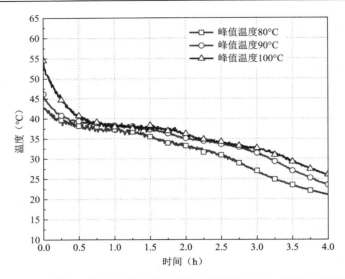

图 3-39　不同入口温度下多级相变通风吊顶放热时出口温度变化情况

入口风速为 1.5m/s、2.0m/s、2.5m/s 时，多级相变通风吊顶蓄热时出口温度变化情况如图 3-40 所示。蓄热时，入口风速越高，显热蓄热阶段温度升高速率越快，但入口风速对温升速率的影响不大；出口温度较为平缓的第二阶段温度越高，持续时间越短，但对该阶段出口温度影响不大。风速的提高对出口温度的影响主要集中在相变完成后的显热蓄热阶段，入口风速越大，该阶段的出口温度升高越快，峰值温度越高，温度波动越大，越早开始放热过程。风速为 1.5m/s、2.0m/s、2.5m/s 时，出口峰值温度分别为 68.7℃、70.1℃、75.7℃。

图 3-41 为入口风速为 1.5m/s、2.0m/s、2.5m/s 时，多级相变通风吊顶放热时出口温度变化情况。放热时，入口风速越高，相变材料显热放热时出口温度下降速度越快，潜热放热时出口温度越低，差异在 4.0℃左右，处于稳定潜热放热阶段的持续时长越短。

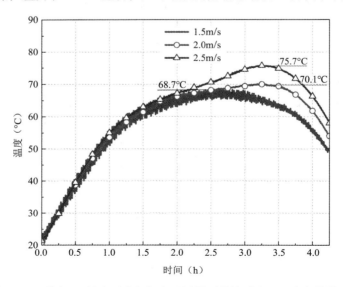

图 3-40　不同入口风速下多级相变通风吊顶蓄热时出口温度变化情况

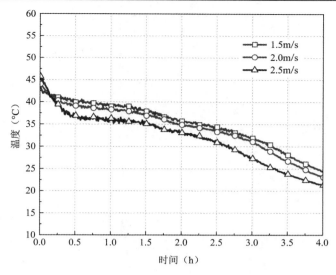

图 3-41 不同入口风速下多级相变通风吊顶放热时出口温度变化情况

综上所述，入口风速提高增大了空气的对流换热，但是对相变材料潜热放热时出口温度影响不大，影响主要集中在相变完成后的显热蓄放热阶段的出口峰值温度以及相变材料相变完成时间。这是由于风速提高，单位时间内进入风管的热量越多，单位时间的换热量也因此增加。虽然入口风速升高提高了空气的对流换热效果，但是空气在风管内的停留时间也相应缩短，导致潜热蓄放热时出口温度略有升高，但影响不大。因此，在应用多级相变通风吊顶时，风速不应太大，否则会导致白天蓄热后期出口峰值温度过高，从而影响室内热环境。

2. 室内热环境

为分析多级相变通风吊顶对室内热环境的营造效果，在人工气候室中部两个截面上，布置 15 个室内温度测点，由高到低布置 3 层，每层均匀布置 5 个测点。不同入口条件下室内平均温度变化情况如图 3-42 所示。

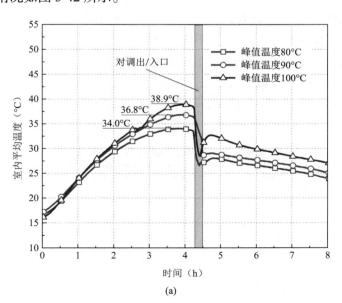

(a)

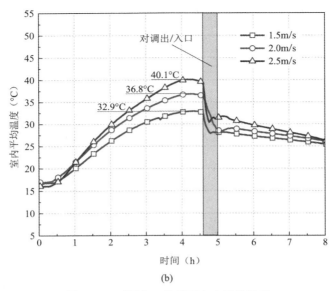

图 3-42　不同入口条件下室内平均温度

（a）不同入口温度；（b）不同入口风速

由图 3-42 可知，入口温度与入口风速越大，蓄热时室内平均温度升高的速度越快，所能达到的峰值越大。入口温度峰值为 80℃、90℃、100℃时，室内平均温度峰值分别为 34.0℃、36.8℃、38.9℃；入口风速为 1.5m/s、2.0m/s、2.5m/s 时，室内平均温度峰值分别为 32.9℃、36.8℃、40.1℃。放热时，不同入口温度峰值与入口风速下室内平均温度均先短暂地缓慢升高后持续缓慢下降。这是由于初期相变材料显热率先释放，出口温度较高所致。

### 3.6.3　多级相变太阳能通风吊顶参数优化设计

1. 各级相变材料用量配比对蓄放热性能的影响

在换热流体流动方向上布置熔点依次降低的相变材料可以维持空气与相变材料在流动方向上的换热温差相对稳定，而各级相变材料用量配比是影响空气流动方向上换热温差分布的重要因素，不同用量配比势必会对多级相变通风吊顶的蓄放热性能产生影响。

因此，在风管尺寸与风速均相同情况下，保证相变蓄热单元整体平均熔点固定为 46℃，依次提高熔点为 44℃ 的相变材料的占比，并分别计算出熔点为 57℃ 的相变材料、熔点为 37℃ 的相变材料所占比例，作为多级相变通风吊顶各级相变材料不同配比工况，具体设置如表 3-7 所示，其中入口风速为 1.4m/s，风道高度为 2.0cm。

多级相变通风吊顶各级相变材料不同用量配比　　　　　　　　表 3-7

| 工况 | 熔点为 57℃的相变材料长度<br>一层（cm） | 熔点为 44℃的相变材料长度<br>二层（cm） | 熔点为 37℃的相变材料长度<br>三层（cm） |
|---|---|---|---|
| A1 | 135 | 0 | 165 |
| A2 | 121 | 40 | 139 |
| A3 | 100 | 100 | 100 |
| A4 | 86 | 140 | 74 |

| 工况 | 熔点为57℃的相变材料长度 一层（cm） | 熔点为44℃的相变材料长度 二层（cm） | 熔点为37℃的相变材料长度 三层（cm） |
|---|---|---|---|
| A5 | 72 | 180 | 48 |
| A6 | 58 | 220 | 22 |

多级相变通风吊顶在相变材料不同用量配比工况下蓄放热出口温度变化情况如图 3-43 所示。在保证整体相变材料熔点不变的前提下，随着熔点为 44℃的相变材料占比增大，对蓄放热出口温度的影响主要在第二与第三阶段，影响范围在 2.0℃左右。蓄热时，熔点为 44℃的相变材料所占比例越大，出口温度相对稳定的第二阶段的温度越高；放热时规律相反，第二阶段出口温度随熔点为 44℃的相变材料所占比例的增加而降低。熔点为 44℃的相变材料占比过高或过低都会使得出口温度较早地降低到 35℃，缩短放热时舒适热风供暖时长。熔点为 44℃的相变材料占比为 0 时，舒适热风供暖总时长最短，为 12.6h；熔点为 44℃的相变材料占比 1/3 时，舒适热风供暖总时长最长，为 13.1h。

多级相变通风吊顶在相变材料不同用量配比工况下舒适热风供暖平均温度变化情况如图 3-44 所示。随着熔点为 44℃的相变材料占比增大，白天蓄热时舒适热风供暖平均温度先减小后增加，夜晚放热时舒适热风供暖平均温度先增大后减小。综合对比各配比工况下多级相变通风吊顶蓄放热时舒适热风供暖平均温度，熔点为 44℃的相变材料占比为 11/15 时，舒适热风供暖平均温度昼夜之差最大，约为 3.3℃；熔点为 44℃的相变材料占比为 1/3 时，舒适热风供暖平均温度昼夜之差最小，约为 1.0℃。

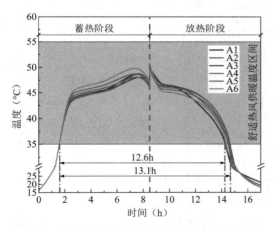

图 3-43　相变材料不同用量配比工况下多级相变
通风吊顶出口温度变化情况

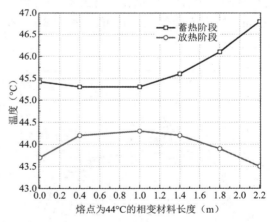

图 3-44　相变材料不同用量配比工况下多级相变
风吊顶舒适热风供暖平均温度变化情况

综合考虑不同用量配比工况下多级相变通风吊顶蓄热效率、放热效率，各级相变材料最优配比建议为 1∶1∶1。

2. 相变板厚度对蓄放热性能的影响

多级相变通风吊顶中相变板厚度影响其总蓄热量，因此探究相变材料熔点为 57℃、44℃、37℃下四种相变板厚度依次为 2.0cm、2.5cm、3.0cm、3.5cm 的三级相变通风吊顶的蓄放热性能。

不同相变板厚度下多级相变通风吊顶出口温度变化情况如图 3-45 所示。蓄热时，多级相变通风吊顶出口温度随相变板厚度的减少快速升高到 35℃，相变板厚度为 2.0cm 时，出口温度比相变板厚度为 3.5cm 时提前 0.5h 左右，进入出口温度相对平缓的第二阶段。相变板厚度对第二阶段出口温度影响不大。这是因为，相变板的厚度仅影响多级相变通风吊顶的总蓄热量，对其在潜热蓄热时空气流动方向上的温度分布以及总体换热效果影响不大。相变板厚度为 2.5cm、2.0cm 时，出口温度分别在蓄热开始后的 7.5h、5.9h 左右高于 55℃，缩短了蓄热时舒适热风供暖时长。放热时，相变板厚度对多级相变通风吊顶出口温度进入相对平缓的第二阶段所需时间以及该阶段内出口温度影响不大。相变板厚度越厚，出口温度越晚低于 35℃，相变板厚度的增加延长了多级相变通风吊顶的夜间使用时长。

相变板厚度为 2.0cm、2.5cm、3.0cm、3.5cm 的多级相变通风吊顶舒适热风供暖总时长分别为 8.8h、10.3h、13.1h、13.3h，当相变材料增加到 3.0cm 后，再增加相变板厚度对舒适热风供暖总时长的延长效果不明显，相变板厚度为 3.5cm 比相变板厚度为 3.0cm 仅增加了 0.2h。

不同相变板厚度下多级相变通风吊顶蓄热效率、放热效率与相变材料利用率如图 3-46 所示。由图可知，多级相变通风吊顶的蓄热效率与相变板厚度呈正相关关系，当相变板厚度增加到 3.0cm 后对蓄热效率的提升不明显；放热效率随相变板厚度的增加，呈先增大后减小的趋势，相变板厚度为 2.5cm 时放热效率最大，为 91.6%；相变板厚度小于 2.5cm，相变材料利用率达 98% 左右，但当厚度大于 2.5cm 后，由于在有限的蓄热时间内相变材料并未完全融化，导致相变材料利用率减小。综上所述，相变板厚度不宜大于 3.0cm，根据夜间使用时长可以适当减小，但为保证白天热风供暖效果，相变板厚度不宜小于 2.5cm。

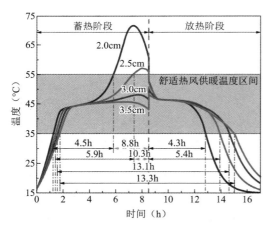
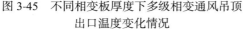

图 3-45　不同相变板厚度下多级相变通风吊顶
出口温度变化情况

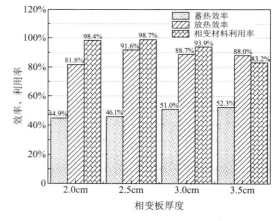

图 3-46　不同相变板厚度下多级相变通风吊顶蓄热
效率、放热效率与相变材料利用率

**3. 入口风速对蓄放热性能的影响**

结合实际使用时舒适热风供暖温度区间，对入口风速为 1.2m/s、1.4m/s、1.6m/s、1.8m/s 时，相变材料熔点为 57℃、44℃、37℃的最优比例多级相变通风吊顶（相变板厚度为 3.0cm，风道高度为 2.0cm）的蓄放热性能进行对比分析。

不同入口风速下多级相变通风吊顶出口温度变化情况如图 3-47 所示。蓄热时，入口风速越大，多级相变通风吊顶出口温度越早达到 35℃，进入第二阶段，但是对此阶段出口温度影响不大，影响范围在 3.0℃左右。入口风速大于 1.6m/s 时，虽然可以使出口温度较早达到 35℃，但是也加速了相变材料融化，出口温度相对平缓阶段持续时长缩短，出口温度更早升高到 55℃，超出室内舒适热风供暖温度上限，蓄热时舒适热风供暖时长随之缩短。放热时，入口风速越大，出口温度相对平缓阶段的持续时间越短，出口温度越早下降到 35℃，放热舒适热风供暖时长也越短，与蓄热阶段同样的规律是入口风速对较为稳定的潜热放热阶段出口温度影响不大。综上所述，入口风速为 1.8m/s、1.6m/s、1.4m/s、1.2m/s 的舒适热风供暖总时长分别为 10.6h、12.7h、13.1h、13.3h，降低入口风速可以延长三级相变通风吊顶舒适热风供暖总时长，当风速降低到 1.4m/s 时，再降低入口风速，对舒适热风供暖总时长延长效果不再明显。

不同入口风速下多级相变通风吊顶舒适热风供暖平均温度变化情况如图 3-48 所示。蓄热时，舒适热风供暖平均温度随着入口风速的增加逐渐升高，入口风速超过 1.6m/s 后略有下降。这是因为入口风速超过 1.6m/s 后出口温度在蓄热后期超过舒适热风供暖温度上限所致。放热时，舒适热风供暖平均温度随入口风速的升高而逐渐降低，但是影响不大。舒适热风供暖平均温度昼夜之差分别为 −0.5℃、1.0℃、3.1℃、2.8℃。结果表明入口风速增大，舒适热风供暖平均温度昼夜之差存在最小值。

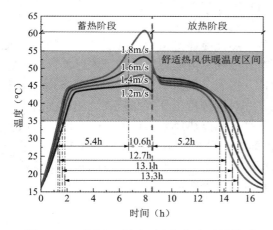

图 3-47　不同入口风速下多级相变通风吊顶
出口温度变化情况

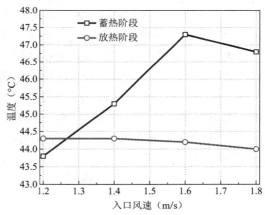

图 3-48　不同入口风速下多级相变通风吊顶供暖
平均温度变化情况

不同入口风速下多级相变通风吊顶蓄热效率、放热效率与相变材料利用率如图 3-49 所示。当入口风速由 1.2m/s 增加到 1.8m/s 时，三级相变通风吊顶蓄热效率分别为 53.2%、51.0%、48.5%、46.3%；放热效率分别为 89.3%、88.7%、87.2%、85.4%；相变材料利用率分别为 85.1%、93.9%、96.2%、97.9%。从总体趋势上来说，随着入口风速的增加，蓄热效率与放热效率都在相应降低。相变材料利用率随入口风速的增加而增加，但是当入口风速提高到 1.6m/s 后，相变材料利用率的提升效果不再明显。综上所述，多级相变通风吊顶在使用过程中入口风速不宜大于 1.6m/s，但是根据使用需求可以适当减小。

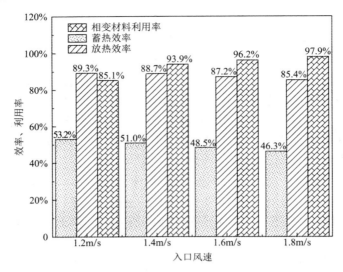

图 3-49　不同入口风速下多级相变通风吊顶蓄热效率、放热效率与相变材料利用率

## 3.7　本章小结

　　本章提出了五种新型太阳墙和蓄热楼板供暖方法，从构造形式、工作原理、热性能及其对室内热环境的影响等方面进行分析与评价。首先介绍了多孔渗透型太阳能新风预热供暖墙的结构及工作原理，提出了集热效率、热交换效率和新风预热效果热性能评价指标，通过实验和模拟相结合的方法对其几何设计参数、热性能评价指标进行了分析。随后，设计了外置玻璃盖板型太阳能新风预热供暖墙，对其传热和流动特性进行了探讨，评价了它对室内热环境的影响，并就其适应性进行了分析。接着，提出了一种新型集成式集热蓄热墙，给出了其构造和尺寸，描述了其安装步骤，并对比分析了其节能效果。随后提出了一种将太阳能热风供暖热源与混凝土楼板组合的新型太阳能热风蓄热楼板供暖系统，就该新型供暖系统中供暖末端的蓄放热特性以及该新型供暖系统对室内热环境的影响进行了分析。最后，讨论了一种多级相变太阳能通风吊顶，分析了其在不同工况下的蓄放热特性，揭示了该新型供暖末端对室内热环境的影响，并对关键参数进行了优化设计。

# 第 **4** 章

# 太阳能建筑动态热负荷特性
# 与简化计算方法

太阳能建筑中，被动太阳能得热量进入室内不受围护结构传热衰减的影响，导致房间热负荷波动剧烈，而供热量也存在明显的波动性，并与热负荷波动相位冲突，需要依靠蓄热调节来保证供暖效果，而掌握太阳能建筑的动态热负荷特征是进行热量蓄调的基础。

太阳能建筑动态热负荷产生的原因主要包括被动太阳能热量的直接进入、围护结构的动态传热过程、室内其他热源（图 4-1）。典型的被动式太阳能热利用技术分为三种：直接受益式被动太阳能技术、集热蓄热墙式被动太阳能技术和附加阳光间式被动太阳能技术，这些技术在不同气候条件、建筑物理特性和内部热源使用模式的共同作用下，形成的太阳能建筑的动态热负荷特征不同。本章将详细介绍太阳能建筑动态热负荷特征及其简化计算方法。

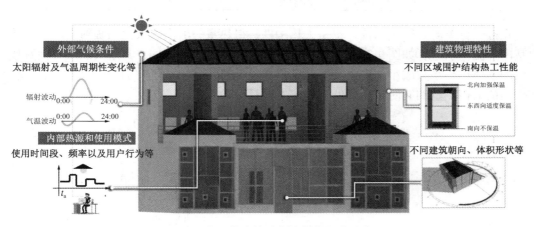

图 4-1　太阳能建筑动态热负荷影响因素

## 4.1　太阳能建筑关键传热构件传热量动态计算方法

在新的供暖模式和标准体系下，要求供暖能耗计算尽可能采用动态分析方法，全面考虑太阳能建筑围护结构、太阳辐射、内部热源和通风渗透造成的热损失，并考虑建筑整体热惯性的影响。当前使用的稳态传热方法和朝向负荷修正方法过于粗略，无法满足建筑供暖年度能耗分析和热舒适性的要求。太阳辐射是建筑外部环境中的重要扰量，影响建筑的能耗和热负荷。为了实现节能和舒适，在太阳能建筑中应采用动态计算方法计算热负荷，包括通过透明和非透明围护结构进入室内的动态热量。

### 4.1.1　直接受益式外窗动态热平衡设计方法

在太阳能建筑设计中，外窗的热工性能对建筑的能效和室内环境质量至关重要。冬季外窗能耗约占建筑供暖能耗的50%，外窗的设计和材料选择直接影响热量得失，决定了太阳能的利用效率。为确保太阳能的高效利用，提高外窗的白天得热、降低夜间失热是关键。

直接受益窗式外窗（本节简称直接受益窗）动态热平衡设计方法通过分析不同气候条件和使用状态下的热得失过程，优化窗户和窗帘组合，达到热能的最佳平衡。通过建立得热和失热的数学模型，并结合我国太阳能资源分区和建筑热工设计标准，分析不同类型外窗及内置窗帘组合的热量平衡关系，具体的设计方法步骤如表4-1所示。

直接受益式外窗动态热平衡设计方法详细步骤　　　　　　　　　　表 4-1

| 步骤 | 子步骤 1 | 子步骤 2 | 子步骤 3 |
|---|---|---|---|
| 1. 数据收集与分析 | 收集气候数据：太阳辐射强度、室外温度和湿度等 | 获取建筑物特征数据：外窗的尺寸、朝向、材料等 | 确定建筑使用条件：使用时间、室内温度要求等 |
| 2. 选择窗户和窗帘组合 | 选择窗户类型和玻璃材质：单层窗、双层窗等；低辐射玻璃、高透光玻璃等 | 确定窗帘类型和材质：纱帘、亚麻、棉布等 | — |
| 3. 建立数学模型 | 建立得热数学模型：白天太阳辐射透过玻璃进入室内的得热量 | 建立失热数学模型：夜间室内外温差导致的失热量 | 确定等效传热系数：计算窗户与窗帘组合的整体传热系数 |
| 4. 热平衡计算 | 进行热量平衡计算：依据得热和失热数学模型，进行不同时间段的热量平衡计算 | 分析热得失情况：不同时间点不同窗户和窗帘组合的热得失情况 | — |
| 5. 调整组合设计 | 调整组合设计：基于热平衡计算结果，调整窗户和窗帘的组合，优化热性能 | | |

直接受益窗既是得热构件，也是失热构件，得热量一般由白天太阳辐射引起，失热量由室内外温差引起，如图4-2所示。内置窗帘作为外窗附加结构，其附加热阻可使直接受益窗的整体传热系数减小，减少通过直接受益窗的传热量。白天开启窗帘，夜间关闭窗帘，在提高白天得热量的同时，也降低了外窗失热量。

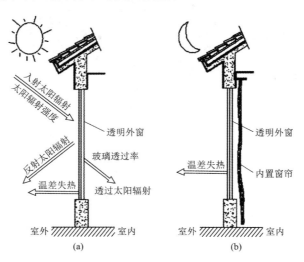

图 4-2　直接受益窗得热和失热物理模型

（a）白天；（b）夜间

太阳辐射透过透明玻璃窗进入室内，直接受益窗得热量可表示为：

$$Q_1 = IS_c\tau_{win}A_{win} \tag{4-1}$$

式中　$Q_1$——直接受益窗太阳能得热量，W；

　　　　$I$——供暖期南向平均太阳辐射强度，W/m²；

　　　$S_c$——遮阳系数，严寒地区取 0.75，寒冷地区取 0.7，夏热冬冷地区取为 0.6；

　　$\tau_{win}$——玻璃透过率，单层窗和双层窗分别为 0.89 和 0.80；

　　$A_{win}$——窗户面积，m²。

通过直接受益窗的失热量可表示为：

$$Q_2 = K_eF\Delta T_{arg} \tag{4-2}$$

式中　$Q_2$——直接受益窗失热量，W；

　　　$K_e$——等效传热系数，W/(m²·℃)，等效传热系数是内置窗帘和窗户组合的整体传热系数；

　　$\Delta T_{arg}$——供暖期室内外平均温差，℃，室外温度取供暖期室外平均温度，室内温度取设计温度。

根据建筑热工分区和太阳能资源分区选取的典型城市，调查掌握当地作息习惯和日照时间，确定开启窗帘和关闭窗帘的时间段，建立等效传热系数计算公式：

$$K_e = \frac{K_1\tau_1 + K_2\tau_2}{\tau_1 + \tau_2} \tag{4-3}$$

式中　$K_1$、$K_2$——单独外窗和外窗配备窗帘时的传热系数，W/(m²·℃)，见表 4-2；

　　　$\tau_1$、$\tau_2$——开启和关闭窗帘的时间，h。

$$K_2 = \frac{1}{R_{add} + \dfrac{1}{K_1}} \tag{4-4}$$

式中　$R_{add}$——附加热阻，m²·℃/W。

**外窗及配备窗帘后传热系数取值**　　　　　　　　　　　　表 4-2

| 窗户类型 | 单层窗 | | | | 双层窗 | | | |
|---|---|---|---|---|---|---|---|---|
| 窗帘类型 | 纱帘 | 亚麻 | 亚麻+纱帘 | 棉布+纱帘 | 纱帘 | 亚麻 | 亚麻+纱帘 | 棉布+纱帘 |
| $K_1$ [W/(m²·℃)] | 4.300 | 4.300 | 4.300 | 4.300 | 3.300 | 3.300 | 3.300 | 3.300 |
| $R$（m²·℃/W） | 0.183 | 0.194 | 0.244 | 0.385 | 0.183 | 0.194 | 0.244 | 0.385 |
| $K_2$ [W/(m²·℃)] | 2.410 | 2.340 | 2.100 | 1.620 | 2.060 | 2.010 | 1.830 | 1.450 |

基于上述分析，可得直接受益窗得热量和失热量比值 $\theta_w$：

$$\theta_w = \frac{\tau S_c I}{K_e \Delta t} \tag{4-5}$$

可以看出，$\theta_w$ 受多因素影响，其中包括太阳辐射强度、室内外平均温差、窗户等效传热系数等，若 $\theta_w$ 大于 1，则认为通过外窗的得热量大于失热量；$\theta_w$ 小于 1，失热量大于得热量。

基于上述理论模型，结合我国不同地区的太阳能资源分布和建筑热工设计标准，深入分析这些 $\theta_w$ 在各类典型气候区的实际应用。通过对各气候区典型城市的分析，进一步探讨不同窗户和窗帘组合在优化建筑热性能和提高能效方面的具体策略。

　　我国供暖设计规范中规定仅在严寒和寒冷地区进行供暖设计，但实际情况是，在我国部分夏热冬冷地区，由于冬天仍较寒冷，许多住宅小区进行自主供暖，因此有必要对部分夏热冬冷地区也进行分析。室内设计温度按 18℃取值，典型城市供暖期室外平均温度 $T_{a,m}$、外窗启闭情况 $\alpha_{win}$、太阳辐射强度 $I$ 等如表 4-3 所示。

典型城市供暖期室外平均温度、太阳辐射强度等主要参数　　　　　　　表 4-3

| 热工分区 | 典型城市 | $T_{a,m}$（℃） | $S_c$ | $\Delta T_{arg}$（℃） | $\alpha_{win}$ | $I$（W/m²） |
|---|---|---|---|---|---|---|
| 严寒地区 | 呼和浩特 | −6.19 | 0.75 | 24.19 | 0.50 | 121.10 |
| | 哈尔滨 | −9.99 | 0.75 | 27.99 | 0.50 | 119.12 |
| | 西宁 | −3.29 | 0.75 | 21.29 | 0.50 | 105.86 |
| 寒冷地区 | 拉萨 | 0.50 | 0.70 | 17.51 | 0.58 | 203.09 |
| | 北京 | −1.59 | 0.70 | 9.59 | 0.58 | 103.28 |
| | 兰州 | −2.79 | 0.70 | 20.79 | 0.58 | 101.46 |
| | 济南 | 0.07 | 0.70 | 17.93 | 0.58 | 90.83 |
| | 西安 | 0.91 | 0.70 | 17.09 | 0.58 | 84.56 |
| 夏热冬冷地区 | 南京 | 0.01 | 0.60 | 17.99 | 0.67 | 87.89 |
| | 合肥 | 0.01 | 0.60 | 17.99 | 0.67 | 76.54 |

注：$\alpha = t_1/(t_1 + t_2)$。

　　通过对不同气候区典型城市得失热量进行计算，得到 $\theta_w$，选择合适的窗户和窗帘组合，分别选取哈尔滨、济南、南京、拉萨进行分析，如图 4-3 所示。

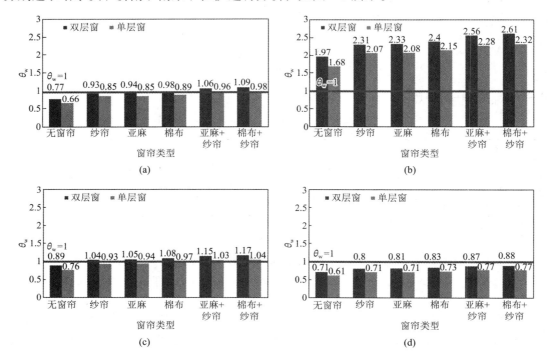

图 4-3　不同气候区典型城市直接受益窗得热量和失热量比值 $\theta_w$

（a）严寒地区代表城市—哈尔滨；（b）寒冷地区代表城市—拉萨；（c）寒冷地区典型城市—济南；（d）夏热冬冷地区典型城市—南京

直接受益窗得热量和失热量比值 $\theta_w$ 随窗帘附加热阻的增加而增大，这是因为窗帘热阻变大，保温性能变强，则夜间失热量就会变小。而双层窗的得热量和失热量比值 $\theta_w$ 比单层窗要大，主要由于双层窗的保温性能较好。对于严寒地区的哈尔滨，室内外温差较大，使得大部分组合形式的得热量和失热量比值 $\theta_w$ 小于 1，只有采用双层窗加"亚麻＋纱布""棉布＋纱布"才能基本达到热平衡。

对于寒冷地区的拉萨，由于太阳辐射强度较大且室内外温差较小，室内获得的热量显著超过散失的热量，得热量和失热量比值 $\theta_w$ 远超过 1。这意味着，无论何种直接受益窗设计、搭配何种窗帘，直接受益窗均能作为有效的得热部件。因此，在该地区的建筑设计中，合理增加直接受益窗面积是适宜的。同样，属于寒冷地区的济南，采用双层窗配合任何类型的窗帘，均能保证得热量和失热量比值 $\theta_w$ 大于 1。然而，若使用单层窗，则必须选择亚麻与纱布或棉布与纱布组合的窗帘，才能实现热平衡。南京的直接受益窗的得热量和失热量比值 $\theta_w$ 均小于 1，即室内得热量小于失热量，无论采用何种窗户和窗帘类型，均不能达到室内保温的效果，在进行建筑设计时应在保证室内采光要求的前提下，尽量减小窗户面积。

表 4-4 中给出了严寒地区、寒冷地区、夏热冬冷地区典型城市直接受益窗在配备不同窗帘时的得热量和失热量比值 $\theta_w$，为各地直接受益窗设计提供基础。

**典型城市直接受益窗的得热量和失热量比值 $\theta_w$**　　　　　　表 4-4

| 地区 | 窗户类型<br>窗帘类型 | 双层窗户 | | | | | | 单层窗户 | | | | | |
|---|---|---|---|---|---|---|---|---|---|---|---|---|---|
| | | 不加窗帘 | 纱帘 | 亚麻 | 棉布 | 亚麻＋纱帘 | 棉布＋纱帘 | 不加窗帘 | 纱帘 | 亚麻 | 棉布 | 亚麻＋纱帘 | 棉布＋纱帘 |
| 严寒地区 | 呼和浩特 | 0.91 | 1.1 | 1.11 | 1.16 | 1.25 | 1.28 | 0.78 | 1 | 1 | 1.04 | 1.13 | 1.15 |
| | 哈尔滨 | 0.77 | 0.93 | 0.94 | 0.98 | 1.06 | 1.09 | 0.66 | 0.85 | 0.85 | 0.89 | 0.96 | 0.98 |
| | 西宁 | 0.9 | 1.09 | 1.1 | 1.15 | 1.24 | 1.27 | 0.77 | 0.99 | 1 | 1.04 | 1.12 | 1.14 |
| 寒冷地区 | 拉萨 | 1.97 | 2.31 | 2.33 | 2.4 | 2.56 | 2.61 | 1.68 | 2.07 | 2.08 | 2.15 | 2.28 | 2.32 |
| | 北京 | 0.89 | 1.05 | 1.06 | 1.09 | 1.16 | 1.18 | 0.76 | 0.94 | 0.94 | 0.97 | 1.03 | 1.05 |
| | 兰州 | 0.83 | 0.97 | 0.98 | 1.01 | 1.08 | 1.1 | 0.87 | 0.88 | 0.9 | 0.9 | 0.96 | 0.98 |
| | 济南 | 0.89 | 1.04 | 1.05 | 1.08 | 1.15 | 1.17 | 0.76 | 0.93 | 0.94 | 0.97 | 1.03 | 1.04 |
| | 西安 | 0.84 | 0.98 | 0.99 | 1.02 | 1.09 | 1.11 | 0.72 | 0.88 | 0.89 | 0.91 | 0.97 | 0.99 |
| 夏热冬冷地区 | 南京 | 0.71 | 0.8 | 0.81 | 0.83 | 0.87 | 0.88 | 0.61 | 0.71 | 0.71 | 0.73 | 0.77 | 0.77 |
| | 合肥 | 0.62 | 0.7 | 0.7 | 0.72 | 0.76 | 0.77 | 0.53 | 0.62 | 0.62 | 0.64 | 0.67 | 0.67 |

## 4.1.2　附加阳光间式被动式太阳房动态热平衡设计方法

附加阳光间式被动式太阳房可有效收集太阳辐射并向室内传热，广泛应用于我国北方地区，其对室外温度和太阳辐射的波动敏感，导致昼夜温差显著，传统稳态方法难以准确预测热负荷，需采用动态计算方法。附加阳光间式被动式太阳房在实际应用中重要且具代表性，其动态传热量简化计算方法可为太阳能建筑设计和优化提供支持（表 4-5）。

附加阳光间式被动式太阳房动态传热量简化计算方法　　表 4-5

| 步骤 | 描述 | 补充 |
| --- | --- | --- |
| 建立传热物理模型 | 建立数学模型，采用周期反应系数法，依据附加阳光间的传热机理建立模型 | 假设条件：<br>围护结构按一维处理；<br>阳光进入附加阳光间后，按地面和公用墙的面积比例分配辐射瞬时换热量；<br>忽略室内空气比热容变化、潜热变化、内壁面互辐射的影响 |
| 选取关键设计参数 | 设计日逐时温度、太阳辐射强度、关键结构参数 | 关键结构参数包括进深、南向窗墙面积比、围护结构类型、内门尺寸和建筑南向面积 |
| 建立多元回归模型 | 建立多元回归模型分析结构参数与传热量的关系 | 多元回归模型的因变量包括导热均值、导热幅值、温度均值和温度幅值；<br>结构参数作为自变量，如南向窗墙面积比、东侧墙面积比、进深等 |
| 计算逐时传热量和温度 | 利用多元回归模型参数，结合温度与导热系数波动，推算单位时间的传热量 | 将各个关键参数代入多元回归模型，使用公式计算逐时温度和传热量 |
| 验证模型精度 | 比较计算结果与实际数据，验证模型的准确性 | 使用决定系数（$R^2$）和均方根误差 $RMSE$ 进行模型精度的误差分析 |
| 应用简化公式 | 简化公式计算逐时传热量 | 给定结构参数，可快速计算设计日工况下的逐时传热量 |

附加阳光间式被动式太阳房由建筑主体结构和设立在建筑南向的附加阳光间构成。附加阳光间传热量主要包括公用墙墙体传热量和公用墙内门传热量，其中墙体传热方式为内壁面导热换热，内门传热包含内门开启时的对流换热和内门关闭时的房间侧内表面对流换热（图4-4）。受室外空气温度和太阳辐射的影响，附加阳光间的热环境昼夜差异较大，导致其传热量波动较大。

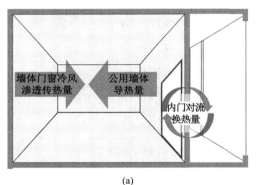
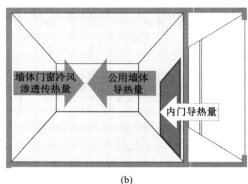

图 4-4　附加阳光间传热过程

（a）白天，内门开启；（b）晚上，内门关闭

基于附加阳光间的传热机理，使用周期反应系数法建立附加阳光间式被动式太阳房的数学模型，主要基于以下假设：围护结构按一维处理，进入附加阳光间的阳光按地面和公用墙的面积比例进行简要分配落在公用墙和地面的辐射量，且换热瞬时完成；忽略室内空气比热容变化对房间热平衡的影响；忽略房间潜热变化对房间热平衡的影响；忽略房间内壁面互辐射对传热过程造成的影响。

对于有热惰性的墙体围护结构，房间热平衡公式如下：

$$\sum_{j=0}^{23} Y_i^*(j)T_{zi}(n-j) - \sum_{j=0}^{23} Z_i^*(j)T_i(n-j) + \alpha_i[T_i(n) - T_r(n)] + R_i(n) = 0 \tag{4-6}$$

式中　$Y_i^*(j)$、$Z_i^*(j)$——第 $j$ 面围护结构的传热周期反应系数和内表面吸热周期反应系数，$W/(m^2 \cdot ℃)$；

$\qquad T_{zi}(n-j)$——第 $j$ 面围护结构外表面综合温度，$℃$；

$\qquad \alpha_i$——墙体外表面换热系数，$W/(m^2 \cdot ℃)$；

$\qquad T_r(n)$——房间温度，$℃$；

$\qquad R_i(n)$——第 $i$ 面围护结构辐射得热量，$W/m^2$。

当围护结构为门、窗时，有：

$$K_i[T_i(n) - T_{zi}(n)] + \alpha_i[T_i(n) - T_r(n)] = 0 \tag{4-7}$$

式中　$K_i$——第 $i$ 面围护结构的传热系数，$W/(m^2 \cdot ℃)$。

空气热平衡方程如下：

$$\sum_{i=1}^{N} A_i[T_i(n) - T_r(n)] + c_{p,air}\rho_{air}V_{room}[T_i(n-1)] + c_{p,air}\rho_{air}L_i[T_r(n) - T_a(n)] = 0 \tag{4-8}$$

式中　$A_i$——第 $i$ 面围护结构面积，$m^2$；

$\qquad c_{p,air}$——空气比热容，$J/(kg \cdot ℃)$；

$\qquad \rho_{air}$——空气密度，$kg/m^3$；

$V_{room}$——房间体积，$m^3$；

$\qquad L_i$——第 $i$ 面围护结构的冷风渗透量，$m^3/h$；

$\qquad T_a$——室外空气干球温度，$℃$。

当附加阳光间温度比室内温度高，内门打开时，附加阳光间与室内换热量，方程如下：

$$q_{rs}(n) = m_{rs}(n)c_{p,air}[T_s(n) - T_r(n)] \tag{4-9}$$

$$m_{rs}(n) = 3753 \times \frac{p}{101.32} \times \mu_{in} \times b_{in} \times \left(\frac{h_{in}}{2}\right)^{\frac{3}{2}} \times$$

$$\sqrt{[T_s(n) - T_r(n)]}\psi_d \times \left[\frac{T_m(n)}{100}\right]^{-\frac{3}{2}} \tag{4-10}$$

当附加阳光间温度比室内温度低时，有：

$$q_{rs}(n) = K_d A_{door}[T_s(n) - T_r(n)] \tag{4-11}$$

式中　$\mu_{in}$——内门流量系数，约为 0.6；

$\qquad b_{in}$——内门宽度，$m$；

$\qquad h_{in}$——内门高度，$m$；

$\qquad p$——大气压强，$kPa$；

$\qquad q_{rs}$——内门传热量，$W$；

$\qquad T_s$——附加阳光间温度，$℃$；

$\qquad \psi_d$——由于室内气温分布不均匀引起的计算温差修正系数（无因次数），可根据建筑进深及温度分布的不均匀情况取值，进深越大，其值越小，此值为 0.5~0.8；

$T_m$——附加阳光间和房间之间平均绝对温度，℃；

$K_d$——门的传热系数，W/(m² · ℃)。

以拉萨为例，介绍结构参数对附加阳光间传热量的影响。设计日温度与太阳辐射的计算方法如下：筛选 1971 年 1 月 1 日至 2001 年 12 月 31 日期间，日平均温度在规范规定的室外供暖计算温度 ±0.2℃范围内的数据，并将相应日逐时温度取平均作为设计日逐时温度。拉萨冬季室外计算干球温度如图 4-5 所示。参考室外干湿球温度统计方法，提出以 ±0.2MJ/(m² · d) 为阈值的基于累年不保证 5d 的冬、夏季室外计算太阳辐射强度，为暖通空调负荷提供基础参数。计算各向太阳辐射强度时，选择冬至日进行光路模拟。拉萨冬季供暖计算太阳辐射强度如图 4-6 所示。

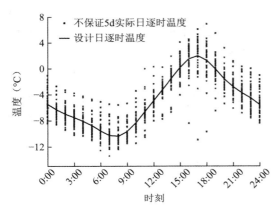
　　图 4-5　拉萨冬季室外计算干球温度

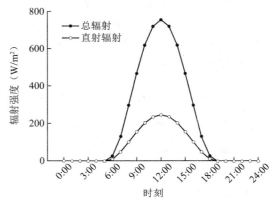
　　图 4-6　拉萨冬季供暖计算太阳辐射强度

附加阳光间的关键结构参数包括进深、南向窗墙面积比、围护结构类型、内门尺寸以及建筑南向面积。门窗开启状态受室内设计温度的影响，进而影响附加阳光间的传热过程和传热量，因此室内设计温度被视为关键变量之一。选取西北地区常见的 240mm 和 370mm 砖墙为参考对象，并根据《公共建筑节能设计标准》GB 50189—2015 确定其传热限值，外墙增加 40mm 厚的聚苯板保温材料以形成节能型墙体。根据热阻与热惰性，墙体被分为四类：Ⅰ-1、Ⅰ-2 为传统型围护结构，Ⅱ-1、Ⅱ-2 为节能型围护结构（具体构造见表 4-6）。外墙表面均为灰色水泥砂浆，短波吸收率为 0.66；外窗均采用 3mm 标准玻璃（消光系数 $k = 0.045$），其透射率和吸收率结合玻璃厚度与太阳逐时入射角计算得出。

不同类型墙体构造　　　　　　　　　　　　　　　　　表 4-6

| 墙体类型 | 编号 | 墙体构造 |
|---|---|---|
| 传统型 | Ⅰ-1 | 20mm 水泥砂浆 + 240mm 砖墙 + 20mm 水泥砂浆 |
| | Ⅰ-2 | 20mm 水泥砂浆 + 370mm 砖墙 + 20mm 水泥砂浆 |
| 节能型 | Ⅱ-1 | 20mm 水泥砂浆 + 40mmXPS 内保温 + 240mm 砖墙 + 20mm 水泥砂浆 |
| | Ⅱ-2 | 20mm 水泥砂浆 + 40mmXPS 内保温 + 370mm 砖墙 + 20mm 水泥砂浆 |

多种建筑构造参数组合工况设置如图 4-7 所示，共计 262144 种工况。

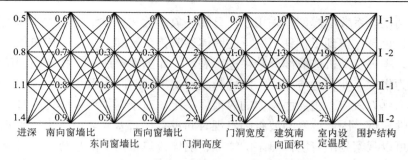

图 4-7　多种建筑构造参数组合工况设置

模型评价指标采用决定系数和均方根误差进行分析。

决定系数：

$$R^2 = \frac{\left[\sum_{i=1}^{n}(Y_{i,c} - \overline{Y}_{i,c})\sum_{i=1}^{n}(Y_{i,m} - \overline{Y}_{i,m})\right]^2}{\sum_{i=1}^{n}(Y_{i,c} - \overline{Y}_{i,c})^2\sum_{i=1}^{n}(Y_{i,m} - \overline{Y}_{i,m})^2} \tag{4-12}$$

均方根误差：

$$RMSE = \sqrt{\frac{1}{n}\sum_{i=1}^{n}(Y_{i,c} - Y_{i,m})^2} \tag{4-13}$$

式中　$Y_{i,c}$——测试数据；

$\overline{Y}_{i,c}$——三次测试数据的平均值；

$Y_{i,m}$——计算数据；

$\overline{Y}_{i,m}$——计算数据平均值。

为验证模型计算的准确性，采用该计算模型对甘肃榆中地区的附加阳光间式被动式太阳房进行了室温模拟（图 4-8）。模拟结果与实测数据在变化趋势和数值上较为接近，逐时温度的绝对偏差在 3℃以内的占比为 80%，偏差在 2℃以内的占比为 53%。其中，附加阳光间模拟温度与实测值 $RMSE = 3.9℃, R^2 = 0.89$；房间模拟温度 $RMSE = 1.3℃, R^2 = 0.81$，计算模型基本可靠。

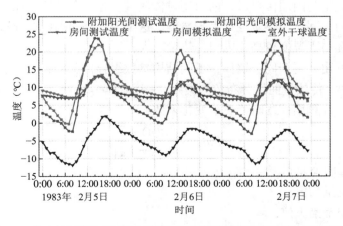

图 4-8　榆中地区附加阳光间式被动式太阳房实测数据和模拟数据对比

依据周期反应系数法模型，采用设计日的气象参数和关键结构参数作为模拟的边界条件，通过模拟计算，得到了多种工况下的墙体逐时传热量和内门逐时传热量。鉴于模拟工况数量众多，本书仅随机选取部分结果进行展示。如图 4-9 所示，相同类型墙体的传热量曲线分布较为集中，变化趋势相似，波峰与波谷的出现时间大致相同。这一现象可归因于墙体传热量的延迟效应，主要由墙体的热惰性决定。对于同类型墙体，尽管保温层厚度不同，但热惰性相近，因此波峰与波谷的出现时间没有显著差异。进一步比较四种不同墙体的传热量，可以观察到随着墙体热阻的增加，墙体传热量呈下降趋势，并可能出现负值，墙体的波幅也随之减小，峰值出现时间有所延后。这一现象反映了墙体热阻和热惰性的增加，对墙体导热量产生了削弱和延迟效应。

如图 4-10 所示，内门的传热过程可以明显分为两个阶段。白天内门开启时，附加阳光间与房间通过对流换热；夜晚内门关闭，则通过内门导热换热。在内门开启的时刻，对流换热量显著超过内门导热换热量。Ⅱ 类墙体的内门传热量明显高于 Ⅰ 类墙体，这是由于 Ⅱ 类墙体采用了外保温结构，导致公用墙无法迅速吸收附加阳光间的太阳辐射。日出后，附加阳光间温度骤升，内门开启，附加阳光间经内门与室内空气对流换热传递大量热量，夜间温度骤降，内门关闭，通过内门的导热进行换热。

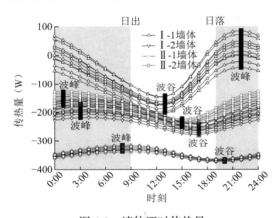

图 4-9 墙体逐时传热量

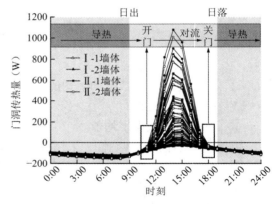

图 4-10 内门逐时传热量

对比墙体传热量与内门传热量，内门逐时传热量显著大于墙体，在围护结构采用保温措施的工况中，内门逐时传热量也远大于墙体。这是因为外保温结构导致墙体的蓄热量减少，附加阳光间在白天温度较高，内门传热量较大。

由图 4-9 可看出，对于同类墙体，不同结构参数组合情况下，墙体逐时传热量变化趋势呈现高度一致性，传热量曲线分布较为集中，采用式(4-14)对墙体逐时传热量的模拟结果进行归一化处理，计算墙体逐时传热量变化系数：

$$coef(n) = \frac{x(n) - \overline{x}}{x_{\max} - x_{\min}} \tag{4-14}$$

式中　$x(n)$——逐时变量；

$\overline{x}$——变量均值；

$x_{\max}$——变量最大值；

$x_{\min}$——变量最小值；

$coef(n)$——逐时传热量变化系数。

计算结果如图 4-11 所示。不同墙体因为热阻和蓄热特性不同，波峰、波谷出现时间不同。

对不同墙体类型进行逐时平均处理，得到墙体平均导热变化系数，如图 4-12 所示。在相同地点和同类墙体下，该系数是确定的。给定导热系数后，通过计算传热量的平均值、最大值、最小值，使用式(4-14)反归一化求得墙体传热量。内门传热量涉及两个过程，开启时波动大，不能直接归一化处理。内门传热量可通过附加阳光间空气温度和式(4-9)～式(4-11)计算。附加阳光间空气温度如图 4-13 所示，附加阳光间温度变化曲线在同类墙体中分布集中，变化趋势相似。

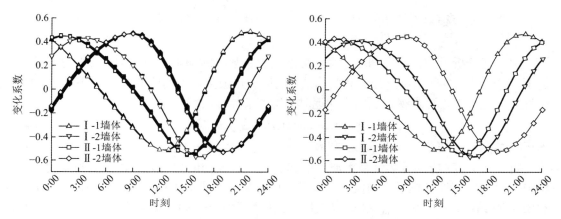

图 4-11　多工况下墙体逐时传热量变化系数　　　　图 4-12　墙体平均导热变化系数

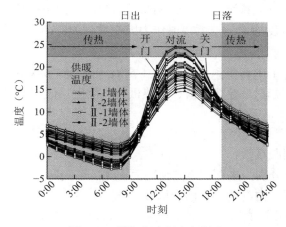

图 4-13　附加阳光间空气温度

参考墙体逐时传热量处理方法，对附加阳光间逐时温度按式(4-14)进行归一化处理，得到附加阳光间空气温度变化系数（图 4-14），并对不同墙体类型下的变化系数进行逐时平均处理（图 4-15）。在相同地点和同类墙体下，平均温度变化系数是特定的。给定平均温度变化系数后，通过计算平均值、最大值和最小值，可根据式(4-14)反归一化求得附加阳光间空气温度。结合内门传热公式［式(4-9)～式(4-11)］，可以计算出公用墙内门的传热量。

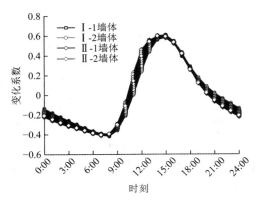

图 4-14　多工况下附加阳光间空气温度
变化系数

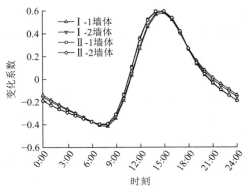

图 4-15　附加阳光间平均温度变化系数

由上述分析可知，在已知墙体平均导热变化系数、附加阳光间平均温度变化系数的前提下，得到结构参数与温度极值和平均值、墙体导热极值和平均值的关系，根据式(4-15)进行反归一化处理，可求得附加阳光间逐时温度、墙体逐时传热量。

$$x(n) = coef(n) \times \Delta_{max} + \overline{x} \tag{4-15}$$

式中　$\Delta_{max}$——单个工况下的最大波动值，$\Delta_{max} = x_{max} - x_{min}$。

将与 $\Delta_{max}$ 对应的导热量最大波动值和温度最大波动值命名为导热幅值和温度幅值，将与 $\overline{x}$ 对应的墙体导热量平均值和温度平均值命名为导热均值和温度均值。$coef$ 由图 4-18 和图 4-19 给出，若已知 $\Delta_{max}$ 和 $\overline{x}$ 与结构参数的数学关系，即可根据式(4-15)计算得到墙体逐时传热量和附加阳光间逐时温度，进而根据附加阳光间逐时温度计算内门换热量。

通过建立多元线性回归模型，研究结构参数对每组工况下的均值与幅值的影响，以导热均值、导热幅值、温度均值、温度幅值作为因变量，关键结构参数为自变量，建立多元线性回归模型：

$$Y = \beta_0 + \beta_1 x_1 + \beta_2 x_2 + \beta_3 x_3 + \beta_4 x_4 + \beta_5 x_5 + \beta_6 x_6 + \beta_7 x_7 + \beta_8 x_8 + \varepsilon \tag{4-16}$$

式中　$Y$——因变量，分别是导热均值、导热极值、温度均值、温度极值；

　　　$\beta_0$——常数项；

　　　$\varepsilon$——残差；

　　$\beta_{1\sim8}$——各项的回归系数；

　　$x_{1\sim8}$——因变量，分别为进深、南向窗墙面积比、东侧窗墙面积比、西侧窗墙面积比、内门高度、内门宽度、南向墙体面积、室内设定温度。

求解 4 类墙体的导热均值、导热幅值、温度均值、温度幅值的多元回归系数，如表 4-7 所示。

附加阳光间式被动式太阳房导热和温度均值、幅值的多元回归系数　　　　表 4-7

| 墙体类型 | 系数 | 多元回归系数 | | | | |
|---|---|---|---|---|---|---|
| | 类型 | $\beta_0$ | $\beta_1$ | $\beta_2$ | $\beta_3$ | $\beta_4$ |
| I -1 | 导热均值 | 102.06 | −53.78 | 276.62 | 40.19 | 40.19 |
| | 导热幅值 | −184.97 | −21.3 | 228.71 | 36.91 | 36.91 |
| | 温度均值 | 3.1 | −2.21 | 5.11 | 0.63 | 0.63 |
| | 温度幅值 | −0.8 | −2.38 | 16.36 | 3 | 3 |

续表

| 墙体类型 | 系数 | 多元回归系数 | | | | |
|---|---|---|---|---|---|---|
| | 类型 | $\beta_0$ | $\beta_1$ | $\beta_2$ | $\beta_3$ | $\beta_4$ |
| Ⅰ-2 | 导热均值 | 195.97 | −26.48 | 163.61 | 23.19 | 23.19 |
| | 导热幅值 | −66.1 | −7.84 | 82.73 | 13.21 | 13.21 |
| | 温度均值 | 2.88 | −1.77 | 5.24 | 0.6 | 0.6 |
| | 温度幅值 | −0.62 | −2.59 | 17.15 | 3.07 | 3.07 |
| Ⅱ-1 | 导热均值 | 178.37 | −18.56 | 117.69 | 16.15 | 16.15 |
| | 导热幅值 | −72.25 | −11.34 | 87.62 | 14.01 | 14.01 |
| | 温度均值 | 3.79 | −1.39 | 3.27 | 0.26 | 0.26 |
| | 温度幅值 | 3.81 | −3.72 | 15.55 | 2.74 | 2.74 |
| Ⅱ-2 | 导热均值 | 287.5 | −6.86 | 51.59 | 7.01 | 7.01 |
| | 导热幅值 | −34.04 | −5.74 | 41.76 | 6.72 | 6.72 |
| | 温度均值 | 3.45 | −1.14 | 3.64 | 0.29 | 0.29 |
| | 温度幅值 | 4.35 | −4.16 | 15.87 | 2.79 | 2.79 |

| 墙体类型 | 系数 | 多元回归系数 | | | | R2 |
|---|---|---|---|---|---|---|
| | 类型 | $\beta_5$ | $\beta_6$ | $\beta_7$ | $\beta_8$ | |
| Ⅰ-1 | 导热均值 | 6.44 | 11.32 | −4.44 | −16.49 | 0.925 |
| | 导热幅值 | −6.9 | −12.2 | 15.2 | 0.27 | 0.969 |
| | 温度均值 | −0.69 | −1.26 | 0.17 | 0.19 | 0.964 |
| | 温度幅值 | 0.48 | 0.93 | 0 | 0.11 | 0.935 |
| Ⅰ-2 | 导热均值 | 21.89 | 39.78 | −17.33 | −18.56 | 0.968 |
| | 导热幅值 | −2.49 | −4.42 | 5.54 | 0.07 | 0.97 |
| | 温度均值 | −0.53 | −0.98 | 0.14 | 0.12 | 0.964 |
| | 温度幅值 | 0.49 | 0.93 | 0 | 0.08 | 0.945 |
| Ⅱ-1 | 导热均值 | 17.1 | 31.74 | −14.94 | −15.33 | 0.97 |
| | 导热幅值 | −4.56 | −7.82 | 6.83 | 0.47 | 0.973 |
| | 温度均值 | −0.73 | −1.25 | 0.15 | 0.2 | 0.936 |
| | 温度幅值 | −0.32 | −0.18 | 0.13 | 0.42 | 0.924 |
| Ⅱ-2 | 导热均值 | 33.07 | 60.6 | −28.48 | −19.91 | 0.986 |
| | 导热幅值 | −2.33 | −4.04 | 3.37 | 0.23 | 0.974 |
| | 温度均值 | −0.6 | −1.03 | 0.12 | 0.14 | 0.92 |
| | 温度幅值 | −0.33 | −0.22 | 0.15 | 0.42 | 0.924 |

　　依据式(4-15)和式(4-16)，计算附加阳光间墙体的逐时导热量及温度，并据此得出内门的逐时换热量。附加阳光间公用墙体模拟导热值和计算导热值对比如图 4-16 所示，$R^2 = 0.98$、$RMSE = 14.8W$，模拟值与计算值契合良好。温度计算结果如图 4-17 所示，$R^2 = 0.98$、$RMSE = 0.42℃$，说明新方法计算结果与模拟结果契合良好。根据温度计算内门换热量，并与模拟结果比较。由图 4-18 可知，内门关闭时（传热量小于零），预测准确；但内门开启时（传热量大于零），预测偏差较大。这是因为内门开启时换热方式变为对流，换热过程剧烈，导致误差增加。

　　针对内门传热量大于零的工况，拟合得 $y = 0.49x$，引入 0.49 作为修正系数，调整附加阳光间空气温度计算。此系数反映内门换热量误差放大倍数，仅受地区和围护结构影响，因此具有唯一性。修正后内门换热量的计算结果与模拟结果如图 4-19 所示，$R^2 = 0.98$、$RSME = 14.8\text{W}$。对其他 3 类墙体的内门换热量做相同的处理，结果见表 4-8。

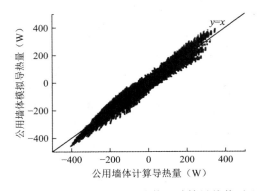

图 4-16　公用墙体模拟导热值和计算导热值对比　　图 4-17　附加阳光间模拟温度与计算温度对比

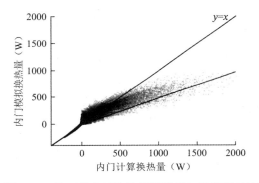
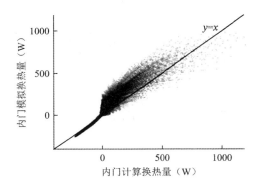

图 4-18　修正前内门换热量模拟值与计算值对比　　图 4-19　修正后内门换热量模拟值与计算值对比

模拟结果与修正系数　　　　　　　　表 4-8

| 墙体类型 | $R^2$ | | | 对流换热修正系数 |
| --- | --- | --- | --- | --- |
| | 墙体导热 | 附加阳光间温度 | 内门换热量 | |
| Ⅰ-2 | 0.96 | 0.99 | 0.92 | 0.49 |
| Ⅱ-1 | 0.98 | 0.99 | 0.98 | 0.75 |
| Ⅱ-2 | 0.99 | 0.99 | 0.98 | 0.72 |

　　与传统的软件计算方法相比，本书提出的简化计算方法具有操作简单、无须建立复杂模型的优势。设计人员只需根据表 4-7 和表 4-8 的回归系数及设计参数，结合相关公式，即可计算设计日工况下的附加阳光间逐时供热量，并优化设计参数。

### 4.1.3　集热蓄热墙式被动构件供热量简化计算方法

　　集热蓄热墙可以显著增加室内得热，对降低热负荷有着重要意义，而结构参数是集热蓄热墙传热量的主要影响因素，因此，掌握集热蓄热墙结构参数与传热量之间的关系是计算集热蓄热墙式被动构件供热量的先决条件。集热蓄热墙是由玻璃盖板、带有涂料的集热墙组成，集热蓄热墙的上下方设置通风口。高吸收率的涂料能够吸收玻璃盖板透射过的太阳能，集热蓄热墙外表面快速升温进而加热夹层内的空气，并以对流的方式和室内空气形成热循环，集热蓄热墙同时也会以导热的方式与室内进行换热，如图 4-20 所示。

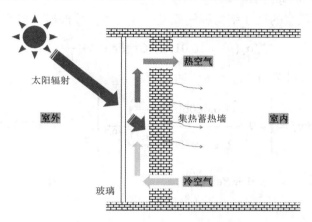

图 4-20　集热蓄热墙体原理图

本书在以下假设基础上，构建了集热蓄热墙传热量的数学模型：围护结构的导热过程为一维导热；室内空气不参与辐射换热过程；忽略室内潜热变化对房间热平衡的影响。

集热蓄热墙导热传热量可用式(4-17)计算，风口对流换热量可按式(4-18)得出，导热传热量可按照式(4-19)计算。

$$q_i(n) = \sum_{j=0}^{23} Y_i^*(j) T_{zi}(n\text{-}j) - \sum_{j=0}^{23} Z_i^*(j) T_i(n\text{-}j) \tag{4-17}$$

式中　$q_i(n)$——$n$ 时刻通过集热蓄热墙的导热传热量，W/m²；

　　　$Y_i^*(j)$——集热蓄热墙的周期传热反应系数，取 1，2，3，…，24；

　$T_{zi}(n\text{-}j)$——$n$-$j$ 时刻集热蓄热墙外表面室外综合温度（集热墙为其外表面温度），℃；

　　$T_i(n\text{-}j)$——$n$-$j$ 时刻集热蓄热墙内表面温度，℃；

　　　$Z_i^*(j)$——集热蓄热墙周期吸热反应系数。

集热蓄热墙风口对流换热量为：

$$Q_{\text{cr}(n)} = \frac{T_g(n) - T_m(n)}{R(n)} \tag{4-18}$$

其中，

$$R(n) = \frac{-\dfrac{m(n)c_p}{2A_{\text{tro}}\alpha_c(n)}\left[\exp\left(-\dfrac{2A_{\text{tro}}\alpha_c(n)}{m(n)c_p}\right) - 1\right] - 1}{\dfrac{m(n)c_p}{A_{\text{tro}}}\left[\exp\left(-\dfrac{2A_{\text{tro}}\alpha_c(n)}{m(n)c_p}\right) - 1\right]}$$

式中　$T_g(n)$——$n$ 时刻玻璃外表面温度，℃；

　　　$T_m(n)$——$n$ 时刻夹层空气温度，℃；

　　　$R(n)$——$n$ 时刻集热蓄热墙与房间的热阻，W/(m²·℃)；

$A_{tro}$——集热蓄热墙的面积，$m^2$；

$\alpha_c(n)$——$n$ 时刻夹层空气和玻璃盖板内表面、集热蓄热墙外表面之间的对流换热系数，$W/(m^2 \cdot ℃)$；

$m(n)$——$n$ 时刻的通过夹层的空气质量流速，$kg/s$；

$c_p$——空气的比热容，$J/(kg \cdot ℃)$。

$\alpha_c(n)$ 与集热蓄热墙的尺寸结构和气流流态有关系，可根据下式计算：

$$\alpha_c(n) = [0.01711(GrgPr)0.29]\frac{\lambda_g}{l_g} \tag{4-19}$$

当 $m(n)$ 为 0，风口关闭（$t_m \geq t_g$）时，有：

$$\left.\begin{array}{l} \alpha_c(n) = \left[ 4.9 + \dfrac{0.0606\left(\dfrac{ReP_rD_h}{h_v}\right)^{1.2}}{1 + 0.0856\left(\dfrac{ReP_rD_h}{h_v}\right)^{0.7}} \right]\dfrac{\lambda_g}{l_g}, \quad Re \leqslant 2000 \\[4mm] \alpha_c(n) = (0.0158Re^{0.8})\dfrac{\lambda_g}{l_g}, \qquad\qquad\qquad Re > 2000 \end{array}\right\} \tag{4-20}$$

式中　$Gr$——格拉晓夫数；

$Pr$——普朗特数；

$Re$——雷诺数；

$D_h$——空气夹层流道的定性尺寸，$m$；

$\lambda_g$——空气的导热系数，$W/(m \cdot ℃)$；

$l_g$——空气夹层的厚度，$m$；

$h_v$——上下通风口中心距，$m$。

集热蓄热墙热传导量和通风口对流传热量的求解需要上述公式和集热墙热平衡方程组联立。集热蓄热墙热平衡方程组包括玻璃盖板内表面热平衡方程、空气夹层热平衡方程、集热蓄热墙外表面热平衡方程、集热蓄热墙内表面热平衡方程。具体求解过程为：先假定玻璃盖板内表面和集热蓄热墙外表面温度，再用式(4-19)、式(4-20)求解出 $\alpha_c(n)$，然后把 $\alpha_c(n)$ 代入集热蓄热墙热平衡方程组［式(4-21)～式(4-24)］，通过迭代直至收敛可得出 $T_g$、$T_m$、$T_l$、$T_n$、$\alpha_c(n)$ 的准确值。需要说明的是，由于集热蓄热墙内表面与其他内表面的辐射换热量很小，可忽略不计。

玻璃盖板内表面：

$$\begin{aligned} &q_{sg}(n) + \alpha_r(n) \times \left[ T_l(n) - T_g(n) \right] - \alpha_c(n) \times \\ &\left[ T_g(n) - T_m(n) \right] - k \times \left[ T_g(n) - T_a(n) \right] = 0 \end{aligned} \tag{4-21}$$

空气夹层：

$$\alpha_c(n) \times \left[ T_g(n) - T_m(n) \right] + \alpha_c(n) \times [T_l(n) - T_m(n)] - Q_{ccr}(n) = 0 \tag{4-22}$$

集热蓄热墙外表面：

$$q_{sl}(n) - \alpha_c(n) \times [T_l(n) - T_m(n)] - \alpha_r(n) \times \left[ T_l(n) - T_g(n) \right] - q_{n-1}(n) = 0 \tag{4-23}$$

集热蓄热墙内表面：

$$q_{l-n}(n) - a_{im}^c \times [T_n(n) - T_r(n)] = 0 \tag{4-24}$$

式中　　$q_{sg}(n)$——$n$ 时刻玻璃吸收的太阳辐射强度，W/m²；

$\quad\quad\alpha_r(n)$——$n$ 时刻集热蓄热墙外表面与玻璃内表面的辐射换热系数，W/(m²·℃)；

$\quad\quad q_{n-1}(n)$——$n$ 时刻集热蓄热墙内表面向外表面的导热量，W/m²；

$\quad\quad q_{1-n}(n)$——$n$ 时刻集热蓄热墙外表面向内表面的导热量，W/m²；

$\quad\quad T_a(n)$——$n$ 时刻室外空气温度，℃；

$\quad\quad q_{sl}(n)$——$n$ 时刻玻璃吸收的太阳辐射强度，W/m²；

$\quad\quad k$——玻璃的传热系数，W/(m²·℃)；

$\quad\quad a_{im}^c$——围护结构内表面的对流换热系数，取 8.7W/(m²·℃)；

$\quad\quad T_g(n)$——设计日 $n$ 时刻的室外干球温度，℃；

$\quad\quad T_l(n)$——$n$ 时刻集热蓄热墙外表面温度，℃；

$\quad\quad T_n(n)$——$n$ 时刻集热蓄热墙内表面温度，℃。

　　集热蓄热墙结构参数是影响其传热量的重要因素，选取夹层厚度、通风口面积、上下通风口高度、墙体类型四个关键参数作为研究对象。选取康定、拉萨、林芝、马尔康、昌都为典型城市，研究集热蓄热墙传热量对房间整体热负荷的影响。为掌握不同结构参数组合对传热量的影响，进行了因素交叉组合，形成了多结构参数组合工况，如图 4-21 所示。需要说明的是，按照墙体的保温性能和蓄热性能选取了常见的四种类型的墙体，具体构造形式如表 4-9 所示。

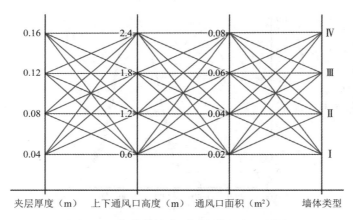

图 4-21　集热蓄热墙不同参数组合工况图

**集热蓄热墙构造类型**　　　　　　　　　　　　　　　　表 4-9

| 类型 | 构造形式 |
|---|---|
| Ⅰ | 3mm 普通玻璃 + 50mm 空气层 + 高吸收涂料 + 240mm 砖墙 |
| Ⅱ | 3mm 普通玻璃 + 50mm 空气层 + 高吸收涂料 + 370mm 砖墙 |
| Ⅲ | 3mm 普通玻璃 + 50mm 空气层 + 高吸收涂料 + 240mm 砖墙 + 40mmxps 内保温 |
| Ⅳ | 3mm 普通玻璃 + 50mm 空气层 + 高吸收涂料 + 370mm 砖墙 + 40mmxps 内保温 |

　　针对不同地点的组合工况进行理论计算。因为结构参数对集热蓄热墙的导热、对流传热量的影响规律不同，故分别计算出对流、导热传热量。以拉萨为例，其对流、导热传热

量计算结果如图 4-22、图 4-23 所示。由于工况较多，图中无法全部展示，故选取一定工况进行分析。

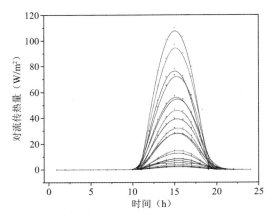 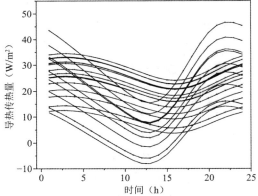

图 4-22  拉萨地区部分组合工况的对流传热量　　图 4-23  拉萨地区部分组合工况的导热传热量

从图 4-22、图 4-23 可以看出，拉萨地区不同组合工况下对流传热量随时间的变化规律几乎相同，呈现高度的规律性；不同组合工况下导热传热量随时间的变化规律也相同，但与墙体类型有关。进一步利用不同工况的逐时对流传热量除以对应的最大值，可以得到一簇曲线，以拉萨为例，其结果如图 4-24 所示。

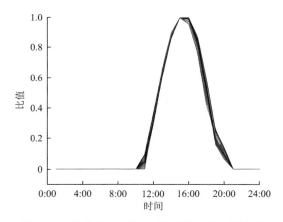

图 4-24  拉萨地区不同工况下逐时对流传热量
与对应的最大值的比值

从图 4-24 中可以看出，该簇曲线高度重合，可近似为一条曲线，说明该曲线与结构参数相关性很小，定义该条曲线为对流传热因子，其计算如下式所示：

$$\alpha(n) = \sum_{i=1}^{num} \frac{QV_i(n)}{QV_{i\text{-max}}} / num \tag{4-25}$$

式中　$\alpha(n)$——$n$ 时刻对流传热因子；

　　$QV_i(n)$——$i$ 工况的 $n$ 时刻对流传热量，W；

　　$QV_{i\text{-max}}$——$i$ 工况的对流传热量的最大值，W；

　　$num$——工况数。

　　图 4-25 给出了各典型城市利用式(4-25)计算出的对流传热因子，但由于本书选取的典型城市的气象参数较为接近，故对流传热因子较为接近。

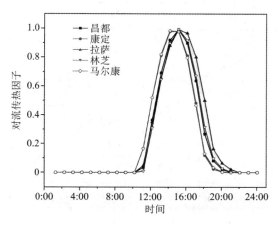

图 4-25　典型城市对流传热因子

　　根据不同工况下结构参数的传热量与最大值的关系，可以推出在得到对流传热因子后，只要得到不同工况下结构参数与该工况对应的对流传热量最大值，就可以得到逐时对流传热量。对集热蓄热墙对流传热量最大值进行非线性回归，建立了夹层厚度、通风口面积、上下通风口高度、墙体类型与对流传热量最大值的关联关系。回归模型设置如式(4-26)所示。由于集热蓄热墙对流传热量最大值的波动较大，采用分段拟合的方法提高准确度，分两段进行拟合。计算得到各典型城市的对流传热量最大值回归系数，如表 4-10 所示。

$$QV_{i\text{-}max} = p_1 \cdot h_g{}^3 + p_2 \cdot h_g{}^2 + p_3 \cdot h_g + p_4 \cdot l_J +$$
$$p_5 \cdot ty_{wall}{}^2 + p_6 \cdot ty_{wall} + p_7 \cdot A_w + p_8 \tag{4-26}$$

式中　$h_g$——上下通风口高度，m；

　　　$ty_{wall}$——墙体类型；

　　　$l_J$——夹层厚度，m；

　　　$A_w$——通风口面积，$m^2$。

　　按上述方法计算出不同地区对流传热因子和不同工况的对流传热量最大值后，利用下式即可得到逐时对流传热量：

$$QV_i(n) = QV_{i\text{-}max} \times \alpha(n) \tag{4-27}$$

式中　$QV_i(n)$——$i$ 工况的逐时对流传热量，$W/m^2$。

**各典型城市对流传热量最大值回归系数**　　　　　　　　表 4-10

| 地点 | 自变量 | 回归系数 | | | | | | | |
|---|---|---|---|---|---|---|---|---|---|
| | | p1 | p2 | p3 | p4 | p5 | p6 | p7 | p8 |
| 昌都 | Type1 | 2.3 | 5.0 | 12.2 | −384.3 | −0.4 | 2.3 | 475.4 | 30.1 |
| | Type2 | −1.2 | 6.6 | 18.4 | −275.6 | 1.2 | 2.3 | 261.2 | −7.9 |

续表

| 地点 | 自变量 | 回归系数 | | | | | | | |
|------|--------|------|------|------|------|------|------|------|------|
| | | p1 | p2 | p3 | p4 | p5 | p6 | p7 | p8 |
| 康定 | Type1 | 2.1 | 4.6 | 11.9 | −375.9 | −0.3 | 2.4 | 406.5 | 30.3 |
| | Type2 | 0.2 | 3.6 | 9.9 | −254.1 | 0.6 | 3.8 | 220.4 | 3.7 |
| 拉萨 | Type1 | 2.8 | 6.1 | 15.1 | −464.0 | −0.5 | 3.0 | 521.2 | 36.6 |
| | Type2 | 8.0 | −42.2 | 110.2 | −343.2 | 1.2 | 3.6 | 301.1 | −56.7 |
| 林芝 | Type1 | 2.1 | 4.3 | 10.7 | −349.2 | −0.3 | 2.0 | 442.2 | 26.5 |
| | Type2 | −0.1 | 4.0 | 112 | −248.8 | 0.7 | 3.0 | 251.7 | 0.9 |
| 马尔康 | Type1 | 2.1 | 4.3 | 10.7 | −349.2 | −0.3 | 2.0 | 442.2 | 26.5 |
| | Type2 | −0.1 | 4.0 | 11.2 | −248.8 | 0.7 | 3.0 | 251.7 | 0.9 |

注：Type1 自变量范围：上下通风口高度为 2.4m、1.8m 和墙体类型为 Ⅱ、Ⅳ；Type2 自变量范围：其余工况。

　　类似的，定义集热蓄热墙导热传热因子来表征不同工况的逐时导热传热量与其最大值之间的关系。另外，为了消除导热传热量跨越"0"点线所导致的变化规律不同，在导热传热量加上一常数 $c$，使其都为正数。以拉萨为例，用加上常数后的逐时导热传热量除以加上常数后的传热量最大值得到一簇曲线，如图 4-26 所示。

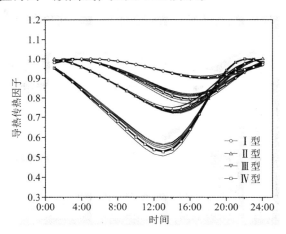

图 4-26　拉萨地区不同工况逐时导热传热量与其最大值的比值

　　从图 4-26 可以看出，导热传热因子与墙体类型有关，但相同墙体的导热传热因子为高度重合的一条曲线，定义该条曲线为导热传热因子，如式(4-28)所示。利用式(4-28)计算出各典型城市的不同墙体类型的导热传热因子，如图 4-27 所示。

$$\beta(n) = \sum_{i=1}^{num} \frac{QD_i(n) + c}{QD_{i\text{-max}} + c} /num \tag{4-28}$$

式中　$\beta(n)$——$n$ 时刻导热传热因子；

　　　$QD_i(n)$——$i$ 工况的 $n$ 时刻导热传热量，W/m²；

$QD_{i\text{-max}}$——$i$ 工况的导热传热量的最大值，W/m²；

　　　$c$——常数，取 40。

从图 4-27 可以看出，典型城市的相同墙体类型的导热传热系数相差很小，这表明导热传热因子与室外气象参数的相关性不大，而主要与墙体类型有关。通过多元回归得到结构参数与导热传热量最大值的多项式非线性函数关系，其回归模型如式(4-29)所示，在得到导热传热量的最大值后，即可利用导热传热因子将其逐时化，得到逐时导热传热量，计算公式如式(4-30)所示，计算得到的导热传热量最大值回归系数如表 4-11 所示。

$$QD_{i\text{-max}} = p_1 \cdot ty_{\text{wall}}^3 + p_2 \cdot ty_{\text{wall}}^2 + p_3 \cdot ty_{\text{wall}} + p_4 \cdot l_J^2 + p_5 \cdot l_J +$$
$$p_6 \cdot h_g^2 + p_7 \cdot h_g + p_8 \cdot A_w + p_9 \tag{4-29}$$

式中　$h_g$——上下通风口高度，m；

　　　$ty_{\text{wall}}$——墙体类型；

　　　$l_J$——夹层厚度，m；

　　　$A_w$——通风口面积，m²。

$$QD_i(n) = \beta(n) \times QD_{i\text{-max}} + c \tag{4-30}$$

式中　$QD_i(n)$——$i$ 工况下逐时导热传热量，W/m²。

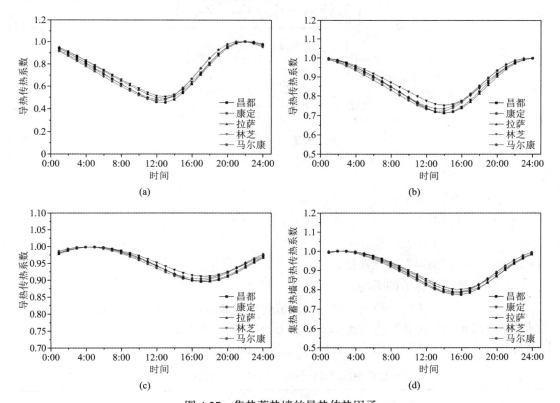

图 4-27　集热蓄热墙的导热传热因子

（a）Ⅰ型墙体；（b）Ⅱ型墙体；（c）Ⅲ型墙体；（d）Ⅳ型墙体

**各典型城市导热传热量最大值回归系数表** 表 4-11

| 地点 | 回归系数 | | | | | | | | |
|---|---|---|---|---|---|---|---|---|---|
| | $p_1$ | $p_2$ | $p_3$ | $p_4$ | $p_5$ | $p_6$ | $p_7$ | $p_8$ | $p_9$ |
| 昌都 | 1.09 | −6.06 | −0.76 | −499.30 | 185.66 | 188 | −10.92 | −40.17 | 35.29 |
| 康定 | 1.12 | −6.33 | 0.06 | −445.67 | 173.44 | 1.83 | −10.71 | −40.76 | 34.90 |
| 拉萨 | 2.07 | −12.93 | 10.79 | −547.53 | 211.54 | 2.29 | −13.10 | −53.74 | 39.07 |
| 林芝 | 0.95 | −5.32 | −0.20 | −426.41 | 156.77 | 1.43 | −8.62 | −33.27 | 29.36 |
| 马尔康 | 0.95 | −5.21 | −1.21 | −440.84 | 164.69 | 168 | −9.76 | −36.07 | 32.14 |

以决定系数 $R^2$、均方根误差 $RSME$、均方根误差变化系数 $rRSME$ 来评价回归模型，评价指标定义如式(4-30)～式(4-32)所示。其中，$R^2$ 反映了自变量解释因变量的程度，均方差变化系数 $rRMSE$ 反映预测值与真值之间的误差，定义不同范围均方差变化系数 $rRSME$ 用来反映预测模型的准确度，当 $rRMSE \leqslant 10\%$ 时，准确度为很好；当 $10\% < rRMSE \leqslant 20\%$，准确度为好，当 $20\% < rRMSE \leqslant 30\%$，准确度为可接受，当 $rRMSE > 30\%$，则认为不可接受。

$$R^2 = \frac{\left[\sum_{i=1}^{num} \left(V_{\text{true}} - V_{\text{pre}}\right)\left(V_{\text{pre}} - V_{\text{true}}\right)\right]^2}{\sum_{i=1}^{num} \left(V_{\text{true}} - V_{\text{pre}}\right)^2 \sum_{i=1}^{num} \left(V_{\text{pre}} - V_{\text{true}}\right)^2} \quad (4\text{-}31)$$

$$RMSE = \sqrt{\frac{\sum_{i=1}^{num} \left(V_{\text{true}} - V_{\text{pre}}\right)^2}{num}} \quad (4\text{-}32)$$

$$rRMSE = \frac{RMSE}{\overline{V}_{\text{true, }i}} \quad (4\text{-}33)$$

式中　$R^2$——决定系数；

$V_{\text{true}}$——理论计算值；

$V_{\text{pre}}$——回归值；

$RSME$——均方根误差；

$rRSME$——均方根误差变化系数；

$\overline{V}_{\text{true},i}$——理论计算值的平均值。

以拉萨为例，利用回归模型计算出的对流传热量最大值乘以对流传热因子得到的回归逐时对流传热量与理论计算值对比如图 4-28 所示，其回归模型评价指标值如表 4-12 所示。其他典型城市对流传热量回归模型评价指标值如表 4-13 所示。

**拉萨地区对流传热量回归模型评价指标表** 表 4-12

| 参数 | 数值 |
|---|---|
| *RSME* | 4.94 |

续表

| 参数 | 数值 |
|---|---|
| *rRSME* | 0.14 |
| $R^2$ | 0.97 |

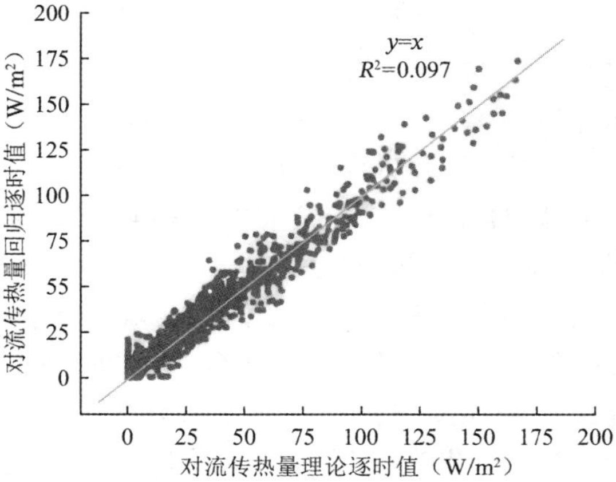

图 4-28 拉萨地区理论计算值与回归的逐时
对流传热量对比

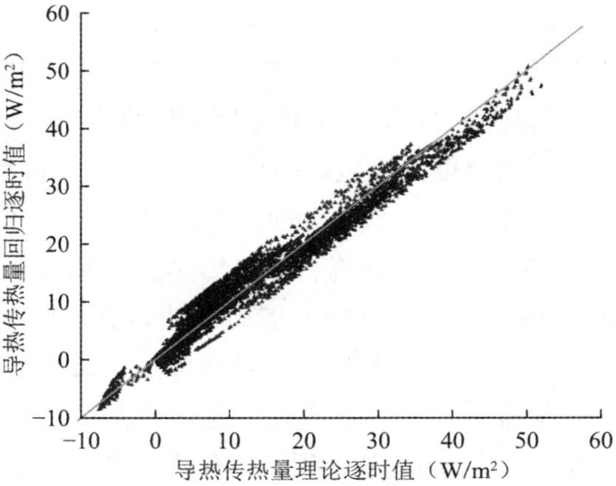

图 4-29 拉萨地区导热传热量理论计算值
与回归值对比

**其他典型城市对流传热量回归模型评价指标** 表 4-13

| 城市 | *RSME* | *rRSME* | $R^2$ |
|---|---|---|---|
| 昌都 | 4.30 | 0.14 | 0.97 |
| 康定 | 3.70 | 0.12 | 0.97 |
| 林芝 | 3.85 | 0.13 | 0.97 |
| 马尔康 | 4.15 | 0.13 | 0.97 |

从图 4-28 和表 4-12、表 4-13 可以看出，对流传热量的回归模型 $R^2$ 为 0.97，表明所选变量（夹层厚度、通风口面积、上下通风口高度、公共墙类型与对流传热量最大值）相关性较好，且能较好地解释其值。回归值绝大部分落在误差线为"0"所对应参考线左右，*rRSME* 范围为 0.12～0.14，表明该模型的准确性较好。

图 4-29 和表 4-14 给出了拉萨地区导热传热量理论计算值与回归值的对比和其模型评价指标。其他典型城市导热传热量回归模型评价指标值如表 4-15 所示。

**拉萨地区导热传热量回归模型评价指标** 表 4-14

| 参数 | 数值 |
|---|---|
| *RSME* | 3.24 |
| *rRSME* | 0.24 |
| $R^2$ | 0.92 |

表 4-15

**其他典型城市导热传热量回归模型评价指标**

| 城市 | $RSME$ | $rRSME$ | $R^2$ |
|------|--------|---------|-------|
| 昌都 | 2.51 | 0.26 | 0.91 |
| 康定 | 2.42 | 0.26 | 0.90 |
| 林芝 | 2.20 | 0.27 | 0.91 |
| 马尔康 | 2.36 | 0.28 | 0.91 |

　　各典型城市导热传热量回归模型的 $rRSME$ 范围为 0.24～0.28，$R^2$ 为 0.90～0.92，表明选取的夹层厚度、通风口面积、上下通风口高度、公共墙类型作为影响传热量的关键参数，计算导热传热量最大值，进而利用导热传热因子进行逐时化得到导热传热量的方法准确度较高。

　　各典型城市对流、导热传热量预测模型的 $rRSME$ 范围为 0.10～0.14、0.24～0.28，$R^2$ 为 0.96～0.97、0.90～0.92，表明以夹层厚度、上下通风口高度、通风口面积、墙体类型 4 个结构参数预测出对流、导热传热量最大值，再通过对流、导热传热因子将其逐时化的方法能够准确、有效地重现其逐时传热量的理论值。本书给出的集热蓄热墙结构参数与其传热量之间的多项式关系，具有计算简单的优点，适用于集热蓄热墙式被动构件的设计制造和被动式太阳房热负荷的工程计算。

## 4.2　太阳能供暖房间动态热负荷计算简化方法的软件系统

　　本节介绍了根据典型日室外综合温度、外墙（或屋顶）失热量以及房间逐时热负荷的计算程序，开发的太阳能供暖房间动态热负荷计算软件。该软件采用 $Z$ 传递函数法计算通过外墙或屋顶传热所形成的逐时热负荷。使用该软件可计算不同地点、不同墙体（屋顶）结构、不同墙体朝向组合情况下典型日供暖房间的逐时热负荷及热负荷系数。

　　软件界面包括气象参数设置、建筑参数及计算结果三部分（图 4-30）。

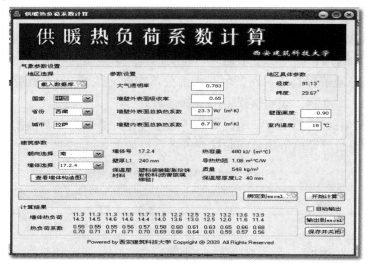

图 4-30　供暖热负荷系数计算软件界面

　　气象参数设置：选择计算城市并显示一些计算参数值。其中，大气透明率、墙壁外表面吸收率，墙壁内、外表面总换热系数，壁面黑度以及室内温度为系统默认值，可根据具体计算条件进行改动；建筑参数：选择外墙或屋顶的结构及外墙朝向，显示外墙或屋顶构造图及其相关参数；计算结果：显示外墙或屋顶单位面积热负荷及热负荷系数典型日逐时计算结果，以 1h 为间隔，按时间顺序分两行显示。

　　软件的数据库中存有拉萨、兰州、西安、银川等城市的气象参数资料，以及 15 种常见外墙和 10 种常见屋顶的计算参数资料。因数据库中的计算城市、外墙及屋顶结构的选择有限，使用者可根据需要在数据库中添加所需计算参数。使用该软件计算太阳能供暖房间动态热负荷时，大致分三步：

　　首先，点击"气象参数设置"中的"载入数据库"，选择计算城市，结合具体计算情况改动相应参数，如室内温度、墙壁外表面吸收率等；其次，选择墙体朝向，若计算对象为屋顶，则在"朝向选择"中选"水平"，然后在"墙体（屋顶）选择"中选择外墙（屋顶）的结构；最后，点击"开始计算"，典型日外墙或屋顶单位面积热负荷及热负荷系数显示在界面上。若将计算结果显示在 Excel 表中，需先点击"输出到 excel"，然后点击"保存并关闭"，便可在相应 Excel 表中找到计算结果。

## 4.3　本章小结

　　本章讨论了太阳能建筑在动态热负荷条件下的传热特性与简化计算方法；分析了太阳能建筑关键构件的动态热量平衡计算，包括直接受益窗、附加阳光间和集热蓄热墙，介绍了适用于各自特性的计算方法和简化方案；对太阳能建筑动态热负荷计算简化方法的软件进行了介绍，为太阳能建筑的动态热设计提供了理论支持和实践工具。

# 第 5 章

# 太阳能高效集热原理与技术方法

## 5.1 概述

太阳能集热技术是通过集热设备吸收太阳辐射而转化成热能，进而以供暖、生活热水等方式将热能传递到用户，是太阳能光热技术中的关键部分，开发高性能、运行稳定可靠的新型太阳能集热器是关键。增大太阳能集热器（简称集热器）的外形尺寸、采用肋片以强化空气与集热板之间的换热、添加相变材料等是提高太阳能集热器热性能的有效方法。本章对不同海拔地区平板集热器的热损失规律进行分析，确定了相应的修正计算方法，研究了大尺寸平板集热器、强化对流型平板空气集热器、双温相变平板集热器、过冷相变蓄能平板集热器、U 形相变结构真空管集热器五种高效集热器，分别对其构造及传热过程进行了分析，掌握了新型集热器的热性能及其适用性。

## 5.2 平板集热器热损失特征及沿海拔修正计算方法

平板集热器由于采光面积大、运行稳定可靠的优势，成为目前广泛使用的集热器类型之一，但是不同海拔高度下集热器的集热效率存在差异。目前平板集热器的热损失系数主要依据标准实验室稳态条件下的实验测试获得。然而该方法忽略了不同地区实际室外环境条件，难以反映室外动态条件下集热器的热损失特征；另一方面，没有考虑在高海拔地区的特殊环境条件下，集热器以对流和辐射方式向环境散失的热量的显著改变。本节分析了不同海拔地区平板集热器热损失变化规律，给出了热损失修正计算方法。

### 5.2.1 不同海拔地区平板集热器总热损失规律

平板集热器接收到的太阳辐射，一部分被盖板吸收，另一部分透过盖板到达吸热板表面，吸热板将吸收的太阳能转化为热能，其中大部分热能通过金属管道传递给集热工质。与低海拔地区相比，高海拔地区的环境条件较为特殊，海拔高度变化造成的空气物性参数及大气透明度的改变将对平板集热器的对流和辐射热损失过程产生影响。高海拔地区平板集热器的传热过程如图 5-1 所示，图中 $\dot{Q}_r$ 为辐射换热量，$\dot{Q}_c$ 为对流换热量，$\dot{Q}_u$ 为集热工质的有用能，$\dot{Q}_{cd}$ 为导热换热量。

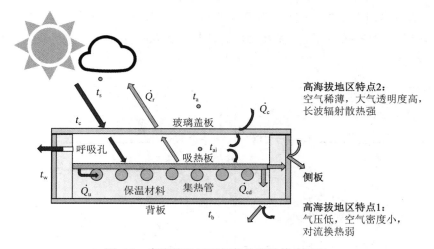

图 5-1　高海拔地区平板集热器的传热过程

平板集热器总热损失组成及环境影响因素如图 5-2 所示。平板集热器的总热损失由集热器顶部盖板、侧面边框及呼吸孔、底部背板的对流和辐射热损失等共同构成。

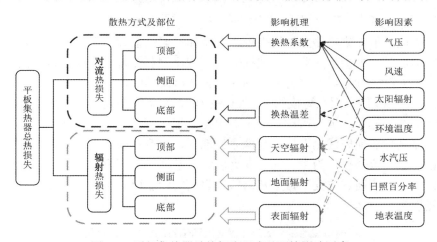

图 5-2　平板集热器总热损失组成及环境影响因素

1. 平板集热器不同表面的热损失

通过计算分析，不同海拔地区平板集热器的热损失系数如图 5-3 所示。

由图 5-3（a）可知，在不同海拔地区，当海拔升高时，平板集热器的对流热损失系数减小，辐射热损失系数增加，由西安到西宁，对流热损失系数减小了 1.3W/(m² · K)，辐射热损失系数增加了 1.2W/(m² · K)，辐射热损失系数增加的幅度小于对流热损失系数减小的幅度；由西宁到拉萨，平板集热器的对流热损失系数减小了 0.4W/(m² · K)，辐射热损失系数增加了 0.7W/(m² · K)，辐射热损失系数的增幅大于对流热损失系数的降幅，因此在不同海拔地区，平板集热器的总热损失系数随海拔升高先减小后增大。在海拔分别为 400m、2300m、3600m 的西安、西宁和拉萨，平板集热器总热损失系数分别为 3.3W/(m² · K)、3.2W/(m² · K)和 3.5W/(m² · K)。

由图 5-3（b）可知，在平板集热器各表面的总热损失系数中，顶部总热损失系数最大，侧面和底部的总热损失系数均较小。对于所选取的典型城市，平板集热器顶部总热损失系数的平均值为 2.4W/(m² · K)，侧面及底部总热损失系数的平均值分别为 0.3W/(m² · K)和 0.6W/(m² · K)。

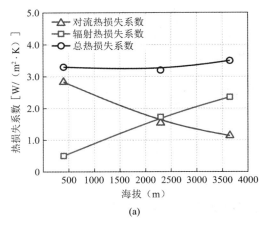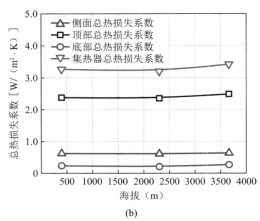

图 5-3　不同海拔地区平板集热器的热损失系数

（a）不同海拔地区平板集热器的对流、辐射和总热损失系数；（b）不同海拔地区平板集热器不同表面的总热损失系数

不同海拔地区平板集热器总热损失中，对流和辐射热损失所占的比例如表 5-1 所示。当海拔高度增加时，平板集热器对流热损失所占的比例逐渐减小，而辐射热损失所占的比例大幅增加。在海拔约为 400m 的西安，平板集热器对流热损失的占比高达 85.7%，约为辐射热损失占比的 6.0 倍；而在海拔约 3600m 的拉萨，平板集热器的对流热损失仅占总热损失的 32.2%，约为辐射热损失占比的一半。根据该规律，可更有针对性地对不同海拔地区的平板集热器进行热损失优化设计：在低海拔地区，对流热损失占比较大，应以抑制平板集热器向环境的对流热损失为主，如改变夹层的真空度；在高海拔地区，以平板集热器的辐射热损失为主，可通过改变平板集热器盖板表面的涂层以减小其长波发射率，进而减小集热器的热损失。

**不同海拔地区平板集热器对流和辐射热损失所占比例**　　　　表 5-1

| 海拔（m） | 对流热损失比例（%） | 辐射热损失比例（%） |
| --- | --- | --- |
| 400（西安） | 85.7 | 14.3 |
| 2300（西宁） | 47.0 | 53.0 |
| 3600（拉萨） | 32.2 | 67.8 |

不同海拔地区平板集热器各表面总热损失所占的比例如表 5-2 所示。无论在海拔较低的西安（海拔约 400m），还是在海拔较高的拉萨（海拔约 3600m），平板集热器的顶部、侧面及底部总热损失所占的比例都十分接近。由于在平板集热器的运行过程中，顶部盖板的温度最高，使得盖板和环境的温差最大，顶部总热损失所占的比例也最大，其值高达 72% 以上；而由于平板集热器侧面和底部保温层的存在，使得其侧面边框和底部背板温度较低，其总热损失也较小，平板集热器侧面和底部总热损失的占比分别为 8% 和 20% 左右。

不同海拔地区平板集热器各表面总热损失所占比例　　　　　表 5-2

| 海拔（m） | 顶部总热损失比例（%） | 侧面总热损失比例（%） | 底部总热损失比例（%） |
|---|---|---|---|
| 400（西安） | 72.9 | 7.6 | 19.5 |
| 2300（西宁） | 73.7 | 6.9 | 19.4 |
| 3600（拉萨） | 72.8 | 8.2 | 19.0 |

**2. 平板集热器白天和夜间的总热损失**

不同海拔地区平板集热器白天和夜间的热损失系数如图 5-4 所示。

由图 5-4（a）可知，对于不同海拔地区，在白天，平板集热器的总热损失系数随海拔升高先减小后增大，这是由对流和辐射热损失系数的变化幅度共同造成的，从低海拔的西安到中海拔的西宁，平板集热器的对流热损失系数减小 1.4W/(m²·K)，辐射热损失系数增大 1.3W/(m²·K)，使得总热损失系数减小；由中海拔的西宁到高海拔的拉萨，平板集热器的对流热损失系数近似不变，辐射热损失系数增加 0.6W/(m²·K)，使得总热损失系数增大。

由图 5-4（b）可知，在不同海拔地区，当海拔升高时，平板集热器夜间的对流和辐射热损失系数变化幅度较为接近，由西安至西宁，平板集热器的对流热损失系数减小了 1.2W/(m²·K)，辐射热损失系数增大了 1.2W/(m²·K)；由西宁至拉萨，平板集热器的对流热损失系数减小了 0.7W/(m²·K)，辐射热损失系数增大了 0.6W/(m²·K)，最终平板集热器的总热损失系数随海拔的升高而近似不变。在西安、西宁和拉萨，平板集热器的总热损失系数分别为 2.9W/(m²·K)、2.9W/(m²·K)和 2.8W/(m²·K)。

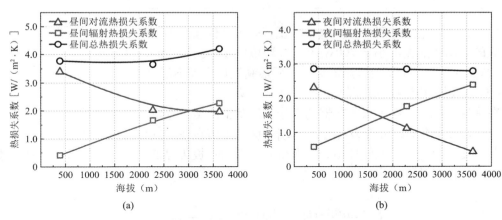

图 5-4　不同海拔地区平板集热器白天和夜间的热损失系数

（a）不同海拔地区平板集热器白天的热损失系数；（b）不同海拔地区平板集热器夜间的热损失系数

不同海拔地区平板集热器白天和夜间总热损失中，对流和辐射热损失所占的比例如表 5-3 所示。无论是在白天还是夜间，随着海拔的升高，平板集热器的热损失组成均由对流占主导变为辐射占主导。在西安，平板集热器白天的对流热损失和辐射热损失比例分别为 90.0%和 10.0%，在拉萨，其值分别为 46.4%和 53.6%；而夜间，在西安平板集热器的对流热损失比例和辐射热损失比例分别为 80.8% 和 19.2%，在拉萨，其值分别为 85.6%和 14.4%。由此可以看出，在不同海拔地区，平板集热器的总热损失中各成分所占比例的昼夜差异随着海拔的升高越来越显著。

| | 白天和夜间平板集热器总热损失中对流和辐射热损失所占比例 | | | 表 5-3 |
|---|---|---|---|---|
| 海拔（m） | 白天对流热损失比例（%） | 白天辐射热损失比例（%） | 夜间对流热损失比例（%） | 夜间辐射热损失比例（%） |
| 400（西安） | 90.0 | 10.0 | 80.8 | 19.2 |
| 2300（西宁） | 55.0 | 45.0 | 38.6 | 61.4 |
| 3600（拉萨） | 46.4 | 53.6 | 14.4 | 85.6 |

### 5.2.2 不同海拔地区平板集热器总热损失修正计算方法

1. 标准工况下平板集热器总热损失计算

（1）平板集热器热损失系数测试的标准工况

根据《太阳能集热器性能试验方法》GB/T 4271—2021，在稳态或准稳态运行条件下计算得到平板集热器的总热损失系数。表 5-4 对平板集热器的稳态运行工况进行了规定。

| 平板集热器的稳态运行工况 | 表 5-4 |
|---|---|
| 参数 | 平均值允许波动范围 |
| 太阳辐照度 | ±50W/m² |
| 环境温度 | ±1℃ |
| 集热工质质量流量 | ±1.0% |
| 平板集热器进口工质温度 | ±0.1℃ |

此外，平板集热器所处的环境条件及其运行条件满足如下要求：①平板集热器采光面上接收的太阳辐照度不小于 700W/m²；②环境风速不高于 4m/s；③集热工质质量流量设定在 0.02kg/(m² · s)；④平板集热器集热工质最高进口温度不超过 70℃。

（2）平板集热器标准工况总热损失系数计算

在标准工况下，在平板集热器的工作温度范围内至少选取 4 个工质进口温度，且其中一个进口温度使集热工质平均温度与环境温度的差值在 ±3℃ 以内。将各个工况下的集热效率与归一化温差进行一元线性拟合，所得斜率即为平板集热器的总热损失系数。其中集热效率可通过下式计算：

$$\eta = \frac{\int_{t_1}^{t_2} c_{p,f} m_f (T_{out,f} - T_{in,f}) \, dt}{\int_{t_1}^{t_2} AI \, dt} = \frac{c_{p,f} \overline{m}_f (\overline{T}_{out,f} - \overline{T}_{in,f})}{A_{co} I} \tag{5-1}$$

式中　$\eta$——集热效率；

$c_{p,f}$——集热工质的比热容，J/(kg · ℃)；

$T_{in,f}$——集热工质进口温度，℃；

$T_{out,f}$——集热工质出口温度，℃；

$m_f$——集热工质质量流量，kg/s；

$A_{co}$——平板集热器面积，m²；

$I$——太阳辐射强度，W/m²。

以集热工质进口温度为基准的归一化温差计算公式为：

$$T_i^* = \frac{T_{in,f} - T_a}{I} \quad (5-2)$$

式中　$T_i^*$——归一化温差，$(m^2 \cdot \text{℃})/W$。

2. 不同海拔地区平板集热器总热损失修正

目前，平板集热器盖板、吸热板、侧板和背板的主要材料如表 5-5 所示，各材料的物性参数如表 5-6 所示。进行数值计算时，平板集热器的规格参数基于表 5-6 中所给材料的物性参数，其余参数均与 P-G/0.6-T/L/PT-1.86 型号的平板集热器相同。

平板集热器各构件主要材料　　　　　　　表 5-5

| 构件 | 盖板 | 吸热板 | 侧板 | 背板 |
|---|---|---|---|---|
| 材料 | 超白低铁钢化玻璃 | 紫铜 | 铝合金 | 铝合金 |
| | 普通玻璃 | 铝 | 铝 | 彩涂板 |

平板集热器各构件材料的物性参数　　　　　　表 5-6

| 材料 | 密度（kg/m³） | 比热容 [J/(kg·℃)] | 吸收率 | 发射率 |
|---|---|---|---|---|
| 超白低铁钢化玻璃 | 2490 | 837 | 0.06 | 0.89 |
| 普通玻璃 | 2500 | 960 | 0.07 | 0.88 |
| 紫铜板 | 890 | 385 | 0.92 | 0.20 |
| 铝 | 2700 | 880 | 0.90 | 0.10 |
| 铝合金 | 2680 | 947 | — | 0.05 |
| 彩涂板 | 7850 | 450 | — | 0.07 |

对平板集热器热损失数值计算的结果进行分析，得到了不同海拔地区平板集热器总热损失系数的修正系数，如表 5-7 所示。对于平板集热器在供暖期内或全年运行的地区，可根据表 5-7 中数值分别对供暖期和全年的总热损失系数进行修正。由表 5-7 可知，在不同海拔地区，随着海拔升高，平板集热器对流热损失系数减小，辐射热损失系数增大。从海拔约 100m 的地区到海拔约 3600m 的地区，在供暖期和全年使用时，对流热损失系数分别降低 64.8%、61.5%，辐射热损失系数分别增加 86.8% 和 100%。在不同海拔地区，总热损失系数随海拔升高先减小后增大，在供暖期和全年使用时，由海拔近 100m 处至海拔近 1500m 处，总热损失系数分别降低 14.1%、14.0%，由海拔近 1500m 处至海拔近 3600m 处，总热损失系数分别升高 13.9%、12.8%。

不同海拔地区平板集热器总热损失系数的修正系数　　　表 5-7

| 城市 | 海拔（m） | 气压（kPa） | 供暖期 | | | 全年 | | |
|---|---|---|---|---|---|---|---|---|
| | | | 对流热损失比例（%） | 辐射热损失比例（%） | 总热损失系数修正系数 | 对流热损失比例（%） | 辐射热损失比例（%） | 总热损失系数修正系数 |
| 郑州 | 110 | 100.3 | 58 | 42 | 0.92 | 78 | 22 | 1.00 |
| 西安 | 398 | 97.0 | 65 | 35 | 0.88 | 86 | 14 | 0.95 |

| 城市 | 海拔（m） | 气压（kPa） | 供暖期 | | | 全年 | | |
|---|---|---|---|---|---|---|---|---|
| | | | 对流热损失比例（%） | 辐射热损失比例（%） | 总热损失系数修正系数 | 对流热损失比例（%） | 辐射热损失比例（%） | 总热损失系数修正系数 |
| 兰州 | 1517 | 84.8 | 30 | 70 | 0.79 | 37 | 63 | 0.86 |
| 西宁 | 2295 | 77.4 | 40 | 60 | 0.87 | 47 | 53 | 0.92 |
| 格尔木 | 2808 | 72.5 | 28 | 72 | 0.90 | 28 | 72 | 0.98 |
| 拉萨 | 3649 | 65.2 | 21 | 79 | 0.90 | 31 | 69 | 0.97 |

## 5.3 大尺寸平板集热器集热原理及热性能

与常规平板集热器相比，大尺寸平板集热器通过增大集热器的外形尺寸，降低单位面积集热器的散热表面积，减少相对散热面积；减少常规平板集热器之间的管道连接，减少管路热损失的同时降低了系统泄漏的风险，降低后期的运行维护成本。本节通过分析集热器的传热过程，建立了大尺寸平板集热器的热平衡方程，并对其集热特性及适用性进行了分析。

### 5.3.1 大尺寸平板集热器热过程理论

1. 传热过程

大尺寸平板集热器吸收的热量主要传给工质成为有用热能，向外部的传热主要通过玻璃盖板、集热器底面和侧面形成散热损失。两种形式的平板集热器结构和大尺寸平板集热器的传热热阻网络如图 5-5 和图 5-6 所示。

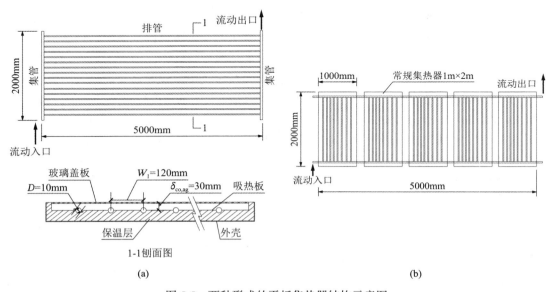

图 5-5　两种形式的平板集热器结构示意图

（a）单一大尺寸平板集热器示意图；（b）常规平板集热器并联示意图

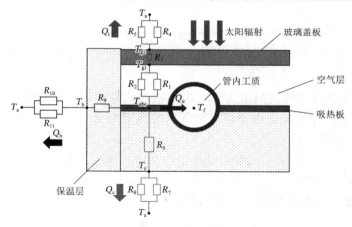

图 5-6　大尺寸平板集热器传热热阻网络

大尺寸平板集热器的能量守恒公式为：

$$\dot{Q}_u = A_{c,s}I - Q_{int} - Q_{opti} - Q_h \tag{5-3}$$

式中　$\dot{Q}_u$——大尺寸平板集热器吸收的有用能，W；

　　$A_{c,s}$——大尺寸平板集热器面积，$m^2$；

　　$I$——太阳辐射强度，$W/m^2$；

　　$Q_{int}$——大尺寸平板集热器在单位时间的内能变化量，W；

　　$Q_{opti}$——光学损失，W；

　　$Q_h$——热损失，W。

$$Q_u = c_{p,f}m_f(T_{out,f} - T_{in,f}) \tag{5-4}$$

式中　$c_{p,f}$——流体工质的比热容，$J/(kg \cdot ℃)$；

　　$m_f$——流体工质的质量流量，kg/s；

　　$T_{out,f}$——工质出口温度，℃；

　　$T_{in,f}$——工质进口温度，℃。

$$Q_s = MC\frac{dT}{dt} \tag{5-5}$$

式中　$MC$——大尺寸平板集热器热容量，J/℃；

　　$\frac{dT}{dt}$——大尺寸平板集热器单位时间的温度变化，℃/s。

$$Q_h = A_{c,s}U_l(T_{abs} - T_a) \tag{5-6}$$

式中　$U_l$——大尺寸平板集热器的总热损失系数，$W/(m^2 \cdot K)$；

　　$T_{abs}$——吸热板的平均温度，℃；

　　$T_a$——环境温度，℃。

$$Q_l = A_{c,s}I - A_{c,s}(\tau\alpha) = A_{c,s}I[1 - (\tau\alpha)] \tag{5-7}$$

式中　$(\tau\alpha)$——玻璃盖板透过率与吸热板吸收率的乘积。

2. 评价指标

（1）大尺寸平板集热器的热损失系数

根据图 5-6，大尺寸平板集热器玻璃盖板的热损失系数为：

$$U_t = \cfrac{1}{\cfrac{1}{\cfrac{1}{R_1}+\cfrac{1}{R_2}}+\cfrac{\delta_g}{\lambda_g}+\cfrac{1}{\cfrac{1}{R_4}+\cfrac{1}{R_5}}} = \cfrac{1}{\cfrac{1}{h_{c,abs\text{-}g_1}+h_{r,abs\text{-}g_1}}+\cfrac{\delta_g}{\lambda_g}+\cfrac{1}{h_{c,g_1\text{-}a}+h_{r,g_2\text{-}sky}}} \tag{5-8}$$

式中，吸热板和空气对流热阻为 $R_1$，吸热板和盖板内表面辐射热阻为 $R_2$，盖板内外表面导热热阻为 $R_3$，盖板外表面与环境空气对流热阻为 $R_4$，盖板外表面与天空辐射热阻为 $R_5$，集热器底面保温材料导热热阻为 $R_6$，底面壳体和环境空气对流热阻为 $R_7$，与天空辐射热阻为 $R_8$，集热器通过侧面的导热热阻为 $R_9$，对流热阻为 $R_{10}$，辐射热阻为 $R_{11}$。热阻单位均为 $(m^2 \cdot ℃)/W$。

大尺寸平板集热器底部的热损失系数为：

$$U_b = \frac{1}{R_6} = \frac{\lambda_b}{\delta_b} \tag{5-9}$$

式中　$\lambda_b$——底部保温材料的导热系数，$W/(m \cdot ℃)$；

　　　$\delta_b$——底部保温层的厚度，m。

大尺寸平板集热器侧面的热损失系数可用下式近似计算：

$$U_e = \frac{1}{R_9} = \left(\frac{\lambda_e}{\delta_e}\right)\left(\frac{A_e}{A_c}\right) \tag{5-10}$$

式中　$\lambda_e/\delta_e$——大尺寸平板集热器侧面保温材料导热系数和厚度之比；

　　　$A_e/A_c$——大尺寸平板集热器侧面面积与集热器面积之比。

大尺寸平板集热器的总热损失系数为：

$$U_1 = U_t + U_b + U_e \tag{5-11}$$

（2）大尺寸平板集热器的效率因子

1）管道在吸热板下方：

$$F' = \cfrac{\cfrac{1}{U_1}}{W_z\left\{\cfrac{1}{U_1[D_0+(W_z-D_0)\eta_f]}+\cfrac{1}{\lambda_{pb}}+\cfrac{1}{\pi D_i h_{f,i}}\right\}} \tag{5-12}$$

2）管道在吸热板上方：

$$F' = \left\{\frac{W_z U_1}{\pi D_i h_{f,i}}+\left[\frac{D_0}{W_z}+\left(\frac{W_z U_1}{\lambda_{pb}}+\frac{W_z}{(W_z-D_0)\eta_f}\right)^{-1}\right]^{-1}\right\}^{-1} \tag{5-13}$$

3）翼管式管道两侧为吸热板：

$$F' = \cfrac{\cfrac{1}{U_1}}{W_z\left\{\cfrac{1}{U_1[D_0+(W_z-D_0)\eta_f]}+\cfrac{1}{\pi D_i h_{f,i}}\right\}} \tag{5-14}$$

式中　$W_z$——排管间距，m；

　　　$D_0$——排管外径，m；

　　　$D_i$——排管内径，m；

　　　$\eta_f$——肋片效率；

$\lambda_{pb}$——管板结合处材料的导热系数，W/(m·℃)；

$h_{f,i}$——工质与管壁的对流传热系数，W/(m²·℃)。

$$\eta_f = 1 - \frac{n^2}{12} + \frac{n^4}{120} - \frac{n^6}{1186} \tag{5-15}$$

式中，$n = (W_z - D_0)\sqrt{\dfrac{U_1}{\lambda_{xr}\delta_{xr}}}$；$\lambda_{xr}$ 为吸热板的导热系数，W/(m·℃)；$\delta_{xr}$ 为吸热板厚度，mm。

$$h_{f,i} = (1430 + 23.3T_f - 0.048T_f^2)v_f^{0.8}D_i^{-0.2} \tag{5-16}$$

式中　$T_f$——流体平均温度，℃；

$v_f$——大尺寸平板集热器支管中流体的流速，m/s。

（3）大尺寸平板集热器的热迁移因子

$$F_R = \frac{1}{\dfrac{1}{F'} + \dfrac{A_c U_1}{2m_f c_{p,f}}} = \frac{1}{\dfrac{W}{D + (W - D)\eta_f} + WU_1\left(\dfrac{1}{C_b} + \dfrac{1}{\pi D_i h_{f,i}}\right) + \dfrac{A_c U_1}{2m_f c_{p,f}}} \tag{5-17}$$

式中　$c_{p,f}$——流体比热容，J/(kg·℃)；

$m_f$——流体的质量流量，kg/s。

（4）大尺寸平板集热器的有用能

以流体局部温度为基准的计算公式为：

$$Q_u = A_c F'[S - U_1(T_f - T_a)] \tag{5-18}$$

以流体进口温度为基准的计算公式为：

$$Q_u = A_c F_R[S - U_1(T_{in,f} - T_a)] \tag{5-19}$$

（5）集热器的集热效率

大尺寸平板集热器的瞬时效率表示为：

$$\eta = \frac{Q_u}{A_c I} \tag{5-20}$$

大尺寸平板集热器的平均效率表示为：

$$\eta_m = \frac{\sum\limits_{i=1}^{N_0} Q_u \Delta\tau_i}{\sum A_c I \Delta\tau_i} \tag{5-21}$$

式中　$\Delta\tau_i$——第 $i$ 个测试时间的时间间隔，s；

$N_0$——测试时段的总个数。

### 5.3.2　大尺寸与常规并联平板集热器热性能对比

通过建立相同面积条件下单一大尺寸平板集热器和常规并联平板集热器的数值仿真模型，模拟分析了运行参数、环境参数对不同尺寸平板集热器的集热效率、集热量和热损失的影响，模拟工况如表 5-8 所示。

大尺寸与常规并联平板集热器稳态热性能模拟工况　　　　　　　　表 5-8

| | 工况类型 | 参数 |
| --- | --- | --- |
| 运行参数 | 入口温度（℃） | 20、30、40、50、60、70 |
| | 质量流量［kg/（m²·s）］ | 0.01、0.02、0.03、0.04、0.05 |

| 工况类型 | | 参数 |
| --- | --- | --- |
| 环境参数 | 太阳辐射强度（W/m²） | 200、300、400、500、600、700、800、900、1000 |
| | 环境温度（℃） | −20、−10、0、10、20、30 |

工质入口温度对两类平板集热器热性能的影响如图 5-7 所示。随着工质入口温度的升高，集热器的热损失升高，集热量降低，两类平板集热器的集热效率均呈下降趋势。工质入口温度升高后，吸热板与管内工质的传热温差减小，吸热板向管内的传热速率降低，这使得吸热板所吸收的太阳辐射不能及时传到管内工质转化为有用能，使得平板集热器的热损失增加，最终导致集热效率降低。单一大尺寸平板集热器的集热效率高于常规并联平板集热器，表现出更好的热性能，而且尺寸越大优势越明显。在相同运行工况下，相比于常规并联平板集热器，单一大尺寸平板集热器的尺寸越大，集热量增加越多，管道内的对流传热效果越强；而常规并联平板集热器连接的平板集热器个数增加，支管数量也相应增加，每根管道中分配到的工质流量不变，管道内的对流传热效果没有得到改善。

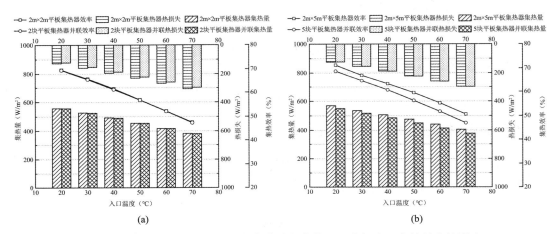

图 5-7　入口温度对不同尺寸平板集热器的集热量、热损失、集热效率的影响

（a）2m×2m 平板集热器热性能随入口温度的变化；（b）2m×5m 平板集热器热性能随入口温度的变化

选取 2m×2m 大尺寸平板集热器和 2 块 1m×1m 小尺寸平板集热器并联，2m×5m 大尺寸平板集热器和 5 块 2m×1m 小尺寸平板集热器并联，质量流量对两类平板集热器热性能的影响如图 5-8 所示，随着质量流量的增加，流体在管内的流速增大，管内流体运动雷诺数增大，对流换热增强，能够获得更多的有用能，因此两类平板集热器的集热量升高，热损失降低，集热效率逐渐升高，但升高幅度越来越小。对于内部结构参数固定的平板集热器，当管道内工质质量流量增大到一定程度后，工质与管道壁面的接触时间太短导致换热不充分，集热量和集热效率几乎不再增加。并联平板集热器中支管较多，单根管道分配的流量较少，而且工质在管道中流过的路径较短，导致换热不充分，而单一大尺寸平板集热器，工质在管道中的流速快，流经的路径长，换热更加充分，能够获得更多的有用能，集热效率相对更高，而且尺寸越大优势越明显。

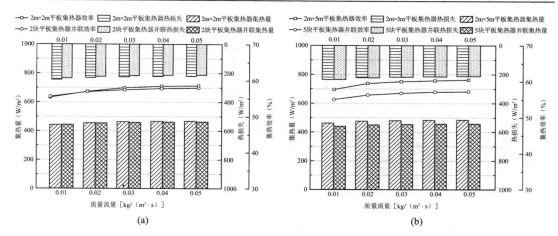

图 5-8　质量流量对不同尺寸平板集热器的集热量、热损失、集热效率的影响

（a）2m×2m 平板集热器热性能随质量流量的变化；（b）2m×5m 平板集热器热性能随质量流量的变化

太阳辐射强度对两类平板集热器的集热量、热损失和集热效率的影响如图 5-9 所示。对于两类平板集热器，当太阳辐射强度升高时，集热效率从 20% 左右提高到了 60% 左右。但随着太阳辐射强度继续升高，集热效率的增加幅度逐渐减小。太阳辐射强度越大，平板集热器所能利用的能量越多，随着太阳辐射强度的增大，平板集热器集热量的增加速率要大于热损失的增加速率，所以总体来看平板集热器的集热效率呈上升趋势。

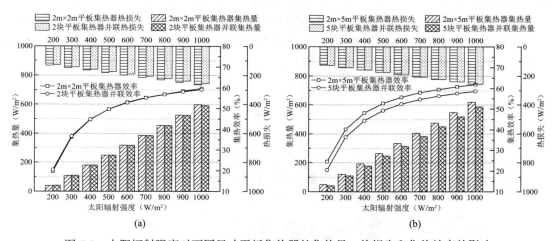

图 5-9　太阳辐射强度对不同尺寸平板集热器的集热量、热损失和集热效率的影响

（a）2m×2m 平板集热器热性能随太阳辐射的变化；（b）2m×5m 平板集热器热性能随太阳辐射的变化

由图 5-10 可知，环境温度从 −20℃ 升高到 30℃，平板集热器的集热量逐渐升高，热损失降低，集热效率大约升高 20%。环境温度主要影响平板集热器的热损失，当太阳辐射强度一定时，平板集热器吸热板的温度相同，当环境温度升高时，平板集热器的热损失减小，有用能增加，集热效率升高。随着外形尺寸增大，单一大尺寸平板集热器内部有用能的转化效果增强，同时由于减少了边框构件，散热面积有所降低，导致热损失减少，因此，其热性能效果优于常规集热器并联形式。

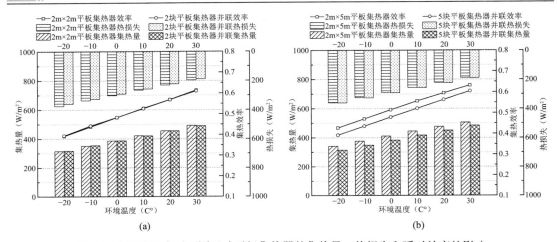

图 5-10　环境温度对不同尺寸平板集热器的集热量、热损失和瞬时效率的影响

（a）2m×2m 平板集热器热性能随环境温度的变化；（b）2m×5m 平板集热器热性能随环境温度的变化

### 5.3.3　常规并联平板集热器热性能实验分析

#### 1. 实验过程

实验系统主要由集热系统、储热系统、散热系统三部分组成，如图 5-11 所示。其中，集热系统由常规平板集热器并联而成，平板集热器进出口都布置有温度、流量测点。储热系统包括储热水箱、循环水泵、电磁流量计、调节阀等部件，循环水泵和电磁流量计安装在系统的进水管路上，并与平板集热器的进口保持一定的距离以避免对进口温度测量的影响。储热系统的另一侧为循环水泵、冷凝器连接而成散热系统，当测试完一个实验工况后将散热系统打开，释放水箱中的热量，恢复至初始状态，为下一个实验工况做准备。实验过程中的气象参数由小型人工气象站连续记录。

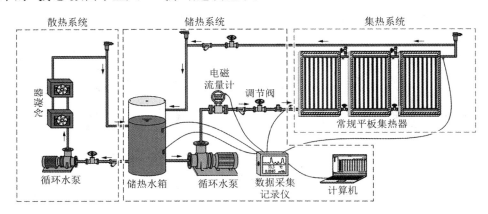

图 5-11　常规并联小型太阳能集热系统性能实验系统

实验工况的选择为并联不同的平板集热器数量和工质流量。根据国家标准《太阳能集热器性能试验方法》GB/T 4271—2021 中的规定，设置标准流量工况为 0.02kg/(m²·s)，相同集热面积条件下设置不同的流量，对比集热系统在不同流量下的热性能。选择良好的天气状况进行实验测试。一个实验工况的测试周期为 24h，在测试周期内保证系统的稳定运行。

2. 实验结果

两块常规平板集热器（2m×1m）并联运行状况如图 5-12 所示。对于典型工况下集热系统运行特点分析：在西安地区的测试周期内，当太阳辐射强度大于 100W/m² 时，平板集热器的出口温度高于进口温度，集热系统进入有效运行阶段；在 10:00～16:00，集热系统在较高的效率下运行，约在 14:00 水温达到最高值。

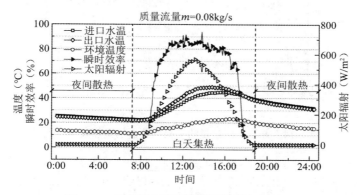

图 5-12　两块常规平板集热器并联运行状况

在运行工况下，并联不同数量的平板集热器的集热量和集热效率对比如图 5-13 和图 5-14 所示。在相同运行工况下，随着平板集热器并联数量的增加，集热系统在白天的集热量增多，在夜间的散热损失增大。当集热面积增大时，虽然集热系统的集热能力增强，但是由于散热构件和散热面积也随之增加，导致热损失增加，从而会影响系统的整体集热效率。

测试周期内的太阳辐照量、平板集热器表面的总辐照量、水箱的蓄热量和平板集热器的日平均效率如图 5-15 所示。总体来看日平均效率不高，系统的热损失较大。除了平板集热器本身的热损失，管道也存在热损失，集热系统的管路较长，这部分热损失不可忽略。此外，储热水箱也在向外界散热，构成系统热损失。

在典型工况下，平板集热器平均效率如图 5-16 所示。可以看出，在测试周期内日太阳辐照量呈下降趋势，但随着平板集热器并联数量的减少，日平均效率明显上升。实验选择在晴朗的天气进行测试，受天气因素的影响时间跨度比较长，在整个测试周期内太阳辐照量的差别较大。因此，太阳辐照量是影响集热系统日平均效率的最大因素。

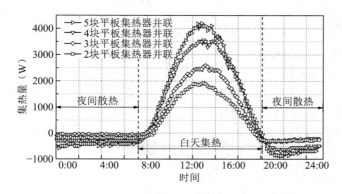

图 5-13　并联不同数量的平板集热器的集热量对比

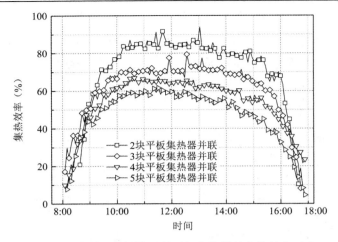

图 5-14　并联不同数量的平板集热器的集热效率对比

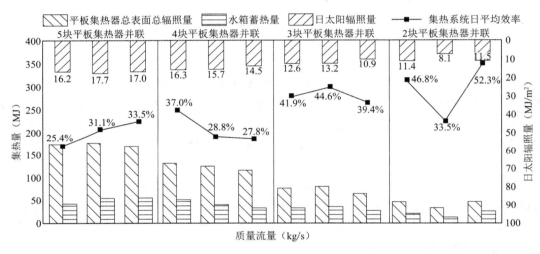

图 5-15　常规并联平板集热器日平均效率对比

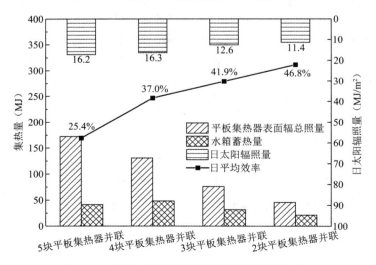

图 5-16　典型工况下平板集热器的平均效率对比

### 5.3.4　大尺寸平板集热器地区适用特性

选取西部地区的西安、西宁、拉萨、刚察作为对象。如图 5-17 所示，各地大尺寸平板集热器运行的有效时间不同，拉萨的有效运行时间为 9.6h，在四个城市中最长，西安的有效运行时间只有 7h，西宁和刚察相差不大，都在 8h 以上。这主要与相应地区的气候条件相关，拉萨的太阳辐射强度最大，在早上太阳辐射强度能够很快达到平板集热器的有效运行时间，相比于西安缩短了平板集热器运行的响应时间。各地平板集热器获得的能量差别较大，拉萨的日总集热量比西安高出了一倍多，这是因为在拉萨平板集热器运行的工作温度较高，向环境的传热量较多，但集热量比热损失要高很多，还是能将大部分的有效太阳辐射能转化为有用能。虽然刚察的太阳能资源比西宁丰富，日总辐照量高于西宁，但是由于其环境温度较低，从而导致平板集热器有效利用太阳辐射的能力不如西宁，热损失偏大，集热量低于西宁。

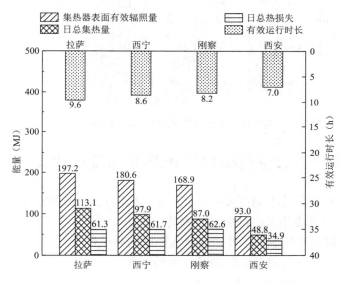

图 5-17　不同地区大尺寸平板集热器有效运行时长及影响参数

由图 5-18 可知，拉萨的平板集热器的运行效率最高，有用能占比在 55% 左右；其次是西宁，有用能占 53% 左右；刚察和西宁都属于太阳能资源较丰富区，但刚察的环境温度较低，热损失占比较大，导致平板集热器运行效率偏低；西安属于太阳能资源中等区，有用能所占比例达到 50%，但是热损失较大。随着平板集热器外形尺寸的增大，各典型地区的有用能占比均有所升高，热损失所占比例降低，平板集热器的热性能均有不同程度的提高。在拉萨，集热能力提高最为明显，平板集热器能以较高的效率运行，说明大尺寸平板集热器在太阳能资源丰富地区运行具有一定的优势。

综合考虑大尺寸平板集热器的瞬态运行特征、有效集热运行时长和各部分能量所占的比例，大尺寸平板集热器在不同地区的适用特性如表 5-9 所示：

**大尺寸平板集热器在各地区的适用特性**　　　　　　表 5-9

| 太阳能资源分区 | 代表城市 | 大尺寸平板集热器运行特征 | 大尺寸平板集热器适用特性 |
| --- | --- | --- | --- |
| 太阳能资源丰富区 | 拉萨 | 集热效率高、有效集热时间较长、能将大部分太阳辐射能转化为有用能 | 增大外形尺寸能明显提高集热器的热性能 |

| 太阳能资源分区 | 代表城市 | 大尺寸平板集热器运行特征 | 大尺寸平板集热器适用特性 |
|---|---|---|---|
| 太阳能资源较丰富区 | 刚察、西宁 | 集热效率较高、能保持较长时间的有效运行、热性能受环境温度影响较大 | 增大外形尺寸，集热器热性能提升明显，但严寒地区需加强保温 |
| 太阳能资源中等区 | 西安 | 集热量有限、有效运行时间短、热损失较大 | 需优化内部换热结构，同时加强保温 |

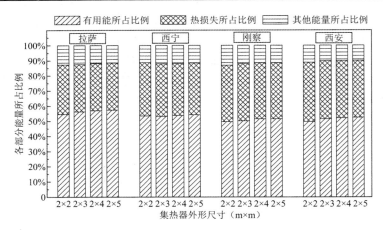

图 5-18　典型地区大尺寸平板集热器各部分能量所占比例

## 5.4　强化对流型平板空气集热器集热原理及优化设计

　　太阳能空气集热器耐冻、耐高温，结构简单，但运行效率较低。强化对流型平板空气集热器（简称平板空气集热器）可快速、大量、高效地将集热板上的太阳能吸取并传导到使用空间去，极大地提高集热板工作效率及太阳能的利用效率。本节重点分析了"S"形肋片强化对流型平板空气集热器的热性能及地区适用性。

### 5.4.1　强化对流型平板空气集热器数理模型

　　1. 物理模型
　　肋片强化对流型平板空气集热器是在集热板的表面沿着集热器长度方向上按一定的间距布置并固定连接有具有间隙的"S"形肋片换热结构，如图 5-19 所示，将肋片的间隙定义为 $g$，肋片之间的间距定义为 $p$，肋片的宽度定义为 $w$，肋片的厚度定义为 $s$，肋片的高度定义为 $e$。

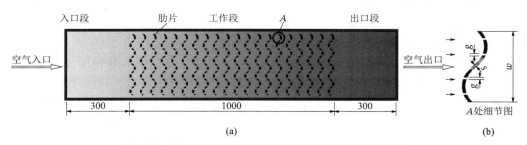

图 5-19　强化对流型平板空气集热器集热板及肋片结构

（a）集热板；（b）肋片结构

强化对流型平板空气集热器的传热过程如图 5-20 所示，通过集热器外侧的玻璃盖板，大部分太阳辐射照射在集热板上，小部分太阳辐射被玻璃盖板吸收以及反射回去。集热板向阳面将照射在板面的太阳辐射能吸收并将其转化为热能。空气流经通道时与集热板和玻璃盖板进行对流换热，加热后的空气从出口流出。

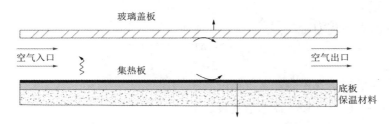

图 5-20　强化对流型平板空气集热器传热过程

**2. 评价指标**

**（1）热效率**

平板空气集热器的集热效率定义为：加热空气所需要的能量与照射到集热器表面的太阳辐射之比：

$$\eta = \frac{Q_u}{IA_{c,air}} = \frac{m_{air}c_{p,air}(T_{out,air} - T_{in,air})}{IA_{c,air}} \tag{5-22}$$

式中　$Q_u$——平板空气集热器中工质的得热量，W；

　　　$I$——太阳辐射强度，W/m²；

　　　$m_{air}$——空气质量流量，kg/s；

　　　$A_{c,air}$——平板空气集热器面积，m²；

　　　$c_{p,air}$——空气比热容，J/(kg·m²)；

　　　$T_{out,air}$——平板空气集热器出口温度，℃；

　　　$T_{in,air}$——平板空气集热器入口温度，℃。

工质的得热量为：

$$Q_u = m_{air}c_{p,air}(T_{out,air} - T_{in,air}) = hA_{c,air}(T_{pm} - T_{am}) \tag{5-23}$$

式中　$h$——平板空气集热器的传热系数，W/(m²·℃)；

　　　$T_{pm}$——集热板温度，℃；

　　　$T_{am}$——流道内空气温度，℃。

平板空气集热器的传热系数为：

$$h = \frac{m_{air}c_{p,air}(T_{out,air} - T_{in,air})}{A(T_{pm} - T_{am})} \tag{5-24}$$

$$T_{pm} = \frac{1}{n}\sum_{i=1}^{i=n} T_i \tag{5-25}$$

$$T_{am} = \frac{T_{out,air} + T_{in,air}}{2} \tag{5-26}$$

**（2）努塞尔数**

集热板与玻璃盖板之间的对流换热属于有限空间的自然对流换热。利用传热系数计算努塞尔数：

$$Nu = \frac{hD_n}{K} \tag{5-27}$$

式中　$D_n$——管道的水力直径，m。

（3）流动阻力

水力直径的表达式为：

$$D_n = \frac{4W_{ch}H_{ch}}{2W_{ch} + 2H_{ch}} \tag{5-28}$$

式中　$W_{ch}$——平板空气集热器宽度，m；

　　　$H_{ch}$——平板空气集热器通道高度，m。

单位长度的摩擦系数为：

$$f = \frac{2(\Delta P)D_n}{4\rho_{air}L_{length}v_{air}} \tag{5-29}$$

式中　$\Delta P$——平板空气集热器工作段压降，Pa；

　　　$\rho_{air}$——空气的密度，kg/m$^3$；

　　$L_{length}$——平板空气集热器长度，m；

　　　$v_{air}$——空气的流动速度，m/s。

管道内空气的流动速度为：

$$v_{air} = \frac{m_{air}}{\rho_{air}W_{ch}H_{ch}} \tag{5-30}$$

整个管道的雷诺数为：

$$Re = \frac{v_{air}D_h}{\mu_{air}} \tag{5-31}$$

式中　$\mu_{air}$——空气的流动黏度。

（4）换热效能

平板空气集热器的换热效能定义为：空气的实际吸热量与可以吸收的最大吸热量的比值，它可以有效反映空气和集热板之间的实际换热效果，其表达式为：

$$\varepsilon_a = \frac{m_{air}c_{p,air}(T_{out,air} - T_{in,air})}{m_{air}c_{p,air}(T_{pm} - T_{in,air})} = \frac{T_{out,air} - T_{in,air}}{T_{pm} - T_{in,air}} \tag{5-32}$$

### 5.4.2　强化对流型平板空气集热器性能影响因素分析

影响具有间隙的多重"S"形肋片平板空气集热器性能的参数主要有肋片间隙、肋片高度、肋片间距、肋片宽度以及集热板吸收率。

1. 肋片间隙的影响

肋片参数为 $e = 4mm$，$p = 75mm$，$w = 50mm$ 时，不同入口风速时具有间隙 $g = 2mm$ 的多重"S"形肋片和没有间隙的多重"S"形肋片对平板空气集热器热效率、进出口压差的影响如图 5-21、图 5-22 所示。随着入口风速的增加，平板空气集热器热效率、进出口压差逐渐增大。当"S"形肋片具有间隙时，使得积聚在肋片漩涡处的二次流分离，加强了肋片与空气的换热，其热效率比没有间隙肋片时高。当入口风速一定时，空气流经具有间隙的多重"S"形肋片通道时的压降比没有间隙的"S"形肋片的压降小，因此在连续的"S"形肋片上创造一定的间隙可以在提高热效率的同时减小空气流经通道的阻力。

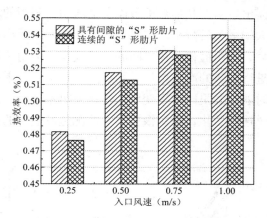

图 5-21　肋片间隙对平板空气集热器
热效率的影响

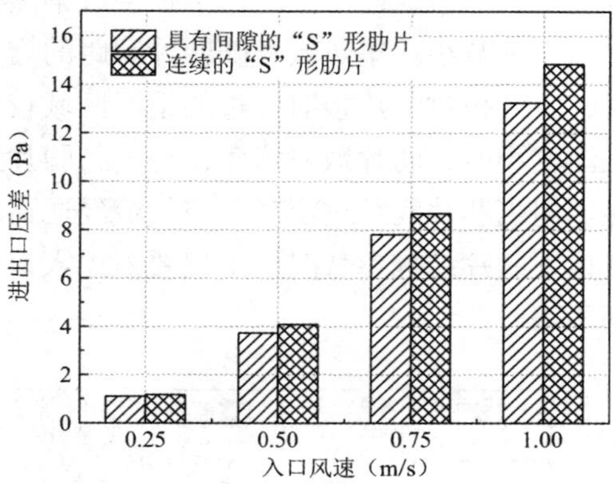

图 5-22　肋片间隙对平板空气集热器进出口
压差的影响

2. 肋片高度的影响

当肋片高度变化时，肋片的其他结构参数的固定值如表 5-10 所示。图 5-23、图 5-24 表明，通道高度一定时，肋片高度变化时对空气与肋片换热会产生一定的影响。随着入口风速从 0.25m/s 增加到 1m/s，平板空气集热器出口温度和集热板板面温度都是逐渐下降的。当入口风速一定时，随着肋片高度的增加，空气流经通道时受到的阻力增大，平板空气集热器出口温度、集热板板面温度的差值、集热效率逐渐减小。这是因为肋片的存在使得空气能够与之进行换热，且换热效果较好，但是当肋片高度增大时，会阻碍空气在通道中的流动，使得集热效率变低。

**肋片高度变化时，肋片的其他结构参数**　　表 5-10

| 肋片结构参数 | 间隙宽度（mm） | 肋片宽度（mm） | 肋片间距（mm） | 肋片高度（mm） |
|---|---|---|---|---|
| 参数取值 | 2 | 75 | 50 | 2，4，8，12 |

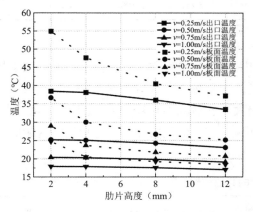

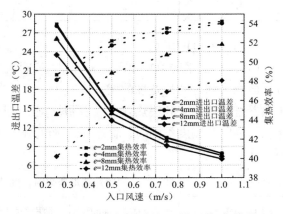

图 5-23　入口风速不同时，平板空气集热器
出口温度和集热板板面温度随肋片高度的变化

图 5-24　肋片高度不同时，平板空气集热器
进出口温差和集热效率随入口风速的变化

### 3. 肋片间距的影响

当肋片间距变化时，肋片的其他结构参数的固定值如表 5-11 所示。从图 5-25、图 5-26 可以看出，入口风速不同时，平板空气集热器出口温度和集热板板面温度随肋片间距的增大先增大后减小。集热效率随肋片间距的增大先增大后减小。这是因为肋片之间的距离较大时，空气掠过吸热板时经过的平滑区域较大，与粗糙化肋片之间的换热较少，当肋片间距逐渐变小时，肋片数量增多，空气与肋片进行换热的次数增加，肋片间距越小，效果越明显。但当肋片间距过小时，空气流经通道时遇到的阻碍作用变大，使得换热不充分，因此在设计肋片结构参数时，不仅要考虑入口风速的变化，还应根据实际情况选取适合的肋片间距。

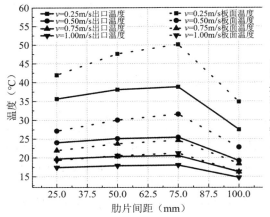

图 5-25　风速不同时，平板空气集热器出口温度和集热板板面温度随肋片间距的变化

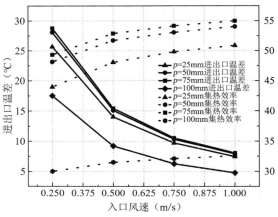

图 5-26　肋片间距不同时，平板空气集热器进出口温差和集热效率随入口风速的变化

肋片间距变化时，肋片的其他结构参数　　　　　　　　　　表 5-11

| 肋片结构参数 | 间隙宽度（mm） | 肋片宽度（mm） | 肋片间距（mm） | 肋片高度（mm） |
|---|---|---|---|---|
| 参数取值 | 2 | 75 | 25，50，75，100 | 4 |

### 4. 肋片宽度的影响

由表 5-12、图 5-27 和图 5-28 可知，不同入口风速下，平板空气集热器出口温度和集热板板面温度随着肋片宽度的增大而减小，且慢慢趋于平缓。在入口风速一定时，平板空气集热器进出口温差和集热效率随着肋片宽度的增大而逐渐减小并趋于平缓，但是变化不大。这是因为肋片宽度不同时，肋片"S"形的弧度不同，空气流经肋片时发生扰动的区域面积不一样。

肋片宽度变化时，肋片的其他结构参数　　　　　　　　　　表 5-12

| 肋片结构参数 | 间隙宽度（mm） | 肋片宽度（mm） | 肋片间距（mm） | 肋片高度（mm） |
|---|---|---|---|---|
| 参数取值 | 2 | 25，50，75，100 | 50 | 4 |

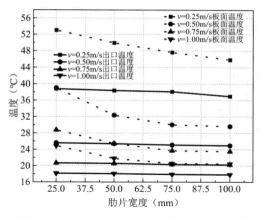

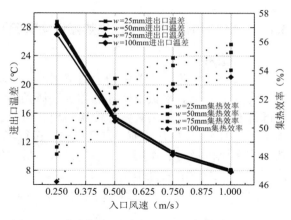

图 5-27　入口风速不同时，平板空气集热器
出口温度和集热板板面温度随肋片宽度的变化

图 5-28　肋片宽度不同时，平板空气集热器进出口
温差和集热效率随入口风速的变化

### 5. 集热板吸收率的影响

研究集热板吸收率对平板空气集热器性能影响时，肋片的几何参数值如表 5-13 所示。从图 5-29、图 5-30 可以看出，在不同入口风速下，集热板的吸收率越高，平板空气集热器出口温度、集热板板面温度和集热效率越高，但入口风速越大，集热板吸收率的影响越小。这是因为随着集热板吸收率的增大，集热板吸收太阳辐射的能力越强，从而集热板能获得的太阳辐射能就越多。当集热板板面温度升高时，其与空气的温差增大，换热增强，在同样的工况条件下平板空气集热器能够输出的能量越多，最终提高了集热效率，平板空气集热器出口温度也随之升高。当集热板吸收率一定时，平板空气集热器进出口温差随着入口风速的增大逐渐降低，且逐渐趋于平缓，同时集热效率随入口风速的增大逐渐增大且趋于平缓。总体来说，集热板吸收率越高，平板空气集热器的工作性能越好。

肋片几何参数　　　　　　　　　　　　　表 5-13

| 肋片结构参数 | 间隙宽度（mm） | 肋片宽度（mm） | 肋片间距（mm） | 肋片高度（mm） |
|---|---|---|---|---|
| 参数取值 | 2 | 50 | 50 | 4 |

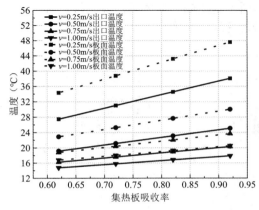

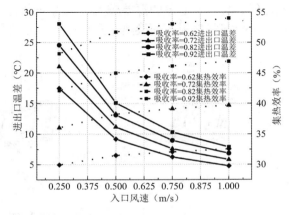

图 5-29　入口风速不同时，平板空气集热器出
口温度和集热板板面温度随集热板吸收率的变化

图 5-30　集热板吸收率不同时，平板空气集热器进
出口温差和集热效率随入口风速的变化

### 5.4.3 强化对流型平板空气集热器性能实验测试

1. 实验系统及过程

平板空气集热器装置由两个通道组成：玻璃盖板与吸热板之间形成上通道，吸热板与木板构成下通道。平板空气加热器安装倾角为 30°。平板空气集热器的性能测试系统的主要部件有矩形空气集热装置、保温材料、风机、圆形管道、流量控制阀、微压计、热电偶等（图 5-31）。实验开始前，打开风机，运行半小时，确保管段无泄漏。实验过程中，在自然对流和风机吸力的作用下，空气进入平板空气集热器，加热后从出口流出，然后进入涡流流量计，最后由风机排出。

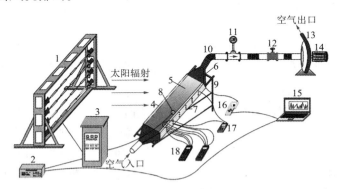

图 5-31 平板空气集热器性能测试系统

1—太阳能模拟器；2—太阳能智能监控主机；3—太阳能模拟发射系统；4—木板；5—玻璃盖板；6—变径管；7—孔；
8—辐射接受器；9—集热器支架；10—软管；11—涡街流量计；12—流量控制阀；13—风机；14—电机；15—计算机；
16—风速仪；17—压差仪；18—热电偶四通道

2. 实验结果分析

（1）平板空气集热器各部分温度

由图 5-32 可以看出，随着空气质量流量的增加，平板空气集热器各部分温度整体呈下降趋势，逐渐趋于平缓。这是因为当通道横截面面积一定时，随着空气质量流量的增加，空气流动速度越来越快，空气在平板空气集热器内部停留的时间越短，平板空气集热器各部分温度越来越低。集热板正面以及背面温度较为接近，上通道空气温度较低，下通道温度最低，且与上通道的温差较大。因为下通道四周是封闭的，空气无法进行流动，只能通过热传导与集热板背面换热，并且还存在向四周散发的热损失。

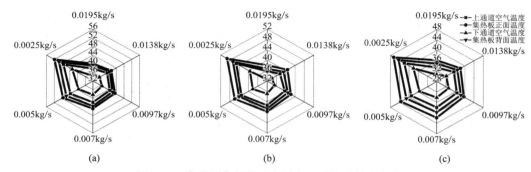

图 5-32 集热器各部分温度随空气质量流量的变化

（a）肋片间距 40mm；（b）肋片间距 50mm；（c）肋片间距 60mm

（2）努塞尔数和摩擦因数

由图 5-33、图 5-34 可以看出，带有肋片的集热板与光滑板相比可提高平板空气集热器的传热和摩擦因数。雷诺数对努塞尔数和摩擦因数也有很强的影响，随着雷诺数的增加，努塞尔数增加，摩擦因数随着雷诺数的增加而减小。当雷诺数为 19258，相对肋片宽度 $W/w = 4$，相对肋片间距 $p/e = 20$，相对间隙距离 $g/e = 1.5$ 时，努塞尔数和摩擦因数的值最大。

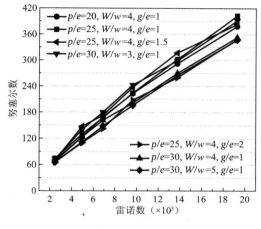

图 5-33　努塞尔数随雷诺数的变化

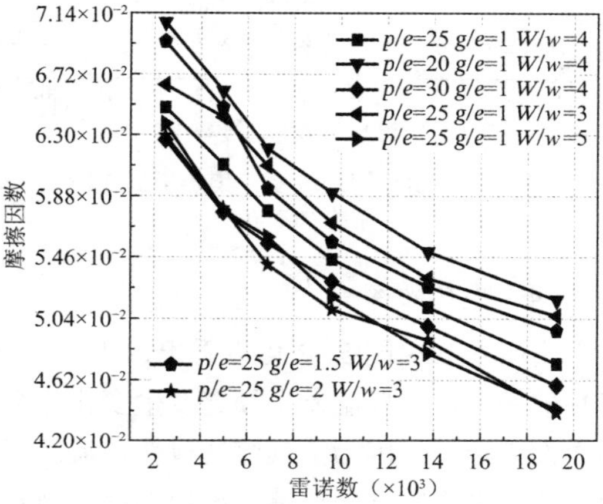

图 5-34　摩擦因数随雷诺数的变化

（3）集热板工作段的压降

由于集热板上设置有肋片，空气流经集热板时受到肋片的影响，引起的流动分离、再附着以及二次流的产生，使得空气流动特性发生了变化，粗糙集热板工作段上的压降相较于光滑板增加了很多。由图 5-35～图 5-38 可以看出，集热板工作段的压降随着空气质量流量的增加而增加。在一定的空气质量流量下，集热板工作段的压降随肋片宽度的增大先增大后降低，随肋片间距的增大而减小，随通道高度的减小而增大。

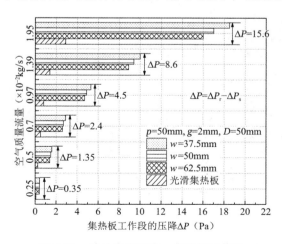

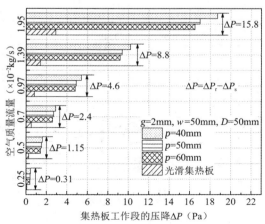

图 5-35　肋片宽度改变，集热板工作段压降的变化

图 5-36　间隙宽度改变，集热板工作段压降的变化

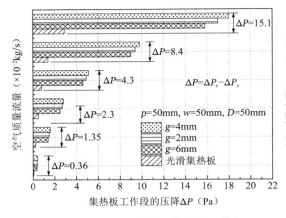

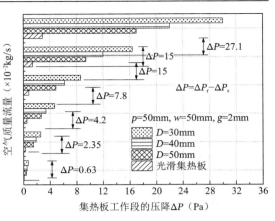

图 5-37 肋片间距改变，集热板工作段
压降的变化

图 5-38 通道高度改变，集热板工作段
压降的变化

（4）集热效率

由图 5-39～图 5-43 可以看出，当平板空气集热器入口处的空气质量流量发生变化时，集热效率、进出口温差也随之发生变化。平板空气集热器进出口温差随着空气质量流量的增大而减小，是因为空气流速过快，流经平板空气集热器的速度很快，空气没有被充分加热，所以平板空气集热器进出口温差逐渐减小。相反，集热效率随着空气质量流量的增加而增大。这是由于随着空气质量流量的增加，在通道横截面面积一定的情况下，空气的流动速度也增加，从而减少了空气与集热板的接触时间，这使得进来的冷空气流与集热板的接触变多。在所研究的肋片尺寸范围内，肋片间距和肋片宽度越小，集热效率越大，但是当肋片间隙增大时，集热效率先增加后降低。空气质量流量一定时，肋片间隙增加，平板空气集热器的进出口温度差、集热效率均先增大后降低；肋片宽度、肋片间距增大，平板空气集热器进出口温差减小，集热效率降低；通道高度降低，平板空气集热器的进出口温差和集热效率增大；太阳辐射强度增加，平板空气集热器进出口温差升高，集热效率增大，但增幅不大。

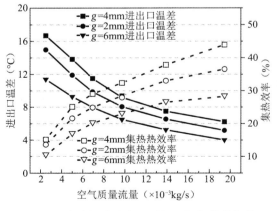

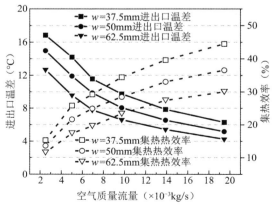

图 5-39 肋片间隙改变，平板空气集热器集热
效率和进出口温差的变化

图 5-40 肋片宽度改变，平板空气集热器集热
效率和进出口温差的变化

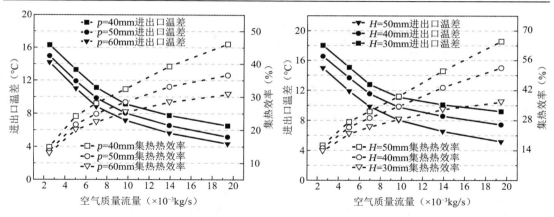

图 5-41　肋片间距改变，平板空气集热器集热
　　　　效率和进出口温差的变化

图 5-42　通道高度改变，平板空气集热器集热
　　　　效率和进出口温差的变化

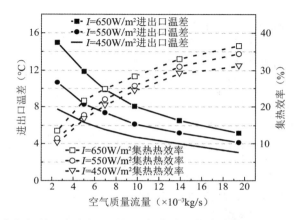

图 5-43　太阳辐射强度改变，平板空气集热器集热效率和进出口温差的变化

### 5.4.4　强化对流型平板空气集热器地区适用特性

将冬至日作为分析典型日，选取拉萨、乌鲁木齐、甘孜作为典型地区，通过软件模拟得出各地区冬至日各个时刻平板空气集热器工质的出口温度和集热板温度。

1. 平板空气集热器特性

太阳辐射强度决定着集热板加热空气的能力，进而影响平板空气集热器出口温度、玻璃盖板温度以及集热板温度。由图 5-44~图 5-49 可知，在拉萨地区，冬至日 11:00~14:30 时间段，集热效率基本保持在较高的值，从热利用的角度看，这段时间集热器的效率最好，且太阳辐射强度也较大，此时可充分利用太阳能。在乌鲁木齐地区，冬至日的日照时间较短，因此平板空气集热器的可利用时间也较短，在 10:00~13:00 时间段内，虽然平板空气集热器入口温度的增幅不是很大，但是其出口温度、玻璃盖板温度和集热板温度的曲线斜率是较大的，这说明平板空气集热器的换热能力较强，使得各部分温度的温升较大。在甘孜地区，13:30~14:00 时间段内，平板空气集热器的出口温度较高。平板空气集热器出口温度越高，说明集热板对通道内空气的加热能力越强，可用于送风温度要求较高的场合。

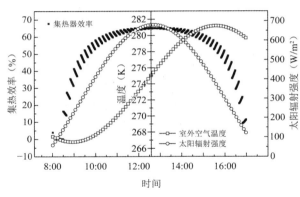

图 5-44　集热效率、室外温度和太阳辐射强度的
变化情况（拉萨）

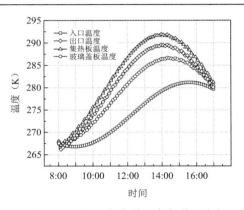

图 5-45　平板空气集热器各部分温度的
变化情况（拉萨）

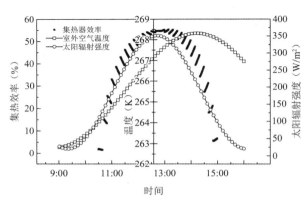

图 5-46　集热效率、室外温度和太阳辐射强度的
变化情况（乌鲁木齐）

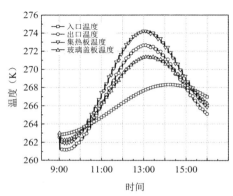

图 5-47　平板空气集热器各部分温度的
变化情况（乌鲁木齐）

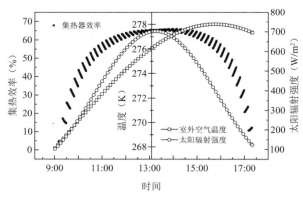

图 5-48　集热效率、室外温度和太阳辐射强度的
变化情况（甘孜）

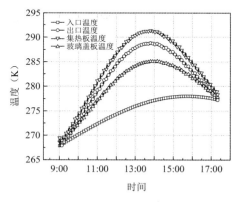

图 5-49　平板空气集热器各部分温度的
变化情况（甘孜）

**2. 平板空气集热器与供暖房间的匹配**

　　为了更好地了解平板空气集热器的热性能，将所设计的平板空气集热器给位于拉萨、乌鲁木齐、甘孜的房间供暖，以分析平板空气集热器与房间的匹配关系。以 2 组平板空气

集热器为例，采用尺寸为 5m×5m×3m 的房间模型，设置一个普通的窗户和门，屋顶设置为普通的平屋顶，分析其室内温度的变化情况。

由图 5-50 和表 5-14 可知，三个地区室内热环境规律基本相似，但数值大小不同。该平板空气集热器用在拉萨和甘孜地区时，室温可以满足人体热舒适要求；用在乌鲁木齐时，室温波动较大。使用两台平板空气集热器供暖时，室温比较符合人体需求，平板空气集热器过多使得供热量过大，房间会产生过热现象。在拉萨地区使用两台平板空气集热器是最好的，此时不仅室内温度适宜，而且昼夜温差较小。

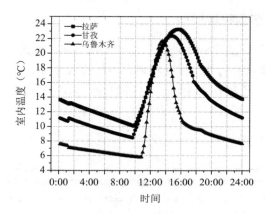

图 5-50　不同地区的室内温度随时间的变化

**不同地区使用平板空气集热器供暖时房间的参数**　　　　　　　表 5-14

| 地区 | 最低温度（℃） | 最高温度（℃） | 平均温度（℃） | 最大供热量（W） | 集热器数量（台） | 集热器面积（m²） | ≥15℃时间段 | 18～25℃时间段 | 最大昼夜温差（℃） |
|---|---|---|---|---|---|---|---|---|---|
| 拉萨 | 8.44 | 16.79 | 12.27 | 816.71 | 1 | 0.528 | 13:30～18:30 | — | 5.18 |
| | 10.08 | 23.28 | 15.35 | 1633.42 | 2 | 1.056 | 11:20～21:30 | 12:10～18:30 | 9.69 |
| | 11.73 | 29.54 | 18.37 | 2450.13 | 3 | 1.584 | 10:30～1:20 | 11:10～12:40，17:30～20:30 | 13.96 |
| | 13.38 | 35.59 | 21.30 | 3266.84 | 4 | 2.112 | 10:00～5:30 | 10:40～11:40，18:00～23:10 | 18.03 |
| 甘孜 | 6.94 | 15.85 | 10.53 | 847.93 | 1 | 0.528 | 13:40～16:10 | — | 6.56 |
| | 8.47 | 22.38 | 13.44 | 1695.86 | 2 | 1.056 | 11:30～18:20 | 11:20～17:00 | 11.25 |
| | 10.01 | 28.63 | 16.25 | 2543.79 | 3 | 1.584 | 10:40～20:30 | 11:20～12:40，16:20～18:00 | 15.66 |
| | 11.54 | 34.67 | 19.01 | 3391.72 | 4 | 2.112 | 10:10～23:40 | 10:40～11:40，17:00～19:40 | 19.84 |
| 乌鲁木齐 | 4.34 | 13.14 | 6.61 | 354.96 | 1 | 0.528 | — | — | 7.30 |
| | 5.05 | 17.47 | 7.98 | 709.92 | 2 | 1.056 | 12:30～14:20 | — | 10.76 |
| | 5.78 | 21.66 | 9.37 | 1064.88 | 3 | 1.584 | 12:00～14:50 | 12:20～14:20 | 14.05 |
| | 6.49 | 25.57 | 10.68 | 1419.84 | 4 | 2.112 | 11:40～15:10 | 12:20～14:50 | 17.10 |

## 5.5 双温相变平板集热器集热原理与优化

双温相变平板集热器（简称相变集热器）是一种由两种不同熔点相变材料组成的新型相变集热器，利用特定相变温度点的相变材料（PCM）在白天蓄热在夜间放热，以提升平板集热器的耐冻耐高温性能。本节提出了双温相变平板集热器冻害评价指标，分析了其蓄放热过程及性能。

### 5.5.1 双温相变平板集热器物理模型

相变集热器的物理模型如图 5-51 所示，由空气层、水、低熔点和高熔点相变材料层等组成。空气层和水存在流动和传热，相变材料存在凝固和熔化，各部分之间相互耦合传热。相变集热器一方面吸收一定太阳辐射量，并传递给水与相变材料，另一方面通过顶部和底部向外界散热。

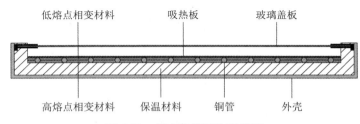

图 5-51 相变集热器物理模型

### 5.5.2 双温相变平板集热器冻害评价指标

设工质温度为 $T_f$，环境温度为 $T_a$，温度单位为 $K$，将集热器管道压力下流体工质的凝固点温度定义为极限冻害温度 $T_冻$，即当 $T_f - T_冻 \leq 0$ 时，集热器存在冻害问题，如图 5-52 所示。假设 $\tau_j$ 时刻集热器存在冻害问题，则定义 $\tau_j$ 时刻的冻害温差

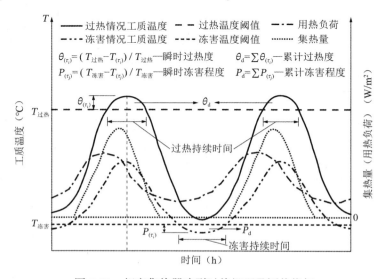

图 5-52 相变集热器冻裂过热机理及评价指标

$$\Delta T(\tau_j) = T_冻 - T_f \tag{5-33}$$

定义 $\Delta T(\tau_j) \leqslant 0$ 的时间段为冻害持续时间 $t$，则 $\tau_j$ 时刻集热器冻害程度 $J_p(\tau_j)$ 为：

$$J_p(\tau_j) = \frac{T_冻 - T_f}{T_冻} \tag{5-34}$$

$0 \leqslant J_p(\tau_j) \leqslant 1$，$J_p(\tau_j)$ 越接近 1，冻害程度越大。定义冻害持续时间段内 $J_p(\tau_j)$ 的累计值 $\sum J_p(\tau_j)$ 为累计冻害程度 $J_{pd}$，即

$$P_d = \sum J_p(\tau_j) \tag{5-35}$$

当 $T_f - T_{过热} \geqslant 0$ 时，即认为此时集热器存在过热风险，则定义集热器在 $\tau_i$ 时刻的过热温差为：

$$\Delta T(\tau_i) = T_f - T_{过热} \tag{5-36}$$

### 5.5.3　双温相变平板集热器蓄放热过程

#### 1. 实验系统

相变集热器性能测试实验系统和测点布置如图 5-53 和图 5-54 所示。实验系统主要由太阳模拟发射器、集热器、水箱、水泵和冷凝器等组成。相变集热器结构为蛇形管道放置于吸热板下方，在吸热板下方空间区域的上半部分和下半部分各铺设一层不同相变温度的定型相变材料，一种相变温度为 70℃，另一种相变温度为 15℃。白天，当温度高于 70℃时，高熔点相变材料熔化蓄热，以防工质汽化过热；夜间，当温度低于 15℃时，相变材料凝固放热，以防管道工质冻结。

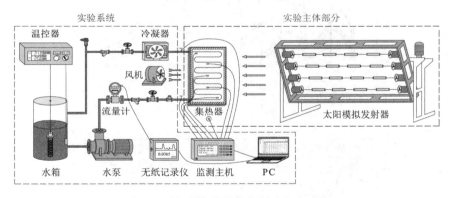

图 5-53　相变集热器性能测试实验系统

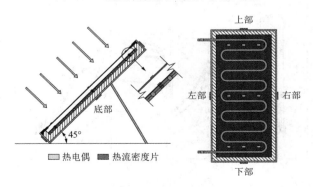

图 5-54　测点布置

实验过程中高温工况控制集热器进口温度分别为 30℃、50℃和 70℃，低温工况集热器管道内充满水并封闭集热器进出口，放置于温度为 9～10℃的人工气候室中。高温工况下，除玻璃盖板一面外，其余 5 个面均布置有热流密度片，低温工况下，集热器六个面均布置有热流密度片；玻璃盖板、吸热板和高、低熔点相变材料的上、中、下部分别布置 3 个热电偶；进出口各布置一个热电偶，测量进出口水温。

2. 高温工况实验结果

如图 5-55 所示，在高温工况下，双温相变平板集热器中的高熔点 PCM 在集热器水温较高时可以进行蓄热，对于高熔点 PCM 在上方和在下方两种情况，吸热板升温时间分别可延长 1.6h 和 1.7h，从而减缓集热器的升温，避免过热，而在集热器降温时，可以有效利用相变材料蓄热量，提高集热器的热性能，吸热板降温时间可延长 1h，且集热器表面的热流变化趋势与吸热板温度相似。

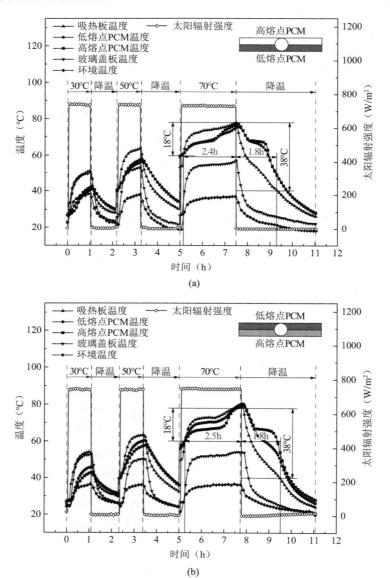

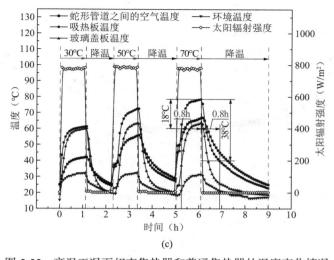

图 5-55　高温工况下相变集热器和普通集热器的温度变化情况

（a）低熔点 PCM 在高熔点 PCM 之下；（b）高熔点 PCM 在低熔点 PCM 之下；（c）无 PCM

### 3. 低温工况实验结果

如图 5-56 所示，在低温工况下，相变集热器中的低熔点 PCM 在集热器温度较低时可以凝固放热，当低熔点 PCM 在高熔点 PCM 下方时，PCM 和吸热板温度在第 1h 到第 4h 时间段内温度下降极其缓慢，低熔点 PCM 有明显的 1h 的恒温区间，说明相变集热器可有效降低吸热板的降温速率，提高集热器的耐冻性能，且相比于低熔点 PCM 在高熔点 PCM 上方时，低熔点 PCM 在高熔点 PCM 下方时延长降温时间更长，两种情况分别可延长 6.4h 和 3.1h。

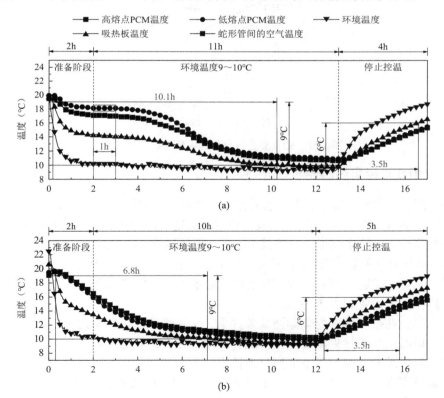

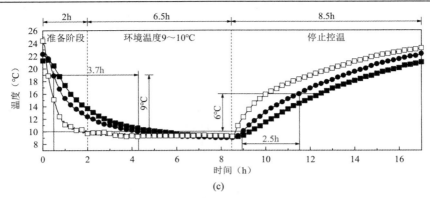

图 5-56　低温工况下相变集热器和普通集热器的温度变化情况

（a）低熔点 PCM 在高熔点 PCM 下方；（b）高熔点 PCM 在低熔点 PCM 下方；（c）无 PCM

### 4. 热性能对比

从图 5-57 可以看出，相对于普通集热器，相变集热器集热效率有所增加，两种相变热器的稳态集热效率分别相对提升 24.1% 和 19.6%，主要是因为将板下方的空气填充 PCM后，由于 PCM 的导热系数较大，吸热板与管道之间的传热热阻减小。

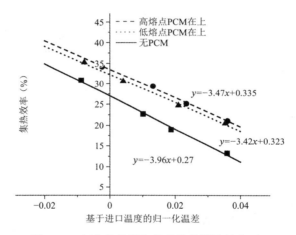

图 5-57　相变集热器与普通集热器热性能对比

## 5.5.4　双温相变平板集热器性能分析

模拟工况：在高温工况下，太阳辐射强度为 $700W/m^2$ 时，环境温度恒为 $20℃$，进口温度恒为 $67℃$，使集热器温度升高直到最终稳定，稳定一段时间后，关闭太阳辐射，使水温下降直到最终稳定，停止模拟。在低温工况下，集热器进、出口封闭，设为壁面边界条件，热流为 0，集热器初始温度设置为 $20℃$，环境温度设置为 $5℃$，无太阳辐射，使集热器降温直到最终稳定，稳定一段时间后，改变环境温度为 $20℃$，使水温上升直到最终稳定，停止模拟。具体工况设置如表 5-15 所示。

实际工况：在拉萨地区夏季典型日条件下，保持集热器进口温度恒定，模拟一天内集热器工质出口温度与吸热板温度变化情况，并对比相变集热器与普通集热器的情况。在拉萨、西宁、甘孜及西安地区冬季典型日条件下，夜间非运行工况下集热器进、出口封闭，集热器初始温度设置为 $20℃$，白天运行工况下，进口水温设置为 $20℃$。

**模拟工况设置**　　　　　　　　　　　　　　　　　　表 5-15

| 工况设置 | 进口水温/初始水温（℃） | 高熔点 PCM 熔点（℃） | 低熔点 PCM 熔点（℃） |
|---|---|---|---|
| 夏季典型日 | 64 | 70 | 15 |
| | 66 | 70 | 15 |
| | 68 | 70 | 15 |
| | 70 | 66，70，74，78，82，86 | 15 |
| | 72 | 70 | 15 |
| 冬季典型日 | 20 | 70 | 15 |

### 1. 高温工况下相变集热器性能

由图 5-58 可知，高温工况下，相变集热器在升温过程中能够利用高熔点 PCM 把一部分吸收的太阳辐射能蓄存起来，减缓集热器升温，而在降温过程中释放 PCM 潜热，减缓集热器降温。

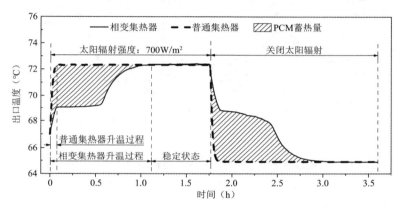

图 5-58　高温工况下相变集热器和普通集热器工质出口温度对比

### 2. 低温工况下相变集热器性能

由图 5-59 可知，低温工况下，普通集热器先在 2.5h 内迅速降温至 5℃，随后达到稳定，而相变集热器在降至 15℃后，由于低熔点 PCM 的凝固作用，形成一个长达 9h 的恒温区间，随后才开始下降至 5℃；稳定一段时间后，当环境温度升高至 20℃后，普通集热器迅速升温至稳定，而相变集热器则由于低熔点 PCM 的熔化，升温较慢。从上述过程可以看出，在低温时相变集热器中低熔点 PCM 可以凝固放热，延迟降温时间，有利于缓解集热器冻裂问题。

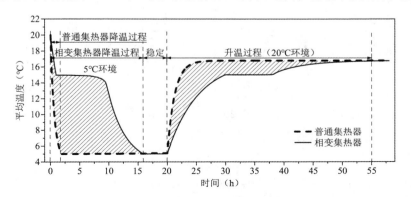

图 5-59　低温工况下相变集热器和普通集热器平均温度对比

### 3. 拉萨夏季条件下相变集热器性能

#### （1）不同进口温度

由图 5-60 可知，随着进口水温的增加，相同时间下集热器的出口温度也增加，但增量越来越小，主要是由于进口水温升高，与环境的换热损失也增大，造成增幅减小。相变时集热器出口水温和吸热板温度规律也类似，但进口水温每增加 2℃，相变时集热器出口水温也相差大约 2℃，而吸热板温度都在 70℃左右。吸热板温度和高熔点 PCM 温度变化规律接近一致，主要是由于 PCM 与吸热板的导热系数较大，传热较快。通过玻璃盖板表面热流密度变化曲线也可以看出，日出后热流密度持续增加，但当 PCM 熔化时热流密度增势变缓，说明 PCM 熔化蓄热可以使集热器在太阳辐射持续增加时吸热过程减缓；同样，在第 20h，由于 PCM 的凝固使集热器在太阳辐射减小时放热过程减缓。

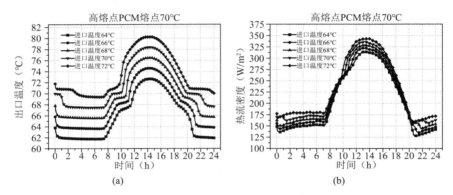

图 5-60    不同进口温度下相变集热器出口温度及热流密度变化情况（拉萨夏季）

（a）出口温度；（b）玻璃盖板表面热流密度

#### （2）高熔点 PCM 不同熔点

由图 5-61 可知，在拉萨夏季，当进口温度为 70℃，PCM 熔点为 66℃时，不存在明显的恒温区间，但夜间温度较高，开始升温时，有一段温升缓慢的趋势。当 PCM 熔点等于进口温度时，存在一段恒温区间，出口温度与 PCM 熔点大致相等，随后开始下降。当 PCM 熔点大于进口温度时，夜间温度大致相同，出口温度的恒温区间与 PCM 熔点相关，且均小于 PCM 熔点。而当 PCM 熔点为 86℃，高于吸热板最高温度时，最高出口温度降低，有明显的削峰作用。吸热板温度变化趋势与 PCM 熔点一致，主要是由于 PCM 的高导热作用。

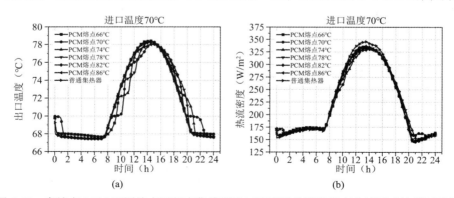

图 5-61    高熔点 PCM 不同熔点下相变集热器出口温度及热流密度变化情况（拉萨夏季）

（a）出口温度；（b）玻璃盖板表面热流密度

## （3）不同相变潜热

图 5-62（a）中阴影部分面积表示 PCM 蓄热量，可以发现相变集热器在升温过程中存在恒温区间，减少了工质带走的热量，但最高出口温度接近于不变，甚至略有提高，达到最高温度的时间也有一定的延迟，当增大 PCM 潜热时，图中阴影面积增大，恒温区间持续时间增加。相变集热器的最高吸热板温度比普通集热器低 2℃左右，潜热增加后，吸热板最高温度几乎不变。高熔点 PCM 温度变化曲线与吸热板温度相一致。受 PCM 凝固放热的影响，玻璃盖板表面热流密度的增加趋势也变缓，如图 5-62（b）所示。

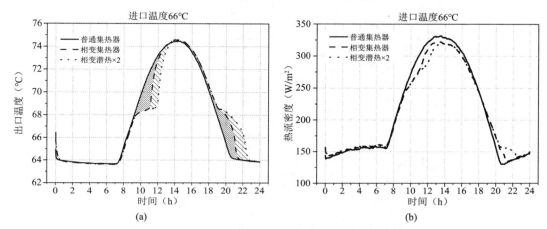

图 5-62　进口温度为 66℃时相变集热器的出口温度及热流密度

（a）出口温度；（b）玻璃盖板表面热流密度

### 4. 拉萨冬季条件下相变集热器性能

由图 5-63 可以看出，拉萨冬季夜间非运行条件下，普通集热器水温迅速降至 0℃以下，而相变集热器水温降至 15℃时，由于低熔点 PCM 凝固放热，出现约 4h 的恒温区间，在第 6 时 37 分才降至 0℃，且最低温度为 −2.76℃。白天，9:00～19:00 开启水泵后，普通集热器水温随着太阳辐射增强，迅速上升至最高温度，随后开始下降，而相变集热器水温升至 15℃时，由于低熔点 PCM 熔化放热，在 1h 内温升减缓，随后又在约 14:00 达到最大值后开始降温；19:00～24:00 关闭水泵后，普通集热器水温迅速下降，很快降至 0℃以下，而相变集热器由于 PCM 的凝固放热，到 24:00 时水温才降至 6℃左右。

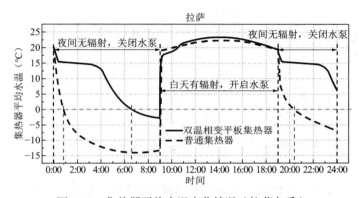

图 5-63　集热器平均水温变化情况（拉萨冬季）

由图 5-64 可以看出，冬季典型气象条件下西宁的累计冻害程度及冻害持续时间最大，表明西宁一天内集热器受冻害问题影响最为严重，甘孜的最大冻害温差明显大于其他三个地区，表明甘孜一天内的极端冻害最为严重。相比于普通集热器，相变集热器的最大冻害温差及其对应冻害程度、冻害持续时间和累计冻害程度都大幅度减小，防冻性能大幅提高，其中相变集热器在西安冬季典型气象日条件下一天内的水温均在 0℃以上，不存在冻害问题。

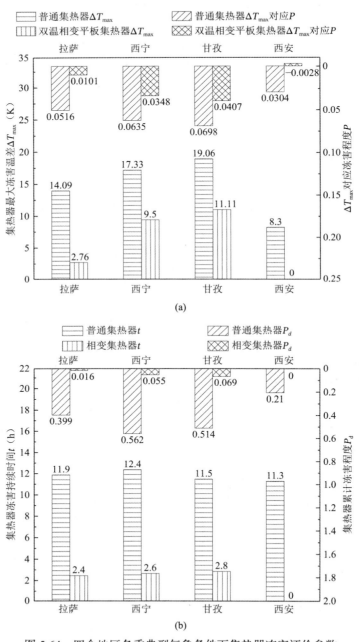

图 5-64　四个地区冬季典型气象条件下集热器冻害评价参数

（a）集热器最大冻害温差及其对应冻害程度；（b）集热器冻害持续时间及累计冻害程度

## 5.6　过冷相变蓄能平板集热器集热原理

过冷相变蓄能平板集热器（简称过冷相变集热器）是在普通平板集热器内的管道下部增设相变材料封装容器，利用无机过冷相变材料的过冷特性同时提升集热器耐冻与耐高温性能。本节分析了过冷相变蓄能平板集热器的传热过程，确定了其地区适用特性。

### 5.6.1　过冷相变蓄能平板集热器传热模型

过冷相变集热器白天运行状态吸收的热量经吸热板传至流体管道内，加热流体，流体管道下部的过冷相变材料吸收吸热板下部空气对流及高温流体管道的能量，使其熔化，在夜间无太阳辐射的情况下，集热器内部流体基本处于静止状态，高蓄热能力的相变材料温度高于流体介质，使得流体在降温过程中不断吸收相变材料的能量，延缓集热器的降温速率。过冷相变蓄能平板集热器结构如图 5-65 所示。

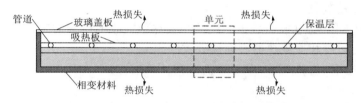

图 5-65　过冷相变蓄能平板集热器结构

1. 能量守恒分析

过冷相变集热器能量守恒公式如下：

$$\dot{Q}_y = A_t \dot{I} - \dot{Q}_n - \dot{Q}_g - \dot{Q}_l - \dot{Q}_x \tag{5-37}$$

式中　$\dot{Q}_y$——过冷相变集热器转化的有用能（工质升温），W；

　　　$A_t$——过冷相变集热器上表面面积，m²；

　　　$\dot{I}$——太阳辐射强度，W/m²；

　　　$\dot{Q}_n$——单位时间过冷相变集热器的内能变化量，W；

　　　$\dot{Q}_g$——过冷相变集热器光学热损失，W；

　　　$\dot{Q}_l$——过冷相变集热器表面与外界热损失（除 $\dot{Q}_g$ 外），W；

　　　$\dot{Q}_x$——相变材料吸收的能量，W。

$$\dot{Q}_y = c_{p,f} m_f (T_{out} - T_{in}) \tag{5-38}$$

式中　$c_{p,f}$——流体的比热容，J/(kg · ℃)；

　　　$m_f$——流体质量流量，kg/s；

　　　$T_{out}$——过冷相变集热器流体出口温度，℃；

　　　$T_{in}$——过冷相变集热器流体进口温度，℃。

$$\dot{Q}_n = M_j C_j \frac{\mathrm{d}T}{\mathrm{d}t} \tag{5-39}$$

式中　$M_j$——过冷相变集热器质量，kg；

　　　$C_j$——过冷相变集热器所有构件的平均比热容，J/(kg · ℃)；

$\dfrac{\mathrm{d}T}{\mathrm{d}t}$——单位时间过冷相变集热器温度变化，℃/s。

$$\dot{Q}_x = M_x C_{p,x}\left(\frac{\mathrm{d}T}{\mathrm{d}t}\right)_x \tag{5-40}$$

式中　$M_x$——相变材料质量，kg；

　　　$C_{p,x}$——相变材料比热容，J/(kg·℃)；

　　　$\left(\dfrac{\mathrm{d}T}{\mathrm{d}t}\right)_x$——单位时间相变材料温度变化，℃/s。

$$\dot{Q}_l = A_t U_j (T_{xi} - T_a) \tag{5-41}$$

式中　$U_j$——热过冷相变集热器总热损失系数，W/(m²·℃)；

　　　$T_{xi}$——热过冷相变集热器吸热板平均温度，℃；

　　　$T_a$——环境温度，℃。

$$Q_g = A_t I - A_t(\tau\alpha) = A_t I[1-(\tau\alpha)] \tag{5-42}$$

式中　$\tau$——玻璃盖板的透过率；

　　　$\alpha$——吸热板吸收率；

　　$(\tau\alpha)$——太阳辐射通过玻璃盖板的比例与吸热板吸收的比例的乘积，表示太阳辐射照
　　　　　射在过冷相变集热器表面被吸收的比例。

2. 性能评价指标

（1）静态回收期

静态回收期用来表示集热器的投资效益，计算公式为：

$$Y_{sp} = \frac{C_{o,coll}}{E_y - G_y} \tag{5-43}$$

式中　$Y_{sp}$——静态回收期，a；

　　$C_{o,coll}$——初投资，元；

　　　$E_y$——年集热收益，元；

　　　$G_y$——年运行维护费用，元。

不同类型集热器投资、运行维护费用及集热收益包含类别如表 5-16 所示。

**不同类型集热器投资、运行维护费用及集热收益包含类别**　　　表 5-16

| 费用类型 | 普通平板集热器 | 乙二醇类平板集热器 | 过冷相变集热器 |
|---|---|---|---|
| 初投资 F（元） | 集热器 | 集热器＋一次换热设备＋防冻液 | 集热器＋封装材料＋过冷相变材料 |
| 年运行维护费用 G（元） | 冻裂、过热导致设备损耗 | 过热导致的乙二醇蒸发损耗及维护费 | 冻裂、过热导致设备损耗 |
| 年集热收益 E（元） | 普通集热器效率×年总辐照量 | 普通集热器效率×二次换热效率×年总辐照量 | 过冷相变集热器效率×年总辐照量 |

（2）有效时长及运行可靠性指标

设定集热系统中水箱满足基本要求最低热水温度为 308.15K，提出了有效使用时长 $V$，它代表一天内集热器从开始接收太阳辐射至结束的时间段内水温超过 308.15K 的时长。

基于一天内有效使用时长 $V$，提出反映集热器耐冻、耐高温及有效使用时长的运行可靠性指标 $H$：

$$R_{\mathrm{op}} = \frac{t_{\mathrm{rad}} - \Delta t_1}{t_{\mathrm{rad}}} \times \frac{t_{\mathrm{nig}} - \Delta t_1}{t_{\mathrm{nig}}} \times \frac{\tau_{\mathrm{eef}}}{t_{\mathrm{rad}}} \tag{5-44}$$

式中　$t_{\mathrm{rad}}$——集热器接收辐射的时间，h；

$\quad\quad t_{\mathrm{nig}}$——集热器处在夜间的时间，h；其中 $t_{\mathrm{rad}} + t_{\mathrm{nig}} = 24$，表示一天内的 24h；

$\quad\quad \dfrac{t_{\mathrm{rad}} - \Delta t_1}{t_{\mathrm{rad}}}$——集热器无过热时间占集热器接收辐射时间的比例；

$\quad\quad \dfrac{t_{\mathrm{nig}} - \Delta t_1}{t_{\mathrm{nig}}}$——集热器无冻害倾向时间占集热器处于夜间时间的比例；

$\quad\quad \dfrac{\tau_{\mathrm{eef}}}{t_{\mathrm{rad}}}$——集热器温度超过有效使用水温时间占集热器接收辐射时间的比例。

$R_{\mathrm{op}}$ 越大说明集热器可靠性越好，最大值为 1，当集热器一天内温度均低于要求的最低水温或夜间均处于具有冻结倾向温度以下时，$R_{\mathrm{op}}$ 的值最小，最小值为 0。

### 5.6.2　过冷相变蓄能平板集热器结构参数优化分析

过冷相变集热器的吸热板放置位置分为三种情况：吸热板在管道上部、吸热板在管道中间和吸热板在管道下部。相变材料铺设方式分为三种：无相变材料（普通）、管道嵌入相变材料内部（槽铺相变材料）和相变材料水平铺设在管道下部（平铺），如图 5-66 所示。

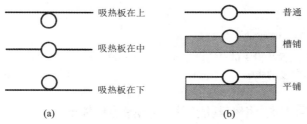

图 5-66　过冷相变集热器吸热板位置与相变材料铺设方式

（a）吸热板放置位置；（b）相变材料铺设方式

铺设相变材料对集热效率有一定程度的提升，如图 5-67 所示。无论何种相变材料铺设方式，在相同吸热板放置形式下，吸热板与相变材料接触时效率更高。吸热板在管道中时，槽铺相较于无相变材料集热效率提升约 15%。集热效率最高的结构类型为吸热板在上、平铺相变材料。

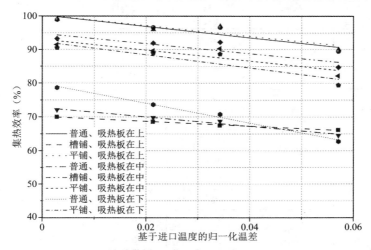

图 5-67　吸热板放置位置及相变材料铺设方式对集热效率影响

　　由图 5-68 和图 5-69 可知，铺设相变材料可提升过冷相变集热器的耐冻性能。在相同的相变材料铺设方式下，吸热板在管道上方具有最好的耐冻效果。并且吸热板在管道上方、相变材料槽铺时在各种结构中的耐冻效果最好：在环境温度为 278.15K，流体温度从 319.15K 降至 310K 过程中，相较于普通集热器降温时间为 0.5h，使用该结构集热器的降温时间可达 7.5h。在降温过程中，当相变材料液相率较高时（大于 0.1），流体温度虽然随着时间在降低，但降温速率较为缓慢，在 5h 内温度仅下降 2～3K；当相变材料的液相率低于 0.1 时，已经释放了大量潜热，此时相变材料的放热速率已无法满足管内流体向外界的散热速率，流体温度开始快速下降。

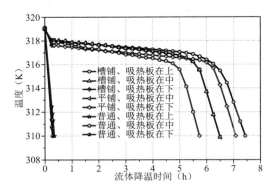

图 5-68　吸热板放置位置及相变材料铺设方式
对流体温度的影响

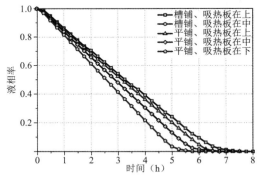

图 5-69　吸热板放置位置及相变材料铺设方式
对相变材料液相率的影响

### 5.6.3　相变材料特性对过冷相变蓄能平板集热器热性能的影响

　　针对相变材料特性对集热器性能的影响研究主要分为两类：一类为无过冷度相变材料熔点（此时熔点与凝固点温度相同）对集热器温升及温降的影响，另一类为过冷度相变材料过冷特性对集热器性能的影响。具体工况设置如表 5-17 所示。

相变材料特性对过冷相变集热器性能影响模拟工况设置　　　　　　　表 5-17

| 相变材料特性 | 类型 | 工况序号 | 环境温度（K） | 熔点（K） | 过冷度（K） | 集热器初始温度（K） | 集热器结构形式 |
|---|---|---|---|---|---|---|---|
| 无过冷度 | 升温 | 1 | 293.15 | 298.15 | 0 | 296.15 | 吸热板中、槽铺 |
| | | 2 | | 318.15 | | 316.15 | |
| | | 3 | | 338.15 | | 336.15 | |
| | 降温 | 4 | 278.15 | 323.15 | 0 | 330.15 | 吸热板中、槽铺 |
| | | 5 | | 318.15 | | | |
| | | 6 | | 313.15 | | | |
| | | 7 | | 308.15 | | | |
| | | 8 | | 303.15 | | | |
| | | 9 | | 298.15 | | | |
| 过冷度 | 降温 | 10 | 278.15 | 323.15 | 0～35 | 330.15 | 吸热板中、槽铺 |
| | | 11 | | 313.15 | 0～25 | | |
| | | 12 | | 303.15 | 0～15 | | |

## 1. 相变材料熔点对过冷相变集热器温升及温降速率的影响

由图 5-70 和图 5-71 可知，当铺设高熔点的相变材料时，相变材料熔化吸热使得集热器长时间处于高温状态，此时集热器热量耗散更多，效率较低。同时，由于具有较大的潜热，使得相变材料在由液体向固体转变时，其温度可较长时间维持在熔点附近。在降温过程中当环境温度一定时，相变材料长时间在较低的熔点持续放热，可保证水温较低且不会冻结，此时集热器与环境之间的热量散失更小，降温时间更长。

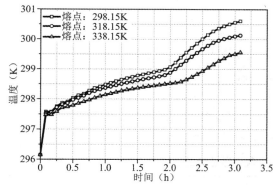

图 5-70　填充不同熔点相变材料对过冷相变集热器出口流体温升的影响

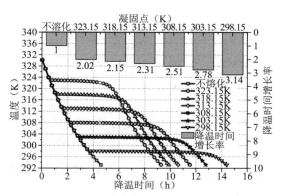

图 5-71　不同熔点的相变材料对流体介质温降速率的影响

## 2. 过冷特性对集热器温降速率的影响

在高过冷度下，过冷相变集热器在初始降温时可以降温至较低的温度，然后利用相变材料的蓄热升温至相变材料的熔点附近，并在熔点附近保持较长时间，发生正常的凝固现象。由图 5-72 可知，在同一熔点、不同过冷度的相变材料下流体降温时间的增长率曲线均较好地满足 3 次多项式，可以为在一定边界条件下，填充不同过冷度的相变材料的过冷相变集热器降温时间的预估提供一定参考。

通过分析过冷相变集热器内填充的相变材料的熔点和过冷度等特性对集热效率和流体降温速率影响，得到的主要结论如表 5-18 所示。

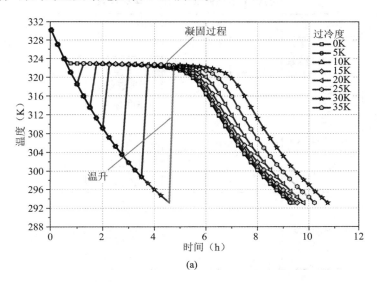

(a)

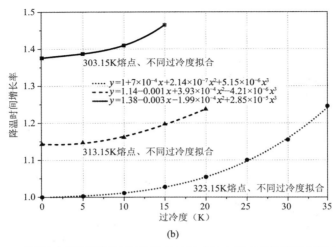

$$y=1+7\times10^{-4}x+2.14\times10^{-7}x^2+5.15\times10^{-6}x^3$$
$$y=1.14-0.001x+3.93\times10^{-4}x^2-4.21\times10^{-6}x^3$$
$$y=1.38-0.003x-1.99\times10^{-4}x^2+2.85\times10^{-5}x^3$$

(b)

图 5-72　不同熔点及不同过冷度的相变材料对过冷相变集热器降温速率的影响

（a）降温速率；（b）降温时间增长率

**相变材料特性对过冷相变集热器性能的影响**　　　　表 5-18

| PCM 类型 | 工况类型 | 结论 | 备注 |
|---|---|---|---|
| 无过冷相变材料 | 升温 | 熔点越高，升温幅度越小，耐过热性好 | 熔点升高与降低相同幅度的情况下，熔点降低对耐冻性能的影响程度大于熔点升高对耐过热性能的影响程度 |
| | 降温 | 熔点越低，降温速率越小，耐冻性好 | |
| 过冷相变材料 | 相同熔点 | 过冷度越大，降温速率越慢，耐冻性好 | |
| | 相同过冷度 | 熔点越低，降温速率越小，耐冻性好 | |

### 5.6.4　过冷相变蓄能平板集热器地区适用特性

选取严寒地区的西宁、寒冷地区的拉萨和夏热冬冷地区的成都作为研究对象，为了与拉萨冬季太阳辐射强度大的特点进行对比，选取同一气候分区下的西安作为对比（分别选取各地区的冬夏季典型日）。具体工况设置如表 5-19 所示。

**不同类型集热器地区适用性工况设置**　　　　表 5-19

| 类型 | 工况序号 | 环境温度 | 太阳辐射强度 | 相变材料类型 | 初始温度（K） | 集热器结构类型 |
|---|---|---|---|---|---|---|
| 白天效率 | 1 | 连续 7h 最大辐射量对应时间的平均温度 | 连续 7h 最大辐射强度 | 无 | 278.15 | 根据铺设厚度选取 |
| | | | | 有机 | | |
| | | | | 无机非过冷 | | |
| | | | | 无机过冷 | | |
| | 2 | 连续 9h 最大辐射量对应时间的平均温度 | 连续 9h 最大辐射强度 | 无 | 293.15 | |
| | | | | 有机 | | |
| | | | | 无机非过冷 | | |
| | | | | 无机过冷 | | |
| 夜间降温 | 3 | 实际环境温度 | 0 | 无 | 白天集热器最终温度 | |
| | | | | 有机 | | |
| | | | | 无机非过冷 | | |
| | | | | 无机过冷 | | |

**1. 温度及辐射强度对集热效率的影响**

当夏季与冬季的辐射强度相差不大时，夏季的集热效率高于冬季，如图 5-73 所示。当冬、夏季环境温度相差有限时，随着集热器进口温度的升高，辐射强度大的季节集热效率更高。不同地区、相变材料铺设厚度相同时，西宁、拉萨和西安的冬季白天环境温差相对较小，而西宁和拉萨的太阳辐射强度远大于西安，此时太阳辐射对集热效率的影响较大，因此，在相变材料铺设厚度相同的条件下，拉萨和西宁冬季的集热效率高于西安。

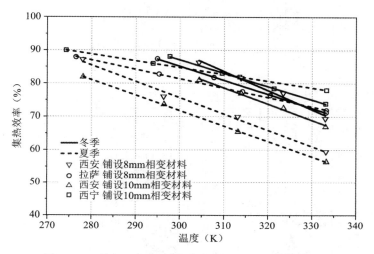

图 5-73　不同地区、不同相变材料厚度下集热效率拟合

**2. 过冷相变集热器地区适用性分析**

在同一地区、相变材料铺设厚度相同的条件下，与铺设低熔点无机相变材料相比，铺设 $Na_2HPO_4 \cdot 12H_2O$ 过冷相变材料的过冷相变集热器的耐冻性相对较差，但是其耐高温、有效使用时长和可靠性等指标均表现出优于铺设其他相变材料，如图 5-74 所示。

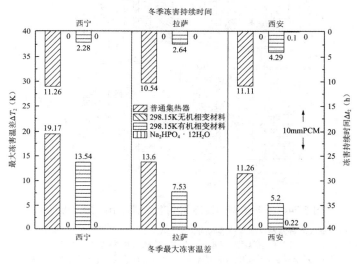

(a)

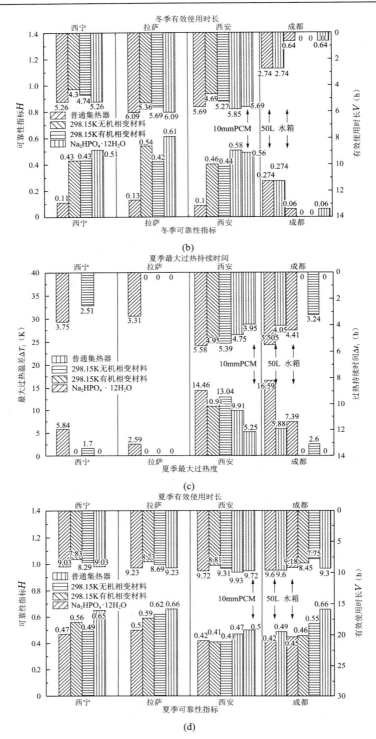

图 5-74　不同类型的过冷相变集热器季节性能评价结果

（a）冬季典型日各地区最大冻害温差及冻害持续时间（$\Delta T_2 / \Delta t_2$）；（b）冬季典型日各地区不同集热器有效使用时长
及可靠性指标（$V/H$）；（c）夏季典型日各地区不同集热器最大过热温差及过热持续时间（$\Delta T_1 / \Delta t_1$）；
（d）夏季典型日各地区不同集热器有效使用时长及可靠性指标（$V/H$）

在各地区冬、夏季典型日，对于铺设过冷相变材料的过冷相变集热器，其可靠性指标优于铺设其他类型的相变材料，并且在冬季典型日可靠性指标的提升程度最明显，如表 5-20 所示。

各地区冬、夏季过冷相变集热器可靠性指标提升对比　　　　　　表 5-20

| 地区 | 季节 | 集热器种类 | 可靠性指标 $H$ |
|---|---|---|---|
| 西宁 | 冬季 | 普通集热器 | 0.108581 |
| | | 10mm 过冷相变集热器 | 0.511 |
| | 夏季 | 普通集热器 | 0.472626 |
| | | 10mm 过冷相变集热器 | 0.645286 |
| 拉萨 | 冬季 | 普通集热器 | 0.126428 |
| | | 8mm 过冷相变集热器 | 0.609 |
| | 夏季 | 普通集热器 | 0.503 |
| | | 8mm 过冷相变集热器 | 0.659286 |
| 西安 | 冬季 | 普通集热器 | 0.111361 |
| | | 10mm 过冷相变集热器 | 0.569 |
| | 夏季 | 普通集热器 | 0.417414 |
| | | 10mm 过冷相变集热器 | 0.498398 |
| 成都 | 冬季 | 60L 普通集热器 | 0.064 |
| | | 60L12mm 过冷相变集热器 | 0.064 |
| | 夏季 | 60L 普通集热器 | 0.448873 |
| | | 60L12mm 过冷相变集热器 | 0.664214 |

## 3. 投资回收期计算

由图 5-75 知，在西宁、西安地区使用普通集热器，在 10 年的使用寿命中无法回收成本。对于拉萨地区，由于全年太阳辐照量很大，即使使用普通集热器每年投入 800 元/m² 的成本，依然可以具有一定的收益，使得拉萨地区即使环境温度低于西安，依然在 10 年内可以回收成本，在这种地区使用过冷相变集热器的收益最好。而成都由于环境温度全年均处于较高水平，在该地区使用普通集热器具有最好的收益（表 5-21）。

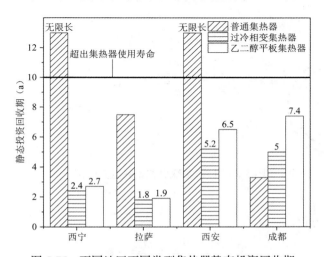

图 5-75　不同地区不同类型集热器静态投资回收期

| 不同地区集热器适用性研究主要结论 | | | 表 5-21 |
|---|---|---|---|
| 环境温度接近时 | 随着进口温度升高，太阳辐射强度大的集热效率较高 | | |
| 太阳辐射强度接近时 | 环境温度越高，集热效率越高 | | |
| 各地区不同类型集热器静态投资回收期最短的集热器类型 | | | |
| 地区 | 投资回收期最短集热器类型 | | |
| 西宁 | 过冷相变集热器 | | |
| 拉萨 | 过冷相变集热器 | | |
| 西安 | 过冷相变集热器 | | |
| 成都 | 普通集热器 | | |

## 5.7　U 形相变结构真空管集热器集热原理及性能优化

U 形相变结构真空管集热器作为集热蓄热一体化装置，在有太阳辐射期间吸收太阳辐射将热量储存在相变材料中，在无太阳辐射时将热量取出使用，是解决太阳能热利用过程中供需不匹配的主要技术。本节建立了 U 形相变结构真空管集热器的数理模型，并分析了其热性能。

### 5.7.1　U 形相变结构真空管集热器数理模型

**1. 传热过程**

在 U 形相变真空管中，吸热管吸收热量之后通过对流换热将热量传递给工质，同时通过导热的方式将部分吸热量传递给集热管中的相变材料，工质和相变材料之间通过导热方式换热。

U 形相变真空集热管的热阻网络图如图 5-76 所示，图中 $T_a$ 为环境温度，$T_{glass}$ 为外玻璃管温度，$T_{absorber}$ 为吸热管温度，$T_{hm}$ 为工质温度，$T_{air\text{-}in}$ 为集热管内部气体温度，$T_{PCM}$ 为集热管内部相变材料温度，$R_{conv}$ 为对流换热热阻，$R_{cond}$ 为导热热阻，$R_{rad}$ 为辐射换热热阻。

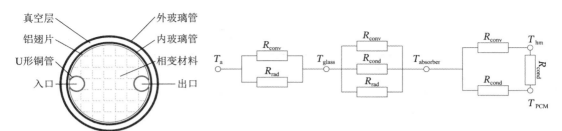

图 5-76　U 形相变真空集热管热阻网络

**2. 控制方程**

（1）质量守恒方程

$$\frac{\partial u}{\partial x} + \frac{\partial v_y}{\partial y} + \frac{\partial w_z}{\partial z} = 0$$

$$\tag{5-45}$$

其中，$u$、$v_y$、$w_z$ 为 $x$、$y$、$z$ 方向上的速度分量；$x$、$y$ 为水平方向，$z$ 为竖直方向。

（2）动量守恒方程

在相变材料的融化和凝固过程中，动量守恒方程为：

$$\frac{\partial}{\partial \tau}(\rho U) + \nabla \cdot (\rho U \cdot U) = -\nabla p + \nabla \cdot (\eta U) + S \tag{5-46}$$

其中源项 $S$ 为：

$$S = -K_{sl}\frac{(1-\beta)^2}{\beta^3 + \varepsilon}v \tag{5-47}$$

其中，$K_{sl}$ 为固液模糊区常数，这里取 $10^5$；$\varepsilon$ 为一个很小的计算常数，其作用是避免分母为零；$\beta$ 为相变材料的液相率：

$$\beta = \begin{cases} 0 & \text{当} T \leqslant T_s \text{时} \\ \dfrac{T - T_s}{T_l - T_s} & \text{当} T_s < T \leqslant T_l \text{ 时} \\ 1 & \text{当} T_l < T \text{时} \end{cases} \tag{5-48}$$

式中　$T_s$——相变材料的固相线，℃；

　　　　$T_l$——相变材料的液相线，℃。

（3）能量守恒方程

在相变材料的融化和凝固过程中，能量守恒方程为：

$$\frac{\partial(\rho H)}{\partial \tau} + \nabla \cdot (\rho U H) = \nabla^2(KT) \tag{5-49}$$

其中，$H$ 为相变材料的焓值，表达式为：

$$H = h + \Delta H \tag{5-50}$$

$$h = h_{ref} + \int_{T_{ref}}^{T} c_{p,con}\, dT \tag{5-51}$$

$$\Delta H = \beta L_{lat} \tag{5-52}$$

其中，$h_{ref}$ 为参考焓值，$T_{ref}$ 为参考温度，$c_{p,con}$ 为恒定压力下材料的比热容，$L_{lat}$ 为材料的潜热值。

初始条件：

$$T_{init} = T(x,y,z,t)|t = 0 \tag{5-53}$$

式中　$T_{init}$——初始温度，℃。

U 形管内工质：

$$u = v_y = 0, w_z|t = 0 = v_{ini} \tag{5-54}$$

其他部分区域：

$$u = v_y = w_z = 0 \tag{5-55}$$

边界条件：

$$\frac{\partial T}{\partial z}\Big|_{bottom} = \frac{\partial T}{\partial z}\Big|_{top} = 0, \frac{\partial T}{\partial y}\Big|_{side} = q_u\Big|t - q_{loss} \tag{5-56}$$

### 5.7.2　U 形相变结构和传统无相变真空管集热器热性能对比

1. 传热特性对比分析

（1）集热管内部监测点温度变化规律

由图 5-77～图 5-80 可知，对于径向测点温度，在集热起始阶段，无相变集热管径向测点温度相差不大，但温差随着太阳辐射的增强而增大，下午随着太阳辐射的减弱而减小。相变集热管径向三个测点升温速率明显变小，相变材料熔化后，其温度又明显上升。对于轴向测点温度，在集热过程中，无相变集热管由管口向管底温度逐渐升高，并且集热管不同深度处的温差较大。相变集热管下部温度升高较快，率先进入相变阶段，由管口至管底，相变材料凝固时间逐渐减小。在相变材料显热吸放热期间，两种集热器的温度变化差异较小。在集热过程中，U 形相变结构真空管集热器相比传统无相变真空管集热器各位置上温度均有所降低。

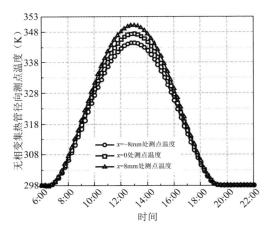

图 5-77　无相变集热管径向测点温度随时间的
变化情况

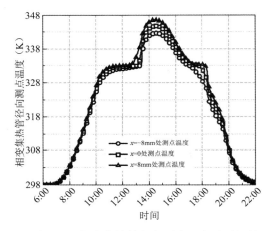

图 5-78　相变集热管径向测点温度随时间的
变化情况

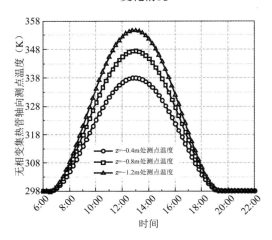

图 5-79　无相变集热管轴向测点温度随时间的
变化情况

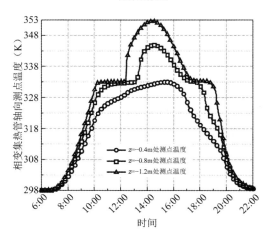

图 5-80　相变集热管轴向测点温度随时间的
变化情况

（2）集热器内部平均温度对比分析

U 形相变结构真空管集热器内的相变材料平均温度峰值、最高温度比无相变真空管集热器均降低了 5K 左右，如图 5-81、图 5-82。集热器内部介质的平均温度、最高温度变化趋势类似。在相变材料的显热蓄热阶段，U 形相变结构真空管集热器的相变材料平均温度与无相变真空管集热器内部的空气平均温度差异不大，达到相变材料熔点后，相变材料平均温度升温速率变缓，随着液相率增大，相变材料升温速率加快，待达到相变材料的凝固点且太阳辐射强度较低时，相变材料平均温度降低速率减慢，随着相变潜热逐渐释放，相变材料平均温度降低速率加快，待相变材料潜热完全释放后，呈现出快速下降趋势。工质温度随时间的变化情况与集热器内部介质随时间的变化情况类似，集热器内工质的平均温度略低于集热器内部介质的平均温度。与无相变真空管集热器相比，U 形相变结构真空管集热器内工质平均温度峰值低 4K 左右，工质最高温度峰值低 4.3K 左右。

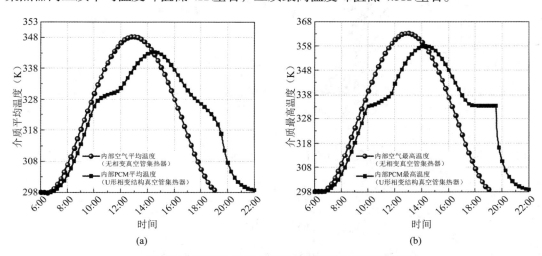

(a)　　　　　　　　　　(b)

图 5-81　两种集热器内介质温度随时间的变化情况

（a）平均温度；（b）最高温度

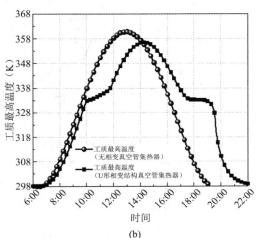

(a)　　　　　　　　　　(b)

图 5-82　两种集热器内工质温度随时间的变化情况

（a）平均温度；（b）最高温度

### 2.出口温度对比

U 形相变结构真空管集热器的出口温度峰值与无相变真空管集热器相比有所降低，出口温度峰值在时间上产生延迟。四个气象日（春分日、夏至日、秋分日、冬至日）条件下，U 形相变结构真空管集热器相变材料的液相率各不相同，这与太阳辐射的强弱及辐射时间有关，太阳辐射较强且持续时间长时，相变材料液相率峰值越高，如图 5-83～图 5-86 所示。

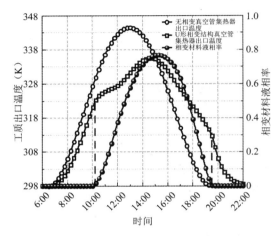

图 5-83　春分日气象条件下两种集热器的出口温度变化情况

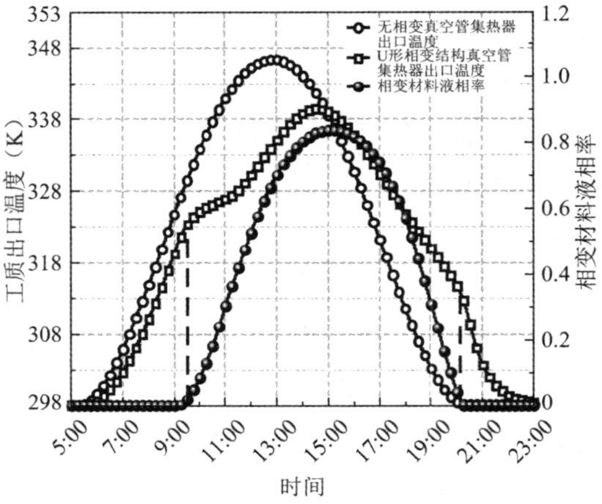

图 5-84　夏至日气象条件下两种集热器的出口温度变化情况

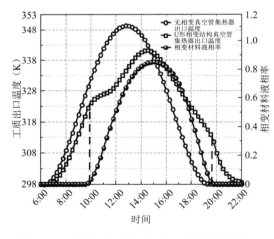

图 5-85　秋分日气象条件下两种集热器的出口温度变化情况

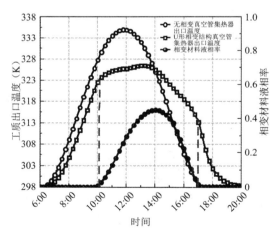

图 5-86　冬至日气象条件下两种集热器的出口温度变化情况

### 3.有效集热量和有效运行时间对比

由图 5-87、图 5-88 可知，对于集热器有效集热量，四个气象日中，夏至日的总有效热量最大，冬至日的总有效集热量最小，两种集热器的总有效集热量相差较小。U 形相变结构真空管集热器与无相变真空管集热器相比，有效运行时间增加，这在一定程度上增强了集热量与用户用热量之间的吻合性。

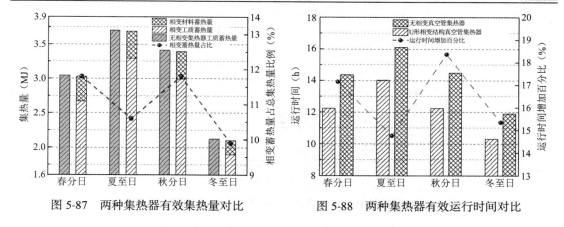

图 5-87　两种集热器有效集热量对比　　　图 5-88　两种集热器有效运行时间对比

### 5.7.3　U 形相变结构真空管集热器热性能影响因素分析

1. 相变材料熔点对热性能的影响

相变材料熔点不同时集热器出口温度、相变材料液相率随时间的变化情况如图 5-89、图 5-90 所示。随着相变材料的熔点升高，集热器出口温度峰值先减小后增加，在熔点为 333K 左右时，U 形相变结构真空管集热器出口温度峰值达到最低。相变材料液相率随相变材料熔点的升高而减小，这是由于相变材料熔点越高，其进入相变阶段越晚，导致在太阳辐射较强时相变材料熔化的部分较少，然后太阳辐射变弱，导致相变材料熔化不充分。

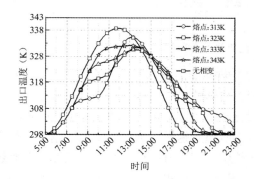 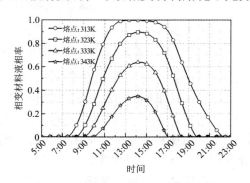

图 5-89　相变材料熔点不同时集热器出口温度　　图 5-90　相变材料熔点不同时相变材料液相率
　　　　　随时间的变化情况　　　　　　　　　　　　　　随时间的变化情况

U 形相变结构真空管集热器出口温度峰值随相变材料熔点的变化情况如图 5-91 所示。由图可知，随着熔点的升高，出口温度峰值先减小后增大。熔点为 333K 左右时，出口温度峰值达到最低，与无相变真空管集热器出口温度峰值相比降低了 8.2K。当熔点升高到 363K 之后，由于相变材料的熔点高于 U 形相变结构真空管集热器内部所能达到的最高温度，相变材料在蓄热过程中仅通过显热的方式储存热量，不发生相变，U 形相变结构真空管集热器出口温度峰值不再发生变化。因此，使用高熔点的相变材料是没有意义的。

相变材料熔点不同时的集热效率和蓄热效率如图 5-92 所示。随着熔点的增加，集热效率有增加的趋势，但增加的速度下降。这是因为当使用熔点较低的相变材料时，流体温度较高，集热器工作周期延长，热损失增加。随着熔点的升高，蓄热效率降低。这是因为相变材料熔点较高时，其不能完全完成熔化过程。

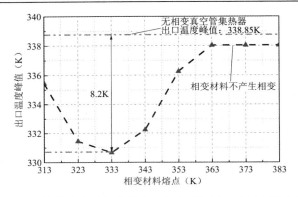

图 5-91　U 形相变结构真空管集热器出口温度峰值随相变材料熔点的变化情况

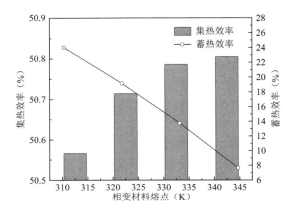

图 5-92　相变材料熔点不同时的集热效率和蓄热效率

2. 工质质量流速对 U 形相变结构真空管集热器热性能的影响

工质质量流速不同时，U 形相变结构真空管集热器的出口温度、相变材料液相率随时间的变化情况如图 5-93、图 5-94 所示。工质质量流速越大，集热器内热量被工质带走得较快，但由于工质换热不充分就流出集热器，出口工质温升越慢，出口温度峰值越低，相变材料进入相变阶段的时间越晚，相变材料熔化得越少，相变材料液相率峰值越低，在放热阶段，相变材料储存热量较少导致放热时间越短。由图 5-95 可知，随着工质质量流速的增加，集热效率增加，而蓄热效率降低。在相变不完全的情况下，相变材料不能充分发挥其功能以达到蓄热的目的。

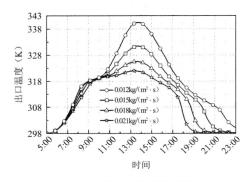

图 5-93　工质质量流速不同时的出口温度

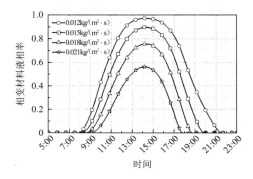

图 5-94　工质质量流速不同时相变材料液相率

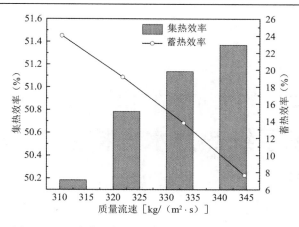

图 5-95　工质质量流速不同时的集热效率和蓄热效率

## 5.8　本章小结

本章提出了五种高性能集热产品，分别对其构造及性能进行了分析。对于大尺寸平板集热器，通过分析其热量传递过程建立传热模型，并获得了有用能、热损失系数、集热效率等热性能评价指标，分析了大尺寸平板集热器与常规并联集热器集热效率、集热量、热损失随尺寸的变化关系，搭建了大尺寸平板集热器热性能测试系统、集热循环系统平台，通过实验研究了不同集热面积下集热系统热损失、集热效率等性能，以集热量、日平均效率、有效运行时长等为性能指标，分析了大尺寸平板集热器在我国西北高原地区的适用特性。

针对"S"形肋片强化对流型平板空气集热器，介绍了该集热器的模型设计，建立了数学模型，分析了肋片高度、肋片间距、肋片宽度、集热板吸收率、玻璃盖板透过率对集热器热性能的影响，通过实验对影响强化对流型平板空气集热器热性能的因素进行了分析，得出了在实际环境下集热器对房间的供暖效果。

针对 U 形相变结构真空管集热器，建立了其传热模型，对有无相变材料的 U 形相变结构真空管集热管内的温度分布、相变材料液相率等进行了对比分析，研究了相变材料熔点、导热系数、密度、潜热值等物性参数以及工质质量流速对集热器出口温度、有效集热量和运行时间的影响。

针对双温相变平板集热器，建立了其物理模型，提出了冻害温差、冻害持续时间和冻害程度等冻害评价指标，分析了双温相变平板集热器的蓄放热过程及其热性能。

针对过冷相变蓄能平板集热器，分析了其工作原理及传热过程，提出了相应的冻害及过热评价指标，并对集热器结构参数、相变材料特性和地区应用差异等进行了研究。

# 第 6 章

# 太阳能集热系统热力水力特性及设计方法

## 6.1 概述

集热系统是太阳能供暖系统的核心组成部分，主要负责收集太阳辐射并将其转化为热媒的热能。太阳能集热系统运行性能的优劣直接决定着整个太阳能供暖系统的效率。

目前，太阳能供暖系统的集热规模通常以冬季供暖需求为基准进行设计，这使得非供暖季尤其是夏季，常发生系统集热量大于用户用热量的情况，从而易使集热系统出现过热问题，从而导致系统性能不稳定，甚至造成系统部件损坏，影响系统正常运行。此外，大型太阳能集热系统阻力平衡难度大、水力工况复杂，若设计不当，容易造成集热系统压力波动剧烈、流量分布不均，也容易引起局部过热过冷，降低集热效率。

按集热介质划分，集热器有液体工质和气体工质两种类型。液体工质集热器效率高，载热量大，应用广泛，但时常存在系统过热、冻裂等风险。气体工质集热器则不易出现低温冻结或高温过热现象，但其集热效率较低。因此，掌握不同类型太阳能集热系统的热力水力特性（图6-1），并进一步对集热系统进行优化设计，是太阳能供暖系统稳定高效运行的关键。

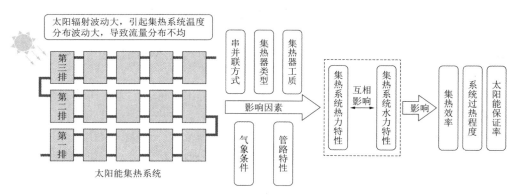

图 6-1 太阳能集热系统热力水力特性影响因素

## 6.2 太阳能集热系统过热特性及防过热机理

本节对集热系统产生过热现象的原因和影响系统过热的关键因素进行分析，并从设计角度出发，进行太阳能供暖系统冬夏集热用热的平衡优化设计，以降低集热系统在夏季的过热度。

### 6.2.1　太阳能集热系统过热评价指标及影响因素

1. 太阳能集热系统过热评价指标

当太阳能集热系统的有效集热量大于用户末端的用热量时，蓄热系统开始蓄热。若蓄热系统蓄热量达到上限，集热系统的集热量仍较大时，过剩的热量将导致集热系统出现过热现象。

太阳能集热系统的过热程度可用瞬时过热度及均值过热度来描述，太阳能供暖系统季节间用热的不匹配程度可由日均热负荷比来描述。

（1）瞬时过热度

分析集热系统过热理论的基本假设：当集热系统工质的瞬时出口温度 $T_o(\tau)$ 超过集热工质的汽化温度 $T_g$ 时，则认为集热系统出现过热。瞬时过热度 $\theta(\tau)$ 为集热器内工质的瞬时出口温度 $T_o(\tau)$ 和集热工质汽化温度 $T_g$ 的温度差同 $T_g$ 的比值。$\theta(\tau)$ 越大表明集热系统瞬时的过热程度越高。瞬时过热度计算公式如下：

$$\theta(\tau) = \frac{[T_o(\tau) - T_g]}{T_g} \tag{6-1}$$

式中　$\theta(\tau)$——瞬时过热度，无量纲；

$\quad T_o(\tau)$——集热系统工质的瞬时出口温度，℃；

$\quad T_g$——集热工质汽化温度，℃。

（2）均值过热度

均值过热度 $\theta_d$ 指的是一段时间内瞬时过热度及其持续时间的乘积之和与该段时长的比值。$\theta_d$ 越大表明集热系统在该段时间内累计过热程度越高。均值过热度计算公式如下：

$$\theta_d = \frac{\sum \theta(\tau) \cdot \Delta\tau}{\tau} \tag{6-2}$$

式中　$\theta_d$——均值过热度，无量纲；

$\quad \Delta\tau$——过热时长，h；

$\quad \tau$——系统运行时长，h。

（3）日均热负荷比

日均热负荷比 $\alpha_{day}$ 反映的是太阳能供暖系统冬、夏季用热的不匹配程度，定义为冬季日均供暖热负荷和全年日均热水负荷的比值。该值越大，表明系统的季节间用热不匹配程度越高，集热系统容量设计越易失衡。日均热负荷比的计算公式如下：

$$\alpha_{day} = \frac{\overline{Q_H}}{\overline{Q_r}} \tag{6-3}$$

式中　$\alpha_{day}$——日均热负荷比；

$\quad \overline{Q_H}$——冬季日均供暖热负荷，kJ/d；

$\quad \overline{Q_r}$——全年日均生活热水负荷，kJ/d。

2. 太阳能集热系统过热因素分析

太阳能集热系统集热量与供暖用户末端用热量之间不匹配，是引起集热系统过热的主要原因。而太阳辐射强度及环境温度同时影响集热系统的集热量和用户末端用热量，是集热系统过热分析应考虑的主要环境因素。

集热器倾角、蓄热系统容量、热媒流量、集热器连接方式、集热器类型等均会对集热系统集热量产生影响。例如，集热器倾角会对集热器阵列所接收的太阳辐照量产生影响，热媒流量会影响集热系统和蓄热系统之间的换热速率。

由过热度的定义可知，在气象、环境因素（太阳辐射强度、环境温度）一定的情况下，除上述提及的设计因素外（集热器倾角、蓄热系统容量、热媒流量、集热器连接方式、集热器类型等），集热、供热环路损失，集热、蓄热工质类型等其他因素也会在不同程度上影响集热系统运行温度，进而影响系统过热程度。

因此，将影响太阳能集热系统过热的因素分为两类，环境因素（气象条件）及设计因素，如表 6-1 所示。

集热系统过热影响因素分类　　　　　　　　　　表 6-1

| 分类 | 环境因素 | | 设计因素 | | | | | | | | |
|------|---------|---------|---------|------|---------|---------|------|------|------|--------|---------|
| 因素 | 太阳辐射强度 | 室外环境温度 | 集热器类型 | 热媒流量 | 集热环路损失 | 供热环路损失 | 水箱体积 | 集热工质 | 蓄热工质 | 集热器倾角 | 集热器连接方式 |

### 6.2.2　环境因素对集热系统过热特征的影响

以我国西部太阳能资源富集区为例，各地区气候特征、太阳能资源分布差异大，不同地区的太阳能集热系统过热特征有所差异。因此，根据气候及太阳能资源分区，选取西北地区典型城市（表 6-2），分析不同城市太阳能集热系统过热特性，在系统设计形式及匹配不变的情况下，对各典型城市居住建筑进行热负荷数值模拟，并对建筑配备的太阳能供暖系统进行模拟运行，得到环境因素对系统过热特性的影响。通过对不同地区太阳能集热系统夏季过热特性分析，掌握不同地区太阳能集热系统的过热情况。

西北地区典型城市气候分区及太阳能资源分布　　　　表 6-2

| 气候分区 | 太阳能资源 Ⅰ区 | 太阳能资源 Ⅱ区 | 太阳能资源 Ⅲ区 |
|---------|----------------|----------------|----------------|
| 严寒地区 | 格尔木、冷湖、玛多、 | 曲麻莱、西宁、玉树、乌鲁木齐、合作、酒泉、乌鞘岭、甘孜 | — |
| 寒冷地区 | 拉萨 | 哈密、和田、喀什、吐鲁番、榆林林芝、昌都、敦煌、兰州、银川、马尔康 | 天水、绥德、西安、延安 |
| 夏热冬冷地区 | — | — | 汉中 |

西北地区典型城市的太阳辐照量年较差及气温年较差如图 6-2 所示。由图可知，新疆大部分地区（如乌鲁木齐、哈密、和田），青海格尔木，陕西汉中、延安等地太阳辐照量及气温年较差较大，而西藏及川西地区（如拉萨、昌都、甘孜等地）太阳辐照量及气温年较差较小。

西北地区典型城市的日均负荷比值如图 6-3 所示，冬、夏季集热用热不匹配程度最严重的地区是新疆乌鲁木齐、青海格尔木等地，而西藏拉萨、昌都等地的日均热负荷比较小，冬、夏季集热用热不匹配程度较小。

通过对太阳能集热系统热力特性进行仿真模拟，得到典型城市集热系统的夏季过热特性。西北地区典型城市集热系统夏季过热度如图 6-4 及表 6-3 所示。图 6-4（a）中虚线表示为各典型城市夏季平均过热度，其值为 2.26。由表 6-3 可知，新疆地区夏季过热度都在 3 以上，而西藏和川西地区过热度普遍在 2 以下。

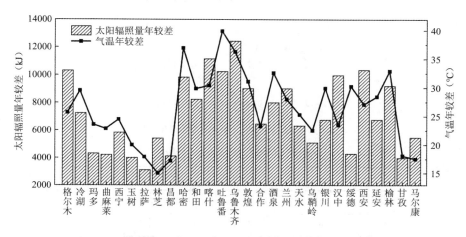

图 6-2　西北地区典型城市太阳辐照量年较差及气温年较差曲线

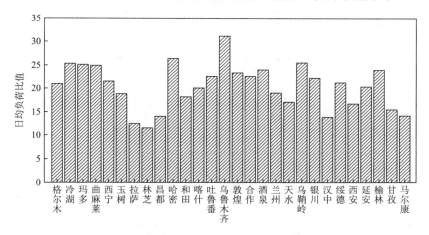

图 6-3　西北地区典型城市日均热负荷比值

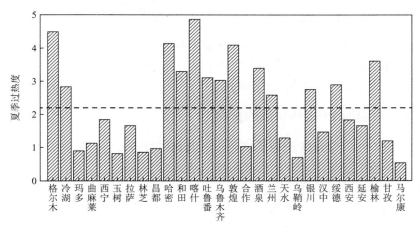

(a)

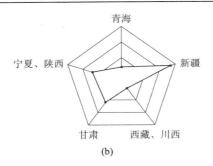

(b)

图 6-4　西北地区典型城市夏季过热度

（a）夏季过热度；（b）不同地区夏季过热度对比

**西北地区典型城市夏季过热度**　　　　　　　　表 6-3

| 青海地区 | | | | | |
|---|---|---|---|---|---|
| 城市 | 格尔木 | 曲麻莱 | 玛多 | 西宁 | 玉树 | 冷湖 |
| 过热度 | 2.83 | 1.85 | 1.14 | 0.83 | 0.87 | 0.92 |

| 新疆地区 | | | | | |
|---|---|---|---|---|---|
| 城市 | 喀什 | 哈密 | 和田 | 吐鲁番 | 乌鲁木齐 |
| 过热度 | 4.88 | 4.15 | 3.32 | 3.11 | 3.05 |

| 西藏、川西地区 | | | | | |
|---|---|---|---|---|---|
| 城市 | 拉萨 | 林芝 | 昌都 | 甘孜 | 马尔康 |
| 过热度 | 1.66 | 0.87 | 0.99 | 1.21 | 0.55 |

| 甘肃地区 | | | | | |
|---|---|---|---|---|---|
| 城市 | 敦煌 | 酒泉 | 兰州 | 天水 | 合作 | 乌鞘岭 |
| 过热度 | 4.11 | 3.39 | 2.59 | 1.30 | 1.04 | 0.70 |

| 宁夏、陕西地区 | | | | | |
|---|---|---|---|---|---|
| 城市 | 榆林 | 绥德 | 银川 | 西安 | 延安 | 汉中 |
| 过热度 | 3.63 | 2.91 | 2.76 | 1.85 | 1.68 | 1.48 |

对各典型城市的过热度进行比较可知，新疆的喀什、哈密、和田、吐鲁番、乌鲁木齐，甘肃的敦煌、酒泉，陕西的榆林、绥德等地属于易过热地区，而西藏的拉萨、昌都、林芝，四川的甘孜、马尔康等地属于不易过热地区。

### 6.2.3　设计因素对集热系统过热特性的影响

通过上文分析可知，哈密属于易过热地区，因此以哈密为例，计算不同工况下集热系统的瞬时过热度及均值过热度，分析集热系统过热特性。

1. 集热器倾角对系统过热度的影响

集热器倾角的取值范围为当地纬度 −10°～ +15°，分析集热器倾角对系统过热度的影响。不同集热器倾角下集热系统的夏季过热度如表 6-4 所示。

**不同集热器倾角下集热系统的夏季过热度**　　　　表 6-4

| 集热器倾角（°） | 32.5 | 37.5 | 42.5 | 47.5 | 52.5 | 57.5 | 62.5 |
|---|---|---|---|---|---|---|---|
| 均值过热度 | 5.03 | 4.64 | 4.15 | 3.54 | 2.89 | 2.22 | 1.50 |

由表 6-4 可知，集热系统的过热度随集热器倾角的增大而减轻；集热器倾角每改变 5°，均值过热度分别改变 0.39、0.49、0.61、0.65、0.67、0.72；当集热器倾角从 32.5° 改变为 62.5° 时，夏季总有效集热量减少了 4%。在北方地区，夏季太阳高度角高于冬季，增大集热器倾角可使集热器接收的太阳辐照量减少，进而减少集热系统的集热量，因此合理选取集热器倾角可以改善集热系统的过热程度。

2. 蓄热系统容量对系统过热度的影响

以蓄热集热比（即蓄热容积与集热面积的比值）为变量，分析蓄热系统容量对集热系统过热度的影响。选取蓄热集热比变化区间为 $50 \sim 100 L/m^2$，通过改变蓄热系统容量，计算得到不同蓄热集热比下集热系统的夏季过热度，如表 6-5 所示。

**不同蓄热集热比下集热系统的夏季过热度**　　　　表 6-5

| 蓄热集热比（L/m²） | 50 | 60 | 70 | 80 | 90 | 100 |
|---|---|---|---|---|---|---|
| 夏季过热度 | 5.15 | 3.82 | 3.52 | 3.25 | 2.97 | 2.70 |

由表 6-5 可知，集热系统过热度随蓄热集热比的增大而降低；当蓄热集热比从 $50 L/m^2$ 变化为 $100 L/m^2$ 时，夏季有效集热量增加了 53%。在集热面积一定的条件下，增加蓄热集热比会使蓄热温度下降，进而降低集热器进口的工质温度，最终使得集热系统过热程度减小。但过大的蓄热集热比很有可能会造成蓄热温度过低。因此，应合理选取蓄热容积，从而在保证供水温度的同时改善集热系统的过热程度。

3. 热媒流量对集热系统过热度的影响

热媒流量影响集热系统和蓄热系统之间的换热速率。以热媒流量在 $10 \sim 35 kg/(m^2 \cdot h)$ 区间作为分析工况，不同热媒流量下集热系统的夏季过热度如表 6-6 所示。由表可知，集热系统过热度随热媒流量的增加而降低；热媒流量每增加 $5 kg/(m^2 \cdot h)$，集热系统过热度依次降低 0.16、0.09、0.08、0.01、0.02，降低幅度随热媒流量的增加而减小。在其余条件一定的情况下，热媒流量的增加会减少介质在集热器内的停留时间，即缩短了单位质量流体的换热时间，从而降低集热器出口的工质温度。因此，增大热媒流量可减缓系统过热程度。

**不同热媒流量下集热系统的夏季过热度**　　　　表 6-6

| 热媒流量 [kg/(m²·h)] | 10 | 15 | 20 | 25 | 30 | 35 |
|---|---|---|---|---|---|---|
| 均值过热度 | 4.51 | 4.35 | 4.26 | 4.18 | 4.17 | 4.15 |

4. 集热器类型对集热系统过热度的影响

不同类型集热器的集热效率、热损失系数等主要参数不同，因此不同类型的集热系统的过热程度也有所差异。以平板集热器和真空管集热器作为分析工况，得到不同集热器类型下集热系统的均值过热度，如图 6-5 所示。此外，真空管集热器夏季过热度为 4.15，平板集热器夏季过热度为 0.82。

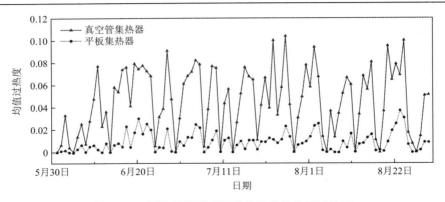

图 6-5　不同集热器类型下集热系统的均值过热度

由图 6-5 可知，当采用真空管集热器时（效率低、热损失系数小），集热系统的过热程度远高于采用平板集热器时（效率高、热损失系数大）。采用真空管集热器时，集热系统的过热程度是采用平板集热器的 5 倍左右。

因此，在冬季气温较高且夏季集热系统易过热地区，可以在设计集热系统时选用效率高、热损失系数较大的集热器（一般为平板集热器）。

### 6.2.4　太阳能集热系统防过热参数优化设计

以集热系统过热度及太阳能保证率为优化目标，以蓄热容积、集热器倾角、热媒流量为优化变量，对拉萨地区的太阳能集热系统进行参数优化设计。采用正交实验的方法探寻集热面积、集热器倾角、蓄热容积、热媒流量与集热系统过热度及太阳能保证率之间的关系，寻找在两个优化目标下各设计因素的最优取值范围。正交实验的因素水平表如表 6-7 所示。不同因素下，冬季太阳能保证率及夏季集热系统过热度与不同因素的关系如表 6-8 所示。

**正交实验的因素水平表**　　　　　　　　　　　　　　　　　　　　　表 6-7

| 因素水平 | 因素 | | | |
| --- | --- | --- | --- | --- |
| | 集热器倾角（°） | 蓄热容积（m³） | 热媒流量［kg/(m²·h)］ | 集热面积（m²） |
| 1 | 40 | 60 | 20 | 8 |
| 2 | 50 | 70 | 25 | 10 |
| 3 | 60 | 80 | 30 | 12 |
| 4 | 70 | 90 | 35 | 14 |
| 5 | 80 | 100 | 40 | 16 |

**冬季太阳能保证率及夏季集热系统过热度与不同因素的关系**　　　　表 6-8

| 因素水平 | 集热器倾角 | | 蓄热容积 | | 热媒流量 | | 集热面积 | |
| --- | --- | --- | --- | --- | --- | --- | --- | --- |
| | 夏季集热系统过热度 | 冬季太阳能保证率 | 夏季集热系统过热度 | 冬季太阳能保证率 | 夏季集热系统过热度 | 冬季太阳能保证率 | 夏季集热系统过热度 | 冬季太阳能保证率 |
| 1 | 1.69 | 0.470 | 1.30 | 0.447 | 1.50 | 0.450 | 0.09 | 0.313 |
| 2 | 0.61 | 0.483 | 0.30 | 0.445 | 0.60 | 0.449 | 0.01 | 0.377 |
| 3 | 0.02 | 0.473 | 0.40 | 0.449 | 0.30 | 0.448 | 0.14 | 0.451 |
| 4 | 0.04 | 0.430 | 0.20 | 0.438 | 0 | 0.444 | 0.50 | 0.508 |
| 5 | 0.05 | 0.362 | 0.10 | 0.433 | 0 | 0.443 | 1.70 | 0.570 |

由表 6-8 可知，冬季太阳能保证率随集热器倾角的增大呈先上升后下降趋势，夏季集热系统过热度随倾角的增加而逐渐降低，最佳倾角居于 3 与 4 水平之间，交点处倍率为 3.1。且从表 6-8 中夏季集热系统过热度变化规律可知，当集热器倾角的值在 3 水平之后，夏季集热系统过热度值无限接近于 0。蓄热容积取值的最佳水平点位于 2 和 3 水平之间（夏季集热系统过热度更小），交点处倍率为 2.4。热媒流量取值的最佳水平居于 2 和 3 水平之间，交点处倍率为 2.8。集热面积取值的最佳水平居于 3 和 4 水平之间，倍率为 3.7，当集热面积取值在 1、2 水平时，夏季集热系统过热度非常小。因此，综合考虑夏季集热系统过热度及冬季太阳能保证率，得出集热器倾角的推荐值为 61°，蓄热集热比最佳值为 74L/m²，热媒流量的推荐值为 29kg/(m²·h)，建筑面积为 100m² 时，集热系统的集热面积推荐值为 13.4m²。

## 6.3　太阳能液态工质集热系统水力特性及阻力计算方法

太阳能集中供暖系统承担的负荷大、强度高，所需的集热面积大，造成集热系统阻力平衡难度大、水力优化过程复杂。与传统集中供暖系统相对稳定的供回水温度相比，太阳能集热系统内工质温度受太阳辐射强度、室外气温等因素影响大，时刻处于变化状态。而在太阳辐射强烈、昼夜温差大的西部太阳能富集区，集热系统内工质温度波动加剧、温变速率陡增，导致集热系统内流量分布不均、阻力变化大、压力波动剧烈等问题。本节分析了不同影响因素下太阳能液态工质集热系统水力特性，并给出了集热系统阻力设计计算方法。太阳能集热系统阻力特性优化过程如图 6-6 所示。

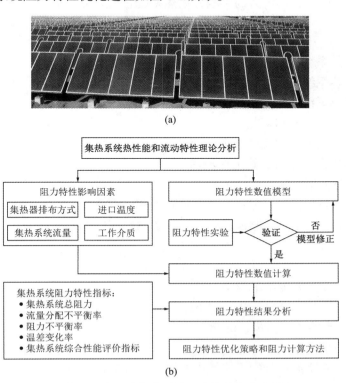

(a)

(b)

图 6-6　太阳能集热系统阻力特性优化流程

（a）平板型太阳能集热系统；（b）集热系统阻力优化流程

### 6.3.1 太阳能集热系统阻力特性指标

为了定量分析太阳能集热系统阻力特性，定义了集热系统总阻力、支路流量分配不平衡率、支路阻力不平衡率、供回水管阻力与最不利支路阻力比值和温差变化率五个评价指标，对不同影响因素下的太阳能集热系统阻力特性进行了分析。其中，支路流量分配不平衡率、支路阻力不平衡率、供回水管阻力与最不利支路阻力比值为太阳能集热系统水力平衡提供依据，温差变化率是为了研究避免太阳能集热系统出现局部高温下的阻力平衡条件。

1. 集热系统总阻力

集热系统总阻力主要包括供回水管道沿程阻力、集热器阻力、支路集热器间连接管道沿程阻力及管道连接件（如三通、弯头）局部阻力，其表达式为：

$$\Delta P_z = \Delta P_g + \Delta P_h + \sum \Delta P_c + \Delta P_l + \sum \Delta P_j \tag{6-4}$$

式中　$\Delta P_z$——集热系统总阻力，kPa；

$\quad\quad\ \Delta P_g$——供水管沿程阻力，kPa；

$\quad\quad\ \Delta P_h$——回水管沿程阻力，kPa；

$\quad\quad\ \Delta P_c$——集热器阻力，kPa；

$\quad\quad\ \Delta P_l$——支路集热器间连接管道沿程阻力，kPa；

$\quad\quad\ \Delta P_j$——局部阻力，kPa。

根据伯努利方程，忽略重力的影响，集热系统总阻力可表示为：

$$\Delta P_z = P_{in} - P_{out} + \frac{1}{2}\left(\rho_{out} v_{out}^2 - \rho_{in} v_{in}^2\right) \tag{6-5}$$

式中　$P_{in}$——集热系统进口压力，kPa；

$\quad\quad\ P_{out}$——集热系统出口压力，kPa；

$\quad\quad\ \rho_{in}$——集热系统进口集热工质密度，kg/m³；

$\quad\quad\ \rho_{out}$——集热系统出口集热工质密度，kg/m³；

$\quad\quad\ v_{in}$——集热系统进口集热工质流速，m/s；

$\quad\quad\ v_{out}$——集热系统出口集热工质流速，m/s。

2. 支路流量分配不平衡率

集热系统流量分配受排布方式、各支路阻力和运行条件的影响产生，以最不利支路所分配的流量为基准，其余各支路流量分配不平衡率可通过下式计算：

$$\varepsilon_v = \frac{V_i - V_0}{V_i} \times 100\% \tag{6-6}$$

式中　$\varepsilon_v$——支路流量分配不平衡率，%；

$\quad\quad\ V_0$——最不利支路体积流量，m³/h；

$\quad\quad\ V_i$——另一支路体积流量，m³/h。

3. 支路阻力不平衡率

集热系统内各支路流量分配不均的主要原因是各支路阻力不平衡，通过控制支路阻力不平衡率可使流量分配更均匀。以最不利支路阻力为基准，其余各支路阻力不平衡率可通过下式计算：

$$\Delta P_{\text{im}} = \frac{\Delta P_i - \Delta P_o}{\Delta P_i} \times 100\% \tag{6-7}$$

式中　$\Delta P_{\text{im}}$——支路阻力不平衡率，%；

　　　　$\Delta P_o$——最不利支路阻力，kPa；

　　　　$\Delta P_i$——另一支路阻力，kPa。

4. 供回水管阻力与最不利支路阻力比值

因集热工质沿供水管道分流、沿回水管道汇流，供回水管阻力对集热系统流量分布也存在影响。为确定供回水管阻力对集热系统流量分布的影响，以最不利支路阻力为参考，供回水管阻力与最不利支路阻力比值可通过下式计算：

$$R_{\text{pip}} = \frac{\Delta P_{\text{pipe}}}{\Delta P_{\text{row}}} \times 100\% \tag{6-8}$$

式中　$R_{\text{pip}}$——供回水管阻力与最不利支路阻力比值，%；

　　　　$\Delta P_{\text{pipe}}$——供回水管阻力，kPa；

　　　　$\Delta P_{\text{row}}$——最不利支路阻力，kPa。

5. 温差变化率

集热系统流量分布不均使得各支路出口温度不同，甚至会出现局部高温现象。为研究集热系统温度变化与阻力不平衡率的关系，定义温差变化率 $\Delta T_r$ 为最大支路出口温度与最小支路出口温度之差与进出口温差之比，即：

$$\Delta T_r = \frac{\max\{T_{\text{out,pip},i}\} - \min\{T_{\text{out,pip},i}\}}{T_{\text{out,sys}} - T_{\text{in,sys}}} \times 100\% \tag{6-9}$$

式中　$T_{\text{out,pip},i}$——第 $i$ 支路出口温度，℃；

　　　　$T_{\text{out,sys}}$——集热系统出口温度，℃；

　　　　$T_{\text{in,sys}}$——集热系统进口温度，℃。

6. 集热系统性能评价指标

为综合评价不同影响因素对集热系统水力和热力的影响程度，提出集热系统性能的评价指标 $PEI$，其定义式如下：

$$PEI = \frac{\Delta P_{\text{im}}}{\eta} \tag{6-10}$$

式中，$\eta$ 表示集热系统集热效率。$PEI$ 越小，表明影响因素对集热系统性能的影响程度越小，集热系统性能越好。

### 6.3.2　太阳能集热系统阻力特性分析

太阳能集热系统的排布方式、单位集热面积流量、进口温度、集热工质和供回水管管径等会对集热系统阻力特性产生影响。

1. 不同排布形式下的阻力特性

（1）串联集热器数量

集热系统阻力不平衡率及支路流量分配不平衡率与串联集热器数量 $N_{\text{ser}}$ 之间的关系如图 6-7 所示。由图可知，集热系统阻力不平衡率随串联集热器数量的增加而减小，串联集热器数量从 6 块增加到 14 块，阻力不平衡率从 18% 降低到 11%。支路流量分配不平衡率随串联集热器数量的增加先升高后降低再升高，$N_{ser} = 12$ 时有极小值（6.7%），$N_{ser} = 8$ 时有极大值（11.4%）。

（2）并联支路数量

集热系统阻力不平衡率及支路流量分配不平衡率与并联支路数量 $N_{row}$ 之间的关系如图 6-8 所示。由图可知，集热系统阻力不平衡率和支路流量分配不平衡率均随并联支路数量的增加而增大，并联支路数量从 6 行增加到 14 行，阻力不平衡率从 6% 升高到 49%，支路流量分配不平衡率从 4% 升高到 33%。

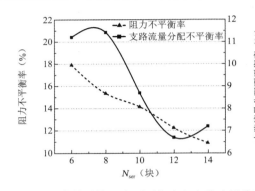 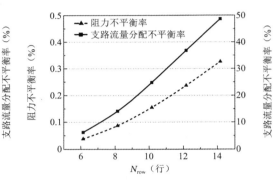

图 6-7　集热系统阻力不平衡率和支路流量分配　　图 6-8　集热系统阻力不平衡率和支路流量分配
　　　　不平衡率与串联集热器数量之间的关系　　　　　　　不平衡率与并联支路数量的关系

（3）相同集热面积不同排布形式

集热系统阻力不平衡率及支路流量分配不平衡率与排布形式之间的关系如图 6-9 所示。由图可知，集热系统阻力不平衡率和支路流量分配不平衡率均随集热系统并联支路数量 $N_{row}$ 与串联集热器数量 $N_{ser}$ 的比值的减小而降低，$N_{row} \times N_{ser}$ 从 $12 \times 6$ 减小到 $6 \times 12$，阻力不平衡率从 44% 降低到 5%，支路流量分配不平衡率从 30% 降低到 3%。应尽可能使集热系统串联集热器数量更多且集热系统并联支路数量与串联集热器数量的比值更小。

2. 不同单位集热面积流量下的阻力特性

集热系统阻力不平衡率及支路流量分配不平衡率与单位集热面积流量的关系如图 6-10 所示。由图可知，集热系统阻力不平衡率和支路流量分配不平衡率均随单位集热面积流量的增大而升高，单位集热面积流量从 $0.01m^3/(m^2 \cdot h)$ 升高到 $0.08m^3/(m^2 \cdot h)$，阻力不平衡率从 9% 升高到 17%，支路流量分配不平衡率从 6% 升高到 13%。单位集热面积流量小于 $0.06m^3/(m^2 \cdot h)$，集热系统流量分布不平衡率及其变化幅度更小。

3. 不同进口温度下的阻力特性

集热系统阻力不平衡率及支路流量分配不平衡率与进口温度的关系如图 6-11 所示。由图可知，集热系统阻力不平衡率随进口温度的升高而升高，进口温度从 20℃ 升高到 60℃，阻力不平衡率从 14% 升高到 18%。支路流量分配不平衡率随进口温度的升高先降低再升高，在进口温度为 30℃ 时，支路流量分配不平衡率有极小值（6%）。

4. 不同气象参数下的阻力特性

（1）太阳辐射强度

集热系统阻力不平衡率及支路流量分配不平衡率与太阳辐射强度的关系如图 6-12 所示。由图可知，集热系统阻力不平衡率随太阳辐射强度的升高而升高，太阳辐射强度从

$100W/m^2$ 升高到 $900W/m^2$，阻力不平衡率从约 13.9% 升高到约 14.25%，因此太阳辐射强度对阻力不平衡率的影响可以忽略。支路流量分配不平衡率随太阳辐射强度的升高而降低，太阳辐射强度从 $100W/m^2$ 升高到 $900W/m^2$，支路流量分配不平衡率从 9.1% 降低到 8.4%，因此太阳辐射强度对支路流量分配不平衡率的影响很小。

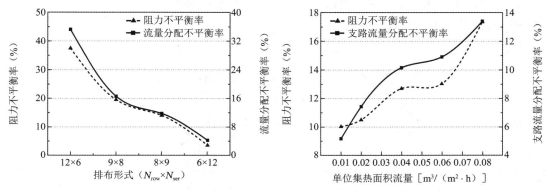

图 6-9　集热系统阻力不平衡率和支路流量分配　　　　图 6-10　集热系统阻力不平衡率和支路流量分配
　　　　 不平衡率与排布形式的关系　　　　　　　　　　　　 不平衡率与单位集热面积流量的关系

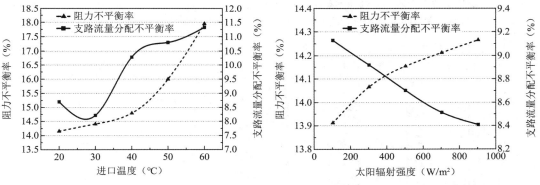

图 6-11　集热系统阻力不平衡率和支路流量分配　　　　图 6-12　集热系统阻力不平衡率和支路流量分配
　　　　 不平衡率与进口温度的关系　　　　　　　　　　　 不平衡率与太阳辐射强度的关系

（2）环境温度

集热系统阻力不平衡率及支路流量分配不平衡率与环境温度的关系如图 6-13 所示。由图可知，集热系统阻力不平衡率随环境温度的升高而升高，支路流量分配不平衡率随环境温度的升高而降低。但集热系统阻力不平衡率及支路流量分配不平衡率的变化幅度均小于0.2%，因此环境温度对集热系统阻力特性造成的影响可忽略不计。

5. 不同供回水管管径下的阻力特性

集热系统阻力不平衡率及支路流量分配不平衡率与供回水管管径的关系如图 6-14 所示。由图可知，集热系统阻力不平衡率随供回水管管径的增大而降低，供回水管管径从30mm 增大到 50mm，阻力不平衡率从 42% 降低到 5%，支路流量分配不平衡率从 27% 降低到 3%。

6. 不同集热工质下的阻力特性

集热系统阻力不平衡率及支路流量分配不平衡率与乙二醇质量分数的关系如图 6-15

所示。由图可知，集热系统阻力不平衡率及支路流量分配不平衡率均随乙二醇质量分数的增大而增大，乙二醇质量分数从 0 增大到 40%，阻力不平衡率从 14% 增大到 18%，支路流量分配不平衡率从 8.7% 增大到 10.4%。

7. 不同影响因素下集热系统性能指标 *PEI*

不同因素（排布形式、单位集热面积流量、进口温度和乙二醇质量分数）对集热系统 *PEI* 的影响如图 6-16 所示。

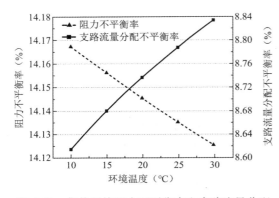

图 6-13　集热系统阻力不平衡率和支路流量分配不平衡率与环境温度的关系

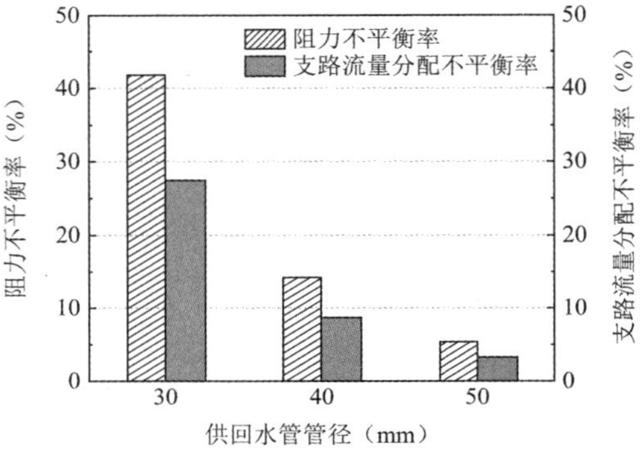

图 6-14　集热系统阻力不平衡率和支路流量分配不平衡率与供回水管管径的关系

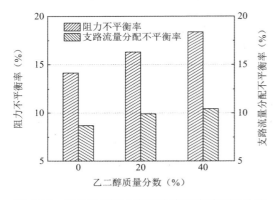
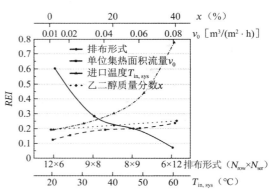

图 6-15　集热系统阻力不平衡率和支路流量分配不平衡率与乙二醇质量分数的关系

图 6-16　不同因素对集热系统 *PEI* 的影响

集热系统 *PEI* 随集热系统并联支路数量与串联集热器数量的比值的减小而减小，集热系统并联支路数量与串联集热器数量的比值越小，集热系统性能越好。集热系统 *PEI* 随单位集热面积流量的增大而升高，单位集热面积流量越小，集热系统性能越好；单位集热面积流量在 $0.04 \sim 0.06 \mathrm{m^3/(m^2 \cdot h)}$ 之间时，集热系统 *PEI* 较为稳定。集热系统 *PEI* 随进口温度的升高而升高，进口温度越低，集热系统性能越好，进口温度在 40℃ 以下，*PEI* 变化较小。集热系统 *PEI* 与乙二醇质量分数呈正比关系，乙二醇质量分数越小，即集热工质黏度越小，集热系统性能越好。

8. 阻力特性指标函数关系

集热系统支路流量分配不平衡率 $\varepsilon_v$、温差变化率 $\Delta T_r$ 与支路阻力不平衡率 $\Delta P_{im}$、供回水管阻力与最不利支路阻力比值 $R_{pip}$ 存在函数关系，如图 6-17 所示。对数据进行拟合，发现流量分配不平衡率与支路阻力不平衡率存在正相关线性关系，流量分配不平衡率与供回水管与最不利支路阻力比值存在正相关指数关系。以支路流量值相差不超过 10% 为标准，则阻力不平衡率应小于 15.5%，供回水管阻力与最不利支路阻力比值应小于 19.2%。

通过分析集热系统阻力不平衡率和供回水管阻力与最不利支路阻力比值与温差变化率之间的关系，可得出避免集热系统产生局部高温现象的阻力不平衡率取值、供回水管阻力与最不利支路阻力比值取值。由图 6-18 可知，阻力不平衡率与温差变化率呈正比关系，供回水管阻力与最不利支路阻力比值与温差变化率呈指数关系。可根据运行温度要求在设计时限定阻力不平衡率、供回水管与最不利支路阻力比值，若温差变化率最大值取 10% 不能满足支路流量分配不平衡率小于 10% 的要求，另需避免太阳能集热系统出现局部高温现象，因此温差变化率最大值取 5%，则阻力不平衡率应小于 9.6%，对应的供回水管阻力与最不利支路阻力比值应小于 11.4%。

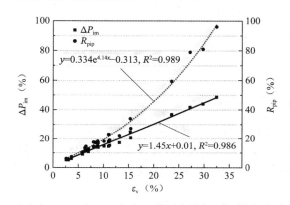

图 6-17　阻力不平衡率、供回水管与最不利支路阻力比值与支路流量分配不平衡率的关系

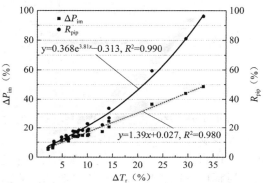

图 6-18　阻力不平衡率、供回水管与最不利支路阻力比值与温差变化率的关系

综上可得，太阳能集热系统阻力不平衡率和供回水管阻力与最不利支路阻力比值与流量分配不平衡率、温差变化率之间的函数关系见表 6-9。

各阻力特性指标函数关系表　　　　　　　　　　　　　表 6-9

| 指标 | $\Delta P_{im}$ | $R_{pip}$ |
|---|---|---|
| $\varepsilon_v$ | $\Delta P_{im} = 1.45 \times \varepsilon_v + 1$ | $R_{pip} = 0.334 \times e^{4.14 \times \varepsilon_v} - 31.3$ |
| $\Delta T_r$ | $\Delta P_{im} = 1.39 \times \Delta T_r + 2.7$ | $R_{pip} = 0.368 \times e^{3.81 \times \Delta T_r} - 33.1$ |

### 6.3.3　太阳能集热系统阻力计算方法

1. 集热系统阻力计算方法

集热系统阻力设计计算流程如图 6-19 所示。首先根据供暖用热需求和气象条件对供热负荷进行计算，然后结合太阳能保证率和系统形式确定集热面积，在选定集热器类型之后，确定集热器数量。根据集热系统安装条件和地理位置确定各段供回水管管长，根据集热器数量确定集热系统排布形式以及集热器连接方式。然后确定单位集热面积流量，在此基础上根据管网经济比摩阻可确定各段供回水管管径。选择集热系统最不利环路计算其阻力，供回水管阻力按等温流动计算，先按照选定的进口温度计算集热器行的阻力，再根据温差进行修正。以最不利环路阻力为基准，根据并联管路压力平衡原则，验证集热系统其余支路与最不利环路是否满足阻力不平衡率限定条件，若不满足则需采取措施调节多余阻力使集热系统阻力平衡。可采取的阻力调节措施有：限制太阳能集热系统规模或采用多级并联、合理设计太阳能集热系统管路的尺寸和使用平衡阀等。

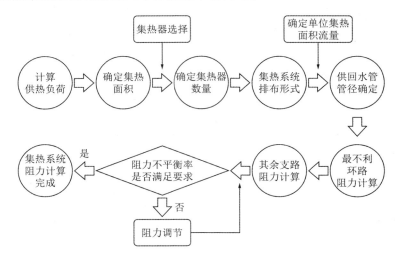

图 6-19　集热系统阻力设计计算流程

由于集热系统在运行过程中受气象条件、运行工况和取热情况的影响，系统内集热工质温度波动剧烈，导致集热系统阻力产生剧烈波动而且阻力分布特性也发生变化，使得集热系统运行不稳定。为使得集热系统运行更加稳定、系统性能有所提升，提出在集热系统设计过程中各阻力影响因素的参数选择原则：

（1）确定集热系统排布形式时，应尽可能使集热系统支路行数与串联集热器数量的比值更小。

（2）普通平板集热器单位集热面积流量应小于 0.06m³/(m²·h)。

（3）集热系统工质进口温度尽量控制在 40℃以下。

（4）在经济条件允许的条件下，供回水管管径应取大值。

（5）集热工质应选取黏度小的流体。

（6）阻力不平衡率应小于 9%，对应的供回水管阻力与最不利支路阻力比值应小于11%。

2. 集热器串/并联比摩阻参考值

集热系统阻力计算的主要部分在于支路集热器行的阻力计算，它与集热器连接方式、集热器数量、流量和温度等因素有关，为便于计算取值，给出了集热器比摩阻参考范围，如表 6-10～表 6-12 所示。

**水工质平板集热器比摩阻参考表**　　　　　　　　表 6-10

| 单位集热面积流量〔m³/(m²·h)〕 | 排管平均流速（m/s） | 比摩阻（Pa/m） | | | |
|---|---|---|---|---|---|
| | | 工质温度 $T_f = 20℃$ | 工质温度 $T_f = 40℃$ | 工质温度 $T_f = 60℃$ | 工质温度 $T_f = 80℃$ |
| 0.01 | 0.02 | 10 | 7 | 5 | 4 |
| 0.02 | 0.04 | 22 | 16 | 13 | 12 |
| 0.03 | 0.06 | 38 | 30 | 28 | 29 |
| 0.04 | 0.08 | 56 | 49 | 52 | 44 |

| 单位集热面积流量 [m³/(m²·h)] | 排管平均流速 (m/s) | 比摩阻（Pa/m） | | | |
|---|---|---|---|---|---|
| | | 工质温度 $T_f = 20℃$ | 工质温度 $T_f = 40℃$ | 工质温度 $T_f = 60℃$ | 工质温度 $T_f = 80℃$ |
| 0.05 | 0.11 | 80 | 85 | 72 | 52 |
| 0.06 | 0.13 | 112 | 114 | 84 | 62 |
| 0.07 | 0.15 | 159 | 140 | 96 | 79 |
| 0.08 | 0.17 | 215 | 158 | 109 | 107 |
| 0.09 | 0.19 | 260 | 173 | 132 | 125 |
| 0.1 | 0.21 | 301 | 192 | 171 | 150 |
| 0.11 | 0.23 | 338 | 210 | 199 | 177 |
| 0.12 | 0.25 | 365 | 237 | 222 | 199 |
| 0.13 | 0.28 | 387 | 282 | 256 | 215 |
| 0.14 | 0.3 | 413 | 339 | 291 | 230 |
| 0.15 | 0.32 | 440 | 377 | 327 | 255 |
| 0.16 | 0.34 | 470 | 408 | 348 | 285 |
| 0.17 | 0.36 | 499 | 447 | 369 | 318 |
| 0.18 | 0.38 | 538 | 496 | 390 | 353 |
| 0.19 | 0.4 | 599 | 544 | 418 | 390 |
| 0.20 | 0.42 | 675 | 596 | 455 | 428 |

### 20%的乙二醇水溶液平板集热器比摩阻参考表　　　表 6-11

| 单位集热面积流量 [m³/(m²·h)] | 排管平均流速 (m/s) | 比摩阻（Pa/m） | | | |
|---|---|---|---|---|---|
| | | 工质温度 $T_f = 20℃$ | 工质温度 $T_f = 40℃$ | 工质温度 $T_f = 60℃$ | 工质温度 $T_f = 80℃$ |
| 0.01 | 0.02 | 33 | 19 | 11 | 9 |
| 0.02 | 0.04 | 68 | 41 | 25 | 19 |
| 0.03 | 0.06 | 106 | 65 | 41 | 33 |
| 0.04 | 0.08 | 145 | 92 | 61 | 52 |
| 0.05 | 0.11 | 187 | 121 | 85 | 79 |
| 0.06 | 0.13 | 232 | 154 | 116 | 125 |
| 0.07 | 0.15 | 280 | 190 | 157 | 163 |
| 0.08 | 0.17 | 330 | 231 | 222 | 197 |
| 0.09 | 0.19 | 384 | 278 | 277 | 228 |
| 0.1 | 0.21 | 441 | 331 | 328 | 248 |
| 0.11 | 0.23 | 502 | 393 | 374 | 268 |
| 0.12 | 0.25 | 567 | 466 | 417 | 290 |
| 0.13 | 0.28 | 636 | 558 | 448 | 314 |
| 0.14 | 0.3 | 711 | 681 | 472 | 338 |
| 0.15 | 0.32 | 791 | 797 | 501 | 378 |
| 0.16 | 0.34 | 878 | 889 | 531 | 434 |
| 0.17 | 0.36 | 972 | 988 | 565 | 506 |

| 单位集热面积流量 [m³/(m²·h)] | 排管平均流速 (m/s) | 比摩阻（Pa/m） | | | |
|---|---|---|---|---|---|
| | | 工质温度$T_f=20℃$ | 工质温度$T_f=40℃$ | 工质温度$T_f=60℃$ | 工质温度$T_f=80℃$ |
| 0.18 | 0.38 | 1075 | 1068 | 597 | 562 |
| 0.19 | 0.4 | 1188 | 1150 | 630 | 607 |
| 0.20 | 0.42 | 1314 | 1233 | 682 | 645 |

**40%的乙二醇水溶液平板集热器比摩阻参考表**　　　　表 6-12

| 单位集热面积流量 [m³/(m²·h)] | 排管平均流速 (m/s) | 比摩阻（Pa/m） | | | |
|---|---|---|---|---|---|
| | | 工质温度$T_f=20℃$ | 工质温度$T_f=40℃$ | 工质温度$T_f=60℃$ | 工质温度$T_f=80℃$ |
| 0.01 | 0.02 | 57 | 37 | 21 | 11 |
| 0.02 | 0.04 | 117 | 75 | 44 | 25 |
| 0.03 | 0.06 | 179 | 116 | 70 | 41 |
| 0.04 | 0.08 | 242 | 159 | 98 | 61 |
| 0.05 | 0.11 | 309 | 205 | 129 | 85 |
| 0.06 | 0.13 | 378 | 253 | 163 | 116 |
| 0.07 | 0.15 | 448 | 304 | 201 | 158 |
| 0.08 | 0.17 | 521 | 357 | 243 | 228 |
| 0.09 | 0.19 | 597 | 414 | 289 | 277 |
| 0.1 | 0.21 | 676 | 474 | 342 | 326 |
| 0.11 | 0.23 | 758 | 538 | 401 | 371 |
| 0.12 | 0.25 | 842 | 605 | 470 | 412 |
| 0.13 | 0.28 | 930 | 677 | 551 | 440 |
| 0.14 | 0.3 | 1021 | 753 | 650 | 465 |
| 0.15 | 0.32 | 1115 | 834 | 779 | 494 |
| 0.16 | 0.34 | 1213 | 920 | 919 | 523 |
| 0.17 | 0.36 | 1314 | 1013 | 1016 | 556 |
| 0.18 | 0.38 | 1419 | 1113 | 1123 | 589 |
| 0.19 | 0.4 | 1528 | 1220 | 1218 | 623 |
| 0.20 | 0.42 | 1642 | 1337 | 1306 | 689 |

### 3. 阻力温差修正系数

集热工质在集热系统内吸热升温，忽略因集热系统向周围环境散热对管道内集热工质径向温度造成的影响，则集热工质在集热系统内的流动可分为供回水管内等温流动和集热器行内沿管道轴向非等温流动两部分。当仅考虑温度对集热工质黏度的影响时，根据流体力学相关知识可知，水力粗糙区阻力不受温差影响，其他流态区内阻力温差修正系数与集热工质温度变化斜率无关，除水力过渡区内阻力温差修正系数受集热工质进口雷诺数影响以外，剩余流态分区内阻力温差修正系数仅与集热工质温差及其温黏系数有关。水力光滑区不同集热工质在不同温差下的修正系数对比如表 6-13 所示。

水力光滑区不同集热工质在不同温差下的修正系数对比　　　表 6-13

| 集热工质 | 流态 | 温差（℃） | | | | | |
|---|---|---|---|---|---|---|---|
| | | 10 | 20 | 30 | 40 | 50 | 60 |
| 水 | 层流 | 0.876 | 0.773 | 0.685 | 0.611 | 0.549 | 0.495 |
| | 临界区 | 1.046 | 1.096 | 1.148 | 1.204 | 1.263 | 1.326 |
| | 水力光滑区 | 0.967 | 0.935 | 0.905 | 0.876 | 0.849 | 0.822 |
| 20%的乙二醇水溶液 | 层流 | 0.872 | 0.766 | 0.677 | 0.602 | 0.538 | 0.484 |
| | 临界区 | 1.048 | 1.099 | 1.154 | 1.212 | 1.274 | 1.340 |
| | 水力光滑区 | 0.966 | 0.933 | 0.902 | 0.872 | 0.844 | 0.817 |
| 40%的乙二醇水溶液 | 层流 | 0.860 | 0.745 | 0.651 | 0.573 | 0.508 | 0.454 |
| | 临界区 | 1.053 | 1.111 | 1.172 | 1.238 | 1.309 | 1.385 |
| | 水力光滑区 | 0.860 | 0.745 | 0.651 | 0.573 | 0.508 | 0.454 |

## 6.4　真空管空气集热系统水力特性及设计方法

真空管空气集热系统水力特性、风量分配原则等是保证系统达到预期供热效果的关键。真空管空气集热系统原理如图 6-20 所示。由于空气的比热容小，空气集热系统的集热面积普遍较大，系统内阻力设计、平衡较为复杂。在实际使用中，空气吸收太阳辐射热量后，其温度、物性变化剧烈，其流动过程与热力过程相对复杂，导致集热系统内部阻力呈现波动变化趋势，难以利用稳态条件下的空气输配阻力计算方法对其进行描述。因此，本节分析了在太阳辐射强度、环境温度、进口温度、集热器风量、串联集热器数量、并联行数、干管管径等因素影响下，真空管空气集热系统的阻力特性变化规律，给出真空管空气集热系统简化阻力计算方法。

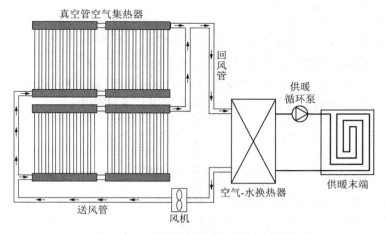

图 6-20　真空管空气集热系统原理图

### 6.4.1　真空管空气集热系统水力特性评价指标

本小节定义了集热系统风量不平衡率、温度不平衡率，以系统水力为基准综合考虑风量分布和集热效率的系统性能评价指标 *FREI*，以及以系统热力为基准综合考虑温度分布和集热效率的系统性能评价指标 *TREI*，对不同因素下真空管空气集热系统中风量和温度分布，以及集热系统平均集热效率变化情况进行了分析。其中，风量不平衡率为系统各支路水力平衡提供依据，温度不平衡率为研究系统支路局部高温情况提供依据。

**1. 集热系统风量不平衡率**

真空管空气集热系统受集热器连接形式和管路布置情况的影响，各输配管路风量存在分配不均匀的现象。在并联管路中，当并联管路资用压力相同时，各输配管路阻力会以减小风量的方式达到平衡，也会造成各输配管路风量分配不均。各输配管路之间风量不平衡率用下式表示：

$$W_r = \frac{m_{air,i} - m_{air,0}}{m_{air,i}} \times 100\% \tag{6-11}$$

式中　$W_r$——各输配管路风量不平衡率，%；

　　$m_{air,i}$——第 $i$ 条输配管路的风量，kg/s；

　　$m_{air,0}$——最不利输配管路的风量，kg/s。

**2. 集热系统温度不平衡率**

真空管空气集热系统各输配管路风量不平衡会造成各管路出口温度不一致。若输配管路风量不平衡率较大，会使得风量较小的管路出口温度过高，出现局部高温现象。为分析真空管空气集热系统各输配管路出口温度与风量不平衡率的关系，定义空气集热系统各输配管路间温度不平衡率为：

$$X = \frac{T_0 - T_{out,i}}{T_{out,i}} \times 100\% \tag{6-12}$$

式中　$X$——各输配管路温度不平衡率，%；

　　$T_{out,i}$——第 $i$ 条输配管路的出口温度，℃；

　　$T_0$——最不利输配管路出口温度，℃。

**3. 集热系统性能评价指标**

为综合评价真空管空气集热系统水力和热力性能，同时考虑集热系统风量、温度分布以及集热系统平均集热效率，提出集热系统性能评价指标 *FREI*（Flow Resistance Evaluation Index）和 *TREI*（Thermal Resistance Evaluation Index），即以阻力为基准的集热系统性能评价指标和以热力为基准的集热系统性能评价指标，其定义式如下：

$$FREI = \frac{W_r}{\eta} \times 100\% \tag{6-13}$$

$$TREI = \frac{X}{\eta} \times 100\% \tag{6-14}$$

式中，$\eta$ 表示集热系统集热效率，%。*FREI* 为集热系统风量不平衡率与集热系统效率之比，*TREI* 为集热系统温度不平衡率与集热系统集热效率之比。根据以上公式可以看出，评价指标 *FREI* 和 *TREI* 越小，表示真空管空气集热系统的综合性能越好。

## 6.4.2　真空管空气集热系统水力特性分析

影响真空管空气集热系统阻力的因素有环境因素、集热器连接形式、进口温度、系统风量等。环境因素包括太阳辐射强度、环境温度，集热器连接形式包括串联方式和并联方式。真空管空气集热系统阻力数值计算分析流程如图 6-21 所示。

（1）输入参数：集热器结构参数包括各并联支路串联真空管空气集热器数量、并联集热器行数、相邻两行串联集热阵列间距、集热系统主干管直径等；环境参数包括太阳辐射强度、环境温度；集热工质设计参数包括：集热系统进口工质温度、集热系统总风量。

（2）假定各行集热阵列风量均匀一致，根据集热器归一化温差定义的以集热器进口温度为参考的集热效率计算各行串联集热阵列出口温度，根据各输配管路风量和阻抗计算流经各并联集热阵列输配管路的阻力。

（3）根据系统运行中各支路阻力相等的原则，计算得到支路流量修正系数，并重新计算支路流量，进而得到各支路阻力修正值。当各支路两次迭代流量差值小于设定残差时，输出集热系统阻力分布。

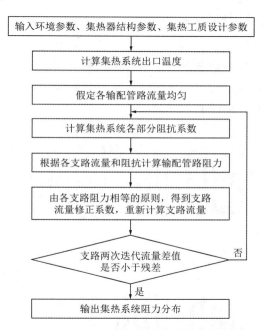

图 6-21　真空管空气集热系统阻力数值计算分析流程

1. 太阳辐射强度对集热系统水力特性的影响

集热系统风量和温度不平衡率与太阳辐射强度的关系如图 6-22 所示。随着太阳辐射强度增大，集热系统风量不平衡率呈线性增大趋势，但其变化趋势较小，集热系统各并联支路间风量最大不平衡率为 5%。随太阳辐射强度增大，集热系统各并联支路之间温度不平衡率呈增长率减小的增大趋势。太阳辐射强度由 $200W/m^2$ 增加到 $1400W/m^2$ 时，集热系统各并联支路风量不平衡率仅增大 0.6%，温度不平衡率仅增大 1.7%，因此太阳辐射强度对集热系统风量和温度不平衡率的影响较小。

2. 环境温度对集热系统水力特性的影响

环境温度对集热系统风量和温度不平衡率的影响如图 6-23 所示。由图 6-23 可知，随着环境温度升高，集热系统风量不平衡率最大为 4.8%，且保持不变；在环境温度变化范围为 20～30℃时，集热系统温度不平衡率升高了 0.1%。综上可知环境温度对集热系统风量和温度不平衡率的影响比较小，可以忽略不计。

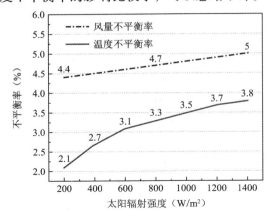 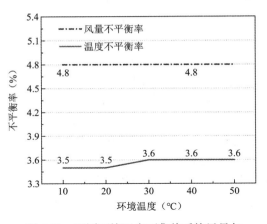

图 6-22　不同太阳辐射强度下集热系统风量和　　　图 6-23　不同环境温度下集热系统风量与
温度不平衡率　　　　　　　　　　　　　　　温度不平衡率

3. 支路集热器串联数量对集热系统水力特性的影响

真空管空气集热系统通常由多块集热器连接组合而成，根据连接形式不同，有串联、并联及混联三种连接形式，如图 6-24 所示。

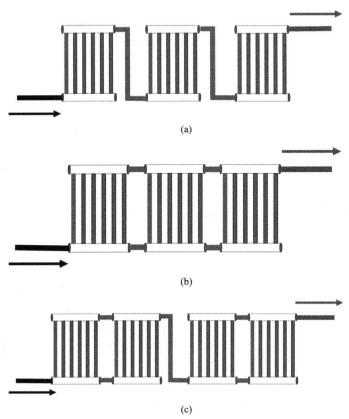

图 6-24　真空管空气集热器连接形式

（a）串联；（b）并联；（c）混联

不同集热器串联数量下集热系统各并联支路风量不平衡率如图 6-25 所示。第 1 行集热器表示距离集热系统进口最近端，其余各行集热器随行数的增加距离集热系统进口越来越远。集热器串联数量不同时，集热系统各并联支路风量不平衡率有相似趋势，随集热器串联数量增加，集热系统各并联支路风量不平衡率逐渐下降，其最大值在最后一行集热器处产生。

不同集热器串联数量下集热系统各并联支路温度不平衡率如图 6-26 所示。集热系统各并联支路温度不平衡率与风量不平衡率有相似的变化趋势，随着集热系统各并联支路集热器串联数量增加，集热系统各并联支路温度不平衡率逐渐趋于平缓。

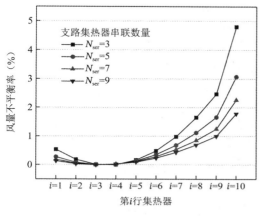 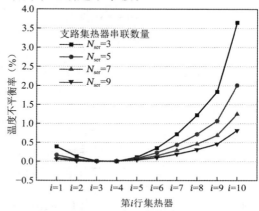

图 6-25　不同集热器串联数量下集热系统各并联　　图 6-26　不同集热器串联数量下集热系统各并联
　　　　　支路风量不平衡率　　　　　　　　　　　　　　　　支路温度不平衡率

### 4. 并联支路数量对集热系统水力特性的影响

不同并联支路数量下集热系统风量和温度不平衡率如图 6-27 所示。随着集热系统并联支路增多，集热系统风量不平衡率和温度不平衡率都呈指数增长趋势。

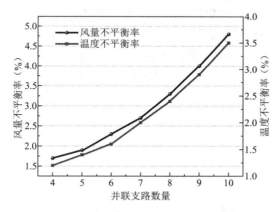

图 6-27　不同并联支路数量下集热系统风量和温度不平衡率

### 5. 相同集热器面积、不同连接形式下集热系统阻力特性

（1）单位面积集热器风量相同、连接形式不同

单位面积集热器风量相同、连接形式不同时，集热系统风量和温度不平衡率及集热系统平均集热效率变化趋势如图 6-28 和图 6-29 所示。随着并联支路串联集热器数量的增多，集热系统风量不平衡率和温度不平衡率均呈反比例下降趋势。在集热系统总面积不变时，

增加集热系统支路集热器串联数量，减少并联支路数量可显著降低集热系统风量和温度不平衡率，使集热系统各支路间风量和温度分布更加均匀，但应考虑到随并联支路集热器串联数量的增多，集热系统并联支路数量的减少，风量和温度不平衡率的下降趋势越来越小，实际应用中，应综合考虑经济方面的因素来确定连接形式。

集热系统平均集热效率随各并联支路集热器串联数量的增多，并联支路数量减少而大致呈正比趋势降低。

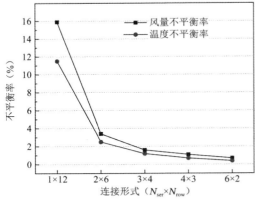

图 6-28　单位面积集热器风量相同、连接形式不同时集热系统风量和温度不平衡率

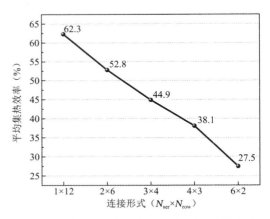

图 6-29　单位面积集热器风量相同、连接形式不同时集热系统平均集热效率

（2）集热系统总风量相同、连接形式不同

集热系统总风量相同，连接形式不同时，集热系统风量和温度不平衡率以及集热系统平均集热效率变化情况如图 6-30 和图 6-31 所示。随着集热系统并联支路集热器串联数量的增多，集热系统风量不平衡率和温度不平衡率呈变化率减小的降低趋势，与单位集热器面积风量相同、连接形式不同时集热系统风量和温度不平衡率变化趋势相似，由支路串联集热器数量 $N_{ser} = 1$，并联支路数量 $N_{row} = 12$ 变化到 $N_{ser} = 3$，$N_{row} = 4$ 时，集热系统风量和温度不平衡率变化最大；随集热系统并联支路集热器串联数量 $N_{ser}$ 和并联支路数量 $N_{row}$ 的比值增大，集热系统平均集热效率同样呈变化率减小的下降趋势。

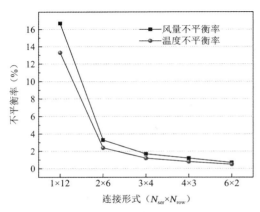

图 6-30　集热系统总风量相同、连接形式不同时集热系统风量和温度不平衡率

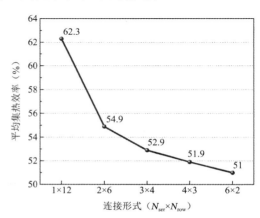

图 6-31　集热系统总风量相同、连接形式不同时集热系统平均集热效率

在集热系统集热器总面积和总风量不变条件下，增加支路串联集热器数量，减小集热系统并联支路数量，可显著降低集热系统风量和温度不平衡率，但随之集热系统平均集热效率也会降低，这样会增加系统投资，同时随支路串联集热器数量 $N_{ser}$ 与并联支路数量 $N_{row}$ 比值增大，集热系统支路间风量和温度不平衡率变化率会显著下降。

6. 不同进口温度下集热系统水力特性

不同进口温度下集热系统风量与温度不平衡率变化情况如图 6-32 所示。随着集热系统进口温度的升高，集热系统风量不平衡率基本保持不变，仅在集热系统进口温度为 30～40℃ 时，由 4.8% 减小到 4.7%；随着集热系统进口温度的升高，集热系统温度不平衡率逐渐减小，由 3.7% 下降到 2.5%，下降了 1.2%。由此可见，集热系统进口温度对风量不平衡率和温度不平衡率的影响较小。不同进口温度下集热系统平均集热效率变化情况如图 6-33 所示。随集热系统进口温度的升高，集热系统平均集热效率呈正比例降低趋势，在集热系统进口温度数值计算条件下，集热系统平均集热效率最大值为 46.2%，最小值为 38.8%。

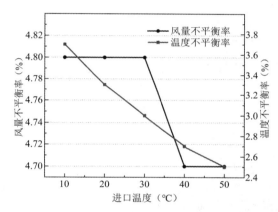

图 6-32　不同进口温度下集热系统风量和温度
不平衡率

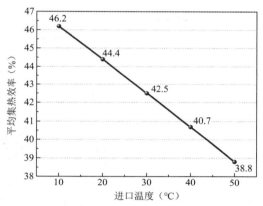

图 6-33　不同进口温度下集热系统平均集热
效率

由以上结果可知，集热系统进口温度由 10℃ 升高到 50℃ 的过程中，集热系统阻力增大 8.5%，集热系统风量不平衡率变化较小，维持在 4.8% 左右，温度不平衡率整体在 5% 以下，因此集热系统进口温度对集热系统阻力以及风量和温度不平衡率影响较小，但较高的集热系统进口温度会使得集热系统平均集热效率下降。

7. 不同单位面积集热器风量下集热系统水力特性

不同单位面积集热器风量下，集热系统风量、温度不平衡率和平均集热效率变化情况如图 6-34 和图 6-35 所示。随单位面积集热器风量的增加，风量不平衡率变化较小，温度不平衡率未发生明显变化。随集热系统单位面积集热器风量的增大，集热系统平均集热效率呈增长率减小的递增趋势。由此可知，单位面积集热器风量较大时，集热系统风量和温度不平衡率较小，集热效率较大。

8. 不同主干管管径下集热系统水力特性

集热系统风量与温度不平衡率随干管管径变化情况如图 6-36 所示。随集热系统干管管径的增加，风量与温度不平衡率有较大变化，均呈变化率减小的降低趋势。在集热系统主干管管径较小时，集热系统风量和温度不平衡率均超过 10%，较大的管径可显著降低风量和温度不平衡率。

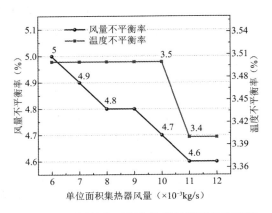

图 6-34　不同单位面积集热器风量下集热系统
风量和温度不平衡率

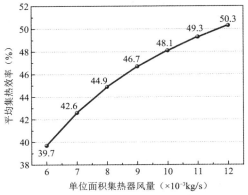

图 6-35　不同单位面积集热器风量下集热系统
平均集热效率

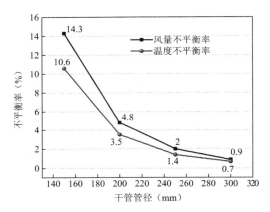

图 6-36　集热系统风量和温度不平衡率随干管管径变化情况

**9. 集热系统水力综合性能评价**

为综合评价集热系统水力和热力性能，同时考虑集热系统支路间风量、温度分布以及集热系统平均集热效率，根据提出的集热系统性能评价指标 $FREI$ 和 $TREI$，对不同因素下真空管空气集热系统进行分析，分析结果见表 6-14。根据定义，$FREI$ 和 $TREI$ 越小，集热系统综合性能较好。

真空管空气集热系统性能评价指标　　　　　　　　　　　　表 6-14

| 影响因素 | 数值 | 数值计算条件 | 系统水力性能评价指标 $FREI$ | 系统热力性能评价指标 $TREI$ |
|---|---|---|---|---|
| 太阳辐射强度（W/m²） | 200 | 连接形式（$N_{ser} \times N_{row}$）：3×10；进口温度和环境温度：15℃；集热系统总风量：0.4kg/s；集热系统主干管管径：200mm | 0.096 | 0.046 |
| | 400 | | 0.099 | 0.060 |
| | 600 | | 0.101 | 0.068 |
| | 800 | | 0.103 | 0.074 |
| | 1000 | | 0.106 | 0.078 |
| | 1200 | | 0.108 | 0.081 |
| | 1400 | | 0.110 | 0.084 |

| 影响因素 | 数值 | 数值计算条件 | 系统水力性能评价指标 *FREI* | 系统热力性能评价指标 *TREI* |
|---|---|---|---|---|
| 环境温度（℃） | 10 | 连接形式（$N_{ser} \times N_{row}$）：3×10；太阳辐射强度：1000W/m²；进口温度：15℃；集热系统总风量：0.4kg/s；集热系统主干管管径：200mm | 0.108 | 0.079 |
| | 20 | | 0.104 | 0.077 |
| | 30 | | 0.105 | 0.077 |
| | 40 | | 0.105 | 0.078 |
| | 50 | | 0.105 | 0.079 |
| 支路串联集热器数量 $N_{ser}$ | 3 | 并联支路数量 $N_{row}$ = 10；太阳辐射强度：1000W/m²；进口温度和环境温度：15℃；集热系统总风量：0.4kg/s；集热系统主干管管径：200mm | 0.106 | 0.081 |
| | 5 | | 0.093 | 0.061 |
| | 7 | | 0.094 | 0.052 |
| | 9 | | 0.102 | 0.047 |
| 系统并联支路数量 $N_{row}$ | 4 | 支路串联集热器数量 $N_{ser}$ = 3；太阳辐射强度：1000W/m²；进口温度和环境温度：15℃；集热系统总风量：0.4kg/s；集热系统主干管管径：200mm | 0.078 | 0.053 |
| | 5 | | 0.087 | 0.063 |
| | 6 | | 0.103 | 0.074 |
| | 7 | | 0.122 | 0.089 |
| | 8 | | 0.148 | 0.109 |
| | 9 | | 0.180 | 0.132 |
| | 10 | | 0.217 | 0.160 |
| 进口温度（℃） | 10 | 连接形式（$N_{ser} \times N_{row}$）：3×10；环境温度：15℃；太阳辐射强度：1000W/m²；集热系统总风量：0.4kg/s；集热系统主干管管径：200mm | 0.104 | 0.080 |
| | 20 | | 0.107 | 0.075 |
| | 30 | | 0.112 | 0.071 |
| | 40 | | 0.116 | 0.067 |
| | 50 | | 0.121 | 0.063 |
| 集热系统总风量（kg/s） | 0.3 | 连接形式（$N_{ser} \times N_{row}$）：3×10；进口温度和环境温度：15℃；太阳辐射强度：1000W/m²；集热系统主干管管径：200mm | 0.124 | 0.087 |
| | 0.4 | | 0.106 | 0.078 |
| | 0.5 | | 0.097 | 0.071 |
| | 0.6 | | 0.090 | 0.067 |
| 集热系统主干管管径（mm） | 150 | 连接形式（$N_{ser} \times N_{row}$）：3×10；进口温度和环境温度：15℃；太阳辐射强度：1000W/m²；集热系统总风量：0.4kg/s | 0.331 | 0.246 |
| | 200 | | 0.106 | 0.078 |
| | 250 | | 0.044 | 0.032 |
| | 300 | | 0.021 | 0.015 |
| 相同集热面积不同连接形式（$N_{ser} \times N_{row}$） | 1×12 | 太阳辐射强度：1000W/m²；进口温度和环境温度：15℃；集热系统总风量：0.4kg/s；集热系统主干管管径：200mm | 0.268 | 0.214 |
| | 2×6 | | 0.060 | 0.044 |
| | 3×4 | | 0.032 | 0.023 |
| | 4×3 | | 0.023 | 0.016 |
| | 6×2 | | 0.015 | 0.010 |

由表 6-14 可知，随着太阳辐射强度的升高，*FREI* 和 *TREI* 都呈上升趋势，表明集热系统综合性能变差。

随着环境温度的升高，*FREI* 和 *TREI* 都呈现先减小后增大的趋势，但 *FREI* 和 *TREI* 的最大值与最小值相差很小，因此环境温度对集热系统综合综合性能影响较小，可以忽略。

在集热系统并联支路数量一定的情况下，随集热系统支路串联集热器数量的增加，*FREI* 先减小后增大，*TREI* 呈不断减小的趋势，表明存在最佳的集热系统支路串联集热器数量，使得集热系统综合性能较好。

当集热系统支路串联集热器数量一定时，增加集热系统并联支路数量会使得 *FREI* 和 *TREI* 均呈增大趋势。且 *FREI* 和 *TREI* 的最大值与最小值相差较大，表明集热系统并联支路数量对集热系统综合性能有较大影响。较小的并联支路数量有利于集热系统风量和温度分布，集热效率更高。

随集热系统进口温度的升高，*FREI* 呈增大趋势，*TREI* 呈现减小趋势，结合集热系统风量和温度不平衡率以及集热效率来看，虽然较高的进口温度可使集热系统温度分布更加均匀，但在进口温度较小时，集热系统最大温度不平衡率仅为 3.7%，而此时集热系统平均集热效率较高，因此，较低的进口温度，对集热系统集热性能更有利，而对集热系统风量和温度不平衡率影响较小。

随集热系统总风量的增加，*FREI* 和 *TREI* 均呈减小趋势，表明较高的集热系统总风量有利于风量和温度分布。

随集热系统主干管管径的增加，*FREI* 和 *TREI* 呈先显著减小后缓慢减小的趋势，表明较大的集热系统主管管径更有利于集热系统风量和温度分布，但需要结合经济方面考虑，选择合适的主干管管径。

当集热面积不变时，增加集热系统串联集热器数量，减少集热系统并联支路数量，可使得 *FREI* 和 *TREI* 均呈降低趋势。在集热面积一定时，增大串联集热器数量，减少并联支路数量对综合考虑集热系统支路间风量和温度分布更均匀、集热效率更高的集热系统性能更有利。

### 6.4.3　真空管空气集热系统阻力简化计算方法

真空管空气集热系统阻力计算流程如图 6-37 所示。真空管空气集热系统单位面积集热器阻力计算如表 6-15～表 6-19。

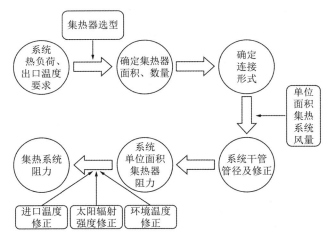

图 6-37　真空管空气集热系统阻力计算流程

（1）首先根据集热系统负荷，得到系统集热器数量，根据集热器数量以及使用条件选择系统集热器连接形式。

（2）由规范推荐的集热器体积流量及进口温度下空气密度计算得到系统集热器风量。

（3）根据管道系统推荐流速选取并对不同集热系统主干管管径下单位面积集热器阻

力进行修正。

（4）根据实际使用情况，采用内插法对不同太阳辐射强度、进口温度、环境温度下单位面积集热器阻力进行修正，得到真空管空气集热系统阻力计算值。

**不同连接形式与集热系统总风量下集热系统单位面积集热器水力特性表**　表 6-15

| 集热系统并联支路数量 | 集热系统总风量（kg/s）<br>（$N_{ser}=3$，$I=1000W/m^2$，$T_{in,sys}=T_a=15℃$，$D=200mm$） | | | | | | | 集热系统总风量与阻力关系式 |
|---|---|---|---|---|---|---|---|---|
| | 0.30 | 0.35 | 0.40 | 0.45 | 0.50 | 0.55 | 0.60 | |
| 4 | 114.7 | 153.8 | 198.5 | 249.0 | 305.1 | 366.8 | 434.3 | $y=1645-1756/[1+e^{(x-0.8)/0.27}]$ |
| 5 | 60.6 | 81.0 | 104.4 | 130.6 | 159.8 | 191.9 | 226.9 | $y=863-922/[1+e^{(x-0.8)/0.27}]$ |
| 6 | 36.2 | 48.3 | 62.0 | 77.5 | 94.7 | 113.6 | 134.1 | $y=479-512/[1+e^{(x-0.8)/0.27}]$ |
| 7 | 23.6 | 31.4 | 40.2 | 50.1 | 61.2 | 73.3 | 86.4 | $y=297-317/[1+e^{(x-0.8)/0.26}]$ |
| 8 | 16.3 | 21.7 | 27.8 | 34.6 | 42.1 | 50.4 | 59.4 | $y=275-294/[1+e^{(x-0.9)/0.31}]$ |
| 9 | 11.9 | 15.8 | 20.1 | 25.0 | 30.5 | 36.4 | 42.9 | $y=162-173/[1+e^{(x-0.8)/0.28}]$ |
| 10 | 9.0 | 11.9 | 15.2 | 18.9 | 22.9 | 27.4 | 32.2 | $y=127-136/[1+e^{(x-0.8)/0.29}]$ |

**不同集热系统主干管管径与集热系统总风量下集热系统单位面积集热器水力特性表**　表 6-16

| 干管管径（mm） | 集热系统总风量（kg/s）<br>（$N_{ser}=3$，$I=1000W/m^2$，$T_{in,sys}=T_a=15℃$，$N_{row}=10$） | | | | | | | 集热系统总风量与阻力关系式 |
|---|---|---|---|---|---|---|---|---|
| | 0.30 | 0.35 | 0.40 | 0.45 | 0.50 | 0.55 | 0.60 | |
| 150 | 11.0 | 14.5 | 18.4 | 22.9 | 27.8 | 33.1 | 38.9 | $y=126.7-135.7/[1+e^{(x-0.76)/0.26}]$ |
| 200 | 9.0 | 11.9 | 15.2 | 18.9 | 22.9 | 27.4 | 32.2 | $y=127.1-136.4/[1+e^{(x-0.84)/0.29}]$ |
| 250 | 8.5 | 11.3 | 14.4 | 17.8 | 21.7 | 25.9 | 30.5 | $y=166.0-176.8/[1+e^{(x-1.0)/0.33}]$ |
| 300 | 8.3 | 11.0 | 14.1 | 17.5 | 21.3 | 25.4 | 29.9 | $y=121.8-131.0/[1+e^{(x-0.85)/0.3}]$ |

**不同太阳辐射强度与集热系统总风量下集热系统单位面积集热器水力特性表**　表 6-17

| 太阳辐射强度（W/m²） | 集热系统总风量（kg/s）（$N_{ser}=3$，$D=200mm$，$T_{in,sys}=T_a=15℃$，$N_{row}=10$） | | | | | | |
|---|---|---|---|---|---|---|---|
| | 0.30 | 0.35 | 0.40 | 0.45 | 0.50 | 0.55 | 0.60 |
| 200 | 7.4 | 10.0 | 13.0 | 16.3 | 20.1 | 24.2 | 28.8 |
| 400 | 7.8 | 10.5 | 13.5 | 17.0 | 20.8 | 25.0 | 29.7 |
| 600 | 8.2 | 11.0 | 14.1 | 17.6 | 21.5 | 25.8 | 30.4 |
| 800 | 8.6 | 11.5 | 14.6 | 18.3 | 22.2 | 26.6 | 31.3 |
| 1000 | 9.0 | 11.9 | 15.2 | 18.9 | 22.9 | 27.3 | 32.2 |
| 1200 | 9.4 | 12.4 | 15.7 | 19.5 | 23.6 | 28.2 | 33.1 |
| 1400 | 9.8 | 12.8 | 16.3 | 20.1 | 24.3 | 28.9 | 33.8 |

**不同集热系统进口温度与集热系统总风量下集热系统单位面积集热器水力特性表**　表 6-18

| 集热系统进口温度（℃） | 集热系统总风量（kg/s）（$N_{ser}=3$，$D=200mm$，$T_a=15℃$，$N_{row}=10$） | | | | | | |
|---|---|---|---|---|---|---|---|
| | 0.30 | 0.35 | 0.40 | 0.45 | 0.50 | 0.55 | 0.60 |
| 10 | 8.9 | 11.8 | 15.0 | 18.7 | 22.6 | 27.0 | 31.8 |
| 20 | 9.1 | 12.0 | 15.4 | 19.1 | 23.2 | 27.7 | 32.6 |
| 30 | 9.3 | 12.3 | 15.7 | 19.5 | 23.7 | 28.4 | 33.4 |
| 40 | 9.4 | 12.5 | 16.0 | 19.9 | 24.3 | 29.0 | 34.2 |
| 50 | 9.6 | 12.7 | 16.3 | 20.3 | 24.8 | 29.7 | 35.0 |

不同环境温度与集热系统总风量下集热系统单位面积集热器水力特性表　　表 6-19

| 环境温度（℃） | 集热系统总风量（kg/s）（$N_{ser}=3$，$D=200mm$，$T_{in,sys}=15℃$，$N_{row}=10$） | | | | | | |
|---|---|---|---|---|---|---|---|
| | 0.30 | 0.35 | 0.40 | 0.45 | 0.50 | 0.55 | 0.60 |
| 10 | 9.0 | 11.9 | 15.1 | 18.8 | 22.8 | 27.3 | 32.1 |
| 20 | 9.1 | 12.0 | 15.3 | 18.9 | 23.0 | 27.4 | 32.3 |
| 30 | 9.1 | 12.1 | 15.4 | 19.1 | 23.1 | 27.6 | 32.4 |
| 40 | 9.2 | 12.2 | 15.5 | 19.2 | 23.3 | 27.7 | 32.6 |
| 50 | 9.3 | 12.2 | 15.6 | 19.3 | 23.4 | 27.9 | 32.8 |

## 6.5　蓄热型真空管空气集热器热特性及集热系统优化设计

太阳能热风供暖系统具有不易冻裂和过热、系统操作和维修简单、不易腐蚀管路、加热快等优点。但空气集热器的集热效率较低、出口温度波动大，无法保证连续稳定的供暖。为此，笔者提出了蓄热型真空管空气集热器（简称蓄热型真空管集热器），在集热管中嵌入相变材料，提升集热器性能。本节分析了集热管结构参数、相变材料物性参数以及进口工质质量流量对集热管出口温度和运行时间的影响，并给出了蓄热型真空管空气集热系统的设计方法。

### 6.5.1　蓄热型真空管集热管构造及工作原理

蓄热型真空管空气集热系统工作原理如图 6-38 所示。通过在真空管中嵌入相变材料，使集热器性能提升，出口空气温度波动减小，进而使室内热环境水平提高。系统中的关键部件是蓄热型真空管集热器，其主要由上下联箱、集热管、相变蓄能芯组成，其中上下联箱作为集热器的进出风通道，由不锈钢材料圆形通道、保温层和外保护层构成，能耐高温且保温性能好。

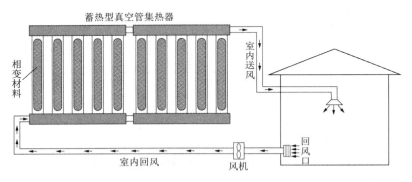

图 6-38　蓄热型真空管空气集热系统原理图

如图 6-39（a）所示，蓄热型真空集热管为直流型双通式真空管，由玻璃外管、真空夹层、带吸收涂层的玻璃内管组成。工质（空气）由底部流入，被加热后从顶部流出。玻璃内、外管常见尺寸有 47mm 和 58mm，真空集热管长度常见尺寸有 1200mm、1500mm 和 1800mm。玻璃管材料为硼硅玻璃、透射比为 0.91，选择性吸收涂层为（Al-N/Al）复合材料，复合材料的吸收比为 0.93，半球发射比为 0.06，以上参数均符合国家标准要求。

相变蓄能芯由外部铝壳和内部相变材料组成，如图 6-39( b )所示。相变材料采用 TH-HC 系列高导热石蜡，其蓄能密度大、导热系数高、耐热性好、材料相变温度精准，膨胀性低且过冷度小。最高耐温为 250℃，固/液体积变化率小于 3%，单位体积蓄热量大于 310kJ/kg，固态导热系数为 0.9W/(m·℃)，可反复使用且无衰减。

集热管工作原理如图 6-39( c )所示。白天，太阳辐射能透过集热管玻璃外管和真空夹层，到达集热管玻璃内管外壁面（即吸收管），通过吸热涂层的吸收将太阳能转换成热能，并通过导热和对流换热的方式将热量传递到管内流体工质，在风机的作用下被加热升温，形成热风。由于真空管保温性能好，向周围环境散热量较小，太阳辐射能得以转化并收集。当管内流体工质温度较高时，相变蓄能芯通过显热和潜热的形式将部分热量储存到相变材料中。傍晚时分，太阳辐照度降低，管内流体工质温度降低，当流体工质温度低于相变材料的相变温度时，相变蓄能芯将储存的热量释放出来，达到"削峰填谷"并延长供暖时间的目的。

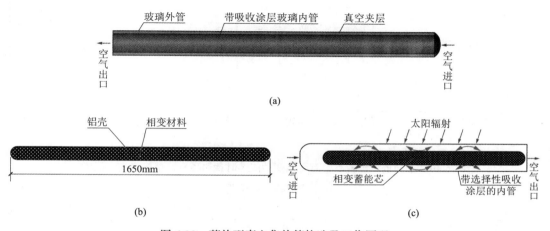

图 6-39　蓄热型真空集热管构造及工作原理

（a）集热管结构示意图；（b）相变蓄能芯示意图；（c）集热管工作原理示意图

## 6.5.2　蓄热型真空集热管热特性

影响蓄热型真空集热管热性能的因素主要有三个方面：集热管结构参数、进口工质的质量流量、相变材料物性参数。其中，集热管结构参数包括集热管进口直径、径值比（蓄能相变芯直径与集热管直径的比值）；相变材料物性参数包括相变材料的相变温度、潜热值和导热系数。

1. 集热管进口直径对蓄热型真空集热管热性能的影响

不同的集热管进口直径下，有无相变蓄能芯的集热管出口温度图如图 6-40 所示。在太阳辐射强度和进口质量流量一定的情况下，不同进口直径的集热管升温过程和出口温度基本一致，且集热管出口温度在一个小时内就达到稳定状态。由于相变蓄能芯的存在，在集热管升温过程中相变材料发生相变，相变蓄能芯储存部分热量，集热管的出口温度低于无相变蓄能芯的集热管，但两种类型集热管的出口温度差异较小。

2. 径值比对蓄热型真空集热管热性能的影响

径值比的大小决定了蓄热型真空空气集热管工质流道的大小，径值比越大工质流道越狭窄。在进口工质质量流量和模拟变量设置相同的情况下，径值比越大，管内流速就越大，流体工质在集热管内被集热的时间变短，与集热管换热不充分，导致集热管出口温度低且升温较慢。

在进口质量流量为 0.00085kg/s、相变材料相变温度为 323.5K 的条件下，不同径值比下蓄热型真空集热管出口温度如图 6-41 所示。在径值比从 0.25 增加到 0.90 的过程中，集热管出口温度不断的降低。

如图 6-42 所示，在不同进口质量流量下，随着径值比的增加，运行 6h 后出口温度呈现先下降后上升再下降的趋势，因此建议径值比在 0.75～0.80 之间。

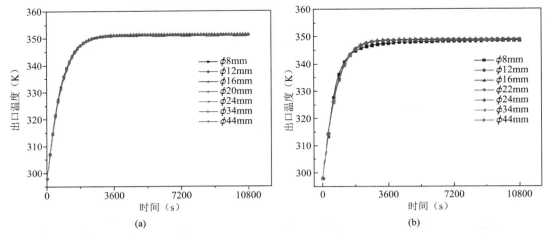

图 6-40　不同进口直径下，有无相变蓄能芯时蓄热型真空集热管出口温度

（a）无相变蓄能芯；（b）有相变蓄能芯

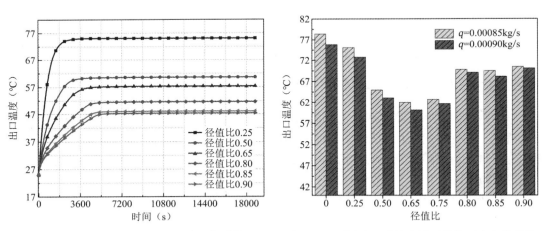

图 6-41　不同径值比下蓄热型真空集热管　　　　图 6-42　不同进口质量流量下蓄热型真空集热管
　　　　　出口温度　　　　　　　　　　　　　　　　运行 6h 后的出口温度

### 3. 进口工质质量流量对蓄热型真空集热管热性能的影响

进口工质质量流量 $m_{air}$ 对蓄热型真空集热管热性能有很大的影响。进口工质质量流量越大，管内流速越大，工质在管内加热的时间减少，进而对蓄热型真空集热管出口温度及集热管内相变材料蓄热规律产生影响。根据《太阳能供热采暖工程技术标准》GB 50495—

2019，空气集热器供暖系统单位面积工质质量流量推荐值为 36m³/(m²·h)。因此选取了 0.00050kg/s、0.00060kg/s、0.00070kg/s、0.00085kg/s、0.00100kg/s 和 0.00150kg/s 六种不同的进口工质质量流量，对蓄热型真空集热管的热性能进行分析。

不同进口工质质量流量下蓄热型真空集热管的出口温度如图 6-43 所示。随着进口工质质量流量的增加，集热管内流速变大，工质换热不充分，集热管出口温度升高缓慢，集热管出口温度低。不同进口工质质量流量下对应的出口温度峰值分别为 126.8℃、108.0℃、94.5℃、80.5℃、70.0℃和 53.7℃，峰值出现时间也有所延迟。

4. 相变材料的相变温度对蓄热型真空集热管热性能的影响

不同相变温度下蓄热型真空集热管出口温度如图 6-44 所示。未加入相变材料的真空集热管出口温度峰值为 139.5℃，有相变材料的集热管吸收的热量部分储存在相变蓄能芯中，与未加入相变材料的真空集热管出口温度相比，集热管出口温升速率更加平缓。在蓄热型真空集热管中，相变温度低的相变材料先发生相变进行蓄热，集热管出口温度峰值越高，但与未加入相变材料的集热管出口温度相比，都有大幅度降低。

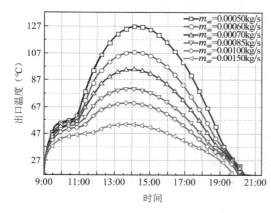

图 6-43　不同进口工质质量流量下蓄热型真空
集热管出口温度

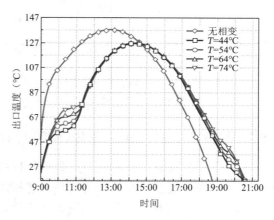

图 6-44　不同相变温度下蓄热型真空
集热管出口温度

5. 相变潜热值对蓄热型真空集热管热性能的影响

不同相变潜热值下蓄热型真空集热管出口温度如图 6-45 所示。不同相变潜热值 $Q_{潜}$ 所对应的相变材料在进行相变蓄热初期，由于集热管内所收集的太阳能未达到相变材料发生相变所需要的热量，相变材料吸热情况基本相同，进而出现不同相变潜热值对应的集热管出口温度相同的现象。但随着太阳辐射强度的增加，集热管内空气温度逐渐升高，相变材料蓄热状态发生变化，相变潜热值大的相变材料通过潜热形式蓄存的热量多，同时被工质带走的热量少，导致相变潜热值小的集热管出口温度略高于相变潜热值大的集热管出口温度；且随着相变潜热值的增加，集热管出口温度峰值有所降低，同时集热管出口温度达到峰值的时间也相对应地延迟。此外，由于相变潜热值大的相变材料蓄存的热量较多，在放热阶段，相变潜热值大的相变材料运行时间越长。不同相变温度下，蓄热型真空集热管的运行时间均比未加入相变材料的集热管的运行时间长。

6. 相变材料导热系数对蓄热型真空集热管热性能的影响

不同相变材料导热系数 λ 下所对应的蓄热型真空集热管出口温度如图 6-46 所示。相变材料的导热系数对蓄热型真空集热管出口温度影响较小。但从图 6-46 可观察到,不同导热系数所对应的相变材料在进行相变蓄热初期,由于蓄热型真空集热管内空气平均温度较低,不同导热系数下由工质传递给相变材料的热量均很小,相变材料吸热情况基本相同,进而出现不同导热系数对应的集热管出口温度趋于一致的现象。随着太阳辐射强度的增加,集热管内温度逐渐升高并达到相变材料相变温度,此时相变材料开始相变蓄热,此时导热系数小的相变材料吸收的热量少,导致集热管出口温度相对较高,但不明显。

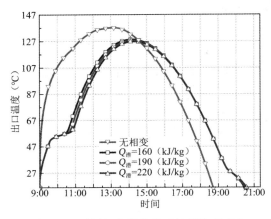

图 6-45　不同相变潜热值下的蓄热型真空
集热管出口温度

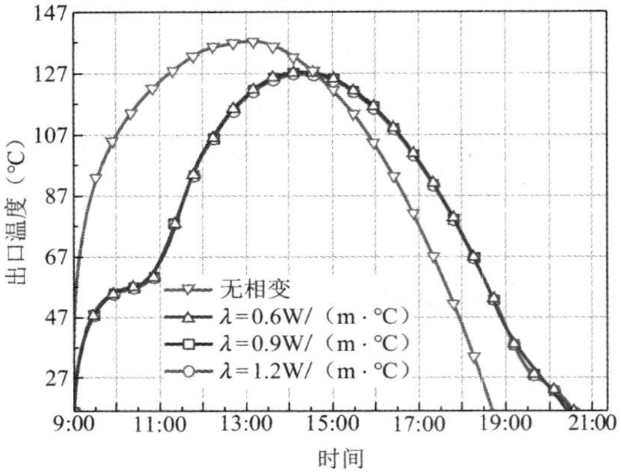

图 6-46　不同相变材料导热系数下的蓄热型真空
集热管出口温度

### 6.5.3　蓄热型真空管集热器供热量简化计算方法

集热单管扩展到集热器甚至是集热阵列的过程中,联箱及管道等连接部位存在热损失,导致集热器总的集热量小于单管集热量之和,不能进行简单的加和计算。要想得到集热器的实际集热量,需要以单管集热量为计算单元加以修正计算。下文给出蓄热型真空管集热器供热量简化计算方法,通过确定集热器修正系数计算集热器供热量。集热单管扩展到集热器示意图如图 6-47 所示。

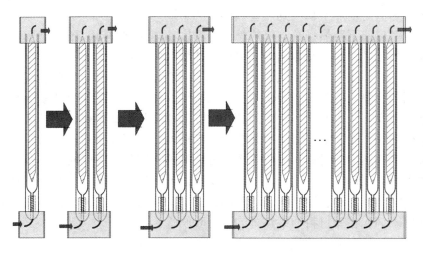

图 6-47　集热单管扩展到集热器示意图

1. 集热量理论分析

（1）集热器单位时间的集热量：

$$\dot{Q}_N = c_{p,air}\rho_{air}m_{coll}(T_{out,coll} - T_{in,coll}) \tag{6-15}$$

式中　　　　$\dot{Q}_N$——集热器单位时间的集热量，W；

$T_{in,coll}$、$T_{out,coll}$——集热器进、出口温度，℃；

　　　　$c_{p,air}$——空气的比热容，kJ/(kg·℃)；

　　　　$\rho_{air}$——空气的密度，kg/m³；

　　　　$m_{coll}$——集热器进口工质质量流量，kg/s。

（2）集热单管单位时间的集热量：

$$\dot{Q}_i = c_{p,air}\rho_{air}m_{tub}(T_{out,tub} - T_{in,tub}) \tag{6-16}$$

式中　　　　$\dot{Q}_i$——集热单管单位时间的集热量，W；

$T_{in,tub}$、$T_{out,tub}$——集热单管进、出口温度，℃；

　　　　$c_{p,air}$——空气的比热容，kJ/(kg·℃)；

　　　　$\rho_{air}$——空气的密度，kg/m³；

　　　　$m_{tub}$——集热单管进口工质质量流量，kg/s。

由于集热器中每根集热单管之间采用并联的方式连接，忽略各集热单管进口流量分配的不均匀性，假定各集热单管进口质量流量均等，则集热器的进口质量流量等与各集热单管进口工质质量流量之和，即 $m_{coll} = Nm_{tub}$。用集热单管表示的集热器的单位时间集热量可以表示为：

$$\dot{Q}_N = \gamma\sum_1^N c_{p,air}\rho_{air}m_{tub}(T_{out,tub} - T_{in,tub}) \tag{6-17}$$

式中　　　　$\dot{Q}_N$——集热器单位时间的集热量，W；

$T_{in,tub}$、$T_{out,tub}$——集热单管进、出口温度，℃；

　　　　$c_{p,air}$——空气的比热容，kJ/(kg·℃)；

　　　　$\rho_{air}$——空气的密度，kg/m³；

　　　　$m_{tub}$——集热单管工质质量流量，kg/s；

　　　　$N$——集热管的数量，个；

　　　　$\gamma$——集热单管扩展到集热器的修正系数，$0.5 < \gamma < 1$。

（3）集热单管扩展到集热器的修正系数：

$$\gamma = \frac{N\dot{Q}_i}{\dot{Q}_N} = \frac{Nc_{p,air}\rho_{air}m_{tub}(T_{out,tub} - T_{in,tub})}{c_{p,air}\rho_{air}(Nm_{tub})(T_{out,coll} - T_{in,coll})} \tag{6-18}$$

在已知修正系数 $\gamma$ 的情况下，可以利用集热单管的集热量加以修正，得到集热器的总集热量。

2. 修正系数 $\gamma$ 的确定

修正系数 $\gamma$ 就是扣除集热器热损失后，对集热器总集热量进行修正的系数，该修正系数受环境温度和集热器进出风联箱保温材料的影响较大。相同的集热器在不同的气温下其热损失也不同，且很难通过理论分析得到。因此，给出了实验得到的修正系数 $\gamma$（在 0.7～0.8 之间）。图 6-48 为选取的测试期间三个典型日的集热器出口温度。

测试第一天为阴天，太阳辐射强度出现剧烈变化，集热单管和集热器出口温度波动较大，集热器的修正系数为 0.784；测试第二天，集热单管和集热器出口温度出现小幅度的波动，计算得到的修正系数为 0.785；测试第三天，天气状况良好，计算得到的修正系数为 0.787。上述三种天气下，虽然太阳辐射强度差异较大，但是计算得到的集热器集热量修正系数变化并不剧烈，且综合修正系数在 0.7～0.8 范围内波动。

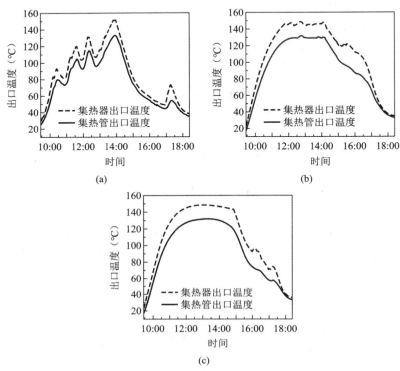

图 6-48　测试期间三个典型日的集热器出口温度

（a）第一天；（b）第二天；（c）第三天

### 6.5.4　蓄热型真空管空气集热系统运行优化设计

为了使蓄热型真空管空气集热系统的供热量与建筑热负荷变化更好地匹配，本小节给出以下三种运行策略对系统的运行特性进行优化。

1. 增加蓄热器容量

为解决蓄热型真空管空气集热系统的供热量与建筑负荷在供需时序之间的矛盾，可在系统中增加蓄热器容量，将太阳辐射强度较高时段集热器收集的热量储存在蓄热器中，当太阳辐射强度降低时，蓄热器储存的热量被释放出来用于房间供暖。蓄热器的增加不仅能进一步降低在高太阳辐射强度时段集热器出口温度，而且能延长系统的供暖时间，从而提高蓄热型真空管空气集热系统的可靠性。

针对蓄热型真空管空气集热系统，蓄热器的形式和布置方式多样，主要包括利用相变材料作为蓄热体和蓄热水箱等。

（1）利用相变材料作为蓄热体时，相变材料布置在系统的不同部位，对集热器性能的提升有不同程度的影响。

1）相变材料布置在集热器上出风联箱内：由于集热器上联箱温度较高，相变材料可储存较多的热量，能进一步降低集热器出口温度。但上联箱的大小规格有限，增加相变材料的同时增大了系统阻力，从而提高了集热端风机的能耗。

2）相变材料布置在房间送风管内：蓄热型真空管空气集热器的出口温度较高，在太阳辐射强度较高的情况下，集热器出口温度仍然能达到 100℃，因此可将相变材料布置在房间送风管内，同时由于风管尺寸较大且长度较长，可设置较多的相变材料。除此之外，可采用相变温度不同的相变材料，利用梯级相变蓄热进一步增加系统的蓄热量，降低房间出风口温度。将相变材料布置在房间送风管内，在降低房间送风温度、增加系统蓄热量、延长供暖时间的同时，不会对系统阻力造成太大影响。

（2）选用蓄热水箱作为蓄热体：利用水体作为蓄热体，需在系统中增加换热水箱和房间供暖末端，增加系统的初投资。此外，由于换热水箱的换热效率和水箱热损失的影响，系统的有用能会减少，但房间的舒适性有较好的保证。

综上所述，对于增加蓄热器来优化系统运行特性时，选用相变材料作为蓄热体布置在房间送风管内的方式，更为合理有效。

2. 改变集热器进口空气流量

不同进口空气流量下的集热器出口温度如图 6-49 所示。在集热阶段初期，集热器升温规律基本一致，在小流量条件下，集热器出口温度升高较快且温升较大。但随着太阳辐射强度的增加，不同进口空气流量下，集热器在高温时段的出口温度峰值出现明显变化。为了在太阳辐射强度较大的时间段降低集热器出口温度，避免供暖房间过热，可在系统运行过程中控制集热器进口空气的流量（即集热器进口空气流速），采用变频风机对运行过程中的集热器进口空气流量进行实时调节。

变进口空气流量条件下的集热器出口温度如图 6-50 所示。集热器进口空气流量变流量运行，在 09:00～11:00 和 17:00～20:00 采用 0.0750kg/s 的小流量；在太阳辐射强度较高时间段（12:00～16:00），采用 0.1275kg/s 的较大流量。集热器出口温度峰值与定流量工况相比，均有所降低。

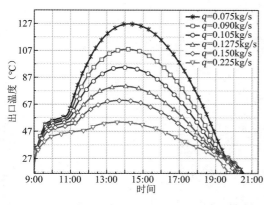

图 6-49　不同进口空气流量下的集热器
出口温度

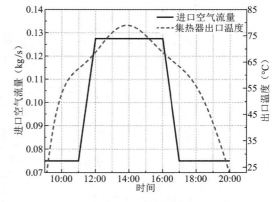

图 6-50　变进口空气流量条件下的集热器
出口温度

3. 提高房间回风量

出现房间过热问题最根本的原因是在太阳辐射强度较高的时段，建筑热负荷较小，而

集热系统供热量较大,即太阳能供暖系统供热量与房间热负荷的"供需"矛盾。在高温时段,可通过以下三种方式进行调节:

(1)减少集热系统向房间供暖的空气量,同时增大房间的回风量,使集热系统供热量与房间热负荷的"供需"关系达到平衡状态。

(2)提高房间的回风量,增加集热系统进口空气流量,使空气在高温时段被加热的时间减少,换热不充分,从而降低集热系统出口温度,减少房间供热量。

(3)借鉴空调一次回风系统,部分回风与室外冷空气混合作为集热系统进口空气,此时集热系统进口温度降低,在集热效率一定的情况下,集热系统出口温度有所降低,集热系统向房间的供热量减少,解决供暖房间的"过热"问题,但同时造成能量的浪费。

# 6.6　本章小结

本章分析了环境因素和设计因素影响下太阳能集热系统的过热特性,确定了集热系统的最优设计因素取值,从设计角度出发,提出了解决集热系统过热问题的方法。分析了平板集热器的排布方式、单位集热面积流量、进口温度、气象参数、集热工质等因素变化下的阻力特性,基于此给出了液体工质集热系统设计参数选择原则、集热系统阻力修正计算方法、普通平板集热器串/并联比摩阻参考值、太阳能集热系统阻力温差修正系数参考值。分析了环境因素、集热器连接形式、进口温度、系统风量等因素下的真空管空气集热系统的阻力特性,给出了真空管空气集热系统阻力简化计算方法。介绍了一种蓄热型真空管空气集热器,并从集热管结构参数、进口工质的质量流量、相变材料物性三个方面分析了其热性能,给出了蓄热型真空管空气集热系统优化设计原则。

# 第 7 章

# 太阳能蓄热系统特性与优化设计

## 7.1 概述

蓄热技术利用特定的装置将多余的热量通过一定的蓄热材料储存起来，需要时再将热量释放出来加以利用。蓄热技术在太阳能利用、电力"移峰填谷"、废热和余热的回收利用等领域具有广泛的应用。太阳能作为一种不稳定能源，在时间上具有日波动与年波动的周期性，此外地面接收的太阳辐射易受气象条件影响，呈现出时有时无难以预测的随机性。对于太阳能供暖系统而言，则要求连续稳定地为用户提供热能。因此，为了保障太阳能供暖系统的供热品质，通常在系统中引入蓄热装置，以解决太阳能集热与供暖用热时序不匹配的难题。

太阳能供暖系统中蓄热装置高效发挥作用的关键是蓄热容积合理匹配、蓄热体边壁高效保温、蓄热体内部良好热分层、蓄热量分层高效蓄取等。本章分别对小型蓄热水箱、新型相变蓄热装置、大型蓄热水罐、埋地蓄热水池等太阳能供暖系统中常用的蓄热形式进行介绍，主要内容包含蓄热水箱容积确定方法、相变蓄热水箱结构设计、蓄热水罐保温层厚度确定方法、分层蓄/取热结构优化、埋地蓄热水池结构优化与容量设计方法等。

## 7.2 太阳能蓄热水箱容积设计计算方法

### 7.2.1 太阳能蓄热技术分类

根据蓄热周期长短，蓄热技术可分为短期蓄热和跨季节蓄热。短期蓄热是太阳能蓄热中一种简单常见的形式，其充放热循环周期较短，最短以单日作为一个循环周期；由于蓄热容量小，所以短期蓄热一般仅解决了日内或者日间太阳能热能的转移，达到"移峰填谷"的作用。

跨季节蓄热可以通过长达数月的蓄热，克服太阳能作为单一热源而产生的周期性、波动性的缺点，具有提高供暖系统整体效率和协调供暖季节不匹配的效益。相比于短期蓄热，跨季节蓄热具有蓄热容量大、蓄热时间长、蓄热损失大等特点。

根据蓄热方式不同，太阳能蓄热技术分为显热蓄热和潜热蓄热，如图 7-1（a）所示。显热蓄热主要是依靠蓄热介质自身的比热容进行蓄热，工程中常用于显热蓄热的材料包括：

水、土壤、岩石等。潜热蓄热又称为相变蓄热，利用物质发生相变时需要吸收（或放出）大量热量来实现对热能的蓄存和释放，常见的材料有石蜡、脂肪酸和盐类水合物等。显热蓄热在太阳能供暖系统中应用最为广泛，目前常见的显热蓄热技术可分为蓄热水箱/罐蓄热、埋地蓄热水池蓄热、地埋管蓄热和含水层蓄热等，如图7-1（b）所示。太阳能蓄热系统在实际应用中的工作特点在于实现供给侧与需求侧的热量调配，在保证稳定性的同时缓解太阳能供暖系统的波动性。

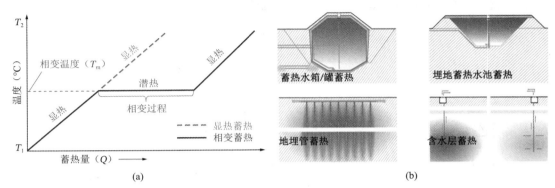

图 7-1　太阳能蓄热技术蓄热方式分类

（a）蓄热方式分类；（b）常见的显热蓄热技术

　　蓄热水箱是太阳能短期蓄热常用的蓄热装置，其外层材料可选用不锈钢板、镀锌板、铝板或彩钢板、铝合金板、钢筋水泥板、铁板等，表面要采取防腐措施；内层一般用聚氨酯发泡或搪瓷内胆，保温效果好，耐腐蚀，水质清洁。支架材料全部采用不锈钢，外观美观、强度高，整体采用螺栓连接，支架、整体刚性强而且利于运输安装，抗腐能力强。太阳能供暖蓄热水箱原理及外形如图7-2所示。

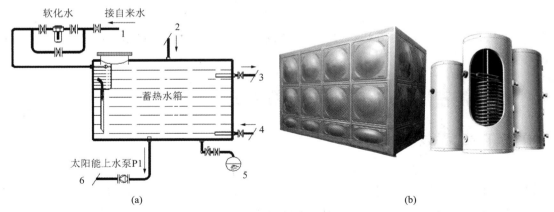

图 7-2　太阳能供暖蓄热水箱工作原形及外形

（a）蓄热水箱原理；（b）方形与圆柱形蓄热水箱

1—自来水管；2—集热器出水管；3—用户供水管；4—用户回水管；5—泄水管；6—集热器进水管

## 7.2.2　蓄热水箱热平衡分析

　　太阳能集热器为整个供暖系统提供热量，因此蓄热水箱的蓄热量和太阳能集热量有很大的关系，且与建筑热负荷，以及辅助加热量之间也存在关系，如图 7-3 所示。

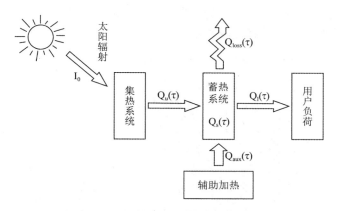

图 7-3　太阳能供暖蓄热系统热量平衡关系

太阳能供暖蓄热系统平衡表达式为：

$$Q_u(\tau) + Q_{aux}(\tau) = Q_l(\tau) + Q_s(\tau) + Q_{loss}(\tau) \tag{7-1}$$

式中　$Q_u(\tau)$——有效太阳能集热量，W；

　　　$Q_{aux}(\tau)$——辅助加热量，W；

　　　$Q_l(\tau)$——建筑热负荷，W；

　　　$Q_s(\tau)$——蓄热水箱蓄热量，W；

　　　$Q_{loss}(\tau)$——系统热损失，W。

在太阳能供暖系统中，应充分利用太阳能热能，尽量减少辅助热源的使用。当太阳能集热器有效集热量可满足建筑供热量需求，即无辅助加热时，式(7-1)可改写为：

$$Q_u(\tau) = Q_l(\tau) + Q_s(\tau) + Q_{loss}(\tau) \tag{7-2}$$

展开上式为：

$$Q_u(\tau) = Q_l(\tau) + \left(M_p c_{p,w}\right)_s \frac{\partial T_s}{\partial t} + (UA)_s [T_s(\tau) - T_b(\tau)] \tag{7-3}$$

式中　$T_s(\tau)$——蓄热水箱蓄热温度，℃；

　　　$T_b(\tau)$——蓄热水箱所处环境温度，℃；

　　　$c_{p,w}$——水的比热容，J/(kg·℃)。

蓄热水箱的瞬时蓄热量为：

$$\left(M_p c_{p,w}\right)_s \frac{\partial T_s}{\partial t} = Q_u(\tau) - Q_l(\tau) - (UA)_s [T_s(\tau) - T_b(\tau)] \tag{7-4}$$

由式(7-4)可得，蓄热水箱的瞬时蓄热量由集热器有效集热量、建筑热负荷及系统热损失决定。

### 7.2.3　蓄热水箱容量计算方法

合理设计蓄热水箱容量对于太阳能集热系统效率提升和整个供暖系统的性能都有重要影响。太阳能供暖蓄热水箱容积由供暖系统所需的最大蓄热量以及蓄热温差来决定，而系统所需最大蓄热量由集热器的集热规律和建筑热负荷波动规律共同决定。

在已知太阳能供暖建筑热负荷小时变化曲线及太阳能集热系统的集热量变化规律以及

辅助热源的补热规律时，可通过曲线积分计算确定，其关系如图 7-4 所示。太阳辐射强度持续时间为 $t_0 \sim t_3$，由图可以看出，集热器有效集热量在时间段 $t_1 \sim t_2$ 内大于建筑热负荷，有热量蓄存，辅助加热只在设定时段开启。

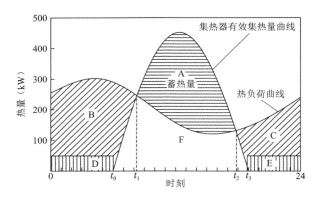

图 7-4　集热器有效集热量与建筑热负荷波动曲线

太阳能供暖蓄热水箱容积由供暖系统所需的最大蓄热量以及蓄热温差来决定，系统所需最大蓄热量由集热规律和建筑热负荷波动规律共同决定。对集热器有效集热量大于供暖建筑热负荷的时刻（$\tau_1 < \tau < \tau_2$）进行积分，可得最大蓄热量为：

$$Q_\text{s} = \int_{\tau_1}^{\tau_2} [Q_\text{u}(\tau) - Q_1(\tau)]\,\mathrm{d}t \tag{7-5}$$

系统所需最大蓄热量与蓄热水箱容积可表示为：

$$Q_\text{s} = (\rho_\text{w} V c_\text{p,w})_\text{s} (\overline{T}_\text{s} - T_1) \tag{7-6}$$

$$V_\text{s} = \frac{\int_{\tau_1}^{\tau_2}[Q_\text{u}(\tau) - Q_1(\tau)]\,\mathrm{d}t}{(\rho_\text{w} c_\text{p,w})_\text{s} (\overline{T}_\text{s} - T_1)} \tag{7-7}$$

式中　$Q_\text{u}(\tau)$——集热器有效集热量，W；

$\quad\quad Q_1(\tau)$——建筑供暖热负荷，W；

$\quad\quad V_\text{s}$——蓄热水箱容积，m；

$\quad\quad \overline{T}_\text{s}$——蓄热水箱平均水温，℃；

$\quad\quad T_1$——供暖系统供水温度，℃；

$\quad\quad \rho_\text{w}$——水的密度，kg/m；

$\quad\quad c_\text{p,w}$——水的比热容，J/(kg·℃)。

## 7.3　新型复合相变蓄热水箱性能分析

针对传统相变蓄热水箱中相变材料在蓄/放热过程中不能完全熔化或固化，导致其蓄热能力没有得到充分利用的技术问题，根据太阳能供暖蓄热水箱内部热分层基本规律，设计了一种包含双层相变材料的显热—潜热复合相变蓄热水箱，其工作原理及内部结构如图 7-5 所示。

复合相变蓄热水箱的优势在于采用的双层相变材料具有不同相变温度，能够适应蓄热水箱在实际运行中的多种天气条件和负荷需求，例如在太阳辐射较弱、负荷需求较大的情况下，蓄热水箱长时间保持在较低的温度运行，此时较高温度的相变材料难以完全熔化；或在太阳辐射较强、负荷需求较小的情况下，蓄热水箱长时间保持在较高的温度运行，低温度的相变材料难以完全凝固。因此，双层相变材料的显热—潜热复合蓄热水箱可有效减缓太阳能供暖系统中相变材料利用效率低的问题，且上层相变温度较高、下层相变温度较低的设计与水箱内热分层相适应，有利于保持蓄热水箱内部稳定的热分层。

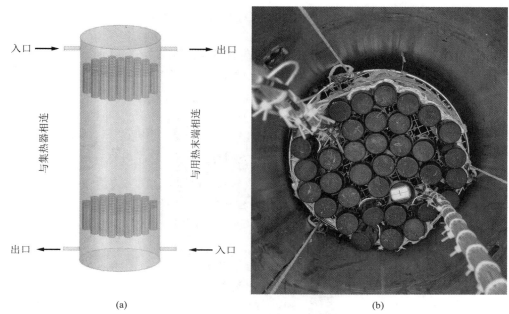

图 7-5　复合相变蓄热水箱工作原理及内部结构

（a）工作原理；（b）内部结构

### 7.3.1　复合相变蓄热水箱传热数学模型

如图 7-6（a）所示，复合相变蓄热水箱采用多节点蓄热模型，从上到下分为 $N$ 个等距的水平段，每个段的特征如图 7-6（b），该段存储流体的质量为 $m_i$ 和焓值为 $h_i$，并通过唯一的焓—温度关系确定该节点的温度 $T_i$，每个节点的焓值 $h_i$ 由如下能量平衡方程计算得出：

$$Q_i^{\text{medium}} = Q_i^{\text{flow}} + Q_i^{\text{cond}} + Q_i^{\text{loss}} + Q_i^{\text{module}} \tag{7-8}$$

式中　$Q_i^{\text{medium}}$——节点 $i$ 的存储介质的能量，W；

　　　$Q_i^{\text{flow}}$——通过直接入口/出口的蓄/放热而引起的节点 $i$ 的能量变化（包括水箱内向上/向下的流动），W；

　　　$Q_i^{\text{cond}}$——到相邻节点的热传导，W；

　　　$Q_i^{\text{loss}}$——通过蓄热水箱壁面向周围环境的传热量，W；

　　　$Q_i^{\text{module}}$——换热流体和相变材料之间的能量交换，W。

1. 通过直接入口/出口的蓄/放热而引起的节点 $i$ 的能量变化

$$Q_i^{\text{flow}} = \sum_p m_p^{\text{in}} \left[ \left( h_p^{\text{in}} - h_i \right) \delta + \left( h_{i+d_p} - h_i \right) \varepsilon \right] \tag{7-9}$$

系数 $\delta$，$d_p$ 和 $\varepsilon$ 分别以下方式定义：

$$\delta = \begin{cases} 1 & \text{当} i = in_p \text{时} \\ 0 & \text{当} i \neq in_p \text{时} \end{cases} \tag{7-10}$$

$$d_p = \begin{cases} +1 & \text{当} in_p \geqslant out_p \text{时} \\ -1 & \text{当} in_p < out_p \text{时} \end{cases} \tag{7-11}$$

$$\varepsilon = \begin{cases} 1 & \text{当} 0 < d_p(in_p - i) \leqslant d_p(in_p - out_p) \text{时} \\ 0 & \text{其他} \end{cases} \tag{7-12}$$

式中，$in_p$ 和 $out_p$ 分别表示直接入口和出口所在的节点，如图 7-6（a）所示，图中 $m_p^{in}$，$h_p^{in}$ 和 $T_p^{in}$ 分别表示入口流的流量（kg/s），流体比焓（J），及其相对应的温度，℃。

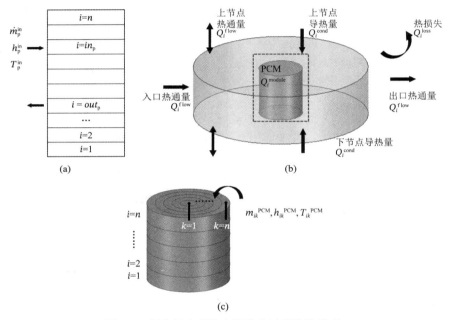

图 7-6 复合相变蓄热水箱传热过程数学模型

（a）多节点蓄热模型；（b）节点 $i$ 的热通量；（c）圆柱体相变材料模块的多节点模型

2. 到相邻节点的热传导

$$Q_i^{cond} = \lambda_{eff} \frac{A_T}{\Delta \delta_s} [T_{i+1} + T_{i-1} - 2T_i] \tag{7-13}$$

式中　$A_T$——水箱的横截面积，$m^2$；

　　　$\Delta \delta_s$——水箱中一个存储节点的厚度，m；

　　　$\lambda_{eff}$——有效导热系数，W/(m·℃)，该值包括由于蓄热介质引起的热传导效应以及由于蓄热壁和蓄热罐内部结构引起的热传导效应。

3. 通过蓄热水箱壁面向周围环境的传热量

$$Q_i^{loss} = K_{Ai}^{amb}(T_i - T_a) \tag{7-14}$$

式中　$K_{Ai}^{amb}$——水箱与外界环境的传热系数，W/(m²·℃)；

　　　$T_a$——外界环境温度，℃。

4. 相变材料的蓄热量变化

（1）相变材料与换热流体的热传递

圆柱体封装的相变材料如图 7-6（c）所示，是一个直径为 $R$ 的实心圆柱体，其划分数量可由径向节点数 $n_k$ 和轴向节点数 $n_i$ 决定。相变材料的每个节点由其质量 $m_{ik}^{\text{PCM}}$、比焓 $h_{ik}^{\text{PCM}}$ 及其对应的温度 $T_{ik}^{\text{PCM}}$ 表征。每个存储节点的能量平衡由以下等式给出：

$$Q_i^{\text{modules}} = -N^{\text{modules}}\left[K_i A_i^{\text{PCM}} \cdot (T_i - T_i^{\text{PCM}})\right] \tag{7-15}$$

式中　$N^{\text{modules}}$——相变材料模块的数量，个；

$\qquad K_i$——水与相变材料模块直接的传热系数，W/(m² · ℃)；

$\qquad A_i^{\text{PCM}}$——水与相变材料模块接触的表面积，m²；

$\qquad T_i$ 和 $T_i^{\text{PCM}}$——分别表示蓄热水箱中节点和相变材料表面对应的温度，℃。

（2）相变材料内部热传递

相变材料内部的计算模型是二维的，使用具有轴向节点 $i$ 和径向节点 $k$ 的二维节点结构来计算相变材料结节内部的热传递。根据式(7-16)和式(7-17)计算每个时间步长的圆柱形相变材料结节中每个节点的能量平衡。

节点的焓值变化：

$$\frac{\Delta h_{ik}}{\Delta t} = \dot{Q}_{i,k-1 \to i,k} + \dot{Q}_{i,k+1 \to i,k} + \dot{Q}_{i-1,k \to i,k} + \dot{Q}_{i+1,k \to i,k} \tag{7-16}$$

两节点的热传递：

$$\dot{Q}_{i,k-1 \to i,k} = \left(\frac{\lambda_{i,k}}{x_{i,k}} + \frac{\lambda_{i,k-1}}{x_{i,k-1}}\right) \cdot A_{i,k-1 \to i,k} \cdot (T_{i,k-1} - T_{i,k}) \tag{7-17}$$

式中，$i$，$k$ 表示网格的两个方向轴；$\lambda$ 为相变材料的导热系数；$x$ 为两个节点的距离；$A$ 为两个节点的热交换面积。

固态或液相相变材料内部的热传导：在相变时，通过焓的线性插值计算导热系数值。在焓值 $H_{\text{sol}}$ 以下，导热系数为常数。在焓值 $H_{\text{liq}}$ 以上，导热系数是恒定的。在 $H_{\text{sol}}$ 和 $H_{\text{liq}}$ 之间，导热系数通过线性插值给出：

$$\lambda = \lambda_{\text{sol}} + \frac{\lambda_{\text{liq}} - \lambda_{\text{sol}}}{H_{\text{liq}} - H_{\text{sol}}}(H^t - H_{\text{sol}}) \tag{7-18}$$

式中，$\lambda_{\text{sol}}$ 和 $\lambda_{\text{liq}}$ 分别表示相变材料处于固态和液态的导热系数，W/(m · ℃)；$H_{\text{liq}}$ 和 $H_{\text{sol}}$ 分别表示液态和固态临界点下的焓值，J；$H^t$ 为该时间步长下对应的焓值，J。

相变材料内部对流换热：引入了有效导热系数，用于计算相变材料模块内部液相中的对流换热：

$$\lambda_{\text{effective}} = \lambda \cdot h_{\text{pcm}} \tag{7-19}$$

式中，$h_{\text{pcm}}$ 为内部对流换热系数，其表示为：$10^6 < Ra_{\text{L}} < 10^9$。

$$h_{\text{pcm}} = 0.046 Ra_{\text{L}}^{1/3} \tag{7-20}$$

基于以上建立的复合相变蓄热水箱传热数学模型，从其内部结构和材料性能出发，通过对复合相变蓄热水箱设计进行优化，以提高其热性能。优化分析主要包括：相变材料的导热系数、相变材料的布置位置、相变材料体积占比和相变材料封装形状，具体工况设置如表 7-1 所示。

复合相变蓄热水箱优化设计参数的工况设置 　　　　　　　　　　表 7-1

| 相变材料导热系数<br>[W/(m·℃)] | 相变材料位置 | 相变材料体积占比 | 相变材料封装形状 |
| --- | --- | --- | --- |
| 1.3 | 距水口 150mm | 7.87% | 圆柱体 |
| 3 | | | |
| 5 | | | |
| 10 | | | |
| 1.3 | 距水口 50mm | 7.87% | 圆柱体 |
| | 距水口 150mm | | |
| | 距水口 250mm | | |
| 1.3 | 距水口 150mm | 3.94% | 圆柱体 |
| | | 7.87% | |
| | | 11.81% | |
| | | 15.74% | |
| 1.3 | 距水口 150mm | 7.87% | 圆柱体 |
| | | | 球体 |
| | | | 圆环体 |
| | | | 正圆台体 |
| | | | 倒圆台体 |

## 7.3.2 相变材料导热系数对复合相变蓄热水箱热性能的影响

相变材料导热系数可能对相变材料的实际应用效果产生影响,因此本小节对相变材料导热系数增强后对复合相变蓄热水箱在蓄热过程中热性能的影响作相关探讨。基础相变材料的导热系数为上层相变材料三水合醋酸钠(SAT)1.3W/(m·℃)和下层相变材料十二水磷酸氢二钠(DHPD)1.36W/(m·℃)(称为原始值),比较了基础相变材料和相变材料导热系数分别为 3W/(m·℃)、5W/(m·℃)和 10W/(m·℃)时,复合相变蓄热水箱蓄热过程中的热性能。

相变材料导热系数越高,相变材料熔化度越高。基础相变材料导热系数下的 SAT 的液相率为 99.8%,而当导热系数为 3W/(m·℃)、5W/(m·℃)、10W/(m·℃)时,SAT 的液相率为 100%;DHPD 在原始值下液相率为 76.1%,而当导热系数为 3W/(m·℃)、5W/(m·℃)、10W/(m·℃)时,DHPD 的液相率分别为 87.0%、91.3%和 94.7%,导热系数的提高可以有效加快相变材料的熔化进度,减少相变材料熔化所需的时间,且从温度分布云图可以看出,相变材料导热系数越高,相变蓄热水箱的热分层效果越好,斜温层厚度有所减少。

取无量纲时间 $t^* = 0.25$、0.40、0.50、0.60 表示在不同蓄热阶段,复合相变蓄热水箱内不同高度的无量纲温度变化,结果如图 7-7 所示。在不同时刻处,斜率大的曲线表示此处的温度梯度较小,斜温层薄。在蓄热前期($t^* = 0.25$),复合相变蓄热水箱内的过渡升温区在水箱较高的位置,且其厚度较薄,随着蓄热的进程,$t^* = 0.40$ 和 $t^* = 0.50$ 时,过渡升温区的位置开始下降，并且厚度开始增厚，一直到接近 $t^* = 0.60$，此时复合相变蓄热水箱内的温度混合程度较高，过渡升温区处于复合相变蓄热水箱底部，并且厚度开始变薄。在 $t^* = 0.25$ 和 $t^* = 0.40$ 时，不同相变材料导热系数下的复合相变蓄热水箱的斜温层厚度区别不大，基础相变材料导热系数下斜温层处的曲线斜率略低，表明此时增强相变材料导热系数可以略微减小斜温层厚度，而到了 $t^* = 0.50$ 时，四种相变材料导热系数下的斜温层厚度有明显区别，导热系数为 10W/(m·℃)时的水箱斜温层厚度最小，热分层效果最好，而到了 $t^* = 0.60$，基础相变材料导热系数下的热分层效果最好。相变材料导热系数的提高可以有效减少复合相变蓄热水箱前中期的斜温层厚度。

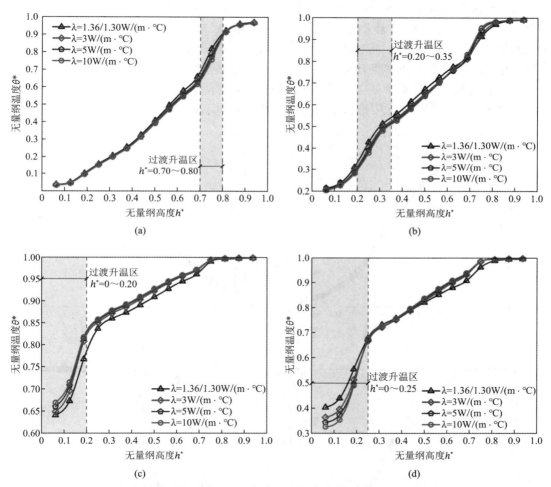

图 7-7　相变材料导热系数不同时复合相变蓄热水箱无量纲温度随高度的变化

（a）$t^* = 0.25$；（b）$t^* = 0.40$；（c）$t^* = 0.50$；（d）$t^* = 0.60$

不同相变材料导热系数下，复合相变蓄热水箱的理查森数、掺混数、蓄热效率和相变材料液相率变化情况如图 7-8 所示。理查森数、掺混数和蓄热效率随相变材料导热系数变化规律一致，在 $t^* = 0.35$ 前，不同相变材料导热系数下各参数差别不大，而在 $t^* = 0.35$ 之后，各参数开始出现较大的差异，导热系数为 10W/(m·℃)时的理查森数和蓄热效率最高，掺混数最低，说明含有高导热系数的相变材料的复合相变蓄热水箱热分层效果更好，在 $t^* =$

0.50 时，相变材料导热系数为原始值和 3W/(m·℃)、5W/(m·℃)、10W/(m·℃)的复合相变蓄热水箱的理查森数分别为 39.7、42.4、43.8 和 44.3；掺混数分别为 0.390、0.341、0.325和 0.314；蓄热效率为 59.7%、63.6%、65.6%和 67.4%，当相变材料导热系数较低时，提高相变材料导热系数可以明显提高复合相变蓄热水箱的热分层效果，但是进一步提高导热系数，热分层提升效果将不再明显。

由于相变材料导热系数的增加可以加快复合相变蓄热水箱内水与相变材料的换热，因此相变材料的熔化时间会明显减少，当导热系数为原始值时，DHPD 和 SAT 的熔化无量纲时间分别为 0.35 和 0.43；导热系数为 3W/(m·℃)时，熔化所需的无量纲时间分别为 0.29和 0.32；导热系数为 5W/(m·℃)时，熔化所需无量纲时间分别为 0.26 和 0.28；导热系数为10W/(m·℃)时，熔化所需无量纲时间分别为 0.24 和 0.25。其中，当相变材料的导热系数为原始值和 3W/(m·℃)时，两种相变材料的熔化时间明显减少，但是当导热系数进一步增大后，熔化时间减少的速率将有所下降。相变材料导热系数的提高可以明显减少相变材料熔化所需的时间，同时减少复合相变蓄热水箱的蓄热时间，但是相变材料的导热系数与熔化时间并不是线性相关，无限地追求大导热系数的材料不能够获得等效的经济效益。

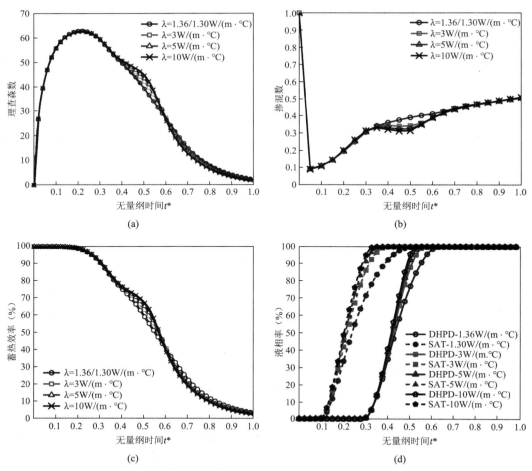

图 7-8　相变材料导热系数不同时复合相变蓄热水箱的参数变化情况

（a）理查森数；（b）掺混数；（c）蓄热效率；（d）相变材料液相率

### 7.3.3　相变材料体积占比对复合相变蓄热水箱热性能的影响

在同一时刻，相变材料体积占比的增加会影响其熔化情况，相变材料体积占比越大，其熔化比例越少，相变材料体积占比为 3.94%，7.87%，11.81% 和 15.74% 时的 SAT 液相率分别为 1.000、0.998、0.944 和 0.870，DHPD 的液相率分别为 0.955、0.761、0.649 和 0.574。与水相比，相变材料的导热系数和比热容都较低，因此在蓄热的前中期相变材料对热分层都有破坏作用，相变材料体积占比越大，其熔化越困难，且由于相变材料体积占比的增加，使得水在相变材料单元之间的流通面积进一步减少，加剧了对热分层的破坏。从温度分布情况也可以看出，相变材料体积占比少时，复合相变蓄热水箱内部分层效果更好。

无量纲时间 $t^* = 0.25$、0.40、0.50 和 0.60 时，不同相变材料体积占比下无量纲温度随高度的变化如图 7-9 所示。在 $t^* = 0.25$ 时，过渡升温区分布在水箱上部，此时相变材料体积占比越大的复合相变蓄热水箱在该过渡升温区内曲线斜率越大，尽管如此，在整个高度内，相变材料体积占比为 3.94% 的复合相变蓄热水箱的温差更大，此时过渡升温区已经下移至无量纲高度为 0.4～0.5 的区域；当 $t^* = 0.40$ 和 $t^* = 0.50$ 时，相变材料体积占比越低，在过渡升温区内曲线斜率越大，温跃层厚度越薄，说明此时相变材料体积占比较低的情况有利于复合相变蓄热水箱热分层；当 $t^* = 0.60$ 时，由于相变材料体积占比低的复合相变蓄热水箱的蓄热过程已经接近结束，此时掺混程度较高，而相变材料体积占比较高的复合相变蓄热水箱由于需要更多的时间完成相变材料的熔化，仍需要一定时间才能完成蓄热，此时复合相变蓄热水箱底部的掺混程度较小，相变材料体积占比较高的复合相变蓄热水箱的温跃层较薄。因此，相变材料体积占比小有利于减少复合相变蓄热水箱前中期的温跃层厚度，热分层效果好。

不同相变材料体积占比的复合相变蓄热水箱在蓄热过程中的理查森数、掺混数和蓄热效率的变化，如图 7-10（a）～（c）所示。相变材料体积占比对复合相变蓄热水箱的影响较大，相变材料体积占比为 3.94% 的复合相变蓄热水箱在前中期表现出更大的理查森数、蓄热效率和更小的掺混数，表明减少相变材料体积占比有利于提高复合相变蓄热水箱的热分层效果。当 $t^* = 0.30$ 时，相变材料体积占比为 3.94%、7.87%、11.81% 和 15.74% 的复合相变蓄热水箱的理查森数分别为 63.8、59.4、57.1 和 55.1，掺混数分别为 0.216、0.306、0.355 和 0.386，蓄热效率分别为 96.1%、90.7%、87.3% 和 84.6%。

图 7-10（d）表示不同相变材料体积占比的复合相变蓄热水箱在蓄热过程中两种相变材料液相率的变化，相变材料体积占比的增加增大了相变材料与水换热的难度，需要更多的时间去完成相变材料的熔化，相变材料体积占比为 3.94%、7.87%、11.81% 和 15.74% 的复合相变蓄热水箱的 DHPD 熔化无量纲时间分别为 0.23、0.35、0.44 和 0.54，SAT 的熔化时间分别为 0.29、0.43、0.55 和 0.66。相变材料体积占比增大需要更长的蓄热时间。

不同相变材料体积占比的复合相变蓄热水箱所需的蓄热时间和蓄热量如表 7-2 所示。与普通水箱蓄热量的相比，相变材料体积占比的提高增长了复合相变蓄热水箱的蓄热时间，一方面是由于相变材料蓄热需要更多的热量，另一方面是由于相变材料体积占比增大破坏了复合相变蓄热水箱前中期的热分层程度，降低了复合相变蓄热水箱的蓄热效率。但是相变材料体积占比越大，在蓄热结束时储存的热量越多，因此应综合考虑。

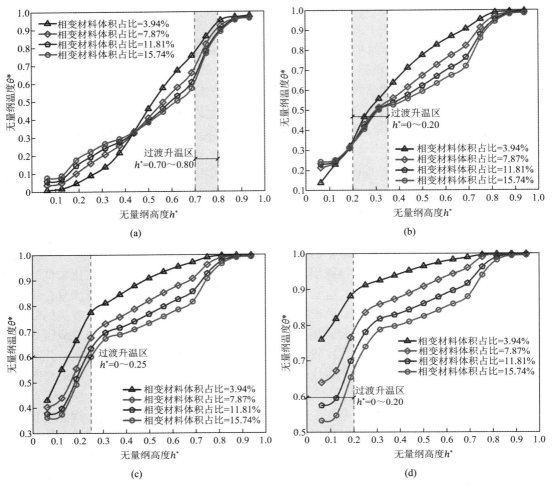

图7-9 相变材料体积占比不同时复合相变蓄热水箱无量纲温度随高度的变化

（a）$t^* = 0.25$；（b）$t^* = 0.40$；（c）$t^* = 0.50$；（d）$t^* = 0.60$

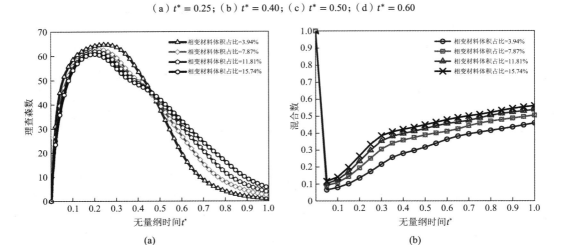

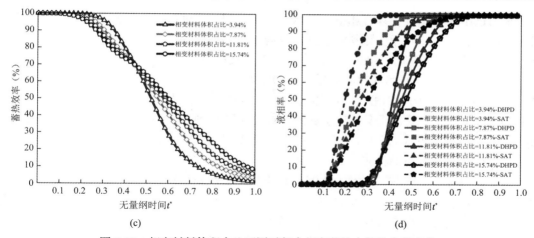

图 7-10　相变材料体积占比不同时复合相变蓄热水箱的参数变化

（a）理查森数；（b）掺混数；（c）蓄热效率；（d）相变材料液相率

**相变材料体积占比不同时复合相变蓄热水箱的蓄热时间和蓄热量**　　　表 7-2

| 工况 | 蓄热时间/无量纲时间 | 蓄热量 | 与普通蓄热水箱蓄热量之比 |
|---|---|---|---|
| 普通蓄热水箱 | 42.0min/0.64 | 16.7MJ | — |
| 相变材料体积占比为 3.94%的复合相变蓄热水箱 | 50.2min/0.76 | 17.4MJ | 1.043 |
| 相变材料体积占比为 7.87%的复合相变蓄热水箱 | 56.9min/0.86 | 18.3MJ | 1.097 |
| 相变材料体积占比为 11.81%的复合相变蓄热水箱 | 61.6min/0.93 | 19.1MJ | 1.145 |
| 相变材料体积占比为 15.74%的复合相变蓄热水箱 | 66.2min/1.00 | 19.9MJ | 1.192 |

相变材料体积占比对复合相变蓄热水箱热分层的影响很大，相变材料体积占比越少，复合相变蓄热水箱在前中期的热分层效果越好，蓄热效率越高，完成蓄热所需的时间也越少。但是对蓄热量的提升效果更差，想要提高蓄热量，需要提高相变材料体积占比。因此应综合考虑以上因素，选取合理的复合相变蓄热水箱相变材料体积占比。

### 7.3.4　相变材料位置对复合相变蓄热水箱热性能的影响

为分析相变材料布置位置对复合相变蓄热水箱热性能的影响，设置了相变材料中心距离复合相变蓄热水箱进出水口的距离 $h$ 为 50mm、150mm、250mm 和 350mm 四种工况。

在不同时刻，相变材料位置对复合相变蓄热水箱热分层的影响不同。当 $t^* = 0.05$ 时，相变材料与复合相变蓄热水箱进水口的距离越小，进入复合相变蓄热水箱内的热水越能够快速聚集在复合相变蓄热水箱的顶部，复合相变蓄热水箱上部温度梯度较大，此时复合相变蓄热水箱的分层效果较好；而若相变材料距离复合相变蓄热水箱进水口较远，热水不能聚集在复合相变蓄热水箱底部，开始往复合相变蓄热水箱下部扩散，使复合相变蓄热水箱上部的热分层效果下降。然而随着时间的推移，复合相变蓄热水箱的热分层情况有所变化，当 $t^* = 0.25$ 和 $t^* = 0.55$ 时，温度分层集中在两层相变材料中间，相变材料位置离复合相变蓄热水箱进出水口越近，复合相变蓄热水箱中央分层的宽度就越大，复合相变蓄热水箱斜温层厚度也越大，此时相变材料位置远离复合相变蓄热水箱进出水口可以提高复合相变蓄热水箱的热分层效果。$h = 50\text{mm}$ 的复合相变蓄热水箱中，SAT 的位置较高，DHPD 的位置较低，所以 SAT 熔化开始的时间较早，而 DHPD 熔化开始的时间较晚，而 $h = 250\text{mm}$ 的复合相变蓄热水箱中两种相变材料的熔化情况恰恰相反，当 $t^* = 0.55$ 时，$h = 50\text{mm}$、150mm 和 250mm 的复合相变蓄热水箱的 SAT 液相率分别为 100%、100% 和 99.2%，DHPD 的液相率分别为 75.9%、90.1% 和 99.2%，可见相变材料距离复合相变蓄热水箱中心位置越近，越有利于相变材料的熔化。

相变材料位置不同时，在 $t^* = 0.05$、$t^* = 0.25$、$t^* = 0.45$、$t^* = 0.65$ 的情况下，复合相变蓄热水箱无量纲温度随无量纲高度的变化如图 7-11 所示。$t^* = 0.05$、$h = 50\text{mm}$ 的复合相变蓄热水箱的顶部温度更高，此时过渡升温区分布在复合相变蓄热水箱上部，在此区域内，$h = 50\text{mm}$ 的复合相变蓄热水箱的温度变化曲线斜率更大，斜温层厚度更小。而随着蓄热的延续，热分层情况开始有所变化；当 $t^* = 0.25$ 时，$h = 50\text{mm}$ 的复合相变蓄热水箱顶部温度开始变低，这是由于 SAT 的位置距离复合相变蓄热水箱进水口很近，SAT 开始熔化蓄热，使复合相变蓄热水箱顶部的温度低于其他三种情况，而 $h = 150\text{mm}$ 和 $h = 250\text{mm}$ 的复合相变蓄热水箱在上部升温过渡区内的温度变化斜率更大，斜温层更薄；当 $t^* = 0.45$ 和 $t^* = 0.65$ 时，升温过渡区分布在复合相变蓄热水箱下部，$h = 250\text{mm}$ 和 350mm 时，也就是相变材料布置位置接近复合相变蓄热水箱中心时温度变化斜率更大，热分层效果更好。可以看出，只有 $t^* = 0.05$、$h = 50\text{mm}$ 的复合相变蓄热水箱能够显示出对热分层的有效性，随着蓄热的进一步发展，$t^* = 0.25$、$h = 50\text{mm}$ 的复合相变蓄热水箱的温度变化斜率不如其他几种情况，斜温层较厚，热分层效果较差，$t^* = 0.45$ 和 $t^* = 0.65$ 时，$h = 250\text{mm}$ 和 $h = 350\text{mm}$ 的复合相变蓄热水箱热分层效果更好，总体来说 $h = 250\text{mm}$ 和 $h = 350\text{mm}$ 时，复合相变蓄热水箱内热分层效果在全时段均较好。

相变材料位置不同时复合相变蓄热水箱的理查森数、掺混数和蓄热效率的变化如图 7-12（a）～（c）所示。$h = 50\text{mm}$ 的复合相变蓄热水箱的理查森数最大，这与蓄热前期 $h = 50\text{mm}$ 的复合相变蓄热水箱顶部温度较高有关，在复合相变蓄热水箱底部温度相似的情况下，顶部的温度越高，理查森数越大。$h = 50\text{mm}$、$h = 150\text{mm}$、$h = 250\text{mm}$ 和 $h = 350\text{mm}$ 的复合相变蓄热水箱的最大理查森数分别为 64.5、63.0、61.2 和 60.4。掺混数的变化与前文的温度分布变化情况十分相似，复合相变蓄热水箱初始掺混数为 1，随着热水进入，开始产生热分层，在 $t^* = 0.05$ 时，$h = 50\text{mm}$ 的复合相变蓄热水箱的掺混数最小，热分层情况最好，$h = 50\text{mm}$、$h = 150\text{mm}$、$h = 250\text{mm}$ 和 $h = 350\text{mm}$ 时，掺混数分别为 0.046、0.092、0.108 和 0.116，相变材料的位置距复合相变蓄热水箱中心越远，热分层效果越好；当 $t^* = 0.20$ 时，几种复合相变蓄热水箱的掺混数大小相似，$h = 50\text{mm}$ 的复合相变蓄热水箱的掺混数增长较快，并且在后续的蓄热时间内都保持在最高水平，$h = 350\text{mm}$ 的复合相变蓄热水箱掺混数保持在最低，略低于 $h = 250\text{mm}$ 的情况，说明此时相变材料越接近复合相变蓄热水箱中心，热分层效果越好。当 $t^* = 0.50$ 时，$h = 50\text{mm}$、$h = 150\text{mm}$、$h = 250\text{mm}$ 和 $h = 350\text{mm}$ 的复合相变蓄热水箱的掺混数分别为 0.435、0.390、0.354 和 0.346。相变材料位置不同时水箱的蓄热效率差距较小。当蓄热进行到 $t^* = 0.30$ 后，复合相变蓄热水箱的蓄热效率随着相变材料位置的变化略有不同，$h = 50\text{mm}$ 时复合相变蓄热水箱的蓄热效率最低，相变材料位于其他位置时三种复合相变蓄热水箱的蓄热效率相似。

如图 7-12（d）所示，相变材料位于不同位置时，SAT 和 DHPD 的熔化时间差别较小，但相变材料熔化开始的时间不同。当 $h = 50$mm 时，双层相变材料分别接近复合相变蓄热水箱顶部和底部，所以 SAT 开始熔化的时间较早，而 DHPD 开始熔化的时间较晚；当 $h = 350$mm 时，双层相变材料都集中在复合相变蓄热水箱中部，所以 SAT 开始熔化的时间相对较晚，而 DHPD 开始熔化的时间较早。$h = 50$mm、$h = 150$mm、$h = 250$mm 和 $h = 350$mm 时，SAT 开始熔化的时间分别为 $t^* = 0.02$、$t^* = 0.09$、$t^* = 0.14$ 和 $t^* = 0.20$；DHPD 开始熔化的时间分别为 $t^* = 0.32$、$t^* = 0.28$、$t^* = 0.23$ 和 $t^* = 0.19$。当 $h = 250$ 和 $h = 350$mm 时，复合相变蓄热水箱中两种相变材料基本上同时完成熔化过程，热分层效果得到提高。

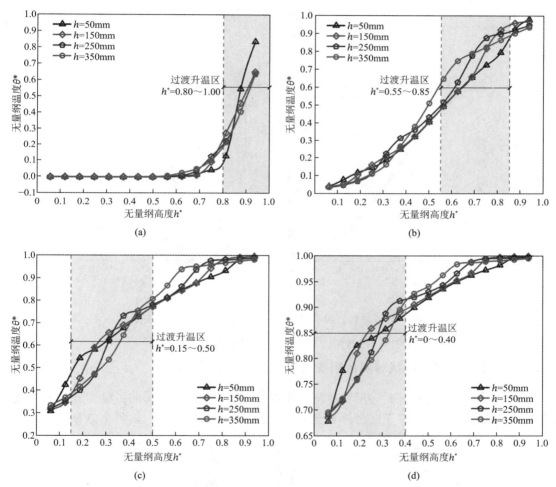

图 7-11　相变材料位置不同时复合相变蓄热水箱无量纲温度随无量纲高度的变化

（a）$t^* = 0.05$；（b）$t^* = 0.25$；（c）$t^* = 0.45$；（d）$t^* = 0.55$

通过对相变材料不同位置下复合相变蓄热水箱的蓄热过程进行对比发现，当相变材料布置的位置接近复合相变蓄热水箱的进出水口时，蓄热最开始的阶段能够提供较好的热分层效果，但是随着蓄热过程的进行，热分层效果会明显下降；而当相变材料位置接近复合相变蓄热水箱中心时，在蓄热全时段的大多数时间内都能够提供最好的热分层效果。在实际运行时，建议将相变材料尽量靠复合相变蓄热水箱中心位置铺设，以提供最好的热分层效果。

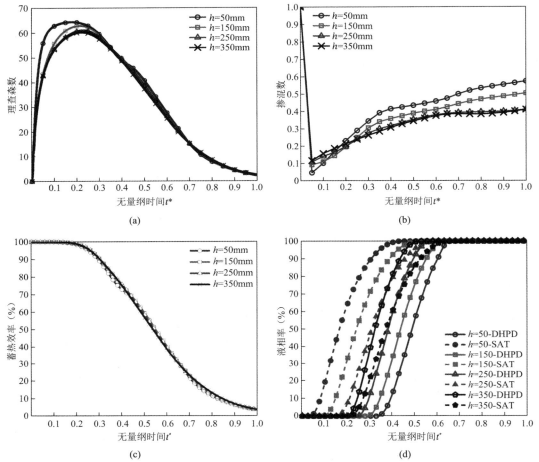

图 7-12　相变材料位置不同时复合相变蓄热水箱的参数变化情况

（a）理查森数；（b）掺混数；（c）蓄热效率；（d）相变材料液相率

## 7.3.5　相变材料封装形状对复合相变蓄热水箱热性能的影响

为分析不同相变材料封装形状对复合相变蓄热水箱热性能的影响，设计了形状分别为圆柱体、球体、圆环体、正圆台体和倒圆台体的相变材料封装体，如图 7-13 所示。

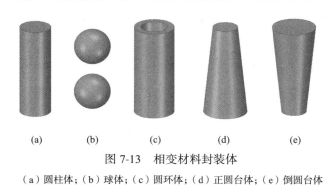

图 7-13　相变材料封装体

（a）圆柱体；（b）球体；（c）圆环体；（d）正圆台体；（e）倒圆台体

含有圆柱体、球体和正圆台体封装相变单元的复合相变蓄热水箱的斜温层厚度相似；倒圆台体封装单元的复合相变蓄热水箱的斜温层相比前三种略薄，其底部的温度也更低；而含有圆环体封装单元的复合相变蓄热水箱的热分层效果最好，其底部温度最低。

圆环体封装单元的相变材料熔化程度最高，此时 SAT 已经完全熔化，DHPD 的液相率为 96.8%；其次为倒圆台体，SAT 也已经完全熔化，而 DHPD 的液相率为 85.5%；含有圆柱体、球体和正圆台体的复合相变蓄热水箱，SAT 液相率分别为 76.1%、74.6% 和 69.4%，DHPD 的液相率分别为 99.8%、98.4% 和 94.7%，这三种相变材料封装形式下的相变材料换热效果为：圆柱体 > 球体 > 正圆台体。相变材料的熔化速率与相变材料封装单元的比表面积密切相关，当封装单元的比表面积较大时，相变材料与水的换热面积增加，从而加速了相变材料的熔化过程，此时圆环体的比表面积为其他形状的两倍有余，因此换热最快，相变材料熔化得最快；球体的比表面积与圆柱体相似，因此相变材料换热情况也非常相似；正圆台体和倒圆台体的比表面积相同，且与圆柱体的比表面积也非常相似，但由于倒圆台体呈现"上大下小"的形式，热水从复合相变蓄热水箱顶部进入，因此相变材料上部会先接触到热水并开始熔化，此时倒圆台体上部的换热面积较大，能够在熔化初期提升换热效率，从而加速相变材料的熔化，而正圆台体恰好相反。熔化速度的规律与热分层效果相关，熔化较快的复合相变蓄热水箱能够在蓄热的前中期保持更好的热分层效果。

不同相变材料封装形式下的复合相变蓄热水箱的无量纲温度随无量纲高度的变化，如图 7-14 所示。在 $t^* = 0.25$ 时，五种封装形式的复合相变蓄热水箱内部的热分层相似，但是在升温过渡区内，圆环体封装形式下复合相变蓄热水箱的无量纲温度曲线仍具有较大斜率，温跃层厚度较薄；随着时间的推移，$t^* = 0.40$ 和 $t^* = 0.50$ 时，圆环体封装形式下的复合相变蓄热水箱的斜温层厚度明显小于其他几种封装形式，倒圆台体封装形式略薄于其他几种；到 $t^* = 0.60$ 时，圆环体封装形式下的复合相变蓄热水箱已经进入蓄热的末期，此时复合相变蓄热水箱内部热分层效果较差，掺混程度较高。

不同相变材料封装形式下复合相变蓄热水箱的理查森数、掺混数和蓄热效率的变化如图 7-15（a）～（c）所示。几种封装形式在 $t^* = 0.35$ 之前的理查森数区别不大，说明在这之前，复合相变蓄热水箱顶部与底部的温差相似，而到了 $t^* = 0.35$ 之后，圆环体的理查森数明显高于其他几种形式，其次为倒圆台体，而后圆柱体略大于球体略大于正圆台体，上述五种封装形式下的理查森数在 $t^* = 0.50$ 时分别为 46.4、41.2、39.7、39.2 和 38.9。掺混数在 $t^* = 0.30$ 之前保持相似，随着蓄热的进行，圆环体的掺混数保持最低，其次是倒圆台体，其他三种封装形式的掺混数在 $t^* = 0.50$ 之后产生差异，同样为圆柱体略小于球体略小于正圆台体，说明圆环体的掺混程度最低，热分层效果最好。不同封装形式下的蓄热效率在 $t^* = 0.35$ 之后有所区别，圆环体封装形式下的蓄热效率最高，其后依次为倒圆台体、圆柱体、球体和正圆台体，五种封装形式在 $t^* = 0.50$ 时的蓄热效率分别为 69.0%、61.8%、60.0%、58.9% 和 57.8%。

图 7-15（d）显示了五种不同封装形式下相变材料液相率的变化，与前面的分析相同，圆环体封装形式下相变材料的比表面积最大，所以熔化时间最短，DHPD 和 SAT 熔化所需的无量纲时间分别为 0.24 和 0.24；其他几种封装形式下，由于倒圆台体在面对水流来流方向的表面积较大，相变材料熔化相对较快，DHPD 和 SAT 熔化所需无量纲时间分别为 0.29 和 0.33；而正圆台体封装形式下，相变材料熔化最慢，DHPD 和 SAT 熔化所需无量纲时间

分别为 0.41 和 0.55；圆柱体和球体的比表面积相似，熔化所需无量纲时间也比较相似，介于正圆台和倒圆台之间，圆柱体中 DHPD 和 SAT 熔化所需无量纲时间分别为 0.35 和 0.43。

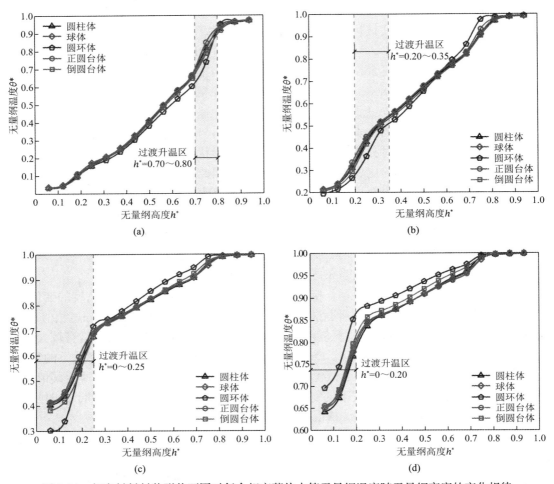

图 7-14　相变材料封装形状不同时复合相变蓄热水箱无量纲温度随无量纲高度的变化规律

（a）$t^* = 0.25$；（b）$t^* = 0.40$；（c）$t^* = 0.50$；（d）$t^* = 0.60$

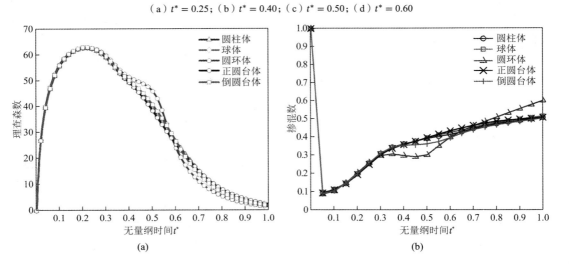

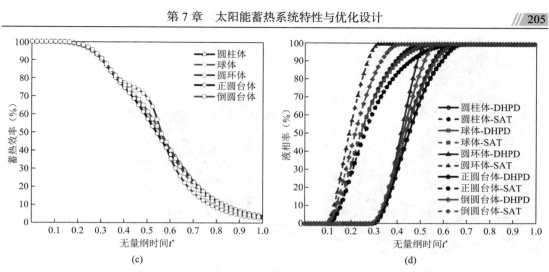

图 7-15　相变材料封装形状不同时复合相变蓄热水箱的参数变化

（a）理查森数；（b）掺混数；（c）蓄热效率；（d）相变材料液相率

不同封装形式对水箱热分层的影响主要由其比表面积决定，封装形式的比表面积越大，相变材料熔化得越快，复合相变蓄热水箱的热分层效果越好；另外，在顺着换热流体来流方向增大面积的占比，可以一定程度增强相变材料换热，提高复合相变蓄热水箱的热分层效果。

通过以上分析可以得出，提高复合相变蓄热水箱中相变材料体积占比可以增加复合相变蓄热水箱的最大蓄热量，复合相变蓄热水箱的热分层效果较差。当相变材料中心位置在复合相变蓄热水箱进出水口附近时，在蓄热初期可以保持较小的掺混数，但在蓄热后期复合相变蓄热水箱的掺混加剧；相变材料位置靠近复合相变蓄热水箱中心时，复合相变蓄热水箱的热分层效果更好。相变材料封装形式对复合相变蓄热水箱热性能的影响主要在于其比表面积，比表面积的提高可以提高复合相变蓄热水箱运行时的热性能，其中圆环体的封装形式的热分层效果最好，相变材料熔化得最快，与圆柱体相比，采用圆环体封装形式的高低温相变材料的熔化无量纲时间分别减少了 0.19 和 0.11。

## 7.4　太阳能蓄热水罐优化设计方法

### 7.4.1　蓄热水罐保温材料与结构优化设计

大型蓄热水罐（容积 ≥ 5000m³）的主要结构包括：钢制罐体、集热端热水进口、集热端冷水出口、末端冷水进口以及末端热水出口，外面有保温层和外保护层，底部通过钢筋混凝土结构与土壤部分连接，如图 7-16 所示。

蓄热水罐内部水体与外界的传热过程包括：水体和内壁的对流换热，保温层和外保护层的导热，外界空气和外保护层的对流和辐射换热，太阳辐射以及天空长波辐射换热。高海拔地区大型蓄热水罐的传热过程如图 7-17 所示。

蓄热水罐传热由内外温差驱动，确定大型蓄热水罐各个面的传热热阻，有助于分析高海拔边界条件下对蓄热水罐传热的影响。大型蓄热水罐传热热阻网络如图 7-18 所示。

图 7-16　大型蓄热水罐

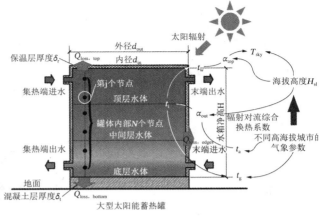

图 7-17　高海拔地区大型蓄热水罐的传热过程

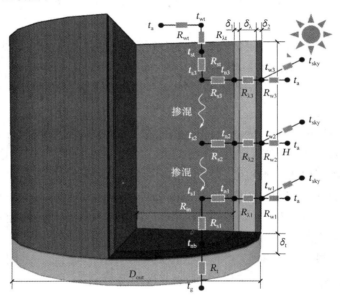

图 7-18　大型蓄热水罐传热热阻网络

供暖期内水体温度高于外界环境温度，按热量传递方向，包括罐体内部水体与罐体内壁进行的对流换热，其单位面积热阻为 $R_1$；通过罐体内壁的导热，其单位面积热阻为 $R_2$；通过罐体保温层的导热，其单位面积热阻为 $R_3$；通过罐体外壁（外保护层）的导热，其单位面积热阻为 $R_4$；以及罐体外壁与外界环境之间的辐射和对流换热，其单位面积热阻为 $R_5$。总单位面积热阻计算公式如下：

$$R_{总} = R_1 + R_2 + R_3 + R_4 + R_5 \tag{7-21}$$

由于实际情况中蓄热水罐存在热分层，各面的热流密度不一样，内外温差大的侧壁热流密度大，温差小的侧壁热流密度小，故提出一个解决办法即保温材料用量不变的情况下将内外温差小的保温层移至温差大的侧壁，其目的是在保温初投资不变的基础上进一步优化保温、降低能耗，做到有限保温材料的高效利用。

将大型太阳能蓄热水罐侧壁保温区域按高度均匀划分为上、中、下三层，保温优化原理即是减少下层保温，然后将下层减少保温材料转移至顶层、上层和中层。由于竖向存在坡度，不利于实际施工过程，故将保温结构进行简化，即将竖向坡度保温简化为竖向阶梯形保温，上、中、下层各自划分保温厚度，使得每层的保温厚度都可以独立进行优化，原理如图 7-19 所示。

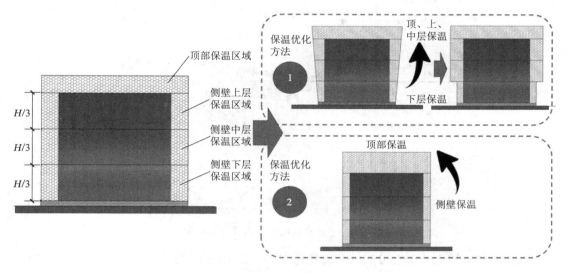

图 7-19　大型蓄热水罐差异化保温优化原理

由于大型蓄热水罐与小型水箱的蓄热体积不同，其单位蓄热体积的热损失和投资成本（经济性）存在较大差异，将会对保温厚度取值造成影响。因此，为减少高海拔地区太阳能集中供暖系统大型蓄热水罐的热损失，现有主要方法是外加保温，其涉及保温材料的选择与保温厚度的选取。工程中常用的保温材料有聚氨酯、橡塑、玻璃棉和岩棉。上述四种保温材料的性能及成本对比如表 7-3 所示。

高海拔地区蓄热水罐常用保温材料性能及成本对比　　　　　　　　表 7-3

| 性能及成本 | 比较结果 | | |
|---|---|---|---|
| 防腐性能 | 聚氨酯 > 玻璃棉 > 岩棉 > 橡塑 | | |
| 防水性能 | 岩棉 > 聚氨酯 > 玻璃棉 > 橡塑 | | |
| 导热系数 | 岩棉 [0.044W/(m·℃)] > 玻璃棉 [0.036W/(m·℃)] > 橡塑 [0.034W/(m·℃)] > 聚氨酯 [0.024W/(m·℃)] | | |
| 密度 | 岩棉（150kg/m³）> 聚氨酯（50kg/m³）> 橡塑（45kg/m³）> 玻璃棉（36kg/m³） | | |
| 比热容 | 橡塑 [1700J/(kg·℃)] > 聚氨酯 [1380J/(kg·℃)] > 岩棉 [750J/(kg·℃)] > 玻璃棉 [670J/(kg·℃)] | | |
| 高海拔地区保温材料价格 | 聚氨酯（$a_1$ 元/m³） | 橡塑（$b_1$ 元/m³） | 岩棉（$c_1$ 元/m³） | 玻璃棉（$d_1$ 元/m³） |
| 高海拔地区使用寿命 | 聚氨酯（$a_2$ 年） | 橡塑（$b_2$ 年） | 岩棉（$c_2$ 年） | 玻璃棉（$d_2$ 年） |

注：以拉萨地区为例，其保温材料价格根据市面平均价格取值：$a_1$ 取 400，$b_1$ 取 380，$c_1$ 取 330，$d_1$ 取 205；蓄热水罐在有外保护层、保温材料维护良好的情况下理论使用寿命：$a_2$ 取 15～20，$b_2$ 取 15～20，$c_2$ 取 20～24，$d_2$ 取 8～12。

典型日蓄热水罐上、中、下三层温度如图 7-20 所示。

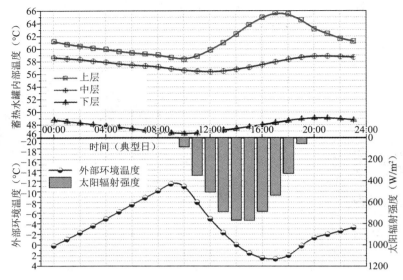

图 7-20　蓄热水罐典型日内部分层温度

根据蓄热水罐内部温度分层的动态变化规律,提出两种保温优化方法,方法一:将下层保温移至中、上层和顶部,在均匀保温的基础上,转移的保温厚度设定为原来的 25%、50% 和 75%(分别为方案一、方案二、方案三);方法二:将整个侧壁保温移至顶部,同样在均匀保温的基础上,转移的保温厚度设定为原来的 25%、50% 和 75%(分别为方案四、方案五、方案六),以此得出六个保温优化方案。在均匀保温最佳厚度的基础上依次改变蓄热容积与集热面积之比($RVA$)、蓄热水罐体积和保温材料。以拉萨地区 $5000m^3$,$RVA = 0.5m^3/m^2$,70mm 聚氨酯保温的蓄热水罐为初始方案,上述六个方案的单位蓄热体积的全年累计热损失如表 7-4 所示。

拉萨地区保温优化方案下单位蓄热体积的全年累计热损失　　表 7-4

| 初始方案 | 全年累计热损失<br>($MJ/m^3$) | 保温优化方案 | 全年累计热损失<br>($MJ/m^3$) | 节能率 |
|---|---|---|---|---|
| $5000m^3$,$RVA = 0.5m^3/m^2$,<br>聚氨酯 70mm | 0.151 | 方案一 | 0.118 | 15.05% |
| | | 方案二 | 0.128 | 14.90% |
| | | 方案三 | 0.139 | 8.02% |
| | | 方案四 | 0.164 | |
| | | 方案五 | 0.204 | — |
| | | 方案六 | 0.304 | |
| $5000m^3$,$RVA = 0.8m^3/m^2$,<br>聚氨酯 50mm | 0.185 | 方案一 | 0.157 | 14.92% |
| | | 方案二 | 0.158 | 14.80% |
| | | 方案三 | 0.170 | 8.18% |
| | | 方案四 | 0.201 | |
| | | 方案五 | 0.253 | — |
| | | 方案六 | 0.368 | |

续表

| 初始方案 | 全年累计热损失（MJ/m³） | 保温优化方案 | 全年累计热损失（MJ/m³） | 节能率 |
|---|---|---|---|---|
| 10000m³，$RVA=0.5$m³/m²，聚氨酯 70mm | 0.119 | 方案一 | 0.100 | 15.64% |
| | | 方案二 | 0.101 | 14.83% |
| | | 方案三 | 0.111 | 6.49% |
| | | 方案四 | 0.132 | |
| | | 方案五 | 0.167 | — |
| | | 方案六 | 0.258 | |
| 10000m³，$RVA=0.5$m³/m²，橡塑 70mm | 0.155 | 方案一 | 0.130 | 16.24% |
| | | 方案二 | 0.130 | 16.06% |
| | | 方案三 | 0.143 | 7.57% |
| | | 方案四 | 0.171 | |
| | | 方案五 | 0.213 | — |
| | | 方案六 | 0.320 | |

由表 7-4 可知，方案一、方案二、方案三和初始方案相比可以进一步节省能耗，而方案四、方案五、方案六则增加了能耗，在方案的选取上可以择前三个方案，其中方案一最优，其节能率达到 15%左右，方案二次之，其节能率也接近 15%。

### 7.4.2　蓄热水罐最佳保温厚度的确定

高海拔城市蓄热水罐的保温设计方法涵盖了保温材料选取原则以及保温材料推荐厚度。由表 7-3 可知，在高海拔条件下聚氨酯的保温综合性能最佳，其次是岩棉，最后是橡塑。根据相关规范的规定，相同温度范围内有不同保温材料可供选择时，应选用热导率小、密度小、造价低、易于施工的材料，同时应进行综合比较，优先选用经济效益高的方案。结合工程实际案例，高海拔地区大型蓄热水罐保温材料宜优先考虑聚氨酯或岩棉。

通过对大型蓄热水罐进行模拟可得，拉萨地区采用聚氨酯、橡塑和岩棉保温的投资回收期和收益现值与保温厚度的关系如图 7-21～图 7-23 所示：

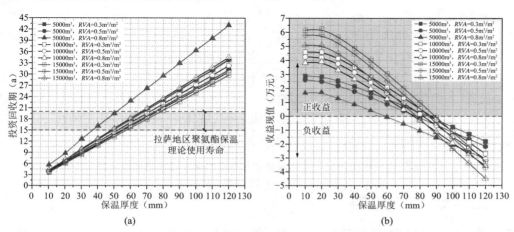

(a)　(b)

图 7-21　拉萨地区聚氨酯保温的投资回收期和收益现值与保温厚度的关系

（a）投资回收期与厚度的关系；（b）收益现值与厚度的关系

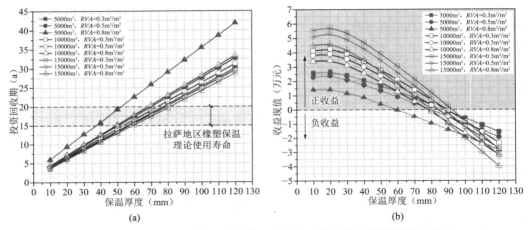

图 7-22　拉萨地区橡塑保温的投资回收期和收益现值与保温厚度的关系

（a）投资回收期与厚度的关系；（b）收益现值与厚度的关系

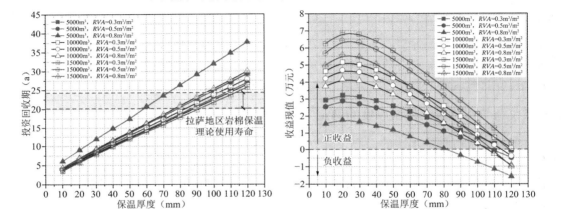

图 7-23　拉萨地区岩棉保温的投资回收期和收益现值与保温厚度的关系

（a）投资回收期与厚度的关系；（b）收益现值与厚度的关系

　　由表 7-4 可知，在蓄热水罐外壁不设外保护层的情况下，保温材料依次优先选择聚氨酯、岩棉和橡塑；若设外保护层则都可选择。确定保温材料后对其厚度进行选取，当蓄热水罐保温厚度增加时，其年热损失减少但初投资增加；相反，当蓄热水罐保温减少时，其年初投资减少但热损失增加。蓄热水罐初始保温厚度为 0，在此基础上每次增加 10mm，将每次因增加保温厚度而增加的初投资和每年节省的能耗换算成高海拔城市节省的资金，再换算成静态投资回收期，保温选取原则为回收期不超过保温使用寿命同时收益现值为正，根据此得到推荐保温厚度。选择以拉萨为代表城市进行计算，得到不同保温厚度下蓄热水罐的年热损失和回收期如表 7-5～表 7-7 所示：

拉萨地区不同保温厚度下蓄热水罐的年热损失和投资回收期及收益现值

（5000m³ 蓄热水罐，聚氨酯保温）　　　　　　　　　　　　　　表 7-5

| $RVA$<br>（m³/m²） | 保温厚度<br>（mm） | 年热损失<br>（kWh/m³） | 投资回收期<br>（a） | 收益现值<br>（万元） |
|---|---|---|---|---|
| 0.3 | 0 | 0.444 | — | — |
| | 10 | 0.139 | 3.539 | 2.891 |

| RVA（m³/m²） | 保温厚度（mm） | 年热损失（kWh/m³） | 投资回收期（a） | 收益现值（万元） |
|---|---|---|---|---|
| 0.3 | 20 | 0.095 | 6.180 | 2.850 |
| | 30 | 0.073 | 8.733 | 2.552 |
| | 40 | 0.061 | 11.262 | 2.154 |
| | 50 | 0.053 | 13.794 | 1.703 |
| | 60 | 0.046 | 16.276 | 1.238 |
| | 70 | 0.042 | 18.791 | 0.745 |
| | 80 | 0.038 | 21.262 | 0.251 |
| | 90 | 0.035 | 23.765 | −0.259 |
| | 100 | 0.033 | 26.250 | −0.771 |
| | 110 | 0.030 | 28.689 | −1.281 |
| | 120 | 0.029 | 31.204 | −1.807 |
| 0.5 | 0 | 0.411 | — | — |
| | 10 | 0.131 | 3.861 | 2.605 |
| | 20 | 0.093 | 6.799 | 2.492 |
| | 30 | 0.073 | 9.585 | 2.181 |
| | 40 | 0.061 | 12.348 | 1.774 |
| | 50 | 0.053 | 15.063 | 1.332 |
| | 60 | 0.046 | 17.772 | 0.861 |
| | 70 | 0.042 | 20.477 | 0.373 |
| | 80 | 0.038 | 23.157 | −0.123 |
| | 90 | 0.035 | 25.865 | −0.632 |
| | 100 | 0.033 | 28.550 | −1.144 |
| | 110 | 0.030 | 31.171 | −1.652 |
| | 120 | 0.029 | 33.953 | −2.185 |
| 0.8 | 0 | 0.329 | — | — |
| | 10 | 0.133 | 5.489 | 1.672 |
| | 20 | 0.079 | 8.621 | 1.737 |
| | 30 | 0.071 | 12.551 | 1.283 |
| | 40 | 0.060 | 16.029 | 0.871 |
| | 50 | 0.051 | 19.425 | 0.427 |
| | 60 | 0.046 | 22.845 | −0.049 |
| | 70 | 0.041 | 26.223 | −0.537 |
| | 80 | 0.037 | 29.583 | −1.034 |
| | 90 | 0.034 | 32.949 | −1.541 |
| | 100 | 0.033 | 36.392 | −2.060 |
| | 110 | 0.030 | 39.655 | −2.568 |
| | 120 | 0.029 | 43.107 | −3.096 |

拉萨地区不同保温厚度下蓄热水罐的年热损失和投资回收期及收益现值
（10000m³蓄热水罐，聚氨酯保温）　　　　表7-6

| RVA<br>（m³/m²） | 保温厚度<br>（mm） | 年热损失<br>（kWh/m³） | 投资回收期<br>（a） | 收益现值<br>（万元） |
|---|---|---|---|---|
| | 0 | 0.359 | — | — |
| | 10 | 0.117 | 3.541 | 4.583 |
| | 20 | 0.078 | 6.103 | 4.599 |
| | 30 | 0.060 | 8.601 | 4.149 |
| | 40 | 0.050 | 11.079 | 3.529 |
| | 50 | 0.043 | 13.568 | 2.817 |
| 0.3 | 60 | 0.037 | 15.975 | 2.097 |
| | 70 | 0.033 | 18.408 | 1.331 |
| | 80 | 0.030 | 20.862 | 0.537 |
| | 90 | 0.028 | 23.283 | −0.260 |
| | 100 | 0.026 | 25.743 | −1.079 |
| | 110 | 0.024 | 28.112 | −1.880 |
| | 120 | 0.023 | 30.592 | −2.718 |
| | 0 | 0.341 | — | — |
| | 10 | 0.115 | 3.779 | 4.240 |
| | 20 | 0.078 | 6.515 | 4.200 |
| | 30 | 0.060 | 9.132 | 3.759 |
| | 40 | 0.050 | 11.744 | 3.135 |
| | 50 | 0.043 | 14.355 | 2.428 |
| 0.5 | 60 | 0.037 | 16.913 | 1.696 |
| | 70 | 0.033 | 19.449 | 0.939 |
| | 80 | 0.030 | 22.009 | 0.152 |
| | 90 | 0.028 | 24.591 | −0.656 |
| | 100 | 0.026 | 27.169 | −1.472 |
| | 110 | 0.024 | 29.697 | −2.283 |
| | 120 | 0.023 | 32.309 | −3.119 |
| | 0 | 0.321 | — | — |
| | 10 | 0.113 | 4.124 | 3.814 |
| | 20 | 0.071 | 6.867 | 3.897 |
| | 30 | 0.060 | 9.846 | 3.300 |
| | 40 | 0.050 | 12.640 | 2.670 |
| | 50 | 0.043 | 15.384 | 1.979 |
| 0.8 | 60 | 0.037 | 18.106 | 1.246 |
| | 70 | 0.033 | 20.818 | 0.484 |
| | 80 | 0.030 | 23.541 | −0.303 |
| | 90 | 0.028 | 26.305 | −1.115 |
| | 100 | 0.026 | 29.043 | −1.929 |
| | 110 | 0.024 | 31.713 | −2.736 |
| | 120 | 0.023 | 34.515 | −3.576 |

**拉萨地区不同保温厚度下蓄热水罐的年热损失和投资回收期及收益现值**
**（15000m³ 蓄热水罐，聚氨酯保温）**

表 7-7

| RVA（m³/m²） | 保温厚度（mm） | 年热损失（kWh/m³） | 投资回收期（a） | 收益现值（万元） |
|---|---|---|---|---|
| 0.3 | 0 | 0.322 | — | — |
|  | 10 | 0.107 | 3.474 | 6.144 |
|  | 20 | 0.070 | 5.941 | 6.253 |
|  | 30 | 0.054 | 8.382 | 5.667 |
|  | 40 | 0.045 | 10.786 | 4.872 |
|  | 50 | 0.037 | 13.139 | 3.995 |
|  | 60 | 0.032 | 15.500 | 3.038 |
|  | 70 | 0.029 | 17.867 | 2.035 |
|  | 80 | 0.027 | 20.264 | 0.989 |
|  | 90 | 0.025 | 22.653 | −0.069 |
|  | 100 | 0.023 | 25.024 | −1.132 |
|  | 110 | 0.021 | 27.333 | −2.183 |
|  | 120 | 0.020 | 29.745 | −3.280 |
| 0.5 | 0 | 0.309 | — | — |
|  | 10 | 0.104 | 3.652 | 5.788 |
|  | 20 | 0.070 | 6.269 | 5.808 |
|  | 30 | 0.054 | 8.791 | 5.247 |
|  | 40 | 0.044 | 11.304 | 4.443 |
|  | 50 | 0.038 | 13.796 | 3.538 |
|  | 60 | 0.034 | 16.299 | 2.560 |
|  | 70 | 0.029 | 18.719 | 1.585 |
|  | 80 | 0.027 | 21.185 | 0.556 |
|  | 90 | 0.025 | 23.666 | −0.498 |
|  | 100 | 0.023 | 26.150 | −1.567 |
|  | 110 | 0.021 | 28.565 | −2.621 |
|  | 120 | 0.020 | 31.098 | −3.723 |
| 0.8 | 0 | 0.286 | — | — |
|  | 10 | 0.102 | 4.071 | 5.078 |
|  | 20 | 0.069 | 6.895 | 5.077 |
|  | 30 | 0.053 | 9.634 | 4.493 |
|  | 40 | 0.043 | 12.346 | 3.690 |
|  | 50 | 0.037 | 15.041 | 2.781 |
|  | 60 | 0.033 | 17.721 | 1.814 |
|  | 70 | 0.029 | 20.379 | 0.817 |
|  | 80 | 0.026 | 23.055 | −0.217 |
|  | 90 | 0.024 | 25.733 | −1.269 |
|  | 100 | 0.023 | 28.426 | −2.339 |
|  | 110 | 0.021 | 31.036 | −3.394 |
|  | 120 | 0.020 | 33.801 | −4.501 |

同理，拉萨地区采用橡塑和岩棉保温材料也可用此方法得到年热损失、投资回收期和收益现值。表 7-8 给出了拉萨地区大型太阳能蓄热水罐的保温厚度推荐值。由上述分析可知，高海拔地区的气候对蓄热水罐保温措施产生一定的影响。以 5000m³、$RVA = 0.5m^3/m^2$，在高海拔地区（以拉萨为例，平均海拔 3648.9m）采用聚氨酯（70mm）为例加以说明。与在平原地区（以西安为例，平均海拔 397.5m）相比，拉萨地区年热损失为 0.042kWh/m³，而在西安地区年热损失为 0.034kWh/m³。由此可知，在拉萨地区相比在西安地区，蓄热水罐的年热损失增加 23.5%，根据《设备及管道绝热设计导则》GB/T 8175—2008，按平原地区经验方法取值，聚氨酯的保温厚度可取 60mm，由此可知在该例中拉萨地区相比在西安地区，大型太阳能蓄热罐的保温厚度推荐值增加了 10mm。

拉萨地区大型太阳能蓄热水罐保温厚度推荐值　　　　　　表 7-8

| 蓄热水罐体积（m³） | 集热器面积（m²） | 保温材料及推荐保温厚度 | | | |
|---|---|---|---|---|---|
| | | 聚氨酯 | 橡塑 | 岩棉 | 玻璃棉 |
| 5000 | 0～6000 | 50mm | 50mm | 70mm | 60mm |
| | 6000～10000 | 70mm | 70mm | 90mm | 70mm |
| | 10000～16000 | 70mm | 80mm | 100mm | 80mm |
| 10000 | 0～12000 | 70mm | 70mm | 90mm | 70mm |
| | 12000～20000 | 70mm | 70mm | 100mm | 80mm |
| | 20000～32000 | 80mm | 80mm | 110mm | 90mm |
| 15000 | 0～18000 | 70mm | 70mm | 90mm | 80mm |
| | 18000～30000 | 70mm | 80mm | 100mm | 90mm |
| | 30000～48000 | 80mm | 80mm | 110mm | 100mm |

### 7.4.3　蓄热水罐高效蓄/取热技术

蓄热水罐的温度分层情况是评价蓄热水罐热性能的重要特征，设置分层装置对蓄热水罐蓄热性能提升起到何种作用？本小节通过数值模拟的方法分析分层装置的结构与运行参数对蓄热水罐蓄热效率、㶲效率、分层效率等热性能的影响。此外，对比分析了常规进水结构和带有分层结构的蓄热水罐的热性能，明确分层结构蓄热水罐的高效蓄热性能。

常规蓄热水罐形式简单，多采用固定供回水管路；接集热器的高温供水管与用户取水管位于蓄热水罐顶部，接集热器的低温回水管与用户回水管位于蓄热水罐底部，供回水只能从固定位置进入或离开蓄热水罐，灵活性较差。

高效蓄/取热型蓄热水罐的结构与运行模式如图 7-24 所示，在蓄热水罐中设置了分层装置和不同高度的取水口（故又称为分层蓄热水罐），以提高蓄热水罐的自适应性，满足用户的多样化需求，从而提高系统的利用率。为了使分层装置的出口压力均匀，分层装置两侧均匀设置四对侧出口，在分层口处设置"瓣膜"（止回作用），通过压力差控制瓣膜的启闭，每对分层开口间的距离为 $h_3$，每个分层开口的直径为 $d_1$，最底端的分层开口距水罐底

部 $h_1$。用户回水口距水罐底部 $H_1$，低温取水口距用户回水口 $H_2$，中温取水口距低温取水口 $H_3$，高温取水口距中温取水口 $H_4$。

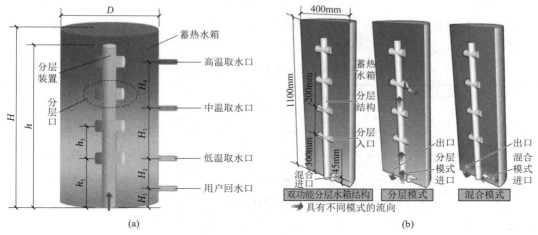

图 7-24　高效蓄/取热型蓄热水罐结构与运行模式

（a）结构；（b）分层蓄热水罐运行模式

1. 分层蓄热水罐传热过程分析

分层蓄热水罐在实际运行过程中，由于高温水密度小、低温水密度大，在浮升力的作用下，水罐顶部温度比底部温度高。分层蓄热水罐模型如图 7-25 所示，沿其高度方向分成 $n$ 层，各层内部蓄热介质具有相同的温度。

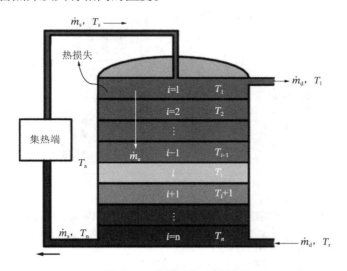

图 7-25　分层蓄热水罐模型

在太阳能供暖系统中，由集热器将热量传到蓄热水罐，由蓄热水罐供给至负荷侧，整个过程中蓄热水罐热损失主要有三种途径：蓄热水罐壁面与外界环境存在温差造成的热损失；蓄热水罐内冷、热水间温差传热而形成的热损失；蓄热水罐进、出水口射流引起的温度混合而产生的热损失。减少进、出口射流而引起的热量损失，是提高蓄热水罐蓄热效率的关键。

**2. 容积对分层蓄热水罐热特性的影响**

不同容积的分层蓄热水罐的结构参数如表 7-9 所示,高度为 1100mm,选择不同直径（$D = 300mm$，$D = 350mm$，$D = 400mm$，$D = 450mm$，$D = 500mm$）的分层蓄热水罐。容积的改变会影响分层蓄热水罐内流体的流动,从而影响热分层的形成,进而影响分层蓄热水罐的热性能。

**不同容积的分层蓄热水罐的结构参数**　　　表 7-9

| 直径（mm） | 300 | 350 | 400 | 450 | 500 |
|---|---|---|---|---|---|
| 半径（mm） | 150 | 175 | 200 | 225 | 250 |
| 高度（mm） | 1100 | 1100 | 1100 | 1100 | 1100 |
| 容积（L） | 75 | 100 | 125 | 175 | 200 |

分层蓄热水罐的分层效率及蓄热效率随容积的变化如图 7-26 所示。当采用相同尺寸的分层进水结构时,分层效率均呈现先升高后下降的趋势,容积过小和过大时,分层效率都较低。当容积过小时,由于分层蓄热水罐的直径较小,分层进水结构距离分层蓄热水罐壁面的距离较近,在相同的分层进水结构的作用下,热水通过分层进水结构进入分层蓄热水罐时,易与壁面进行碰撞,扰动较大,增强了分层蓄热水罐的混水能力,并加剧各温度层之间的换热;当容积过大时,分层蓄热水罐的直径过大,使通过分层进水结构进入的热水与所处温度层的换热所需时间较长,引起热量的损失。

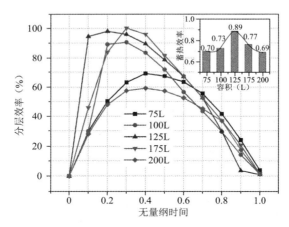

图 7-26　分层蓄热水罐的分层效率及蓄热效率随容积的变化

**3. 进水温度对分层蓄热水罐的影响**

分层蓄热水罐蓄热效率随进水温度的变化如图 7-27 所示。在不同进水流量下,随着进水温度的升高,蓄热效率升高;在不同尺寸的分层结构下,随着进水温度的升高,蓄热效率显著升高。

不同进口温度下分层蓄热水罐分层效率的变化如图 7-28 所示。随着热水流入分层蓄热水罐,在其内形成分层,分层效率呈上升趋势;到蓄热后期时,冷水全部置换成热水,分层被破坏,罐内重新达到了热水的近似完全混合状态。当分层蓄热水罐的进水结构尺寸为 50mm 时,高进口温度的最大分层效率要高于低进口温度的最大分层效率 12.7%;对于分层结构为 75mm 的进水结构，高进水温度的最大分层效率要高于低进水温度的最大分层效率 7.8%。

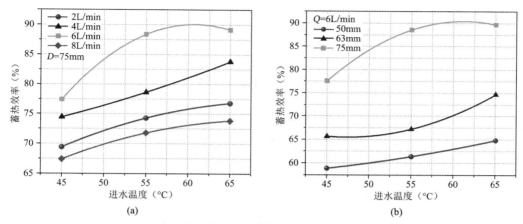

图 7-27　分层蓄热水罐蓄热效率随进水温度的变化

（a）流量不同、管径相同（$D = 75mm$）；（b）管径不同、流量相同（$Q = 6L/min$）

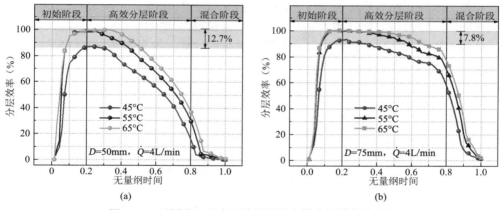

图 7-28　不同进口温度下分层蓄热水罐分层效率的变化

（a）$D = 50mm$，$Q = 4L/min$；（b）$D = 75mm$，$Q = 4L/min$

**4. 进水流量对分层蓄热水罐的影响**

进口流速的改变会引起分层蓄热水罐进口处扰动，较大的进口流速减小了蓄热所需要的时间，但会增大分层蓄热水罐内的扰动；较小的进口流速，会增加各温度层之间的传热。通过计算分层蓄热水罐内的最大温差，可以更直观地体现分层器的性能，判断垂直方向上水罐内的分层效果：

$$\Delta t = t_{\text{top}} - t_{\text{bottom}} \tag{7-22}$$

式中　$\Delta t$——分层蓄热水罐垂直方向上的最大温差，℃；

$\quad\quad t_{\text{top}}$——分层蓄热水罐垂直方向上部的温度，℃；

$\quad\quad t_{\text{bottom}}$——分层蓄热水罐垂直方向下部的温度，℃。

在不同的进口流量工况下，最大温差的变化规律如图 7-29 所示。考虑分层蓄热水罐内水的换热以及一部分热损失，其顶部和底部有较大的温度梯度，由于分层口处瓣膜的止回作用，热水先由顶部分层口进入分层蓄热水罐顶部，与顶部的水进行换热，顶部的水温度上升较快，而底部的水温度上升缓慢，故在分层蓄热水罐内形成了良好的分层。

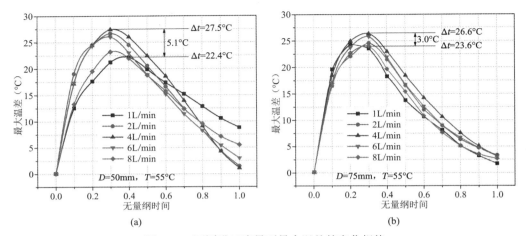

图 7-29　不同进口流量下最大温差的变化规律

（a）$D = 50$mm，$T = 55$℃；（b）$D = 75$mm，$T = 55$℃

分层蓄热水罐蓄热效率随进口流量的变化情况如图 7-30 所示。不同进口温度下，随着进口流量的增大，蓄热效率先增大后减小；不同分层进水结构尺寸下，随着进口流量的增大，蓄热效率先增大后减小。蓄热效率随进口流量的变化，均呈现为抛物线形，且对于不同条件均存在蓄热效率最好的进口流量。

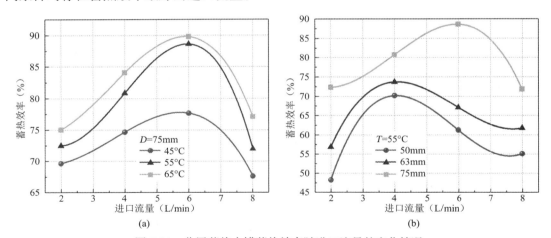

图 7-30　分层蓄热水罐蓄热效率随进口流量的变化情况

（a）进口温度不同、管径相同（$D = 75$mm）；（b）管径不同、进口温度不同（$T = 55$℃）

为了消除不同实验工况下分层蓄热水罐初始温度和进口温度的差异，采用无量纲温度 $T^*$：

$$T^* = \frac{T - T_{\text{tank,start}}}{T_{\text{inlet}} - T_{\text{tank,start}}} \tag{7-23}$$

式中　$T$——分层蓄热水罐内不同高度处测点温度，℃；

$T_{\text{tank,start}}$——分层蓄热水罐初始温度，℃；

$T_{\text{inlet}}$——分层蓄热水罐进口温度，℃。

不同进口流量下斜温层厚度变化情况如图 7-31 所示。在不同进口流量、相同时刻处，过渡升温区以下，温度变化慢；而在过渡升温区以上，温度变化较快。在蓄热分层初期，斜温层厚度较小，位于分层蓄热水罐的 0.75～0.90m 处；在蓄热分层中期，随着热量传入分层蓄热水罐，斜温层厚度位置下移到分层蓄热水罐的 0.45～0.75m 处；在蓄热分层后期，由于分层蓄热水罐只蓄热不取热，分层蓄热水罐的温度升高，上部分均是高温水。

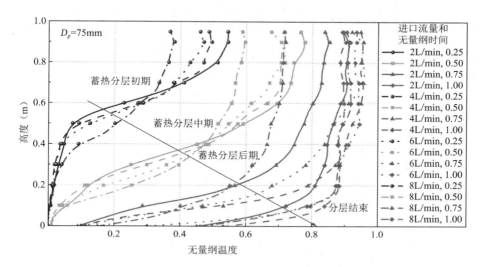

图 7-31　不同进口流量下斜温层厚度变化情况（$D = 75\text{mm}$，$T = 55℃$）

分层蓄热水罐的分层效率能更好地体现在蓄热过程中分层的热性能，不同进口流量下分层效率的变化规律如图 7-32 所示。在不同的进口流量下，分层效率均体现为先增大，后减小的趋势，分层蓄热水罐由混合状态（25℃）到温度分层状态再到混合状态（近似为分层蓄热水罐的进口温度）。当分层结构尺寸增大时，在同等流量的条件下，分层结构出水速度降低，在不同进口流量下，分层效率均较高，但在小流量和大流量状态下，分层效率要低于其他流量状态。

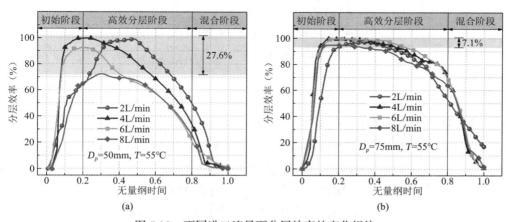

图 7-32　不同进口流量下分层效率的变化规律

（a）$D = 50\text{mm}$，$T = 55℃$；（b）$D = 75\text{mm}$，$T = 55℃$

在无量纲时间为 0.2～0.8 的范围内，罐内的分层现象明显增强，属于高效分层区，进口流量过小或过大，均不利于分层蓄热水罐形成良好的热分层。在进口流量为 4～6L/min

时，对于设置有分层进水结构的分层蓄热水罐，其热性能较好，蓄热效率和分层效率较高。

5. 不同尺寸的分层结构下分层蓄热水罐热特性分析

在不同尺寸的分层进水结构下，均可使分层蓄热水罐内产生良好的热分层，且随着蓄热时间的增加，分层蓄热水罐温度升高；由速度云图可知，在不同时刻的蓄热状态，分层结构的四对分层口，可根据温差判断，开启对应温度层的分层口定向进水，关闭其他分层口。

分层进水结构尺寸不同时，分层蓄热水罐内各温度层温度随时间的变化情况如图7-33所示。随着分层进水结构尺寸的增大，分层蓄热水罐上部温度层的温度均升高较快，下部温度层的温度及出口温度曲线的斜率减小，温度升高速度缓慢。不同尺寸的分层进水结构，均可实现较好的分层进水功能。

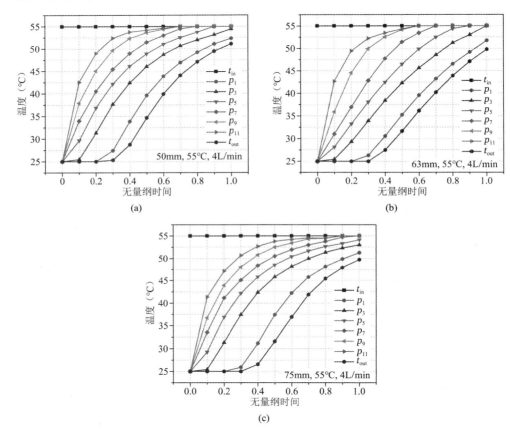

图7-33　分层进水结构尺寸不同时，分层蓄热水罐内各温度层温度随时间的变化情况

（a）$D = 50\text{mm}$，$Q = 4\text{L/min}$；（b）$D = 63\text{mm}$，$Q = 4\text{L/min}$；（c）$D = 75\text{mm}$，$Q = 4\text{L/min}$

不同尺寸的分层结构对垂直最大温差的影响如图7-34所示。在$T = 55℃$、$Q = 4\text{L/min}$条件下，当进口流量不变时，随着分层进水结构尺寸的增大，进水流速减小，降低了热水在分层蓄热水罐内有用能的利用，使得小尺寸分层进水结构的分层垂直最大温差略高于大尺寸分层进水结构。

蓄热效率随分层进水结构尺寸的变化情况如图7-35（a）所示。当进口温度较高时，随着分层结构尺寸的增大，蓄热效率的增加幅度较大。由图7-35（b）可知，当进口温度为55℃时，在不同进口流量的条件下，随着进水结构尺寸的增大，蓄热效率均表现为升高的趋势。

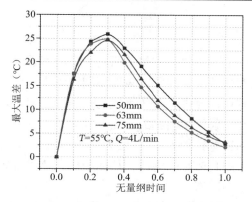

图 7-34　不同分层结构尺寸下垂直最大温差的变化规律

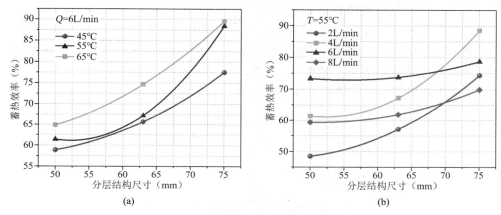

(a)　　　　　　　　　　　(b)

图 7-35　蓄热效率随分层结构尺寸的变化情况

（a）进口温度不同、进口流量相同（$Q = 4\text{L/min}$）；（b）进口流量不同、进口温度不同（$T = 55℃$）

不同尺寸的分层结构下分层效率的变化情况如图 7-36 所示。无量纲时间为 0～0.1 是蓄热的初始阶段，热水通过分层进水结构进入分层蓄热水罐的上部，上部的水温升高，分层效率迅速升高；无量纲时间为 0.1～0.7 是蓄热的高效分层阶段，分层效率较高（均在 50% 以上）；无量纲时间为 0.7～1.0 是蓄热的混合阶段，由于未从分层蓄热水罐取热，水温持续升高，分层效率下降速度较快。

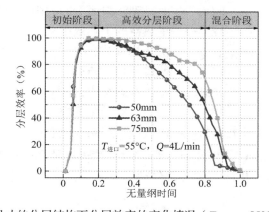

图 7-36　不同尺寸的分层结构下分层效率的变化情况（$T_{进口} = 55℃$，$Q = 4\text{L/min}$）

### 7.4.4 蓄热水罐容量设计方法

在不同的蓄热周期条件下，集热量与热负荷所决定的蓄热量不同。蓄热温差为蓄热水罐设计温度和供暖供水温度的差值。因此，对应不同供暖供水温度的末端形式也会影响蓄热水罐容量。在蓄热水罐容量计算中，蓄热水罐的热损失规律不可忽视，其热损失是由罐壁与外界环境之间的对流和辐射传热引起的。高原地区低大气压低、空气密度较小，导致对流换热系数与平原地区相比差异较大；长波辐射和天空当量温度的改变也影响辐射换热。因此，以下将讨论蓄热损失的具体影响规律，从而明确蓄热水罐容积设计方法。

1. 蓄热系统容量设计影响因素

对西藏高原七个典型地区的蓄热系统设计进行详细分析，以典型日及连续阴天为蓄热周期讨论太阳能系统的蓄热容积。在蓄热周期内，存在热量平衡［式(7-24)］，考虑系统的设计太阳能保证率 $SF$ 为 1，并忽略辅助热源项。其中系统的热损失为有效集热量的 $\eta_L$ 倍，两者的综合热量可表示为式(7-25)。因此，以典型日为蓄热周期，太阳能系统蓄热量为考虑系统损失时有效集热量大于建筑热负荷的时间段（ $\tau_1 \sim \tau_2$ ）进行积分。以连续阴天为蓄热周期，蓄热量为预先存储能安全度过此期间的需求热量 $|Q_s|$，积分时间段为最长连续阴天。

$$Q_s = \int_{\tau_1}^{\tau_2} [Q_u(\tau) + Q_{aux}(\tau) - Q_{load}(\tau) - Q_{loss}(\tau)] \, d\tau \tag{7-24}$$

$$Q_u(\tau) - Q_{loss}(\tau) = A_c I_\theta(\tau) \eta_{cd} (1 - \eta_L) \tag{7-25}$$

$$A_c = \frac{Q_{load} SF}{I_\theta \eta_{cd} (1 - \eta_L)} \tag{7-26}$$

$$V_s = \frac{Q_s}{\rho_w c_w (\overline{T}_s - T_g)} = \frac{\int_{\tau_1}^{\tau_2} [Q_u(\tau) - Q_{loss}(\tau) - Q_{load}(\tau)] \, d\tau}{\rho_w c_w (\overline{T}_s - T_g)} \tag{7-27}$$

式中

$Q_s$——系统的蓄热量，J；

$Q_u(\tau)$，$Q_{aux}(\tau)$，$Q_{load}(\tau)$，$Q_{loss}(\tau)$——$\tau$ 时刻的有效集热量、辅助热源加热量、供暖热负荷及系统热损失，W；

$A_c$——集热器的面积，$m^2$；

$I_\theta(\tau)$——$\tau$ 时刻倾斜面上的太阳辐射照度，$W/m^2$；

$\eta_{cd}$——集热器的平均效率；

$Q_{load}$，$I_\theta$——蓄热周期内的累积热负荷和倾斜面上的太阳总辐照量，J，$J/m^2$。

$V_s$——蓄热水罐容积，$m^3$；

$\rho_w$，$c_w$——水的密度和比热容，$kg/m^3$，$J/(kg \cdot ℃)$；

$\overline{T}_s$，$T_g$——水罐设计平均水温和供暖供水温度，℃。

当以连续因阴天为蓄热周期时，阴天的划分标准采用晴空指数 $K_t$ 判断，$0 < K_t < 0.3$，$0.3 \leqslant K_t < 0.5$，$0.5 \leqslant K_t < 0.7$，$K_t \geqslant 0.7$ 分别代表阴天、多云、局部多云和晴天。

$$K_t = \frac{G_d}{G_{ad}} \tag{7-28}$$

$$G_{ad} = \frac{0.0864 I_0}{\pi} f_d (\cos\varphi\cos\delta\sin\omega_s + \omega_s\sin\varphi\sin\delta) \tag{7-29}$$

$$f_d = 1 + 0.033\cos\left(\frac{360}{365}n\right) \tag{7-30}$$

式中　$G_d$——水平面日总太阳辐照量，MJ/m²；

　　　　$G_{ad}$——水平面日总天文辐照量，MJ/m²；

　　　　$I_0$——太阳常数，取 1367W/m²；

　　　　$f_d$——日—地距离修正系数；

　　　　$\varphi$——当地纬度；

　　　　$\delta$——赤纬角；

　　　　$\omega_s$——日落时角；

　　　　$n$——当前日期在一年中的天数，d。

2. 蓄热水罐热损失特性分析

将蓄热水罐从上到下划分为 $N$ 个节点，通过积分某时间段在蓄热水罐内所有节点的热损失得到蓄热水罐的总热损失 $Q_{loss}$：

$$Q_{loss} = \int_{\tau_1}^{\tau_2}\left\{\sum_{i=1}^{N} A_{S,i} U_{S,i}[T_{tank,i}(\tau) - T_a(\tau)]\right\}d\tau \tag{7-31}$$

式中　$A_{S,i}$、$U_{S,i}$、$T_{tank,i}(\tau)$——分别为"$i$"节点蓄热水罐的表面积、热损失系数和当前时刻水温，m²，W/(m²·℃)，℃；

　　　　$T_a(\tau)$——当前时刻环境温度，℃。

蓄热水罐保温材料越厚则节能效果越好，初投资随着保温厚度的增加而增加，采用蓄热水罐保温的静态投资回收期作为限制参数，在静态投资回收期小于使用年限内取最节能的保温厚度即为推荐采用的保温厚度。

$$P_t = \frac{W_{bw}}{Q_{l0} - Q_{l\delta}} \tag{7-32}$$

式中　$W_{bw}$——保温初投资，元；

　　　$Q_{l0}$ 和 $Q_{l\delta}$——分别为蓄热水罐不设保温时的年热损失换算成资金及保温厚度设为 $\delta$ 时的年热损失换算成资金，元。

（1）蓄热水罐对流与辐射热损失

高原气候条件对蓄热水罐热损失的影响体现为对流换热及长波辐射两方面。在对流换热方面，低气压导致较低的空气密度；在辐射换热方面，空气透明度高导致长波辐射较大，影响天空当量温度。

$$\rho_{air} = \frac{P_H \times 10^2}{R_{air,con} t_a}\left(1 - 0.378\frac{p_v}{P_H}\right) \tag{7-33}$$

$$T_{sky} = T_a\left[\left(0.649 + 0.313\lg\frac{P_H}{P_0} + 0.217\lg e\right)(1.24 - 0.24 S_{mo})\right]^{1/4} \tag{7-34}$$

式中　$P_H$、$P_0$——所在海拔的大气压力和海平面标准气压，hPa；

　　　$\rho_{air}$、$T_a$、$T_{sky}$——空气密度、干球温度和有效天空温度，kg/m³、℃、℃；

$p_v$——水蒸气分压力，hPa；

$R_{air,con}$——空气的气体常数，287.05J/(kg · ℃)；

$S_{mo}$——月平均日照百分率。

外壁面的对流换热系数用下式计算，辐射换热系数以天空当量温度 $t_{sky}$ 和罐壁温度 $t_w$ 等效换算。

$$K_{C,top} = \left\{ \frac{\delta_r}{\lambda_{int}} + \left[ 0.037(Re^{4/5} - 871)Pr^{1/3} \right] \frac{\lambda_{air}}{l} \right\}^{-1} \tag{7-35}$$

$$K_{C,edge} = \left\{ \frac{D_{out} \ln(D_{out} - D_{in})}{2\lambda_{int}} + \frac{l}{0.11\lambda_{air}(PrGr)^{1/3}} \right\}^{-1} \tag{7-36}$$

$$h_r = C\left[ (t_w/100)^4 - (t_{sky}/100)^4 \right]/(t_w - t_{sky}) \tag{7-37}$$

式中　$K_{C,top}$、$K_{C,edge}$——顶部和侧壁的对流换热与保温材料导热的综合换热系数，W/(m² · ℃)；

$h_r$——辐射换热系数，W/(m² · ℃)；

$\lambda_{air}$、$\lambda_{int}$——分别为空气和保温材料的导热系数，W/(m · ℃)；

$\delta_r$——保温层厚度，m；

$l$——定型尺寸，m；

$D_{out}$、$D_{in}$——分别为蓄热罐外径和内径，m；

$C$——辐射系数，取 4.7W/(m² · ℃⁴)。

无量纲参数中，$Re$ 与空气密度成正比，$Gr$ 与空气密度的二次方成正比，$Pr$ 与空气密度无关。

将保温材料导热、外壁面对流换热及长波辐射散热累积可得到各节点总换热系数 $U_{S,i}$。

（2）供暖期内阴雨天概率

根据典型年气象参数的日平均温度小于等于 5℃的起止日期以及当地的实际供暖时间，设定供暖期并计算西藏典型城市供暖期的晴空指数。由表 7-10 可以看出，相比平原地区（如北京），西藏地区的供暖期阴天概率较小，其中拉萨（$K_t < 0.3$）的阴天占供暖期总天数的比例最小；那曲（$K_t < 0.3$）最大，为 11.2%，最长连续阴天天数为3d。

**典型城市供暖期及连续阴雨天概率**　　　　表 7-10

| 典型城市 | 供暖期 | 阴天概率 | 最长连续阴天数（d） | 阴天及多云概率 | 最长连续阴天或多云天数（d） |
|---|---|---|---|---|---|
| | | $K_t < 0.3$ | | $K_t < 0.5$ | |
| 拉萨 | 11 月 15 日～3 月 15 日 | < 1% | — | 13.2% | 4 |
| 山南 | 9 月 15 日～5 月 31 日 | 7.7% | 3 | 23.9% | 5 |
| 日喀则 | 10 月 15 日～3 月 31 日 | 3.0% | 1 | 15.5% | 4 |
| 林芝 | 11 月 15 日～3 月 15 日 | 1.7% | 1 | 22.3% | 6 |
| 昌都 | 10 月 15 日～3 月 31 日 | 3.0% | 1 | 27.4% | 4 |
| 阿里 | 9 月 15 日～5 月 31 日 | 6.2% | 2 | 27.4% | 4 |
| 那曲 | 9 月 15 日～5 月 31 日 | 11.2% | 3 | 36.7% | 7 |
| 北京 | 11 月 15 日～3 月 15 日 | 14.9% | 5 | 53.7% | 10 |

### 3. 蓄热水罐容积及热损失计算

根据蓄热水罐热损失影响因素计算蓄热系统的年热损失特性，结合常用保温材料的使用寿命和回收期，可得到蓄热水罐的推荐保温厚度。并根据晴天和阴天的太阳辐射及热负荷规律，得到推荐蓄热容积。以西藏为例分析计算高原地区太阳能供暖蓄热系统以典型日及连续阴雨天为蓄热周期的蓄热容积设计范围。

（1）太阳辐射及建筑热负荷规律

统计归纳典型日、阴天的太阳辐射和热负荷规律，以计算蓄热量。以最冷月的某晴天作为典型天，且当天的平均温度与最冷月平均温度近似；典型阴天的太阳辐射为最冷月的某阴天太阳辐射，如图 7-37（a）所示。纬度倾角平面的太阳辐射在 13:00～15:00 达到最大值，太阳辐射大于 0 的时长达到 11h。山南、日喀则一月份典型日总太阳辐照量较大，纬度倾斜面的太阳辐照量达到 26.6MJ/(m²·d)。

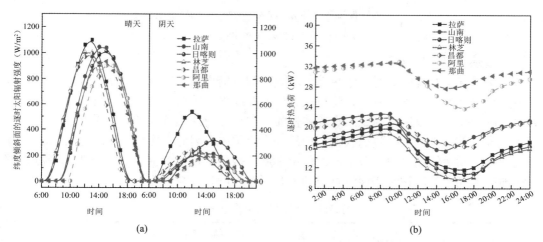

图 7-37　西藏不同典型天气下太阳辐射强度与典型建筑逐时热负荷

（a）典型天气下的太阳辐射强度；（b）典型建筑逐时热负荷规律

结合西藏典型居住建筑与气候条件，模拟建筑面积为 485m² 的 3 层藏区居住建筑，以生成热负荷规律。典型日建筑逐时热负荷分析如图 7-37（b）所示，建筑热负荷受环境温度影响较大，受太阳辐射影响较小。根据空气温度变化规律，藏区居住建筑热负荷约在 9:00 到达峰值，15:00～17:00 为峰谷。那曲与阿里的最冷月平均温度较低，导致其热负荷相应较低。日喀则、林芝和阿里的热负荷波动性较大，那曲的热负荷波动较小。

（2）蓄热水罐年热损失特性及保温厚度

以拉萨地区采用橡塑保温材料为例，改变集蓄比和蓄热水罐容积，模拟太阳能供暖蓄热系统典型年蓄热水罐的单位体积热损失 $Q_{\text{loss}}$ 如图 7-38 所示。保温厚度增加，单位体积年热损失下降趋势变缓；相同集蓄比下，蓄热水罐增大时单位体积表面积减小，导致单位体积热损失也减小。因此，得到单位体积年热损失 $Q_{\text{loss}}$ 与保温材料、集蓄比和蓄热体积的函数关系：

$$Q_{\text{loss}} = \frac{1.2567}{1000\delta_{\text{r}}} - 13.5369\lambda_{\text{r}}^2 + 1.7916\lambda_{\text{r}} - 0.0028k^2 + 0.0006k +$$
$$0.0001V_{\text{s}}^2 - 0.0049V_{\text{s}} + 0.0125 \quad (R^2 > 0.95) \tag{7-38}$$

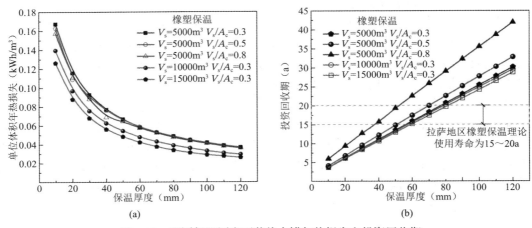

图 7-38　不同保温厚度下蓄热水罐年热损失和投资回收期

（a）蓄热水罐年热损失；（b）投资回收期

### （3）蓄热水罐容量计算

蓄热水罐保温厚度增加时，年热损失减少但初投资增加，以蓄热水罐不设保温时运行整个典型年得到的热损失为基准，将每次随保温厚度增加的初投资除以节省的能耗换算成资金得到静态投资回收期。当蓄热水罐体积为 5000m³、集蓄比为 0.5 时，橡塑保温厚度小于等于 70mm 的范围内，投资回收期在使用寿命年限内。因此，橡塑保温厚度为 70mm 是在投资回收期满足使用寿命内最节能的保温厚度。根据上述推荐保温厚度的选择原则，得到拉萨地区不同蓄热容积常用保温材料的推荐厚度，如表 7-11 所示。

拉萨地区保温材料推荐厚度　　　　　　　　　　表 7-11

| 蓄热水罐体积（m³） | 集热面积（m²） | 保温材料推荐厚度（mm） | | |
| --- | --- | --- | --- | --- |
| | | 聚氨酯 | 橡塑 | 岩棉 |
| 5000 | 0～6000 | 50 | 50 | 70 |
| | 6000～10000 | 70 | 70 | 90 |
| | 10000～16000 | 70 | 80 | 100 |
| 10000 | 0～12000 | 70 | 70 | 90 |
| | 12000～20000 | 70 | 70 | 100 |
| | 20000～32000 | 80 | 80 | 110 |
| 15000 | 0～18000 | 70 | 70 | 90 |
| | 18000～30000 | 70 | 80 | 100 |
| | 32000～48000 | 80 | 80 | 110 |

典型晴天蓄热容积主要与太阳辐射及热负荷的波动规律有关。图 7-39 为拉萨不同供暖供水温度及蓄热水罐设定温度下，单位集热面积的蓄热容积。设定地暖盘管、风机盘管和散热器的工作温度为 30～40℃、40～60℃、50～75℃，可得到不同散热末端形式对应的集蓄比。从图 7-39 中可知，蓄热温差越大，所需的蓄热容积越小。计算连续阴天所需的蓄热容积采用了连续最长阴天和多云天数。因此连续阴天的蓄热容积不仅与太阳辐射及热负荷

波动规律有关，还与热负荷平均值及连续阴雨天数有关。拉萨供暖期阴天比例小于1%，连续阴天按一天计算。

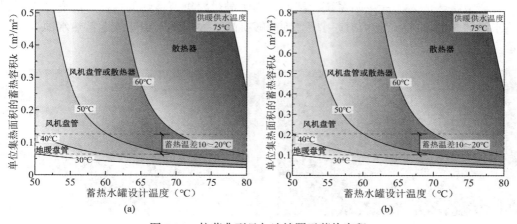

图 7-39　拉萨典型日与连续阴天蓄热容积

（a）典型日；（b）连续阴天

根据高原地区水的低沸点温度以及太阳能供暖末端的工作温度，取蓄热温差为 10～20℃，计算其他典型城市的集蓄比 $V_S/A_c$ 并给出推荐范围，如表7-12所示。以典型天为蓄热周期时，日喀则、山南及拉萨的 $V_S/A_c$ 较大，而昌都和阿里的 $V_S/A_c$ 较小。这是因为日喀则、山南及拉萨的太阳辐射强度波动幅度和热负荷波动幅度较大，系统所需蓄热量大，导致蓄热水罐容积较大。

典型城市不同蓄热周期的集蓄比推荐范围　　　　　表 7-12

| 典型城市 | 典型天的集蓄比（m³/m²） | 连续阴天的集蓄比（m³/m²） |
|---|---|---|
| 拉萨 | 0.064～0.128 | 0.101～0.202 |
| 山南 | 0.068～0.137 | 0.450～0.900 |
| 日喀则 | 0.069～0.138 | 0.103～0.205 |
| 林芝 | 0.060～0.120 | 0.111～0.222 |
| 昌都 | 0.056～0.112 | 0.323～0.646 |
| 阿里 | 0.057～0.113 | 0.273～0.546 |
| 那曲 | 0.058～0.116 | 0.344～0.688 |

以连续阴天为蓄热周期时，10℃的蓄热温差下日喀则和林芝的 $V_S/A_c$ 较小，分别为 0.205m³/m² 和 0.222m³/m²。林芝和日喀则的典型日热负荷较小，且最长连续阴天数为 1d，导致度过阴天所需蓄热量及蓄热容积较小。那曲和山南的 $V_S/A_c$ 较大，分别为 0.688m³/m² 和 0.900m³/m²，这是因为它们的最长连续阴天数比其他地区多。

# 7.5　大规模太阳能埋地蓄热水池优化设计

## 7.5.1　埋地蓄热水池设计要点

大规模太阳能埋地蓄热水池是最具发展前景的太阳能蓄热方法之一。埋地蓄热水池可分为储存昼间热量用于夜间供热的短期蓄热形式，以及储存部分非供暖期热量用于供暖期供热的跨季节蓄热形式。目前国内应用基本上以前者为主，但国外已有通过埋地蓄热水池实现跨季节蓄热的太阳能供暖系统。然而，为了满足跨季节蓄热的目标，随着太阳能埋地蓄热水池数量的增加，设计与应用均受到严峻挑战。大规模太阳能埋地蓄热水池如图 7-40 所示。

(a)　　　　　　　　　　　　　　　　(b)

图 7-40　大规模太阳能埋地蓄热水池

（a）丹麦 VOJENS 埋地蓄热水池；（b）西藏隆子县埋地蓄热水池

　　由于蓄热水池的可调度性与灵活性可以结合各类可再生能源系统，因此埋地蓄热水池通常被认为是太阳能区域供热系统的重要组成部分。鉴于蓄热水池的热性能取决于多种相互关联的因素，其设计通常由以下关键设计要点组成：蓄热容积、几何结构、进/出口布水器、遮盖、防渗材料、运行控制等。

### 7.5.2　埋地蓄热水池的结构设计

　　1. 埋地蓄热水池几何结构设计

　　埋地蓄热水池的最佳几何形状应是球体或圆柱体，因为它们的外表面面积较小。但为施工方便，大多数蓄热水池的几何形状通常为矩形横截面的金字塔形柱体或圆形横截面的圆锥体，如图 7-41 所示。

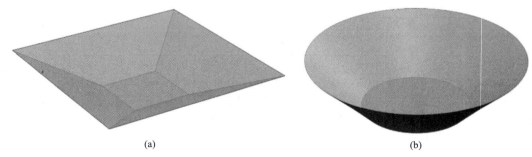

(a)　　　　　　　　　　　　　　　　(b)

图 7-41　埋地蓄热水池几何形状

（a）金字塔形柱体；（b）圆锥体

　　埋地蓄热水池坡度角会直接影响蓄热水池的表面积比，并进一步影响蓄热水池的热性能。较大的坡度角可以更好地建立并维持热分层，并可通过增加坡度角来减少热损失。从减少热损失、改善热分层和降低成本的角度来看，尽可能大的坡度角是合理的。但是，流动的地下水会增加蓄热水池下部的热损失。因此，进一步明确埋地蓄热水池的理想几何形状对于提高蓄热水池热性能、减少热损失至关重要。

为分析几何形状对蓄热水池热性能的影响，必须以一种简单且灵活的方式定义和更改其几何属性。采用坐标变化法，以便表示边界与指定条件。坐标变换方法包括四个主要过程：①找到合适的坐标变换函数，将原始复杂的边界变换为更简单的边界；②为新几何形状生成合适的网格；③在新坐标中明确控制方程与边界条件；④在新坐标中使用有限差分法解决问题。

埋地蓄热水池坐标变化如图 7-42 所示。在新的坐标中简化了蓄热水池的边界与网格划分方案，但其传热过程的计算变得更加复杂。其原始的控制方程如下式所示：

$$\frac{1}{\alpha}\frac{\partial T}{\partial \tau} = \frac{\partial^2 T}{\partial r^2} + \frac{1}{r}\frac{\partial T}{\partial r} + \frac{\partial^2 T}{\partial y^2} \tag{7-39}$$

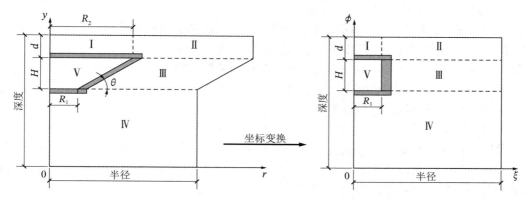

图 7-42　埋地蓄热水池坐标变化

应在每个区域修改控制方程，以模拟新坐标系中的传热过程。水体区域的能量平衡是从原始坐标生成的，因此坐标变换法对水体区域的能量平衡没有影响，如图 7-43 所示。水体区域内的能量平衡方程为：

$$\rho_{\mathrm{w}}c_{\mathrm{w}}V_1\frac{\partial T_{\mathrm{w},1}}{\partial \tau} = h_{\mathrm{top}}A_{\mathrm{top}}(T_{\mathrm{top}} - T_{\mathrm{w},1}) + \lambda_{\mathrm{w}}A_{\mathrm{p},1}\frac{T_{\mathrm{w},2} - T_{\mathrm{w},1}}{\Delta H} +$$
$$h_{\mathrm{side},1}A_{\mathrm{side},1}(T_{n_{\mathrm{R}}+1,n_{\mathrm{d}}+1} - T_{\mathrm{w},1}) \tag{7-40}$$

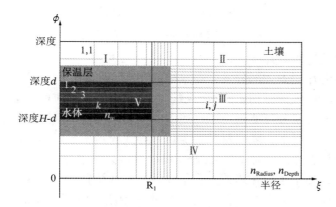

图 7-43　埋地蓄热水池区域划分（坐标变化后）

在实际工程中最重要的问题是如何去除遮盖内部的水分（水分可能由于在遮盖安装阶段衬里保温层扩散或衬里保温层损坏而产生），遮盖内部水分堆积会使隔热材料劣化并导致其导热系数增加、使用寿命缩短。在这种情况下，忽略了水体上方空气层的厚度，并将其视为水与隔热材料之间的热阻。水与侧壁之间的热传递是自然对流、强制对流和混凝土墙中热传导的结合。底部节点的能量平衡方程为：

$$\rho_{\mathrm{w}}c_{\mathrm{w}}V_{n_{\mathrm{w}}}\frac{\partial T_{\mathrm{w},n_{\mathrm{w}}}}{\partial \tau} = h_{\mathrm{bot}}A_{\mathrm{p},k}\big(T_{\mathrm{bot}} - T_{\mathrm{w},n_{\mathrm{w}}}\big) + \lambda_{\mathrm{w}}A_{\mathrm{p},n_{\mathrm{w}}-1}\frac{T_{\mathrm{w},n_{\mathrm{w}}-1} - T_{\mathrm{w},n_{\mathrm{w}}}}{\Delta H} +$$
$$h_{\mathrm{side},n_{\mathrm{w}}}A_{\mathrm{side},n_{\mathrm{w}}}\big(T_{n_{\mathrm{R}}+1,n_{\mathrm{d}}+n_{\mathrm{w}}} - T_{\mathrm{w},n_{\mathrm{w}}}\big) \tag{7-41}$$

在稳定条件下，高度较低的水体不应比高度较高的水体具有更高的温度。当这种情况发生时，可以在温度随深度增加的情况下，将受影响节点的温度混合在蓄热水体的其他节点中（多节点取平均温度值）。

2. 埋地蓄热水池进/出口布水器设计

埋地蓄热水池中的热分层现象会显著影响太阳能区域供热系统的热性能。流入埋地蓄热水池中的水将产生混合，破坏水池中水的热分层现象。因此，进/出口布水器的设计应遵循使水体混合作用对水体影响较小的原则。与广泛使用的家用蓄热水箱相比，太阳能区域供热系统的蓄热水池尺寸更大。因此，通常采用布水器来降低水进入蓄热水池的速度，并在蓄水和取水过程中促进形成层流来改善分层效果。

布水器结构会对布水器性能产生影响，并且不同结构的布水器可能会影响蓄热水池的蓄热过程。径向布水器由于结构简单、安装方便、成本低、热分层效果好，现已被广泛应用于蓄热水池的结构设计中。现有径向布水器可根据是否内置导流元件划分为无导流径向布水器和导流径向布水器，如图 7-44 所示。

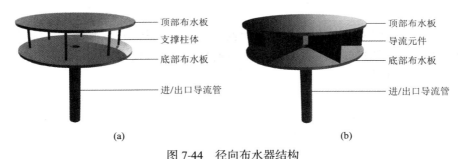

图 7-44　径向布水器结构

（a）无导流径向布水器；（b）导流径向布水器

3. 埋地蓄热水池遮盖设计

埋地蓄热水池的热损失大部分发生在水池的顶部。此外，由于结构复杂，蓄热水池遮盖的设计施工需要占用大部分初始成本。蓄热水池在实际工程应用中最重要的问题是如何去除遮盖内部的水分。水分可能是由于在遮盖的安装阶段衬里保温层扩散或衬里保温层损坏而产生的。在这种情况下，隔热材料会劣化并导致导热系数增加、使用寿命缩短。通过在衬垫与隔热层间设置通风间隙（3～6mm）可以有效去除水分。同时，降雨也为蓄热水池的维护带来了问题，即雨水会在遮盖上聚集导致挤压甚至破坏保温材料。因此，蓄热水池遮盖的结构通常会朝向遮盖中心倾斜 2%，并将带有混凝土的配重管放置在遮盖的顶部。通过这种方式，雨水可以聚集在中心，从而减少水聚集在遮盖上的可能性。

奥尔堡 CSP 公司提出了一种新型埋地蓄热水池遮盖设计方案，如图 7-45 所示。遮盖被划分成多个部分，各个部分都朝向中心泵并具有沉降。该方法使得在遮盖上引导雨水变得更加便捷，并使得建造更大规模的蓄热水池成为可能。此外，布水器的开放结构设计能够防止蒸汽在绝缘层内部积聚。

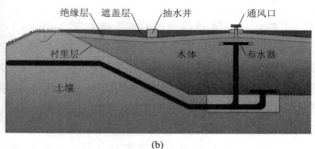

(a)　　　　　　　　　　　　　　　　　　　　(b)

图 7-45　新型埋地蓄热水池遮盖设计方案

（a）俯视图；（b）原理图

### 7.5.3　埋地蓄热水池容量设计方法

设计季节蓄热系统的埋地蓄热水池容量时，应校核计算蓄热水池内热水可能达到的最高温度。蓄热水池的蓄热效率与热损失被用于评估其蓄热能力，蓄热效率可用下式表示：

$$\eta_{\text{pit}} = \frac{\Delta E + E_{\text{dc}}}{E_{\text{ch}}} \tag{7-42}$$

式中　$E_{\text{ch}}$——蓄热水池获得的能量，J；

$E_{\text{dc}}$——蓄热水池排出的能量，J；

$\Delta E$——蓄热水池内能量变化，J。

$$E_{\text{ch}} = c_{\text{w}} \int \dot{m}_{\text{ch}}(T_{\text{ch}} - T_{\text{nlow}}) \, \text{d}\tau \tag{7-43}$$

$$E_{\text{dc}} = c_{\text{w}} \int \dot{m}_{\text{dc}}(T_{\text{nup}} - T_{\text{bw}}) \, \text{d}\tau \tag{7-44}$$

$$\Delta E = \rho_{\text{w}} c_{\text{w}} \sum_{i=1}^{n_{\text{w}}} (T_{\text{w},i}^{\text{end}} - T_0) V_i \tag{7-45}$$

蓄热水池热损失包括三部分：顶部、侧面和底部，可根据式(7-46)计算三类热损失，根据能量平衡方程可以获得总热损失。

$$Q_{\text{loss}} = Q_{\text{loss,top}} + Q_{\text{loss,side}} + Q_{\text{loss,bottom}} \tag{7-46}$$

$$Q_{\text{loss,mea}} = \sum Q_{\text{cha/discha}} + (Q_{\text{st,start}} - Q_{\text{st,end}}) \tag{7-47}$$

蓄热水池最大热容量由式(7-48)表示，$T_{\text{st,max}}$ 和 $T_{\text{st,min}}$ 分别表示一段蓄热时间内最大水温和最小水温。此外，热分层对蓄热水池的蓄热性能起着至关重要的作用。通过引入混合数指标，能够表示 0～1 范围内的混合程度，可由式(7-49)表示。

$$Q_{\text{capacity,max}} = C_{\text{p}} \rho V_{\text{st}}(T_{\text{st,max}} - T_{\text{st,min}}) \tag{7-48}$$

$$MIX = \frac{\boldsymbol{M}_{\text{E}}^{\text{Stratified}} - \boldsymbol{M}_{\text{E}}^{\text{Exp}}}{\boldsymbol{M}_{\text{E}}^{\text{Stratified}} - \boldsymbol{M}_{\text{E}}^{\text{fully-mixed}}} \tag{7-49}$$

式中　$M_E^{Stratified}$和 $M_E^{fully-mixed}$——分别表示完全分层条件和完全混合条件的能量矩阵；

　　　　$M_E^{Exp}$——根据蓄热水池中测得或计算出的水温所确定的能量矩阵。

$MIX$ 被用于评估热分层程度，对于完全混合的蓄热水池，其值为 1；完美分层的蓄热水池，其值为 0。

蓄热水池高度对热分层数的影响如图 7-46（a）所示。随着蓄热水池高度的增加，坡度较陡的热分层数比坡度较低的热分层数增加得慢，这是因为较低坡度的蓄热水池顶部面积随高度的增加而增加得更快。当蓄热水池高度小于 5.0m 时，蓄热水池的热分层数随侧壁坡度的增加而增加，当蓄热水池高度大于 8.0m 时，蓄热水池热分层数随着侧壁坡度的增加而减小，这是因为侧壁坡度的增加，增加了蓄热水池上部的蓄水量，并减少了蓄存在水池下部的水量。

蓄热水池高度对年蓄热效率和年热损失的影响如图 7-46（b）所示。当蓄热水池高度低于最佳高度时，蓄热水池的年蓄热效率随高度的增加而增加。年热损失最小的蓄热水池高径比始终小于 1.0，这是因为当蓄热水池的高径比大于 1.0 时，蓄热水池高度的降低会增加顶部的隔热面积与总表面积。蓄热水池的年热损失随其总表面积的增加而上升，而随其隔热面积的减少而降低。因此，当蓄热水池高径比小于 1.0 时，能够确定蓄热水池的最佳高度。

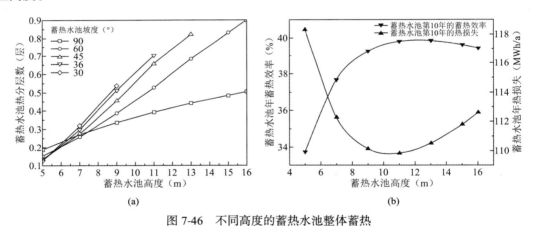

图 7-46　不同高度的蓄热水池整体蓄热

（a）蓄热水池高度对热分层数的影响；（b）蓄热水池高度对年蓄热效率和年热损失的影响

## 7.6　本章小结

本章对太阳能供暖系统中蓄热装置的运行特性及优化设计展开介绍与分析，主要包括：太阳能蓄热水箱、新型复合相变蓄热水箱、蓄热水罐以及大规模埋地蓄热水池。首先，对太阳能供暖蓄热技术分类进行梳理，明确了不同应用场景下适用的蓄热形式，并对蓄热水箱的热平衡进行分析，为进一步确定蓄热水箱容量计算方法奠定基础。其次，对新型复合相变蓄热水箱的性能影响因素展开分析，主要影响因素包括：相变材料的导热系数、相变材料的布置位置、相变材料体积占比以及相变材料封装形状。然后，对太阳能蓄热水罐的优化设计方法进行了介绍，通过对蓄热水罐保温材料与结构优化设计，得到了蓄热水罐最优经济保温层厚度；为了提升太阳能蓄热水罐的蓄/放热效率，明确了蓄热水罐的结构，通过建立高效蓄/取热水罐的数值模型，模拟分析了不同工况下该蓄热水罐的蓄/取热特性；通过对影响蓄热系统容量设计因素的分析，提出了太阳能蓄热水罐容量设计方法。最后，以大规模太阳能埋地蓄热水池为对象，分别介绍了埋地蓄热水池的设计要点、结构设计以及容量的设计计算方法。

# 第 8 章

# 太阳能组合热源系统优化设计

## 8.1　概述

太阳能热源是太阳能供暖系统的关键组成部分，由于太阳辐射具有周期性、随机性和波动性的固有属性，以太阳能集热系统作为单一热源时，往往面临着稳定性差、供热量不足、初投资过高等现实问题。为解决上述问题，除了在太阳能供暖系统中设置蓄热装置外，将太阳能集热与其他热源进行组合，两种甚至多种热源进行互补供热，能够显著提升太阳能供暖热源的可靠性并降低系统初始建设成本。太阳能集热系统与各类锅炉以及空气源、水源、土壤源热泵等构成组合热源时，根据太阳能集热与其他热源出力的大小比例，可将其他热源分为太阳能供暖系统辅助热源和太阳能联供热源两种形式。

本章首先从经济性评价和模糊综合评价的角度对太阳能供暖系统辅助热源的适宜性进行了分析，以探究不同地区适宜的太阳能供暖系统辅助热源形式；其次，针对太阳能与空气源热泵联合供暖系统，提出了联合供暖系统容量匹配及运行优化模型，形成了太阳能与空气源热泵联供热源的设计方法以及联供热源系统的运行控制策略与方法；最后，针对太阳能富集区城镇热力系统增容场景，提出了以太阳能集热系统替代燃气锅炉，形成太阳能与燃气锅炉联供热源系统，并对其运行特性开展分析并提出优化设计模型与方法。

## 8.2　太阳能供暖系统辅助热源适宜性分析

西北及高原地区地域跨度大，各区域供暖期长短不一，同时气候条件、技术条件、经济条件等存在较大差异，因此适宜的太阳能供暖系统辅助热源形式也有较大区别。分析辅助热源的适宜性，对于太阳能供暖系统辅助热源的选取至关重要，它为此提供理论依据。因此，本节从平准化热成本和模糊综合评价两个维度，对西北乡域和青藏高原地区的辅助热源适宜性进行了深入分析评价，并给出了具体的评价结果，旨在为辅助热源的选取提供参考。常见的辅助热源类型如表 8-1 所示。

**常见的辅助热源类型**　　　　　　　　　　　　　　　　　　　表 8-1

| 辅助热源类型 | 特点 | 应用场景 |
|---|---|---|
| 燃煤、燃气锅炉 | 操作简便，维护简单；相比于燃煤锅炉，燃气锅炉具有更高的能源利用效率，热效率可达 90% 以上 | 在原煤、天然气等燃料资源丰富的地区，宜采用常规燃煤锅炉、燃气锅炉作为太阳能热利用的辅助加热设备 |
| 电锅炉 | 安全可靠，自动化程度高；但较高的运行费用往往会带来较大的经济负担 | 电锅炉适用于太阳能保证率高、辅助热源出力较少的系统，在生物质、天然气缺乏的地区，电锅炉可作为太阳能供暖系统辅助热源的备选方案 |
| 空气源热泵 | 从室外空气中提取热量，运行稳定，自动化程度高，操作简便，安装灵活，不受地理位置限制 | 空气源热泵机组效率受室外环境温度的影响较大，在极端寒冷地区效率较低 |
| 水源热泵 | 利用地下水、地表水或循环水等水体中蕴藏的热量进行能量转换，运行稳定、能效比高、运行成本低 | 水源热泵适用于水资源（如湖泊、河流以及地下水）丰富的地区。另外，水源热泵也适用于工业领域的热能回收和再利用、太阳能供暖系统中的热能提质增效等场景 |
| 地源热泵 | 通过在地下埋设循环换热管道，提取地下土壤或岩石中的能量，具有运行稳定、能效比高、环保节能等显著特点 | 地源热泵适合与太阳能供暖系统耦合供能，两者互补，地源热泵的稳定性和可靠性能够弥补太阳能的间歇性和不稳定性，在非供暖期太阳能又可弥补地源热泵土壤取热的能量失衡 |
| 生物质锅炉 | 利用生物质能源进行燃烧供热，具有绿色环保、成本低廉等优势。同时，生物质能源来源广泛 | 生物质锅炉适用于生物质资源丰富的农村、乡域地区，有助于改善能源短缺和环境污染问题 |

### 8.2.1　基于平准化热成本的辅助热源适宜性分析

从供热城市的气象参数、经济条件、能源现状以及相关政策出发选择适宜的辅助热源，对于降低系统投资与运行维护成本至关重要。因此，以西藏 4 个典型城市为例，结合各城市的经济发展程度以及相关政策，从经济性的角度为不同城市提供了辅助热源的最佳选择方案，为西藏太阳能供暖系统辅助热源的选取提供参考。

1. 平准化热成本

采用有效供热量的平准化热成本 LCOH（Levelized Cost of Heat）对系统经济性进行评价，在时间 $T_{ye}$ 内，每产生 1kWh 能量的成本可通过下式计算：

$$LCOH = \frac{C_0 - S_0 + \sum_{t=1}^{T_{ye}} \dfrac{C_{om,t} + P_{land}}{(1 + r_{dis})^t} - \dfrac{RV}{(1 + r_{dis})^t}}{\sum_{t=1}^{T_{ye}} \dfrac{Q_{u,t}}{(1 + r_{dis})^t}} \tag{8-1}$$

式中　$C_0$——整个系统的初投资，元；

　　　$S_0$——政府补贴，元；

　　$C_{om,t}$——第 $t$ 年运行与维护费用，元，系统的维护费用取初投资的 1%；

　　$P_{land}$——土地租金，元；

　　　$RV$——系统的剩余价值，元；

　　$Q_{u,t}$——第 $t$ 年系统供热量，kWh；

　　$r_{dis}$——折现率，根据统计数据，取 0.3。

根据西藏太阳能供暖系统施工实际情况，不考虑政府补贴与土地租金，则式(8-1)可以简化为：

$$LCOH = \frac{C_0 + \sum\limits_{t=1}^{T_{ye}} \dfrac{C_{om,t}}{(1+r_{dis})^t} - \dfrac{RV}{(1+r_{dis})^t}}{\sum\limits_{t=1}^{T_{ye}} \dfrac{Q_{u,t}}{(1+r_{dis})^t}} \tag{8-2}$$

式中，系统初投资 $C_0$ 表示集热系统、蓄热水箱、辅助热源、水泵四部分投资。由于水泵投资相对其余组件较小，可忽略不计，则 $P_0$ 可以表示为：

$$P_0 = C_{o,coll} + C_{o,aux} + C_{o,tank} \tag{8-3}$$

式中　$C_{o,coll}$，$C_{o,aux}$ 与 $C_{o,tank}$——集热系统、辅助热源与蓄热水箱的初投资，元。

其中，集热系统投资包括连接管道费用，集热系统与蓄热水箱初投资可分别用式(8-4)与式(8-5)计算：

$$C_{o,coll} = 500\left(1 - 1.652 \times 10^{-5} SA_c + 2.26 \times 10^{-10} A_c{}^2 - 5.738 \times 10^{-16} A_c{}^3\right) \tag{8-4}$$

$$C_{o,tank} = 138 \times V_s \times A_c \tag{8-5}$$

式中，$A_c$ 表示集热器面积，$m^2$；$V_s$ 表示单位太阳能集热器采光面积的蓄热容积，$m^3$。根据《太阳能供热采暖工程技术标准》GB 50495—2019，取 $0.40 m^3/m^2$。辅助热源初投资与其容量以及种类有关，其容量设计要求需满足供暖期最大热负荷，因此辅助热源初投资 $C_{o,aux}$ 采用下式计算：

$$C_{o,aux} = Q_{aux} p_{aux} \tag{8-6}$$

式中　$Q_{aux}$——辅助热源容量，kW；

　　　$p_{aux}$——单位容量辅助热源的价格，元/kW。

2. 辅助热源适宜性分析

选取西藏的 4 个典型城市（林芝、昌都、拉萨和日喀则），对比研究了青藏高原地区三种可行的互补供暖模式：太阳能＋电锅炉、太阳能＋燃气锅炉和太阳能＋空气源热泵。首先，根据每个城市的年气象参数、供暖期和建筑模型，计算其年热负荷和全生命周期的总热负荷。其次，计算太阳能供暖系统在整个系统寿命期内提供的总热量。此外，根据典型城市的年气象参数计算太阳能供暖系统中设备的运行效率，计算太阳能集热系统和辅助热源的供热量。然后，计算分析整个系统的初投资、运行成本和维护成本。最后，根据系统整个寿命期内的总供热量和总成本计算平准化热成本 $LCOH$。

当集热面积变化时，对不同城市分别采用电锅炉、燃气锅炉和空气源热泵作为辅助热源时的系统 $LCOH$ 及太阳能保证率如图 8-1 所示。电费与燃气价格分别取 0.499 元/kWh 与 4.46 元/$m^3$。

从图 8-1 可以看出，太阳能供暖系统的 $LCOH$ 和太阳能保证率与辅助热源类型和太阳能集热面积密切相关。当使用电锅炉或燃气锅炉作为辅助热源时，对于林芝、昌都和拉萨，$LCOH$ 随集热面积的增加先降低后升高。对于日喀则，$LCOH$ 随集热面积的增加而降低。当空气源热泵用作辅助热源时，昌都、拉萨和日喀则的 $LCOH$ 随集热面积的增加先降低后升高。至于林芝，由于其辐射强度较差，阴雨天数较多，太阳能集热系统的集热量较小，而其平均温度较高，空气源热泵具有较高的能源效率，因此，$LCOH$ 随着集热面积的增加而增加。表 8-2 给出了四个城市不同辅助热源对应的最佳太阳能保证率。

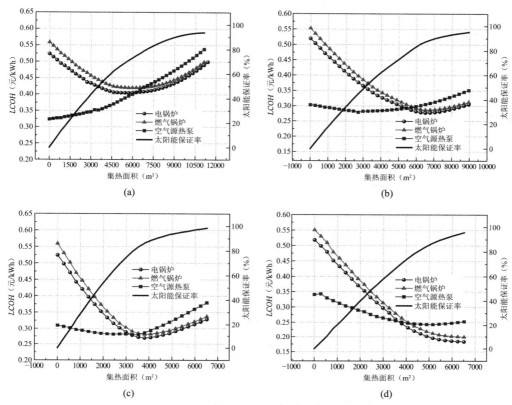

图 8-1　系统平准化热成本及太阳能保证率随集热面积的变化

（a）林芝；（b）昌都；（c）拉萨；（d）日喀则

**不同辅助热源对应的最佳太阳能保证率**　　　　表 8-2

| 城市 | 林芝 | | | 昌都 | | |
|---|---|---|---|---|---|---|
| 辅助热源 | 电锅炉 | 燃气锅炉 | 空气源热泵 | 电锅炉 | 燃气锅炉 | 空气源热泵 |
| 太阳能保证率 | 72.9% | 72.9% | 0~8% | 87.4% | 87.4% | 45.0% |
| *LCOH* | 0.405 | 0.420 | 0.323 | 0.277 | 0.287 | 0.279 |
| 城市 | 拉萨 | | | 日喀则 | | |
| 辅助热源 | 电锅炉 | 燃气锅炉 | 空气源热泵 | 电锅炉 | 燃气锅炉 | 空气源热泵 |
| 太阳能保证率 | 86.3% | 86.3% | 63.9% | > 95.7% | > 95.7% | 87.2% |
| *LCOH* | 0.257 | 0.280 | 0.281 | < 0.183 | < 0.199 | 0.243 |

　　对于林芝，空气源热泵是经济性最好的辅助热源，最佳太阳能保证率范围为 0~8%；对于昌都，空气源热泵与电锅炉的 *LCOH* 低，分别为 0.279 元/kWh 与 0.277 元/kWh，对应的最佳太阳能保证率分别为 45.0% 与 87.4%；对于拉萨与日喀则，电锅炉是经济性最好的辅助热源，对应的最佳太阳能保证率分别为 86.3% 与 95.7%~100%。

　　当辅助热源种类确定时，为了实现太阳能供暖系统的最佳经济性，需要优化太阳能保证率。4 个典型城市在不同太阳能保证率下的 *LCOH* 如图 8-2 所示。

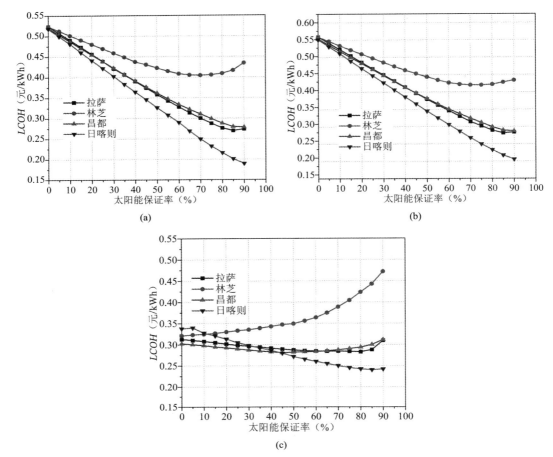

图 8-2 不同辅助热源对应的 *LCOH* 随太阳能保证率的变化

（a）电锅炉；（b）燃气锅炉；（c）空气源热泵

如图 8-2（a）与图 8-2（b）所示，电锅炉与燃气锅炉作为辅助热源时，随着太阳能保证率的增加，林芝的 *LCOH* 最高，而日喀则最低，拉萨与昌都的 *LCOH* 相差不大。这与各地太阳能丰富程度相关，当太阳能保证率相同时，太阳能资源越好的地区，太阳能的收益越大，所需集热面积越少，集热系统初投资越低。随着太阳能保证率的升高，太阳能资源较差的地区所需的集热面积迅速增加，初投资迅速增大，导致 *LCOH* 增大。如图 8-2（c）所示，空气源热泵作为辅助热源时，随着太阳能保证率的增加，日喀则的 *LCOH* 逐渐降低，而林芝的 *LCOH* 逐渐升高，其原因与电锅炉系统相同。因此，当分别采用电锅炉、燃气锅炉、空气源热泵作为辅助热源时，为取得更好的经济性，林芝、昌都、拉萨和日喀则所对应的最佳太阳能保证率推荐值如表 8-3 所示。

**辅助热源确定时不同城市太阳能保证率推荐值**　　　　表 8-3

| 辅助热源 | 电锅炉/燃气锅炉 | | | | 空气源热泵 | | | |
|---|---|---|---|---|---|---|---|---|
| 城市 | 林芝 | 昌都 | 拉萨 | 日喀则 | 林芝 | 昌都 | 拉萨 | 日喀则 |
| 太阳能保证率 | 65%～75% | 80%～90% | 80%～90% | 90%～100% | 0～10% | 40%～50% | 70%～80% | 80%～90% |

3. 敏感性分析

（1）维护费用

西藏地域广阔，大多数太阳能供暖系统位置偏远，与大部分内地城市相比，西藏的物价与人工费用水平偏高。此外，由于西藏强太阳辐射与大温差的气候条件，容易造成集热系统过热或冻裂故障，增加维护费用。基于以上因素，通过实地调研发现，西藏太阳能供暖系统每年设备维护成本达到设备初投资的 1%～5%。以太阳辐射条件最好的日喀则以及太阳辐射条件最差的林芝为例，以维护成本占初投资的 1% 为基准，分析当维护成本增大时，系统 LCOH 的变化情况，如图 8-3 所示。

从图 8-3 可以看出，随着维护成本占比的增加，太阳能供暖系统的 LCOH 显著增加，太阳能保证率越高，LCOH 的增加幅度越大。这是因为当太阳能保证率增加时，集热面积显著增加，这导致系统设备的初投资增加。当维护成本增加时，高太阳能保证率的系统成本增加得更明显。当维护成本占比增加时，LCOH 的增加还与辅助热源的类型有关，辅助热源的初投资越大，LCOH 的增长倍数越大。从图 8-3 还可以看出，对于太阳辐射较好的地区，维护成本占比对 LCOH 的影响相对较小。

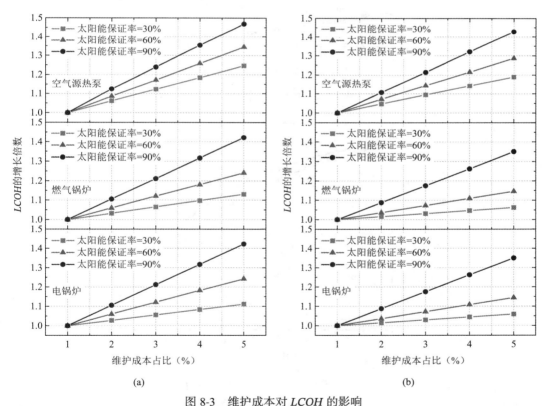

图 8-3　维护成本对 LCOH 的影响

（a）林芝；（b）日喀则

（2）燃气补贴政策

西藏常规资源匮乏，天然气由内地运往，路途远且成本较高，前文对燃气锅炉所属系统的 LCOH 进行计算时，天然气价格采用常规价格（4.46 元/m³）。2020 年，西藏自治区与拉萨市对拉萨居民天然气价格进行大幅调整，城镇居民每户年用气量在 1500m³ 以内的价格为 1.5 元/m³，1500m³ 以上为 4.46 元/m³。根据西藏自治区统计局的数据，每户居住面积为 100.2～133.6m²（按照一户 3～4 人计算），则 1500m³ 天然气完全可以满足一户居民供暖期的供暖需求。若全区天然气均有政府补贴，则燃气锅炉作为辅助热源的优势将显著提升，采用燃气补贴政策后燃气锅炉作为辅助热源的太阳能供暖系统 LCOH 如图 8-4 所示，燃气补贴政策后太阳能供暖系统 LCOH 变化率如图 8-5 所示。

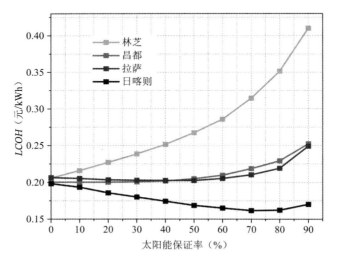

图 8-4　燃气补贴政策对不同地区 LCOH 的影响

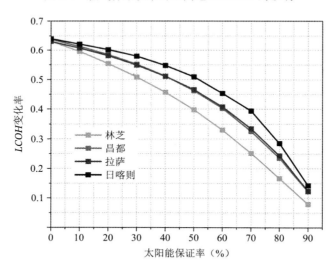

图 8-5　燃气补贴政策后 LCOH 变化率

从图 8-4 可以看出，燃气补贴政策后，对于林芝等太阳能资源较差的地区，太阳能供暖系统的 LCOH 随着太阳能保证率的增加而增加，而增长速度比其他城市更快。对于太阳能资源一般的地区，如昌都，当太阳能保证率小于 25% 时，LCOH 变化较小；当太阳能保证率大于 25% 时，LCOH 随太阳能保证率的增长速度变快。对于拉萨与日喀则等太阳辐射较强的地区，LCOH 随太阳能保证率的变化趋势为先减小后增大。拉萨和日喀则拥有最经济的太阳能保证率。燃气补贴政策后，与没有补贴相比，燃气锅炉系统 *LCOH* 下降明显，且太阳能保证率越小，*LCOH* 的下降率越高。上述结果表明，当采用燃气补贴政策时，燃气锅炉作为辅助热源的太阳能供暖系统具有巨大的经济优势，主要体现在大大降低了辅助热源的运营成本，可以通过减少太阳能集热系统的投资和增加辅助热源的运行时间来优化太阳能供暖系统的经济性。

（3）辅助热源不保证率

太阳能供暖系统辅助热源的容量设计应满足供暖期最大热负荷，即辅助热源的保证率应达到100%。然而，由于西藏连续阴雨天出现概率小，因此适当降低辅助热源保证率可以有效降低辅助热源供热负荷，从而降低辅助热源容量与投资。辅助热源不保证率与其最大热负荷的关系如图 8-6 所示。

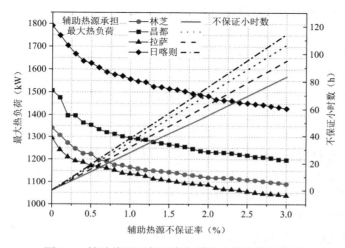

图 8-6　辅助热源不保证率与其最大热负荷的关系

从图 8-6 可以看出，当辅助热源不保证率由 0 增加至 0.5%时，辅助热源所需承担的最大热负荷迅速下降，日喀则、昌都、拉萨与林芝的下降值分别为 164.4kW、151.1kW、122.7kW 与 117.7kW，而其不保证小时数分别为 19h、18h、16h 与 14h。适当提高辅助热源不保证率，辅助热源的容量下降明显，经济性显著。

为了研究辅助热源容量下降时 *LCOH* 的变化，以林芝为例，绘制了 *LCOH* 随辅助热源不保证率变化曲线，如图 8-7 所示。

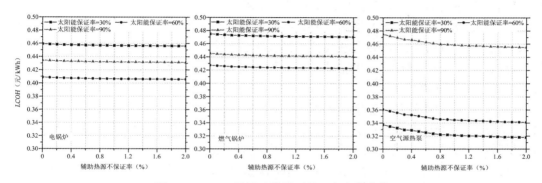

图 8-7　*LCOH* 随辅助热源不保证率变化曲线

从图 8-7 可以看出，随着辅助热源不保证率的增加，不同系统的 LCOH 均有所下降，其中，电锅炉作为辅助热源的系统与燃气锅炉作为辅助热源系统的 LCOH 下降缓慢，而空气源热泵作为辅助热源的系统 LCOH 下降明显。当辅助热源不保证率变化时，设备初投资对 LCOH 的影响较大，因此，当辅助热源采用空气源热泵时，可以通过适当降低设备容量来增加系统的经济性。

### 8.2.2　基于模糊综合评价的辅助热源适宜性分析

受经济、环保、技术条件的实际状况等多重因素影响，各类辅助热源在特定应用场景下均展现出其独特的适用性，用户可根据实际情况，综合考虑主观、客观因素选取适宜的辅助热源形式。以西北乡域地区为例，采用模糊综合评价的方法，从能源分布、经济差异、环境现状、技术特性四个主要方面建立适宜性指标评价体系，进而对辅助热源进行适宜性评价分析。

1. 适宜性评价方法

模糊综合评价法是应用模糊关系合成的原理，从多因素出发，对被评价对象隶属等级状况进行综合评价的一种方法。在涉及主观指标的综合评价中，模糊综合评价的优势在于认识到事物的中间过渡模糊形态，利用信息较多，评价结果不再受控于个别参数，结果较为精细。

太阳能供暖系统辅助热源形式众多，各辅助热源形式在特定条件下都有其适宜性。不同地区能源现状、技术条件、经济水平、环境情况等具体指标相差较大，需综合考虑各定性、定量指标间的大量模糊数学关系，选取适宜的辅助热源形式。采用模糊综合评价法，将大量不确定因素用模糊定量的方法加以处理，建立模糊综合评价数学模型，从能源支撑、技术特性、经济特性、环境效益四方面对模型进行评价，得到辅助热源的总优度及适宜性排序。

（1）适宜性评价因素

能源支撑指标包括能源的可再生性及能源使用的安全性。能源的可再生性，即辅助热源所用的能源是否为可再生能源；能源使用的安全性即能源在运输、使用过程中不应给居民自身及环境构成威胁。根据不同种类能源的自身特性及使用方式，确定能源支撑指标下各辅助热源的可再生性、安全性权重，运用模糊数学法进行计算，得出各辅助热源形式的能源性优异程度。

经济特性包括初投资和运行费用两项指标，充分考虑技术经济中的时间价值，计算不同辅助热源的动态费用年值，使各辅助热源的经济评价结果更贴合实际。

技术成熟度是衡量技术状态满足其应用目标程度的尺度。不同供暖热源技术由于其推广、效率、运输等各方面因素影响，技术成熟度相差较大。辅助热源的发展时间长短各异，有些仍处于发展期，技术水平有待完善，维修管理人员相对缺乏。此外，西北乡域经济发展水平相对落后的地区，即便是相对完善的技术，也会因为缺乏对系统日常运行维护的管理人员而影响该地区辅助热源的形式选取。而对于经济水平较好的区域，还会关注系统运行的自控程度、可调节性等。

传统化石能源燃烧过程中释放的 $CO_2$、$SO_2$、粉尘等对大气环境造成严重污染。在选择供暖方式时，应充分考虑系统方案对大气环境的影响，与太阳能供暖系统很好地匹配，在满足供暖需求的同时，最大限度降低污染物排放量。我国农村室内的污染水平普遍高于室外，其污染来源主要与家庭做饭和取暖的燃料燃烧有关。根据大气环境质量评价建立模糊隶属函数，以及污染物对环境污染程度确定其权重，完成环境效益评价。

（2）适宜性评价体系建立

综合考虑不同辅助热源的能源支撑、技术特性、经济特性和环境效益，遵循体系评价原则确定不同主题层总指标及指标层具体指标，形成完整的评价体系，如表 8-4 所示。

辅助热源适宜性评价指标体系　　　　　表 8-4

| 目标层 | 主题层 | 指标层 | |
|---|---|---|---|
| 不同辅助热源供暖方式评价体系 | 能源支撑 | 能源的可再生性 | |
| | | 能源使用的安全性 | |
| | 技术特性 | 技术成熟度 | |
| | | 系统运行的稳定性 | |
| | | 维护管理水平 | |
| | | 系统可调性 | |
| | 经济特性 | 初投资 | 设备费 |
| | | | 安装费 |
| | | | 管网材料费 |
| | | 运行费用 | 燃料费 |
| | | | 大修理费 |
| | 环境效益 | 大气环境 | 二氧化碳排放量 |
| | | | 氮氧化物排放量 |
| | | | 二氧化硫排放量 |
| | | | 烟尘 |
| | | 人居环境 | 室内环境改善程度 |

（3）模糊评价准则

综合考虑能源支撑、技术特性、经济特性、环境效益四方面因素，对使用不同辅助热源的太阳能供暖方式进行定量分析。引入无量纲数——优度，即用定量因素和定性因素分析不同辅助热源的相对优点，优度为 1 表示该因素相对评价有 100% 的优点。求出各类因素优度的加权和，最大的为最优方案。依据能源支撑、经济特性、技术特性、环境效益四方面评价值及权重值计算总优度，根据总优度的大小对辅助热源进行适宜性排序，得到不同指标权重下最适宜的太阳能供暖系统辅助热源优选形式。

（4）模糊评价模型

辅助热源总优度采用下式计算：

$$OPT_z = \alpha_1 OPT_{nj} + \alpha_2 OPT_{qj} + \alpha_3 OPT_{jj} + \alpha_4 OPT_{hj} \tag{8-7}$$

式中　$OPT_z$——总优度；

$OPT_{nj}$——第 $j$ 种辅助热源能源支撑优度；

$\alpha_1$——$OPT_{nj}$ 的权值；

$OPT_{qj}$——第 $j$ 种辅助热源经济特性优度；

$\alpha_2$——$OPT_{qj}$ 的权值；

$OPT_{jj}$——第 $j$ 种辅助热源技术特性优度；

　　$\alpha_3$——$M_{jj}$ 的权值；

$OPT_{hj}$——第 $j$ 种辅助热源环境效益优度；

　　$\alpha_4$——$OPT_{hj}$ 的权值。

1）能源支撑优度 $OPT_{nj}$ 采用下式计算：

$$
\begin{cases}
OPT_{nj} = \dfrac{\dfrac{1}{VAL_{nj}}}{\displaystyle\sum_{j=1}^{m} \dfrac{1}{VAL_{nj}}} \\[4mm]
VAL_{nj} = \displaystyle\sum_{k=1}^{m} \alpha_{nk} VAL_{njk} \\[4mm]
\displaystyle\sum_{j=1}^{m} OPT_{nj} = 1
\end{cases}
\tag{8-8}
$$

式中　$VAL_{nj}$——第 $j$ 种辅助热源能源支撑评价值；

　　　　$\alpha_{nk}$——能源支撑的第 $k$ 个因素的权重；

　　$VAL_{njk}$——第 $j$ 种辅助热源能源支撑第 $k$ 个因素的评价值。

　　在确定 $VAL_{njk}$ 时，权值 $\alpha_{nk}$ 表示不同的评价指标影响能源支撑的重要程度，根据各定性因素的相对重要性，在 $k$ 个定性因素中，对第 $k$ 个因素和其他各因素之间的两两重要性对比赋值。具体方法为：根据各要素间两两重要性对比结果，运用二阶对比倒数法建立 $k$ 阶对比矩阵：

$$
\boldsymbol{R} = \begin{pmatrix} r_{11} & \cdots & r_{1k} \\ \vdots & \ddots & \vdots \\ r_{k1} & \cdots & r_{kk} \end{pmatrix}
$$

　　进而用优势积累法得到 $k$ 个要素之间的权重 $\alpha_{nk} = (\alpha_1, \alpha_2, \cdots \alpha_k)$。

2）经济特性优度 $OPT_{qj}$ 采用下式计算：

$$
\begin{cases}
OPT_{qj} = \dfrac{\dfrac{1}{VAL_{qj}}}{\displaystyle\sum_{j=1}^{m} \dfrac{1}{VAL_{qj}}} \\[4mm]
\displaystyle\sum_{j=1}^{m} OPT_{qj} = 1
\end{cases}
\tag{8-9}
$$

式中　$VAL_{qj}$——第 $j$ 种辅助热源费用年值。

3）技术特性优度 $OPT_{jj}$ 采用下式计算：

$$
\begin{cases}
OPT_{jj} = \dfrac{\dfrac{1}{VAL_{jj}}}{\displaystyle\sum_{j=1}^{m} \dfrac{1}{VAL_{jj}}} \\[4mm]
VAL_{jj} = \displaystyle\sum_{k=1}^{m} \alpha_{jk} VAL_{jjk} \\[4mm]
\displaystyle\sum_{j=1}^{m} OPT_{jj} = 1
\end{cases}
\tag{8-10}
$$

式中　$VAL_{jj}$——第 $j$ 种辅助热源技术特性评价值；

$\alpha_{jk}$——技术特性的第 $k$ 个因素的权重；

$VAL_{jjk}$——第 $j$ 种辅助热源技术特性第 $k$ 个因素的评价值。

4）环境效益优度 $OPT_{hj}$ 采用下式计算：

$$
\begin{cases}
OPT_{hj} = \dfrac{\dfrac{1}{VAL_{hj}}}{\sum\limits_{j=1}^{m} \dfrac{1}{VAL_{hj}}} \\
VAL_{hj} = \sum\limits_{k=1}^{m} \alpha_{hk} VAL_{hjk} \\
\sum\limits_{j=1}^{m} OPT_{hj} = 1
\end{cases} \tag{8-11}
$$

式中　$VAL_{hj}$——第 $j$ 种辅助热源环境效益评价值；

$\alpha_{hk}$——环境效益的第 $k$ 个因素的权重；

$VAL_{hjk}$——第 $j$ 种辅助热源环境效益第 $k$ 个因素的评价值。

2.适宜性评价分析

从能源支撑、经济特性、技术特性和环境效益四方面评价对燃煤锅炉、燃油锅炉、燃气壁挂炉、空气源热泵、电锅炉、生物质锅炉六种西北乡域太阳能供暖系统辅助热源分别进行分析计算，根据专家评判及调查问卷整理确定具体指标层权重，综合评价并计算辅助热源总优度，进行适宜性优选排序。

（1）能源支撑评价

能源支撑评价将能源的可再生性和安全性作为两个主要指标，从表 8-5 中可以看出，生物质锅炉作为太阳能供暖系统辅助热源具有最高的能源支撑优度。生物质作为非商品能源，可再生、污染低，植物收获季和供暖期相接，便于作为辅助燃料与太阳能联合供暖，缓解西北乡域太阳能供暖系统供需不匹配问题。

**不同辅助热源的能源支撑优度**　　　　表 8-5

| 辅助热源类型 | 能源支撑评价$VAL_{nj}$ | 能源支撑优度$OPT_{nj}$ |
| --- | --- | --- |
| 燃煤锅炉 | 0.586 | 0.148 |
| 燃油锅炉 | 0.586 | 0.148 |
| 燃气壁挂炉 | 0.586 | 0.148 |
| 空气源热泵 | 0.672 | 0.170 |
| 电锅炉 | 0.672 | 0.170 |
| 生物质锅炉 | 0.857 | 0.216 |

（2）经济特性评价

西北地区煤炭、天然气、电力的单价不同，不同地点的热源单价差异较大，同一热源不同地点的费用年值不同，经济性优度排序也就有所差异。选取西安、榆林、喀什、酒泉、乌鲁木齐及西宁六个典型城市进行研究，以西安为例，从表 8-6 中可以看出，在连续供暖情况下，西安以生物质锅炉为辅助热源的单户太阳能供暖方式取得了最好的优度，生物质锅炉是最佳的辅助热源。电锅炉经济特性优度最低。

**不同辅助热源的经济特性优度（西安）** 表 8-6

| 辅助热源类型 | 单位供暖面积费用年值 $VAL_{qj}$（元/m²） | $1/VAL_{qj}$ | 经济特性优度 $OPT_{qj}$ |
|---|---|---|---|
| 燃煤锅炉 | 48 | 0.021 | 0.198 |
| 燃油锅炉 | 68 | 0.015 | 0.139 |
| 燃气壁挂炉 | 60 | 0.017 | 0.159 |
| 空气源热泵 | 57 | 0.017 | 0.165 |
| 电锅炉 | 72 | 0.014 | 0.132 |
| 生物质锅炉 | 46 | 0.022 | 0.207 |

榆林、喀什、酒泉、乌鲁木齐及西宁的太阳能供暖系统辅助热源经济特性优度如表 8-7 所示。综合分析可知，生物质锅炉及燃煤锅炉的经济特性优度较高，以生物质锅炉为辅助热源的太阳能供暖系统适宜于应用在生物质来源广、储存量大的西北乡域。在六个典型城市中，喀什的天然气价格最低，燃气壁挂炉的经济特性优于热泵。随着能源市场价格的不断调整，不同辅助热源的经济特性优度也随之变化，应遵循能源评价体系的动态性原则。

**不同地区辅助热源的经济特性优度** 表 8-7

| 辅助热源类型 | 城市 | | | | |
|---|---|---|---|---|---|
| | 榆林 | 喀什 | 酒泉 | 乌鲁木齐 | 西宁 |
| 燃煤锅炉 | 0.243 | 0.204 | 0.231 | 0.249 | 0.238 |
| 燃油锅炉 | 0.179 | 0.136 | 0.173 | 0.157 | 0.156 |
| 燃气壁挂炉 | 0.199 | 0.174 | 0.197 | 0.210 | 0.198 |
| 空气源热泵 | 0.214 | 0.162 | 0.000 | 0.000 | 0.000 |
| 电锅炉 | 0.165 | 0.116 | 0.158 | 0.129 | 0.160 |
| 生物质锅炉 | 0.000 | 0.208 | 0.241 | 0.255 | 0.248 |

（3）技术特性评价

不同辅助热源的技术特性优度如表 8-8 所示，电锅炉、燃气壁挂炉、空气源热泵的技术特性优度较高，生物质锅炉较低。电锅炉、燃气壁挂炉等可调节水平高，使用较为便利；燃煤锅炉作为传统的热源，发展时间长、技术水平高；生物质锅炉因其发展时间短、设备技术水平低、可调节程度低等因素，使用相对受限。随着热源技术的不断发展，各辅助热源的技术特性优度排序将不断调整。

**不同辅助热源的技术特性优度** 表 8-8

| 辅助热源类型 | 技术特性评价值 $VAL_{jj}$ | 技术特性优度值 $OPT_{jj}$ |
|---|---|---|
| 燃煤锅炉 | 0.830 | 0.169 |
| 燃油锅炉 | 0.830 | 0.169 |
| 燃气壁挂炉 | 0.844 | 0.172 |

| 辅助热源类型 | 技术特性评价值 $VAL_{ij}$ | 技术特性优度值 $OPT_{ij}$ |
| --- | --- | --- |
| 空气源热泵 | 0.837 | 0.170 |
| 电锅炉 | 0.858 | 0.175 |
| 生物质锅炉 | 0.714 | 0.145 |

（4）环境效益评价

环境效益优度反映出不同辅助热源的环境影响程度，从表 8-9 中可以看出，燃气壁挂炉、燃油锅炉、空气源热泵的环境效益优度最高，燃煤锅炉最低，电锅炉次之。天然气单位质量排污量较少，环境效益明显；单位质量柴油污染量排放较大，但由于柴油热值高，消耗总量少，污染物排放相对较少；电锅炉虽与空气源热泵用电的单位热值相同，但空气源热泵效率高，电消耗量少。环境效益优度是各辅助热源单位质量污染物排放量、热值、燃烧效率的综合结果。

**不同辅助热源的环境效益优度**　　　　　　　　　　　表 8-9

| 辅助热源类型 | 环境效益评价值 $VAL_{hj}$ | 环境效益优度值 $OPT_{hj}$ |
| --- | --- | --- |
| 燃煤锅炉 | 0.505 | 0.118 |
| 燃油锅炉 | 0.803 | 0.188 |
| 燃气壁挂炉 | 0.887 | 0.207 |
| 空气源热泵 | 0.755 | 0.176 |
| 电锅炉 | 0.607 | 0.142 |
| 生物质锅炉 | 0.722 | 0.169 |

（5）辅助热源总优度计算及适宜性排序

各典型城市辅助热源的适宜性总优度如表 8-10 所示。在连续供暖的情况下，生物质锅炉相比传统热源，可有效降低能耗、减少环境污染、节约能源及成本，在不同城市的优度始终最佳。但榆林属生物质贫乏区，不适宜使用生物质锅炉。酒泉、乌鲁木齐、西宁均处严寒地区，不适宜使用空气源热泵。燃气壁挂炉需根据当地天然气易获取程度决定是否适用。

燃气壁挂炉与空气源热泵的总优度差异较小，但与西北地区其他省（区）相比，新疆的天然气单价最低，加之经济特性指标权重在四个指标层中占比最大，所以喀什的燃气壁挂炉总优度明显高于空气源热泵。此外，由于新疆的煤炭价格最低，电价最高，所以喀什的燃煤锅炉与空气源热泵总优度相差不大。陕西的天然气单价同比西北地区其他五省（区）最高，因此西安、榆林的燃煤锅炉与燃气壁挂炉之间的总优度差值较其他城市而言偏小。

此外，随着能源价格的不断调整、技术的不断发展，不同辅助热源的经济特性、技术特性权重不断变化，辅助热源总优度也将随之改变。

各典型城市辅助热源的适宜性总优度    表 8-10

| 城市 | 辅助热源类型 | | | | | |
|---|---|---|---|---|---|---|
| | 燃煤锅炉 | 燃油锅炉 | 燃气壁挂炉 | 空气源热泵 | 电锅炉 | 生物质锅炉 |
| 西安 | 0.164 | 0.160 | 0.173 | 0.169 | 0.15 | 0.184 |
| 榆林 | 0.203 | 0.196 | 0.211 | 0.211 | 0.179 | 0.000 |
| 喀什 | 0.166 | 0.159 | 0.18 | 0.168 | 0.142 | 0.185 |
| 酒泉 | 0.198 | 0.193 | 0.211 | 0.000 | 0.177 | 0.221 |
| 乌鲁木齐 | 0.206 | 0.186 | 0.217 | 0.000 | 0.163 | 0.228 |
| 西宁 | 0.201 | 0.186 | 0.211 | 0.000 | 0.178 | 0.224 |

## 8.3    太阳能与空气源热泵联合供暖系统优化设计

太阳能与空气源热泵联合供暖系统的性能与系统各部件的参数紧密相关。通过建立太阳能与空气源热泵联合供暖系统容量匹配及运行优化模型，给出了系统容量优化参数及运行优化参数。

### 8.3.1    工作原理

太阳能与空气源热泵联合供暖系统原理如图 8-8 所示，主要由太阳能集热系统、空气源热泵系统、蓄热系统及供暖末端构成。其中太阳能集热系统由集热器、连接管道、循环泵等构成，其功能是收集太阳能并将其转换为热能；蓄热系统中的蓄热水箱用于存储太阳能富余集热量，可以有效解决由于太阳辐射与建筑供暖热负荷不同步导致的太阳能集热量与供暖需求之间的矛盾；空气源热泵系统包括空气源热泵和热泵循环泵，作为太阳能供热量不足时的辅助加热系统。当系统集热量大于建筑供暖热负荷时，蓄热水箱将富余的热量存储起来，在集热量不足的时候释放热量，以满足建筑供暖热需求。若蓄热水箱的热水温度足够，则单独使用蓄热水箱进行供暖，若蓄热水箱的热水温度不足，则使用空气源热泵为建筑提供热量。

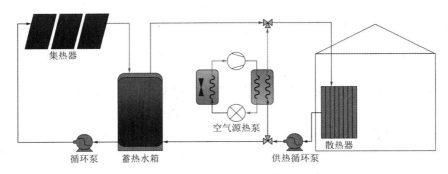

图 8-8    太阳能与空气源热泵联合供暖系统原理图

### 8.3.2    设计方法

太阳能与空气源热泵联合供暖系统各部件通常根据规范规定的配比关系进行设计，太阳能集热系统与空气源热泵机组的控制通常采用传统的控制方法（即定温或温差控制），但具体的启停温度值如何设置，并没有明确的方法，仅是凭经验设定。

太阳能与空气源热泵联合供暖系统中各主要部件的设计容量应相互匹配，但目前对集热器面积、空气源热泵容量、蓄热水箱容积等主要参数的优化匹配研究还未形成完善的方法。对整个系统而言，各容量参数相互关联，单独对某个容量参数或使用单因素分析法难以得到联合供暖系统的最佳容量匹配结果。在常规优化过程中，设计参数的优化与运行策略的优化是脱离的，实际上，系统中设计参数与运行策略之间也存在交互关系，分开各自优化是有局限性的。基于此，本小节提出了太阳能与空气源热泵联合供暖系统容量及运行参数同步优化设计方法。

1. 容量及运行参数同步优化模型

（1）目标函数

以系统生命周期费用最小为优化目标，选取集热器面积、空气源热泵容量、蓄热水箱容积、空气源热泵启停温度限值、空气源热泵启停温差限值为优化变量，建立以生命周期费用为目标函数的优化模型，对太阳能与空气源热泵联合供暖系统的容量及运行控制参数进行同步优化。目标函数如式（8-12）所示。生命周期费用由初投资与运行费用的现值加和得到，计算时考虑了贷款利率和物价水平变动对初投资的影响。

$$\min LCC = \min \left[ C_0 + \frac{(1+i)^{l_{year}} - 1}{i(1+i)^{l_{year}}} C_{om} \right] \tag{8-12}$$

式中　　$LCC$——系统生命周期费用，元；

　　　　　$i$——实际贷款年利率；

　　　　$C_0$——初投资费用，元；

　　　$C_{om}$——运行费用，元；

　　　$l_{year}$——系统运行年限，年。

（2）优化变量

目前，在太阳能与空气源热泵联合供暖系统中，空气源热泵机组常采用温差控制运行策略，但具体的启停温度值如何设置，并没有明确的方法，仅凭经验设定。根据文献调研，空气源热泵机组的启停温度下限常取供暖水温，上下限温差取 3～10℃。

太阳能与空气源热泵联合供暖系统中蓄热水箱的水温对空气源热泵机组耗电量的影响较大，空气源热泵$COP$与蓄热水箱平均水温和环境温度之间的温差相关，而且空气源热泵$COP$随该温差的增大而减小。另外，空气源热泵启停温度是影响系统能耗的显著性因素。为了使空气源热泵尽量在高效时段运行，在常规温差控制的限值下，提出另一个启停控制指标——空气源热泵启停温差，通过逐时监控室外环境温度、蓄热水箱平均水温，当两者温差低于空气源热泵启停温差设置阈值时，空气源热泵机组启动，反之空气源热泵机组关闭。空气源热泵启停温差与启停温度上下限都是接下来要进行优化的变量。空气源热泵的启停信号同时受这两个启停控制的联合作用，满足任何一个控制指标，空气源热泵都启动运行。

（3）约束条件

1）空气源热泵启停约束

空气源热泵的启停受启停温度的影响，蓄热水箱的水温满足开启温度时，空气源热泵开启；反之空气源热泵停机，启停温度限值为待优化变量。

$$S(\tau) = 1 \begin{cases} T_{ST}(\tau) \leqslant T_{min} \\ T_{min} \leqslant T_{ST}(\tau) \leqslant T_{max} \ \text{且} \ S(\tau - 1) = 1 \\ T_{ST}(\tau) - T_a(\tau) \leqslant \Delta T_{max} \end{cases}$$

$$S(\tau) = 0 \begin{cases} T_{ST}(\tau) \geqslant T_{max} \\ T_{min} \leqslant T_{ST}(\tau) \leqslant T_{max} \ \text{且} \ S(\tau - 1) = 0 \\ T_{ST}(\tau) - T_a(\tau) > \Delta T_{max} \end{cases}$$

(8-13)

式中　$S(\tau)$——空气源热泵启停信号，无量纲，取值 0 或 1；

　　　$T_{ST}$——蓄热水箱温度，℃；

　　　$T_{min}$——空气源热泵启停低温限值，℃；

　　　$T_{max}$——空气源热泵启停高温限值，℃；

　　　$\Delta T_{max}$——空气源热泵启停温差限值，℃。

上述三个温度值均为待优化变量。

2）空气源热泵出水温度约束

空气源热泵的出水温度不大于 60℃。

$$T_{ao}(\tau) \leqslant 60 \tag{8-14}$$

3）辅助加热约束

辅助电加热量及电加热信号受蓄热水箱水温的限制：

$$\begin{cases} S_{DJR}(\tau) = 1 & T_{ST}(\tau) < T_{g,SJ} \\ S_{DJR}(\tau) = 0 & T_{ST}(\tau) \geqslant T_{g,SJ} \end{cases} \tag{8-15}$$

$$P_{DJR}(\tau) = \frac{S_{DJR}(\tau)C_{t,w}(\tau)[T_{g,SJ} - T_{ST}(\tau)]}{1000}/y_{ele} \tag{8-16}$$

式中　$S_{DJR}$——电加热信号，无量纲，取值 0 或 1；

　　　$T_{g,SJ}$——负荷侧设计供水温度，℃；

　　　$y_{ele}$——电加热效率，无量纲；

　　　$C_{t,w}$——蓄热水箱内水的热容量，W/℃。

4）初始约束

在初始时刻，蓄热水箱的水温取 45℃，集热器内部工质温度取 10℃。$A_{c,SF=1}$ 为按规范设计计算的太阳能保证率为 100% 时对应的集热器面积，m²；$Q$ 为设计热负荷，kW。

$$T_{ST}(\tau = 1) = 45℃ \tag{8-17}$$

$$T_{in,f}(\tau = 1) = T_{out,f}(\tau = 1) = 10℃ \tag{8-18}$$

$$0 \leqslant A_c \leqslant A_{c,SF=1} \tag{8-19}$$

$$0 \leqslant R_{HP} \leqslant Q \tag{8-20}$$

式中　$R_{HP}$——空气源热泵实际所需设计容量，kW。

2. 同步优化与传统优化对比分析

（1）典型地区选取

按照太阳能资源分区、建筑节能设计气候分区以及空气源热泵使用的条件，以藏区、西北及高原地区为例，将其划分为 6 类地区，分别为太阳能 Ⅰ 类寒冷 A 区、太阳能 Ⅱ 类严寒 C 区、太阳能 Ⅱ 类寒冷 A 区、太阳能 Ⅲ 类严寒 C 区、太阳能 Ⅲ 类寒冷 A 区、太阳能 Ⅲ 类寒冷 B 区，共选取了 6 个典型地区，分别为拉萨、甘孜、昌都、松潘、马尔康、西安。

选取某住宅楼作为研究对象，总建筑面积为 190.9m²，建筑长、宽、高分别为 11.4m、11.7m、6.0m，供暖房间为一层的卧室、客厅和二层的三个卧室，总供暖面积为 65.9m²。采用 EnergyPlus 软件进行建筑热负荷模拟，不同城市供暖热负荷如表 8-11 所示。

**不同城市案例建筑供暖热负荷计算结果**　　　　　　　　　表 8-11

| 地区 | 拉萨 | 甘孜 | 昌都 | 马尔康 | 松潘 | 西安 |
|---|---|---|---|---|---|---|
| 热负荷（kW） | 3.58 | 3.69 | 3.65 | 3.29 | 3.90 | 3.69 |

（2）容量及运行参数同步优化结果

不同城市太阳能与空气源热泵联合供暖的容量及运行同步优化结果如表 8-12 所示，包括集热器面积、空气源热泵容量、蓄热水箱容积、空气源热泵启停温度下限、空气源热泵启停温度上限、空气源热泵启停温差限值等最优参数。

**不同城市太阳能与空气源热泵联合供暖系统的容量及运行同步优化结果**　　表 8-12

| 城市 | 集热器面积（m²） | 空气源热泵容量（kW） | 蓄热水箱容积（m³） | 太阳能保证率（%） | 空气源热泵启停温度下限（℃） | 空气源热泵启停温度上限（℃） | 空气源热泵启停温差限值（℃） | 生命周期费用（元） |
|---|---|---|---|---|---|---|---|---|
| 拉萨 | 11.0 | 0.91 | 1.78 | 70 | 42.6 | 51.3 | 35.5 | 20145 |
| 甘孜 | 12.1 | 2.03 | 1.83 | 48 | 44.4 | 52.3 | 43.7 | 34440 |
| 昌都 | 6.6 | 1.94 | 1.55 | 32 | 43.3 | 53.0 | 36.9 | 26184 |
| 马尔康 | 3.8 | 2.71 | 1.68 | 10 | 43.4 | 50.7 | 41.3 | 31299 |
| 松潘 | 4.7 | 3.59 | 1.91 | 10 | 41.7 | 51.3 | 41.2 | 48845 |
| 西安 | 7.6 | 4.07 | 1.45 | 10 | 44.9 | 52.6 | 41.2 | 48228 |

（3）单一容量匹配优化与同步优化对比分析

单一容量匹配以系统生命周期费用最小为优化目标，以集热器面积、空气源热泵容量、蓄热水箱容积为优化变量，采用传统的运行方式：当蓄热水箱水温低于供暖设计温度时，空气源热泵启动，直到蓄热水箱水温被加热到比供暖设计温度高 5℃，空气源热泵关闭。即与同步优化不同的是，单一容量匹配优化模型中空气源热泵的启停温差为定值，其启停约束为：

$$S(\tau) = 1 \begin{cases} T_{ST}(\tau) \leqslant 40 \\ 40 \leqslant T_{ST}(\tau) \leqslant 45 \text{ 且 } S(\tau-1) = 1 \end{cases}$$
$$S(\tau) = 0 \begin{cases} T_{ST}(\tau) \geqslant 45 \\ 40 \leqslant T_{ST}(\tau) \leqslant 45 \text{ 且 } S(\tau-1) = 0 \end{cases}$$
（8-21）

在太阳能与空气源热泵联合供暖系统中，理论上空气源热泵保证率与太阳能保证率之和为 100%，但是在实际运行中，由于太阳能资源的随机性和空气源热泵低温条件下性能衰减等因素，空气源热泵的设计容量应该有一定的富余，为方便分析其设计容量的富余程度，提出空气源热泵设计容量过余度这一指标。空气源热泵设计容量过余度为空气源热泵实际所需设计容量和常规设计容量的差值与常规设计容量的比值，计算式如下。

$$\theta_{HP} = \frac{R_{HP} - R_{HP,sj}}{R_{HP,sj}}$$
（8-22）

式中　$\theta_{HP}$——空气源热泵设计容量过余度，无量纲；

　　　$R_{HP}$——空气源热泵实际所需设计容量，kW；

$R_{HP,sj}$——空气源热泵常规设计容量，kW。

不同城市太阳能与空气源热泵联合供暖系统单一容量匹配优化结果如表 8-13 所示。除拉萨的太阳能保证率取 100%以外，其他城市均取推荐范围的最小值，原因是该联合供暖系统只承担冬季供暖负荷，利用率较小，并且集热器的初投资较高。另外，空气源热泵容量过余度随太阳能保证率的增大而增大，这是因为太阳能保证率越大，太阳能的不稳定性越突显。

**不同城市太阳能与空气源热泵供暖系统单一容量匹配优化结果** 表 8-13

| 城市 | 集热器面积（m²） | 空气源热泵容量（kW） | 蓄热水箱容积（m³） | 设计太阳能保证率（%） | 空气源热泵容量过余度（%） | 生命周期费用（元） |
|---|---|---|---|---|---|---|
| 拉萨 | 15.8 | 0 | 1.76 | 100 | — | 22149 |
| 甘孜 | 7.6 | 3.85 | 0.56 | 30 | 89.7 | 38270 |
| 昌都 | 6.2 | 3.27 | 0.57 | 30 | 90.1 | 29082 |
| 马尔康 | 3.8 | 3.63 | 0.70 | 10 | 23.5 | 34306 |
| 松潘 | 4.7 | 4.32 | 0.47 | 10 | 24.9 | 52421 |
| 西安 | 7.6 | 4.12 | 0.38 | 10 | 2.5 | 49192 |

对比表 8-12 和表 8-13 可见，与单一容量匹配优化结果差别最大的是拉萨的容量，由 0 变为 0.91kW，该结果表明空气源热泵运行策略的改进可以扩大其应用的范围。

将各城市太阳能与空气源热泵联合供暖系统同步优化与单一容量匹配优化的系统各参数进行对比，如表 8-14 所示。与单一容量匹配优化相比，同步优化的生命周期费用均较低，并且除拉萨外，各城市的系统 COP 均显著提高。对比结果表明，容量匹配及运行同步优化的优势明显。另外，鉴于单一容量匹配优化结果中，空气源热泵容量过余度较大，将其与同步优化的空气源热泵容量过余度进行对比分析，如表 8-15 所示。

**不同城市太阳能与空气源热泵联合供暖系统单一容量匹配与同步优化结果对比** 表 8-14

| 城市 | 生命周期费用（元） | | | 系统 COP | | |
|---|---|---|---|---|---|---|
| | 单一容量匹配优化 | 同步优化 | 变化率 | 单一容量匹配优化 | 同步优化 | 变化率 |
| 拉萨 | 21929 | 20145 | −8.1% | 8.13 | 5.79 | −28.8% |
| 甘孜 | 38270 | 34440 | −10.0% | 2.43 | 3.20 | +31.7% |
| 昌都 | 29082 | 26184 | −10.0% | 2.71 | 3.04 | +12.2% |
| 马尔康 | 34306 | 31299 | −8.8% | 2.23 | 2.51 | +12.6% |
| 松潘 | 52421 | 48845 | −6.8% | 1.98 | 2.18 | +10.1% |
| 西安 | 49192 | 48228 | −2.0% | 1.62 | 1.74 | +7.4% |

由表 8-15 可见，不考虑运行控制的单一容量匹配优化结果中，空气源热泵容量过余度都比较大，甘孜、昌都甚至达到 90%左右，表明单一容量匹配优化会导致空气源热泵的选型过大。容量匹配及运行同步优化结果中，空气源热泵容量过余度较小，拉萨和马尔康甚至出现负值，结合表 8-14 中同步优化后马尔康的系统 COP 提高、年耗电量降低的结果，表明容量匹配及运行同步优化能充分发挥系统的节能潜力。

**单一容量匹配优化与同步优化的空气源热泵容量过余度对比**　　　表 8-15

| 地区 | 单一容量匹配优化 | 同步优化 |
|------|----------------|---------|
| 拉萨 | — | −60.0 |
| 甘孜 | 89.7 | 34.4 |
| 昌都 | 90.1 | 16.2 |
| 马尔康 | 23.5 | −26.2 |
| 松潘 | 24.9 | 16.9 |
| 西安 | 2.5 | 0 |

（4）单一运行优化与同步优化对比分析

在系统容量确定的情况下，以系统年耗电量为目标函数，对空气源热泵的运行策略即空气源热泵的启停温度上下限、启停温差进行优化计算，可以得出不同运行控制策略下系统的运行成本和年耗电量，通过与传统运行策略进行对比，用以判断运行优化后获得的运行控制策略是否节能。不同地区太阳能与空气源热泵联合供暖系统单一运行优化结果如表 8-16 所示。

**不同地区太阳能与空气源热泵联合供暖系统单一运行优化结果**　　　表 8-16

| 地区 | 空气源热泵启停温度下限（℃） | 空气源热泵启停温度上限（℃） | 空气源热泵启停温差限值（℃） | 年耗电量（kWh） |
|------|----------------|----------------|----------------|----------------|
| 甘孜 | 44.8 | 45.0 | 44.9 | 2263 |
| 昌都 | 42.4 | 45.3 | 49.1 | 1557 |
| 马尔康 | 42.6 | 55.0 | 40.0 | 2176 |
| 松潘 | 43.0 | 45.1 | 40.4 | 3744 |
| 西安 | 44.6 | 45.2 | 37.2 | 3259 |

将各地区优化前后的系统各参数进行对比，如表 8-17 所示。以甘孜为例，在初投资一定的情况下，运行优化后，年耗电量节省 2.03%，系统 COP 提高 2.06%，节能效果较明显。

**各地区单一运行优化前后结果对比**　　　表 8-17

| 地区 | 耗电量（kWh） | | | 系统 COP | | |
|------|--------|--------|--------|--------|--------|--------|
| | 优化前 | 优化后 | 变化率 | 优化前 | 优化后 | 变化率 |
| 甘孜 | 2310 | 2263 | −2.03% | 2.43 | 2.48 | +2.06% |
| 昌都 | 1591 | 1557 | −2.14% | 2.71 | 2.77 | +2.21% |
| 马尔康 | 2254 | 2176 | −3.46% | 2.23 | 2.31 | +3.59% |
| 松潘 | 3928 | 3744 | −4.68% | 1.98 | 2.09 | +5.56% |
| 西安 | 3397 | 3259 | −4.06% | 1.62 | 1.69 | +4.32% |

因蓄热水箱容积和空气源热泵启停温度上下限、空气源热泵启停温差限值是密切相关的，将蓄热水箱容积纳入运行优化，以进一步挖掘系统的节能潜力。运行参数与蓄热水箱容积同步优化结果如表 8-18 所示，运行参数与蓄热水箱容积同步优化与单一运行优化的系

统参数对比如表 8-19 所示。

　　由表 8-19 可见，以甘孜为例，同步运行优化后，系统年耗电量节省 11.53%，系统 *COP* 提高 17.88%，节能效果显著。与单一运行优化相比，同步运行优化的结果均为蓄热水箱容积增大，造成的系统初投资增加量与寿命周期内总运行费的减少量如图 8-9 所示。

**不同地区太阳能与空气源热泵联合供暖系统运行参数**
**与蓄热水箱容积同步优化结果**　　　　　　　表 8-18

| 地区 | 空气源热泵启停温度下限（℃） | 空气源热泵启停温度上限（℃） | 空气源热泵启停温差限值（℃） | 蓄热水箱容积（m³） | 年耗电量（kWh） |
|---|---|---|---|---|---|
| 甘孜 | 40.6 | 49.2 | 35.5 | 2.67 | 2002 |
| 昌都 | 40.8 | 51.5 | 38.9 | 1.85 | 1335 |
| 马尔康 | 41.7 | 50.4 | 35.4 | 2.20 | 1881 |
| 松潘 | 41.2 | 49.0 | 41.6 | 2.58 | 3409 |
| 西安 | 43.0 | 49.2 | 37.3 | 1.87 | 3145 |

**不同地区太阳能与空气源热泵联合供暖系统同步运行优化与**
**单一运行优化对比**　　　　　　　表 8-19

| 地区 | 耗电量（kWh） | | | 系统COP | | |
|---|---|---|---|---|---|---|
| | 单一优化 | 同步优化 | 变化率 | 单一优化 | 同步优化 | 变化率 |
| 甘孜 | 2263 | 2002 | −11.53% | 2.48 | 3.02 | +17.88% |
| 昌都 | 1557 | 1335 | −14.26% | 2.77 | 3.41 | +23.10% |
| 马尔康 | 2176 | 1881 | −13.56% | 2.31 | 2.81 | +21.65% |
| 松潘 | 3744 | 3409 | −8.95% | 2.09 | 2.43 | +16.27% |
| 西安 | 3259 | 3145 | −3.50% | 1.69 | 1.82 | +7.69% |

　　由图 8-9 可知，与单一运行优化相比，运行参数与水箱容积同步优化后，各地区太阳能与空气源热泵联合供暖系统生命周期内总运行费的减少量均大于初投资的增加量，这表明将蓄热水箱容积纳入运行优化是正确的，可使得太阳能与空气源热泵联合供暖系统更加经济。也进一步表明太阳能与空气源热泵联合供暖系统中容量参数与运行策略之间是存在交互关系的，单独分开优化是有局限性的。

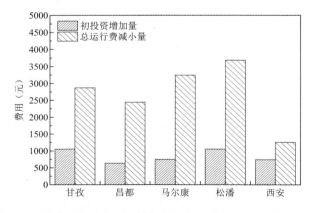

图 8-9　同步运行优化后系统初投资增加量与总运行费减少量

### 8.3.3　运行控制

太阳能与空气源热泵联合供暖系统中，空气源热泵作为辅助热源，能够在太阳能无法满足末端需要时提供热量，通过适当的控制策略，太阳能与空气源热泵联合供暖系统能够在满足供暖负荷同时最大限度地提高能源利用效率。

1. 模型预测控制

模型预测（MPC）是一类利用过程模型预测对象未来行为的计算机算法。它通过实时滚动的最小化目标函数来获得控制信号。模型预测控制方法的主要思路有以下几点：

（1）预测模型

预测模型应具有预测的功能，即能够根据系统当前时刻的控制输入以及过程的历史信息，预测过程输出的未来值，因此需要一个描述系统动态行为的模型（即预测模型）。预测模型具有展示过程未来动态行为的功能，这样就可像在系统仿真时那样，任意给出未来的控制策略，观察不同控制策略下的输出变化，从而为比较这些控制策略的优劣提供依据。

（2）反馈校正

在预测控制中，采用预测模型对过程输出值的预估只是一种理想的方式，在实际过程中，由于存在非线性、模型失配和干扰等不确定因素，使基于模型的预测不可能准确地与实际相符。因此，在预测控制中，通过比较输出的测量值与模型的预估值，得到模型的预测误差，再利用模型预测误差对模型的预测值进行修正。

（3）滚动优化

预测控制需要通过某一性能指标的最优化来确定未来的控制作用。但预测控制中的优化与通常的离散最优控制算法不同，它不是采用一个不变的全局最优目标，而是采用滚动式的有限时域的优化策略。即优化过程不是一次离线完成的，而是反复在线进行的。在每一采样时刻，优化性能指标只涉及从该时刻起到未来有限的时间，而到下一个采样时刻，这一优化时段也会同时向前。所以预测控制不是用一个对全局相同的优化性能指标，而是在每一时刻有一个相对于该时刻的局部优化性能指标。

（4）参考轨迹

在预测控制中，考虑到过程的动态特性，为了使过程避免出现输入和输出的急剧变化，往往要求过程输出沿着一条期望的、平缓的曲线到达设定值，这条曲线称为参考轨迹，它是设定值经过在线"柔化"后的产物。

在 MPC 中，模型从过去的输入和过去的输出中获得数据，并将该数据和未来的输入相结合，以创建未来输出值的预测。将预测的输出与参考轨迹进行比较，以确定未来的输出误差，这些误差随后用于对模型的预测值进行修正。目标函数在优化器中被输入，优化器在满足系统约束的同时找到成本最优的解决方案，优化器返回最佳输入以及预测到的行为和成本。由于滚动优化的作用，仅实现当前时刻到未来有限时间的步骤，到下一采样时刻，优化时段同时滚动向前，更新优化结果。

模型预测控制应用于太阳能与空气源热泵联合供暖系统，以保持室内热舒适度为目标，建立系统动态数学模型，通过优化空气源热泵的运行时间、整合可用的太阳能及将电力消耗转移到夜间来降低电力成本，其控制方案示意如图 8-10 所示。电价、天气预测和负荷预测是随时间变化的外部条件，这些与温度测量值共同构成模型预测控制器的输入，供暖系统数学模型、约束条件、成本函数和目标函数被定义为 MPC 控制器的组成部分，对于每个采样周期，这些参数根据目标函数进行优化组合，然后确定下一个周期的输出。

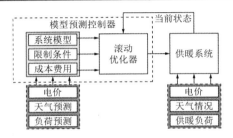

图 8-10　太阳能与空气源热泵联合供暖系统模型预测控制方案示意图

控制问题的第一个目标是通过使用夜间电量以及充分利用太阳能，控制空气源热泵启停，调整系统运行参数，将能源消耗降到最低。第二个目标是通过不同的控制策略，改变热源的出力顺序，实现负荷转移，从而减少成本。

总而言之，MPC 在太阳能与空气源热泵联合供暖系统中的应用在负荷转移方面具有更大的潜力，从而降低运营成本，但是它需要测量及预测天气条件、热负荷等外部参数，而使用预测方法准确获取这些数据是困难且耗时的。

2. 恒温控制

恒温控制是最常用的控制策略，常被用于太阳能热水系统中，为了保证家用恒温热水的需求，在系统运行期间，采用单一恒定温度进行控制，在固定或变化的启动时间后，开启空气源热泵将水从初始温度加热到所需温度，而对于太阳能供暖系统而言，由于供暖时间的相对持续，恒定的温度目标往往会导致空气源热泵长时间工作，这对系统节能是不利的。结合不同时段人体差异化热需求，可以考虑分不同时段对室内热环境进行调控，以达到节能的目的，这在下文被称为"改进的恒温策略"。

3. 按需分时柔性节能调控策略

在太阳能与空气源热泵联合供暖系统中，恒温策略作为最常用的控制策略，主要通过控制供暖设备的启停，以恒定的舒适温度为目标，对室内温度进行调控，但是要想保持室内全天温度的恒定，往往要以空气源热泵长时间工作及更高的系统能耗为代价。

随着供暖中控制技术的不断发展，无差别供暖已经无法满足节能的要求，根据居民不同时段的热需求，对建筑进行有差别供暖，能更好地降低系统能耗。居住建筑中人员的活动轨迹和各功能房间人员的在室率存在显著差异，白天客厅的人员在室率最高，夜间卧室的人员在室率达到 80% 以上，因此可将热环境分时调控，根据白天及夜间进行划分。本书提出太阳能与空气源热泵联合供暖系统按需分时柔性节能调控策略（简称分时柔性调控策略），根据人员的差异化热需求，确定不同时段的供暖运行方案，并将人员热需求与供暖系统相结合。确定分时供暖运行方案的过程如图 8-11 所示。

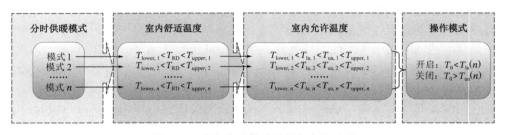

图 8-11　确定分时供暖运行方案的过程

供暖模式是根据用户在不同时段对房间的热需求确定的，每个供暖模式下对应一组舒适温度范围，室内允许温度即为控制温度，其包含于舒适温度区间内，通过房间实时温度与允许温度上下限的比较，对房间供暖需求进行响应。当房间有供暖需求时，系统根据此时蓄热水箱水温判断是采用蓄热水箱供暖还是空气源热泵供暖，具体的调控策略原理图如图 8-12 所示。

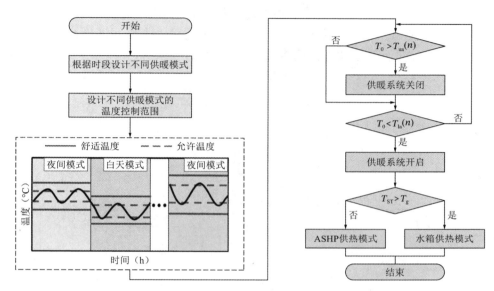

图 8-12 按需分时柔性节能调控策略原理图

此外，不同供暖模式主要是根据时段进行划分的，每种供暖模式都对应当前时段下使用者对所处空间的舒适温度范围，为了使房间温度的控制效果满足舒适温度要求，允许温度范围设置在舒适温度范围。控制系统实时检测房间温度，与当前模式下允许温度的限值进行比较，实现供暖需求的响应，当房间需要供暖时，控制系统判断当前蓄热水箱水温是否达到供暖温度，若达到则由蓄热水箱供暖，否则由空气源热泵供暖。

可将人们在白天的活动状态及夜间的睡眠状态划分开来进行有差别供暖，因此，为所提出的控制策略设置两种供暖模式，以满足白天功能房及夜间卧室的差异化热需求，其中白天时段为 8:00～22:00，所对应的舒适温度范围为 16～20℃，而夜间时段为 22:00～次日 8:00，所对应的舒适温度范围为 14～17℃，具体操作模式如图 8-13 所示。

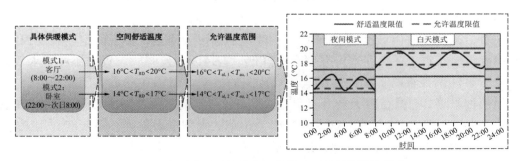

图 8-13 按需分时柔性节能调控策略下的具体操作模式

控制部分主要包括集热侧控制与供热侧控制。在集热侧，控制器检测集热器出口温度 $T_{out,coll}$、蓄热水箱至集热器进口温度 $T_{in,coll}$，当 $T_{out,coll} - T_{in,coll} > T_{so}$ 时，水泵 1 开启，当 $T_{out,coll} - T_{in,coll} < T_{sc}$ 时，水泵 1 关闭，如图 8-14 所示。在供热侧，控制器根据时间判断当前处于白天模式或夜间模式，检测此时房间温度 $T_0$ 并与当前模式下允许温度限值进行比较，当房间温度低于允许温度下限 $T_{la}$ 时，此时房间需要供暖，则开启水泵 2，并判断蓄热水箱水温 $T_{ST}$ 是否高于可供暖温度，若是，则由蓄热水箱单独给末端供暖，否则由空气源热泵进行供暖，一段时间后，当房间温度高于允许温度上限 $T_{ua}$ 时，此时房间温度已超过舒适温度范围，无须供暖，则关闭水泵 2，如图 8-15 所示。

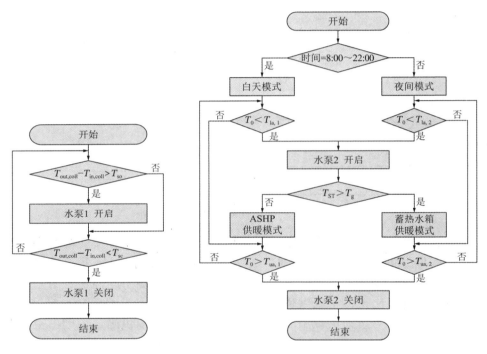

图 8-14　集热侧控制逻辑图　　　　图 8-15　供热侧控制逻辑图

**4. 不同控制策略下运行效果对比分析**

**（1）室内温度控制效果对比分析**

选择西安、西宁和拉萨三个城市进行对比分析。三种控制策略应用下不同城市的室内温度控制效果如图 8-16～图 8-18 所示。恒温策略下，西安及西宁的室内温度在 18℃左右，拉萨的室内温度在 19℃左右；改进的恒温策略下，白天的室内温度控制效果和恒温策略相近，在夜间室内温度有所降低，这是因为夜间所设置的温度要求较低；对于分时柔性调控策略，室内温度有更大范围的波动，但仍在舒适温度范围内，相较于其他两种策略，室温在白天会升得更高，西安及西宁的室温在白天能升至 19℃左右，拉萨的室温能升至 20℃左右，这主要是因为拉萨的太阳辐射更强，系统能利用太阳能将室温在白天提升到更高的范围，这将延缓室内温度的下降过程，从而减少空气源热泵的运行时长。

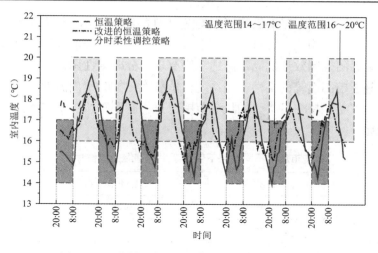

图 8-16　不同控制策略下室内温度对比（西安）

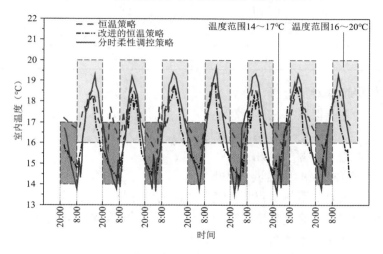

图 8-17　不同控制策略下室内温度对比（西宁）

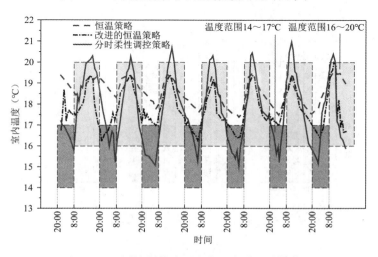

图 8-18　不同控制策略下室内温度对比（拉萨）

各城市应用不同控制策略下供暖期平均室温如表8-20所示。恒温策略下，各城市供暖期平均室温最高，与之相比，分时柔性调控策略下各城市的平均室温略有降低，但其白天与夜间时段对室温的控制效果仍满足舒适温度要求。分时柔性调控策略下，给室温设置一定波动阈值，基于控制系统的柔性，当系统仅依靠太阳能时室内温度升至更高，主要依靠空气源热泵时，室温保持在可接受的最小范围，这将有利于减少空气源热泵的工作时长以及降低系统能耗。

**各城市应用不同策略下供暖期平均室温（单位：℃）**　　　　表 8-20

| 城市 | 恒温策略 | 改进的恒温策略 | 分时柔性调控策略 |
|---|---|---|---|
| 西安 | 18.0 | 17.6 | 17.4 |
| 兰州 | 17.6 | 17.0 | 16.9 |
| 乌鲁木齐 | 17.1 | 16.8 | 16.7 |
| 西宁 | 18.1 | 17.8 | 17.7 |
| 银川 | 18.0 | 17.7 | 17.7 |
| 拉萨 | 19.6 | 19.2 | 19.1 |

（2）太阳能保证率对比分析

在本节中，太阳能保证率 $SF$ 定义为：

$$SF = (Q_S - Q_{ASHP})/Q_S \tag{8-23}$$

式中　$Q_S$——系统总供热量，kWh；

$Q_{ASHP}$——空气源热泵的供热量，kWh。

系统总供热量主要由蓄热水箱和空气源热泵的供热量组成，为了简化，忽略管道的热损失，太阳能的利用主要通过蓄热水箱的供热体现。三种策略下蓄热水箱和空气源热泵的供热量占比及太阳能保证率如图8-19～图8-21所示。

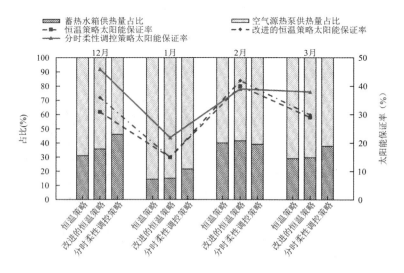

图8-19　不同控制策略下太阳能保证率（西安）

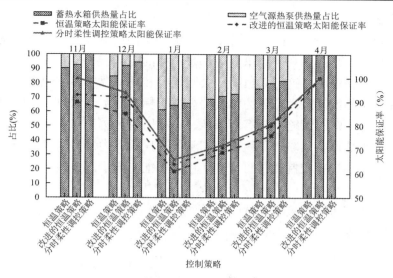

图 8-20　不同控制策略下太阳能保证率（西宁）

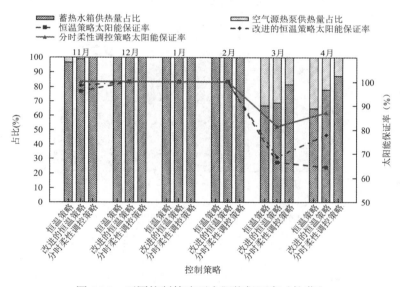

图 8-21　不同控制策略下太阳能保证率（拉萨）

由此可见，分时柔性调控策略下太阳能保证率是最高的，恒温策略下是最低的，这主要是由于蓄热水箱和空气源热泵的供热量占比不同导致的。恒温策略下，系统需要在一天中的任何时段都供给房间充足的热量以保证恒定的室温需求，当无太阳能可利用时，需要空气源热泵持续工作。分时柔性调控策略下的太阳能保证率最高，这是因为该策略下，太阳能回路具有更高的优先级，温度波动阈值的设置给予了控制系统柔性，白天日照充足时系统能充分收集太阳能并通过蓄热水箱供给末端，使房间温度升高到更高的温度，太阳能被充分利用，同时，蓄热水箱在次日供暖前能保持更低的温度，提高了太阳能的利用效率；夜间无太阳能可利用且室温低于夜间可接受温度的下限时才开启空气源热泵，使房间温度保持在可接受的最小范围。因此，空气源热泵的工作时长被大大减少，空气源热泵供热量在系统总供热量中的占比大大降低，从而提高太阳能保证率。

（3）系统能耗对比分析

图 8-22～图 8-24 显示了西安、西宁、拉萨应用不同控制策略时的能耗情况，能耗主要包括空气源热泵、集热循环泵、供暖循环泵消耗的电能。三个城市中，拉萨的总能耗最小，西安的总能耗最大，这与热负荷、太阳辐射和环境温度的差异有关。在三种控制策略中，恒温策略的能耗最大，因为恒定的温度目标需要空气源热泵长时间开启；与恒温策略相比，改进的恒温策略能耗有所降低，这是因为对白天和夜间设置了不同的温度目标；对于分时柔性调控策略，不仅考虑了不同时段的室内舒适温度需求，设置一定的温度波动范围对室温进行控制，并且优先使用太阳能，减少了空气源热泵的工作时长，能耗最低。

表 8-21 显示了三种控制策略下循环水泵及空气源热泵的能耗，空气源热泵是系统中最耗能的部分，缩短其工作时长对降低系统能耗起到关键性作用。

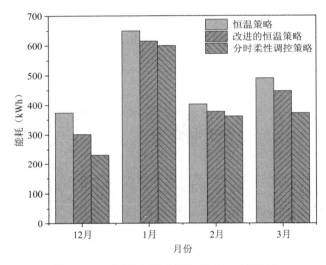

图 8-22　不同控制策略下能耗对比（西安）

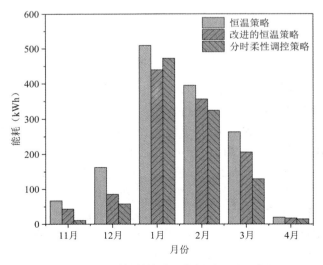

图 8-23　不同控制策略下能耗对比（西宁）

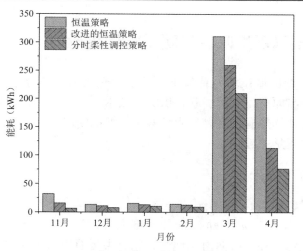

图 8-24　不同控制策略下能耗对比（拉萨）

各城市应用不同控制策略时系统供暖期总能耗　　表 8-21

| 城市 | 参数 | 单位 | 恒温策略 | 改进的恒温策略 | 分时柔性调控策略 |
|---|---|---|---|---|---|
| 西安 | 集热循环泵能耗 | kWh | 31.2 | 31.4 | 31.3 |
|  | 供暖循环泵能耗 |  | 40.2 | 36.7 | 36.1 |
|  | 空气源热泵能耗 |  | 1849.1 | 1672.3 | 1527.1 |
|  | 总能耗 |  | 1920.5 | 1740.4 | 1594.5 |
| 西宁 | 集热循环泵能耗 |  | 68.5 | 66.2 | 62.9 |
|  | 供暖循环泵能耗 |  | 53.7 | 46.3 | 43.1 |
|  | 空气源热泵能耗 |  | 1296.1 | 1038.7 | 905.2 |
|  | 总能耗 |  | 1418.3 | 1151.2 | 1011.2 |
| 拉萨 | 集热循环泵能耗 |  | 58.4 | 52.5 | 42.0 |
|  | 供暖循环泵能耗 |  | 24.0 | 20.4 | 16.0 |
|  | 空气源热泵能耗 |  | 503.9 | 353.5 | 264.7 |
|  | 总能耗 |  | 586.3 | 426.4 | 322.7 |

　　通过对比可以发现，分时柔性调控策略与恒温策略相比，拉萨总能耗降低了 45%，与改进的恒温策略相比，总能耗降低了 24%；西宁的总能耗分别降低了 30% 和 12%；西安的总能耗分别降低了 17% 和 8%。总能耗的降低主要是通过降低空气源热泵的能耗来实现的，在分时柔性调控策略下，太阳能具有更高的优先级，因此在太阳能资源越丰富的城市，太阳能的利用率越高。

　　总之，分时柔性调控策略通过设置室温波动阈值，使系统控制更加灵活，太阳能被充分收集且有效利用。当仅依靠太阳能供暖时，房间温度可以在舒适范围内增加到更高的温度，减缓夜间房间温度下降的速度，从而延迟空气源热泵开启的时间；当主要依靠空气源热泵供暖时，室内温度保持在可接受的最小范围，空气源热泵工作时长得到改善，系统能耗得到显著降低。

# 8.4　太阳能与燃气锅炉联合供暖系统优化设计

针对藏区及西北地区城镇增容背景下建筑供暖热负荷与热源系统供热能力不匹配问题，提出了将太阳能与原有燃气锅炉联合供暖的技术方案。原有燃气锅炉由主要热源转变为联合供暖系统中的辅助热源，在燃气锅炉容量不变的情况下，如何确定不同增容率下系统容量的最佳匹配方案是关键问题。

## 8.4.1　增容型城镇扩容特征

1. 增容型城镇扩容现象

西北地区现阶段城镇规模不断扩张且城镇人口迅速增长，供暖需求也在不断增长（图 8-25）。据相关统计，在青海西海岸地区，原有供暖面积为 5437.2 万 m²，2020 年城市规划供暖总面积达到 10367 万 m²，增幅近 1 倍。随着供暖面积的增加，供热量增长与供暖能力不足之间的矛盾日益显现，西北部分城镇出现了供暖系统超负荷运行、供暖效果不理想等现象。

图 8-25　西北城镇增容现象

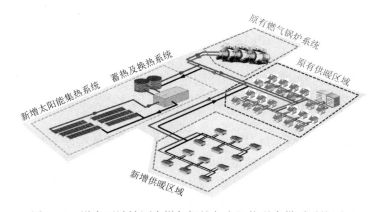

图 8-26　增容型城镇原有燃气锅炉与太阳能联合供暖系统原理

为此，现阶段常用的解决方式是对原有供暖系统进行扩容，即在原有燃气、燃煤等供暖系统基础上增加燃气、燃煤锅炉容量。而在实际供暖过程中这种解决方式会带来更大的常规能源消耗量以及严重的环境污染等问题，难以满足可持续发展的要求。与传统供暖方式相比，可再生能源供暖低碳环保，而且相关技术也日渐成熟。太阳能作为一种取之不尽用之不竭的可再生能源，是最好的选择。

因此，基于上述亟待解决的增容型城镇集中供暖问题，可以采用太阳能与当地原有的燃气锅炉相结合的系统，利用太阳能供暖系统满足增容部分负荷，如图 8-26 所示。该系统既可解决供暖需求与环境保护之间的矛盾，又可将原有燃气锅炉作为太阳能供暖的辅助热源，保证系统稳定运行，是一举多得的供暖方式，为增容型城镇提供了一条新的供暖技术路线。

2. 增容前后热负荷特征

综合考虑太阳能资源分区、建筑热工设计分区，选取表 8-22 所示典型城镇进行分析。这些城镇拥有较为丰富的太阳能资源，且地处严寒及寒冷地区，冬季室外温度低，供暖需求大，适宜应用太阳能供暖技术。

典型城镇选取　　　　　　　表 8-22

| 太阳能资源分区 | 气候分区 | |
| --- | --- | --- |
| | 严寒地区 | 寒冷地区 |
| 资源极富区 | — | 拉萨 |
| 资源丰富区 | 玉树 | 昌都、喀什 |

上述城镇供暖期太阳辐照度以及室外平均温度如图 8-27 和图 8-28 所示。

选取符合现行建筑节能标准（节能 50%）的住宅区，供暖面积约 2 万 m²，对该住宅区进行扩容，其扩容简化示意图见图 8-29。

根据温频法计算典型城镇供暖期的逐时热负荷，得到不同增容率下月均热负荷变化情况，如图 8-30 所示。

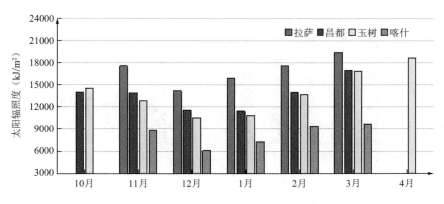

图 8-27　典型城镇供暖期太阳辐照度

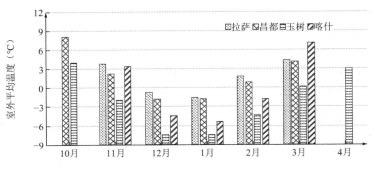

图 8-28　典型城镇供暖期室外平均温度

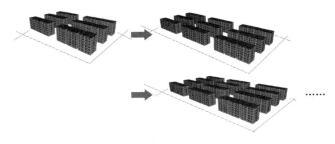

图 8-29　城镇扩容简化示意图

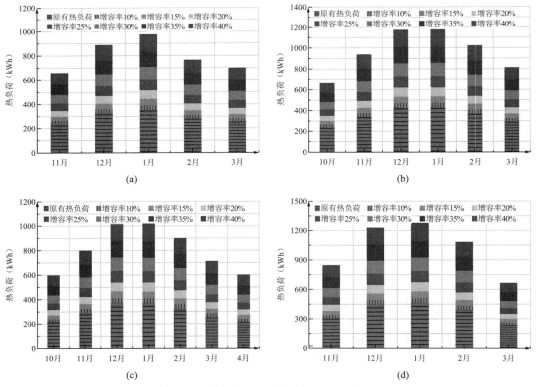

图 8-30　典型城镇供暖期不同增容率下月均热负荷变化情况

（a）拉萨；（b）昌都；（c）玉树；（d）喀什

### 8.4.2　工作原理

太阳能与燃气锅炉联合供暖系统主要由集热系统、蓄热水箱、燃气锅炉、控制系统、水泵、连接管道、供暖末端等构成。其中，集热系统由集热器、集热循环泵等组成，其功能是收集太阳能并将其转换为热能；蓄热水箱用于存储富余集热量，有利于缓解供需失配的矛盾，保证系统连续稳定供热，并提高节能效益；燃气锅炉为辅助热源，以保证在太阳能不足时能够满足热需求。根据热源的组合方案不同，太阳能与燃气锅炉联合供暖系统分为并联和串联两种系统。

1. 并联系统工作原理

太阳能与燃气锅炉联合供暖并联系统的工作原理如图 8-31 所示，循环工质通过水泵在集热器和蓄热水箱之间连续循环，经加热后送入蓄热水箱，提升蓄热水箱的温度。当蓄热水箱出水温度低于期望的供水温度时，开启燃气锅炉为蓄热水箱加热，此时集热系统与燃气锅炉并联运行，直至蓄热水箱水温达到期望的供水温度，最终由用户侧循环水泵将介质送入供暖末端。

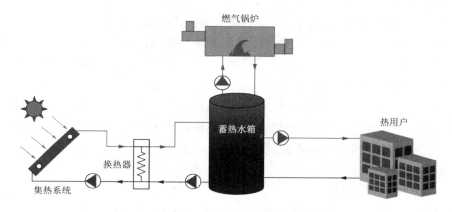

图 8-31　太阳能与燃气锅炉联合供暖并联系统原理图

2. 串联系统工作原理

太阳能与燃气锅炉联合供暖串联系统的工作原理如图 8-32 所示，循环工质通过水泵在集热器和水箱之间连续循环，经加热后送入蓄热水箱，提升蓄热水箱的温度。当蓄热水箱出水温度低于期望的供水温度时，启动燃气锅炉，直接加热供水管路中的介质至期望的供水温度，最终由用户侧循环水泵介质送入供暖末端。

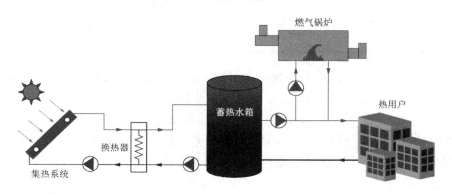

图 8-32　太阳能与燃气锅炉联合供暖串联系统原理图

### 3. 运行模式

太阳能与燃气锅炉联合供暖系统的运行模式可以按照不同的气象条件，分为太阳能单独供暖模式、太阳能与燃气锅炉同时供暖模式、燃气锅炉单独供暖模式。既可充分利用太阳能，节约能源，又能在太阳辐射不足时，利用燃气锅炉增强系统运行的稳定性。

（1）太阳能单独供暖模式。当太阳辐射充足时，由集热器直接加热蓄热水箱的水来满足供暖热负荷需求，剩余的热量储存在蓄热水箱中。此时燃气锅炉处于关闭状态。

（2）太阳能与燃气锅炉同时供暖模式。当集热量不足以单独供暖时，需要燃气锅炉进行补热，此时开启燃气锅炉，提高蓄热水箱的出水温度。

（3）燃气锅炉单独供暖模式。在阴雨天，集热系统无法提供热量，此时供暖系统的热负荷需要燃气锅炉全部承担，该运行模式下系统运行能耗较大。

### 4. 系统形式对比

根据图8-31和图8-32所示的太阳能与燃气锅炉联合供暖系统工作原理，基于TRNSYS建立了系统仿真模型，在同等仿真条件下对串联、并联两种形式进行模拟对比分析。集热循环泵采用温差控制，通过监测集热系统的出口水温（$T_{out,sys}$）和蓄热水箱底部的水温（$T_{bottom}$）控制循环泵启停。$\Delta T$ 表示 $T_{out,sys}$ 和 $T_{bottom}$ 之间的温差，当高于温差上限 $\Delta T_h$ 时，集热循环泵开启；低于温差下限 $\Delta T_l$ 时，集热循环泵关闭。温差上限 $\Delta T_h$ 取 5℃，温差下限 $\Delta T_l$ 取 2℃。集热系统与燃气锅炉之间的切换采用的是定温控制。当蓄热水箱水温低于设计温度时，燃气锅炉会接收到来自控制系统的开启信号，直至蓄热水箱水温高于设计温度，燃气锅炉关闭。

（1）系统供热量对比

以昌都地区为例，对比分析了串联、并联两种系统形式中太阳能供热量、燃气锅炉供热量，如表8-23所示。串联组合形式中太阳能累计供热量为752.2MWh，比并联方式高出了22.5%，而燃气锅炉累计供热量较并联方式明显降低了19.5%。

**太阳能与燃气锅炉联合供暖系统供暖期累计供热量**　　　　　表 8-23

| 系统形式 | 太阳能供热量（MWh） | 燃气锅炉供热量（MWh） | 太阳能保证率（%） |
|---|---|---|---|
| 并联 | 613.9 | 709.4 | 46.4 |
| 串联 | 752.2 | 571.1 | 56.8 |

图8-33为供暖期串联、并联系统中太阳能保证率，从中可以看出，串联系统的太阳能保证率均高于并联系统，其中10月、11月、3月最明显。结合表8-23可知，整个供暖期并联系统的太阳能保证率为46.4%，串联系统的太阳能保证率较高，达到了56.8%，相比之下串联系统的太阳能供热量更高，这是因为当蓄热水箱供水温度低于期望值时，串联系统中燃气锅炉不直接加热蓄热水箱，能够充分利用太阳能给蓄热水箱预热，进而利用燃气锅炉直接加热供暖介质，从而增加太阳能有效集热量，降低燃气锅炉加热量，提高太阳能保证率。

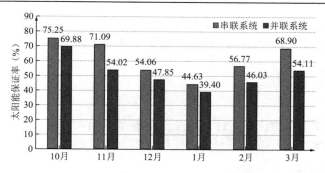

图 8-33　太阳能与燃气锅炉联合供暖系统太阳能保证率

（2）系统性能对比

图 8-34 描述了供暖期串联和并联系统的集热效率。可以看出，串联系统的集热效率明显高于并联系统，从集热效率的波动范围可以看出，整个供暖期，串联系统的集热效率波动范围低于并联系统。这说明串联系统的集热效率受各因素的影响相对较小，集热性能更优异。

图 8-35 所示为串、并联系统 $COP$ ，串联系统的 $COP$ 均高于并联系统，其中 10 月、11 月和 3 月最为明显，串联系统的 $COP$ 分别为 3.34、2.99 和 2.50，为并联系统的 1.45～1.74 倍。对于整个供暖期，串联系统的平均 $COP$ 为 2.37，并联系统的平均 $COP$ 为 1.70。可见，串联系统在整个供暖期的能源利用效果更佳。

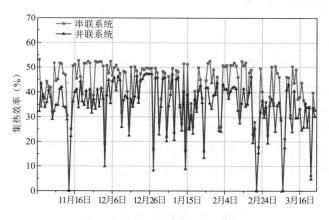

图 8-34　串、并联系统集热效率

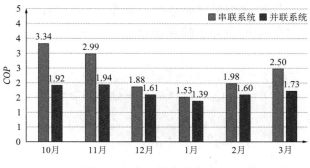

图 8-35　串、并联系统 $COP$

综上所述，通过从系统供热量、系统性能的角度对串、并联两种系统形式进行对比发现，串联系统在供暖期的表现略胜一筹，具有更好的系统性能。后文内容将基于串联系统开展。

### 8.4.3 优化设计

本小节以系统经济性为优化目标，建立了增容型城镇太阳能与燃气锅炉联合供暖系统优化模型，对不同增容率下系统容量进行优化，给出不同地区、不同供暖规模、不同系统保证率下系统容量的最佳匹配模式。

1. 优化模型

（1）目标函数

选择费用年值法将计算期内不同时间点发生的所有支出费用，按基准收益率折算成与其等值的等额支付序列年费用。在前文建立的各设备数学模型的基础上建立以费用年值为目标函数的优化模型，以系统费用年值最小为优化目标，以集热面积、蓄热水箱容积为优化变量，对增容背景下太阳能与燃气锅炉联合供暖系统的容量进行优化。目标函数如下式所示：

$$\min\{C_y\} = \min\left\{ C_0 \frac{i(1+i)^{l_{year}}}{(1+i)^{l_{year}} - 1} + C_{om} \right\} \tag{8-24}$$

式中    $C_y$——系统费用年值，元；

$i$——贷款年利率；

$C_0$——初投资费用，元；

$C_{om}$——系统设备的运行费用，元；

$l_{year}$——系统运行年限，a。

（2）约束条件

1）能量守恒约束

为了解决增容背景下原有燃气锅炉供暖系统的供热问题，通过增设集热器的方法，以保证增容后热负荷的需求。在供暖系统运行中实际逐时供热量应与热用户逐时耗热量保持相等：

$$Q_B(\tau) + Q_{SC}(\tau) = Q_{hl}(\tau) \tag{8-25}$$

引入系统保证率作为约束，判断实际逐时供热量是否与热用户逐时耗热量平衡，从而解除太阳能与燃气锅炉联合供暖系统中供热量不确定性的因素，以保证系统可靠性。同时，太阳能与燃气锅炉联合供暖系统延续原有燃气锅炉供暖系统相同的系统保证率。

$$\begin{aligned} \lambda(\tau) = 1, \quad Q_G(\tau) = Q_B(\tau) + Q_{SC}(\tau) < Q_{hl}(\tau) \\ \lambda(\tau) = 0, \quad Q_G(\tau) = Q_B(\tau) + Q_{SC}(\tau) \geqslant Q_{hl}(\tau) \end{aligned} \tag{8-26}$$

$$\beta_1 = \beta_1', \quad \text{其中} \beta_1 = 1 - \frac{\sum_{\tau=1}^{n} \lambda(\tau)}{t_{hn}} \tag{8-27}$$

式中    $Q_B(\tau)$——$\tau$ 时刻燃气锅炉供热量，kW；

$Q_{SC}(\tau)$——$\tau$ 时刻太阳能供热量，kW；

　$Q_{hl}(\tau)$——$\tau$ 时刻热负荷，kW；

　$Q_G(\tau)$——$\tau$ 时刻太阳能与燃气锅炉联合系统总供热量，kW；

　　$\beta_1$——太阳能与燃气锅炉联合供暖系统的实际系统保证率，%；

　　$\beta_1'$——原有锅炉供暖系统保证率，%；

$\sum_{\tau=1}^{n}\lambda(\tau)$——供需不相等的小时数，h；

　$t_{hn}$——供暖期总供暖小时数，h。

2）设备容量约束

太阳能与燃气锅炉联合供暖系统中各供热设备容量的取值不应小于 0，燃气锅炉容量保持原有容量，根据太阳能供热的波动性，集热侧提供的热量在一定范围波动，最不利情况下无太阳辐射从而无法为供暖系统提供热量，最有利情况下太阳辐射充足，集热侧供热量足以满足用户需求，无须燃气锅炉运行，此时太阳能保证率为 100%，$A_{c,SF=1}$ 为太阳能保证率为 100%时对应的集热器面积（m²）。具体如下：

$$p_{GB} = p_{GB}' \tag{8-28}$$

$$0 \leqslant A_c \leqslant A_{c,SF=1} \tag{8-29}$$

式中　$p_{GB}$——燃气锅炉容量，kW；

　　$p_{GB}'$——燃气锅炉原有容量，kW；

　　$A_c$——集热器面积，m²。

（3）优化算法及输入参数

采用 Hooke-Jeeves 算法，利用 TRNSYS 软件建立仿真模型，通过调用 TRNOPT 模块对不同增容率下的太阳能与燃气锅炉联合供暖系统进行优化计算，目标函数的计算参数如表 8-24 所示。

目标函数的计算参数　　　　　　　　　　表 8-24

| 参数 | 取值 | 参数 | 取值 |
| --- | --- | --- | --- |
| $p_{coll}$（元/m²） | 700 | $p_{ele}$（元/kWh） | 0.6 |
| $p_{GB}$（元/kW） | 300 | $p_{gas}$（元/Nm³） | 2.7 |
| $p_{ST}$（元/m³） | 400 | $l_{year}$（年） | 20.0 |

注：$p_{coll}$ 为每平方米太阳能集热器价格；$p_{GB}$ 为燃气锅炉单位功率设备价格；$p_{ST}$ 为蓄热水箱单位容积设备价格；$p_{ele}$ 为电价；$p_{gas}$ 为天然气价格。

表中各部件计算参数综合考虑市场调研的厂家均价以及前人研究进行选取。

2. 容量优化结果及分析

（1）不同地区对系统容量优化结果的影响

按照上述增容背景下太阳能与燃气锅炉联合供暖系统的优化模型，初始时刻认为蓄热水箱内水温与环境温度一致，集热器内部工质温度取 10℃，以 4 个典型城市为例，得到了不同增容率下的太阳能与燃气锅炉联合供暖系统最佳容量配比，如表 8-25 所示。图 8-36 是不同增容率下系统最佳容量配比变化规律。

不同增容率下系统最佳容量配比 表 8-25

### 拉萨

| 增容率（%） | 5 | 10 | 15 | 20 | 25 | 30 | 35 | 40 |
|---|---|---|---|---|---|---|---|---|
| 集热面积（m²） | 1356 | 1881 | 2200 | 2375 | 2600 | 3100 | 3225 | 3600 |
| 蓄热水箱容积（m³） | 152 | 265 | 320 | 380 | 443 | 451 | 497 | 620 |
| 费用年值（万元） | 23.91 | 22.86 | 23.01 | 24.91 | 25.50 | 26.99 | 27.43 | 31.79 |

### 昌都

| 增容率（%） | 5 | 10 | 15 | 20 | 25 | 30 | 35 | 40 |
|---|---|---|---|---|---|---|---|---|
| 集热面积（m²） | 1912 | 2606 | 2912 | 3300 | 3975 | 4312 | 4850 | 5500 |
| 蓄热水箱容积（m³） | 262 | 355 | 461 | 527 | 512 | 617 | 741 | 797 |
| 费用年值（万元） | 36.47 | 36.65 | 37.41 | 38.55 | 40.60 | 41.92 | 43.33 | 45.28 |

### 玉树

| 增容率（%） | 5 | 10 | 15 | 20 | 25 | 30 | 35 | 40 |
|---|---|---|---|---|---|---|---|---|
| 集热面积（m²） | 1515 | 2418 | 2750 | 3468 | 3825 | 4025 | 4825 | 5156 |
| 蓄热水箱容积（m³） | 200 | 357 | 471 | 521 | 620 | 741 | 733 | 820 |
| 费用年值（万元） | 37.91 | 35.77 | 36.66 | 37.36 | 38.49 | 39.87 | 41.54 | 43.07 |

### 喀什

| 增容率（%） | 5 | 10 | 15 | 20 | 25 | 30 | 35 | 40 |
|---|---|---|---|---|---|---|---|---|
| 集热面积（m²） | 2350 | 3800 | 7462 | 8993 | 11537 | 12537 | 13425 | 14850 |
| 蓄热水箱容积（m³） | 310 | 593 | 1061 | 1487 | 1515 | 1875 | 2234 | 2478 |
| 费用年值（万元） | 41.28 | 45.97 | 58.03 | 65.22 | 76.92 | 82.80 | 88.27 | 95.95 |

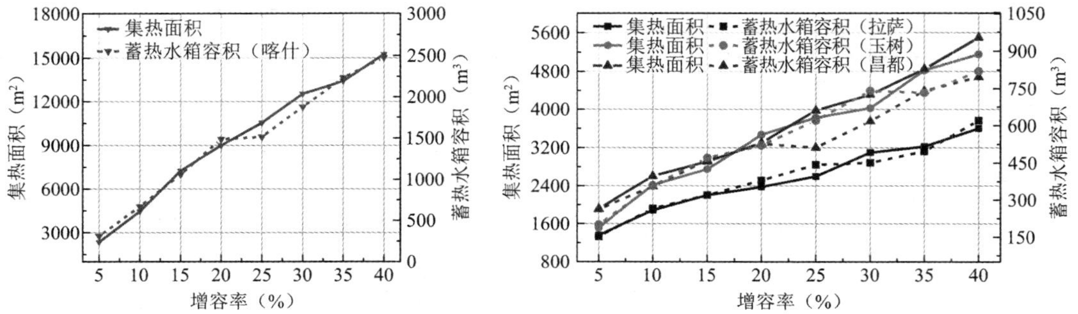

图 8-36　太阳能与燃气锅炉联合供暖系统最佳容量配比变化规律

结合图 8-36 和表 8-25 的优化结果分析可知，随着增容率的增加，集热面积和蓄热水箱容积逐渐增大。其中，喀什的集热面积由 2350m² 增加至 14850m²，蓄热水箱容积由 310m³ 扩大至 2478m³，其容量配比的优化结果增幅最大。分析得知，随着增容率的增加，为满足供需平衡，需要集热器提供的热量增加，集热面积增大，集热器的不稳定性也越凸显，而喀什供暖期的太阳辐射强度中等，故在系统经济性最大化前提下，大幅度增加集热面积和蓄热水箱容积来满足增容后的供热需求。

　　相同增容率下，拉萨所需增设的最佳集热面积最小，而喀什的集热面积最大。以增容率为 20% 为例，处于我国太阳能资源极富区的拉萨，经过优化后得到最佳的配比方案是集热面积为 2375m²、蓄热水箱容积为 380m³；昌都、玉树处于太阳能资源丰富区，最佳集热器面积为 3300m²、3468m²，蓄热水箱容积为 527m³、521m³；同样处于太阳能资源丰富区的喀什，经优化得到集热面积为 8993m²、蓄热水箱容积为 1487m³，相较之下远高于拉萨的容量配比。这是由于相比于地处太阳能资源极富区且热负荷波动较小的拉萨，喀什供暖期太阳辐射强度较低，且室外温度低，热负荷波动较大，从而在同等增容率下需增设更多的集热面积以满足热负荷需求。拉萨、昌都、玉树、喀什的最佳集热面积和蓄热水箱容积依次递增。

　　（2）供暖规模对系统容量优化结果的影响

　　针对同一地区不同供暖规模，优化得到了不同增容率下太阳能与燃气锅炉联合供暖系统容量最佳配比方案。以昌都为例，供暖面积 4 万 m² 时不同增容率下系统的最佳容量配比如表 8-26 所示。图 8-37 描述了供暖面积分别为 2 万 m² 和 4 万 m² 在不同增容率下系统的最佳容量配比。

　　结合表 8-26 和图 8-37 可知，随着增容率的增加，集热面积和蓄热水箱容积增大，由此可见同一地区在不同供暖规模下系统最佳容量配比变化规律一致。供暖面积为 2 万 m² 对应的最佳集热面积为 1912～5500m²、蓄热水箱容积为 262～797m³；供暖面积为 4 万 m² 对应的最佳集热面积为 3587～10450m²、蓄热水箱容积为 480～1665m³。相同增容率下，供暖面积为 4 万 m² 所对应的最佳容量配比是供暖面积 2 万 m² 的 2 倍，与供暖规模同比例。这是因为同一地区太阳辐射强度相同，意味着单位集热面积可提供的供热量是一定的，不同供暖规模带来的是热负荷呈比例增加，从而为满足热负荷需求，集热面积随之呈比例增加。由此可知，同一地区不同增容率下的最佳容量配比与供暖规模同比例增减。

<table>
<tr><td colspan="9" align="center">不同增容率下系统最佳容量配比　　　　　　　　　　表 8-26</td></tr>
<tr><td>增容率（%）</td><td>5</td><td>10</td><td>15</td><td>20</td><td>25</td><td>30</td><td>35</td><td>40</td></tr>
<tr><td>集热面积（m²）</td><td>3587</td><td>4737</td><td>5750</td><td>6281</td><td>7343</td><td>8193</td><td>9375</td><td>10450</td></tr>
<tr><td>蓄热水箱容积（m³）</td><td>480</td><td>757</td><td>925</td><td>1088</td><td>1146</td><td>1293</td><td>1533</td><td>1665</td></tr>
<tr><td>费用年值（万元）</td><td>73.78</td><td>73.42</td><td>74.81</td><td>77.19</td><td>80.13</td><td>82.81</td><td>86.15</td><td>90.04</td></tr>
</table>

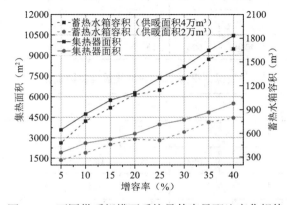

图 8-37　不同供暖规模下系统最佳容量配比变化规律

（3）系统保证率对系统容量优化结果的影响

根据不同系统保证率的要求，分别对系统保证率为 100%、95%、90% 时，不增容率下的太阳能与燃气锅炉联合供暖系统进行优化，得到了系统最佳容量配比方案。选取的 4 个典型城镇的不同系统保证率下最佳容量配比如表 8-27 和表 8-28 所示，表 8-25 为系统保证率为 100% 的优化结果，在此不再赘述。

**系统保证率为 95% 时系统最佳容量配比**　　　　表 8-27

| 拉萨 | | | | | | | |
|---|---|---|---|---|---|---|---|
| 增容率（%） | 5 | 10 | 15 | 20 | 25 | 30 | 35 | 40 |
| 集热面积（m²） | 1225 | 1650 | 1962 | 2175 | 2368 | 2468 | 2700 | 3225 |
| 蓄热水箱容积（m³） | 150 | 211 | 250 | 290 | 330 | 380 | 415 | 486 |
| 费用年值（万元） | 23.35 | 23.83 | 24.23 | 25.89 | 26.51 | 26.91 | 27.54 | 31.6 |

| 昌都 | | | | | | | |
|---|---|---|---|---|---|---|---|
| 增容率（%） | 5 | 10 | 15 | 20 | 25 | 30 | 35 | 40 |
| 集热面积（m²） | 1462 | 1987 | 2387 | 2825 | 3375 | 3650 | 4125 | 4675 |
| 蓄热水箱容积（m³） | 166 | 313 | 406 | 473 | 520 | 621 | 620 | 643 |
| 费用年值（万元） | 38.07 | 38.29 | 38.45 | 39.02 | 40.12 | 41.29 | 42.88 | 44.81 |

| 玉树 | | | | | | | |
|---|---|---|---|---|---|---|---|
| 增容率（%） | 5 | 10 | 15 | 20 | 25 | 30 | 35 | 40 |
| 集热面积（m²） | 1512 | 2071 | 2431 | 2981 | 3300 | 3406 | 4050 | 4337 |
| 蓄热水箱容积（m³） | 186 | 260 | 338 | 381 | 411 | 520 | 518 | 582 |
| 费用年值（万元） | 38.22 | 37.72 | 37.78 | 38.56 | 39.67 | 40.61 | 42 | 43.06 |

| 喀什 | | | | | | | |
|---|---|---|---|---|---|---|---|
| 增容率（%） | 5 | 10 | 15 | 20 | 25 | 30 | 35 | 40 |
| 集热面积（m²） | 2246 | 4343 | 61 | 7656 | 8293 | 9831 | 10343 | 11937 |
| 蓄热水箱容积（m³） | 370 | 670 | 802 | 1090 | 1440 | 1533 | 1775 | 1800 |
| 费用年值（万元） | 42.06 | 6.47 | 53.77 | 59.89 | 63.66 | 70.71 | 73.99 | 81.55 |

**系统保证率为 90% 时系统最佳容量配比**　　　　表 8-28

| 拉萨 | | | | | | | |
|---|---|---|---|---|---|---|---|
| 增容率（%） | 5 | 10 | 15 | 20 | 25 | 30 | 35 | 40 |
| 集热面积（m²） | 1131 | 1400 | 1512 | 1896 | 2037 | 2253 | 2525 | 2975 |
| 蓄热水箱容积（m³） | 121 | 190 | 248 | 251 | 288 | 310 | 330 | 371 |
| 费用年值（万元） | 25 | 24.46 | 24.93 | 26.37 | 26.83 | 27.72 | 28.80 | 32.07 |

续表

| 昌都 | | | | | | | |
|---|---|---|---|---|---|---|---|
| 增容率（%） | 5 | 10 | 15 | 20 | 25 | 30 | 35 | 40 |
| 集热面积（m²） | 1225 | 1750 | 2287 | 2587 | 2993 | 3187 | 3650 | 4100 |
| 蓄热水箱容积（m³） | 137 | 260 | 307 | 370 | 410 | 490 | 500 | 521 |
| 费用年值（万元） | 38.32 | 38.63 | 38.98 | 39.81 | 40.96 | 41.88 | 43.45 | 45.21 |

| 玉树 | | | | | | | |
|---|---|---|---|---|---|---|---|
| 增容率（%） | 5 | 10 | 15 | 20 | 25 | 30 | 35 | 40 |
| 集热面积（m²） | 1181 | 1853 | 2187 | 2400 | 2818 | 3084 | 3350 | 3912 |
| 蓄热水箱容积（m³） | 193 | 230 | 290 | 360 | 390 | 460 | 525 | 497 |
| 费用年值（万元） | 39.62 | 38.39 | 38.82 | 39.40 | 40.20 | 41.15 | 42.13 | 43.41 |

| 喀什 | | | | | | | |
|---|---|---|---|---|---|---|---|
| 增容率（%） | 5 | 10 | 15 | 20 | 25 | 30 | 35 | 40 |
| 集热面积（m²） | 2187 | 3328 | 4531 | 5625 | 6575 | 7850 | 8875 | 9893 |
| 蓄热水箱容积（m³） | 330 | 450 | 555 | 703 | 950 | 1126 | 1338 | 1600 |
| 费用年值（万元） | 41.46 | 44.83 | 48.83 | 53.19 | 57.25 | 62.99 | 67.97 | 71.22 |

　　结合图 8-38 和表 8-27、表 8-28 可知，在同一地区，随着系统保证率的降低，最佳集热面积和蓄热水箱容积也在减小。仍以昌都地区为例，在增容率为 40% 时，系统保证率为 100% 对应的最佳集热面积为 5500m²、蓄热水箱容积为 797m³，系统保证率为 95% 对应的最佳集热面积为 4675m²、蓄热水箱容积为 643m³，而系统保证率为 90% 对应的最佳集热面积和蓄热水箱容积最小，分别为 4100m²、521m³。这是由于系统保证率越高，意味着要求满足逐时热负荷需求的小时数越多，所需集热面积越大。

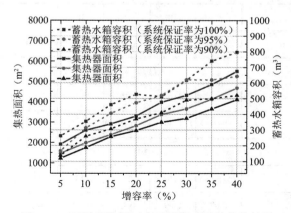

图 8-38　不同系统保证率下昌都地区的优化结果

（4）最佳集热面积配比

　　为了给工程实践提供增容型城镇太阳能与燃气锅炉联合供暖系统需增设的最佳集热面积配比方案，提出最佳集热面积与供暖面积（原有与增容部分供暖面积总和）比值 $\alpha_r$。总结得出了典型城镇不同增容率下的系统最佳集热配比方案，如表 8-29～表 8-31 所示。

$$\alpha_{\rm r} = \frac{A_{\rm c}}{A_{\rm ori} \times (1 + \gamma_o)} \tag{8-30}$$

式中　$A_{\rm ori}$——原有供暖面积，$m^2$；

　　　$\gamma_o$——增容率，%。

**系统保证率为 100%时典型城镇最佳集热面积配比方案**　　　表 8-29

| 拉萨 | | | | | | | |
|---|---|---|---|---|---|---|---|
| 增容率（%） | 5 | 10 | 15 | 20 | 25 | 30 | 35 | 40 |
| 集热面积/供暖面积（$m^2/m^2$） | 0.06 | 0.09 | 0.10 | 0.10 | 0.10 | 0.12 | 0.12 | 0.13 |

| 昌都 | | | | | | | |
|---|---|---|---|---|---|---|---|
| 增容率（%） | 5 | 10 | 15 | 20 | 25 | 30 | 35 | 40 |
| 集热面积/供暖面积（$m^2/m^2$） | 0.09 | 0.12 | 0.13 | 0.14 | 0.16 | 0.17 | 0.18 | 0.2 |

| 玉树 | | | | | | | |
|---|---|---|---|---|---|---|---|
| 增容率（%） | 5 | 10 | 15 | 20 | 25 | 30 | 35 | 40 |
| 集热面积/供暖面积（$m^2/m^2$） | 0.07 | 0.11 | 0.12 | 0.14 | 0.15 | 0.15 | 0.18 | 0.18 |

| 喀什 | | | | | | | |
|---|---|---|---|---|---|---|---|
| 增容率（%） | 5 | 10 | 15 | 20 | 25 | 30 | 35 | 40 |
| 集热面积/供暖面积（$m^2/m^2$） | 0.11 | 0.20 | 0.32 | 0.37 | 0.42 | 0.48 | 0.50 | 0.54 |

**系统保证率为 95%时典型城镇最佳集热面积配比方案**　　　表 8-30

| 拉萨 | | | | | | | |
|---|---|---|---|---|---|---|---|
| 增容率（%） | 5 | 10 | 15 | 20 | 25 | 30 | 35 | 40 |
| 集热面积/供暖面积（$m^2/m^2$） | 0.06 | 0.08 | 0.09 | 0.09 | 0.09 | 0.10 | 0.10 | 0.12 |

| 昌都 | | | | | | | |
|---|---|---|---|---|---|---|---|
| 增容率（%） | 5 | 10 | 15 | 20 | 25 | 30 | 35 | 40 |
| 集热面积/供暖面积（$m^2/m^2$） | 0.07 | 0.09 | 0.10 | 0.12 | 0.14 | 0.14 | 0.15 | 0.17 |

| 玉树 | | | | | | | |
|---|---|---|---|---|---|---|---|
| 增容率（%） | 5 | 10 | 15 | 20 | 25 | 30 | 35 | 40 |
| 集热面积/供暖面积（$m^2/m^2$） | 0.07 | 0.09 | 0.11 | 0.12 | 0.13 | 0.13 | 0.15 | 0.15 |

| 喀什 | | | | | | | |
|---|---|---|---|---|---|---|---|
| 增容率（%） | 5 | 10 | 15 | 20 | 25 | 30 | 35 | 40 |
| 集热面积/供暖面积（$m^2/m^2$） | 0.11 | 0.20 | 0.27 | 0.32 | 0.33 | 0.38 | 0.38 | 0.43 |

**系统保证率为 90% 时典型城镇最佳集热面积配比方案**　　表 8-31

| 拉萨 | | | | | | | |
|---|---|---|---|---|---|---|---|
| 增容率（%） | 5 | 10 | 15 | 20 | 25 | 30 | 35 | 40 |
| 集热面积/供暖面积（m²/m²） | 0.05 | 0.06 | 0.07 | 0.08 | 0.08 | 0.09 | 0.09 | 0.11 |

| 昌都 | | | | | | | |
|---|---|---|---|---|---|---|---|
| 增容率（%） | 5 | 10 | 15 | 20 | 25 | 30 | 35 | 40 |
| 集热面积/供暖面积（m²/m²） | 0.06 | 0.08 | 0.10 | 0.11 | 0.12 | 0.12 | 0.14 | 0.15 |

| 玉树 | | | | | | | |
|---|---|---|---|---|---|---|---|
| 增容率（%） | 5 | 10 | 15 | 20 | 25 | 30 | 35 | 40 |
| 集热面积/供暖面积（m²/m²） | 0.06 | 0.08 | 0.10 | 0.10 | 0.11 | 0.12 | 0.12 | 0.14 |

| 喀什 | | | | | | | |
|---|---|---|---|---|---|---|---|
| 增容率（%） | 5 | 10 | 15 | 20 | 25 | 30 | 35 | 40 |
| 集热面积/供暖面积（m²/m²） | 0.10 | 0.15 | 0.20 | 0.23 | 0.26 | 0.30 | 0.33 | 0.35 |

## 8.4.4　运行特性

现有城镇增容现象日益凸显，常用的解决手段是根据不同增容率下的负荷特性，在原有燃气锅炉供暖系统的基础上增设燃气锅炉容量，形成新的燃气锅炉供暖系统。本小节分别对燃气锅炉系统和优化后的太阳能与燃气锅炉联合供暖系统（简称优化后的联合供暖系统）进行供暖期模拟计算，得到了不同增容率下两种系统供热情况。

1. 供热量对比分析

以昌都地区为例，图 8-39 为不同增容率下优化后的联合供暖系统与燃气锅炉系统供热量对比。由图可知，相同增容率下，在燃气锅炉系统中，原有燃气锅炉保持未增容时的供热量（1328.0MWh），而增设燃气锅炉的供热量为增容部分负荷。在优化后的联合供暖系统中，原有燃气锅炉累计供热量降低，太阳能供热量高于增容部分负荷。由此可知，集热器不仅承担了增容部分热负荷的需求，还降低了原有燃气锅炉的供热量。随着增容率的增加，增设的集热系统容量增大，太阳能利用率大大提升，故太阳能供热量呈增加趋势。

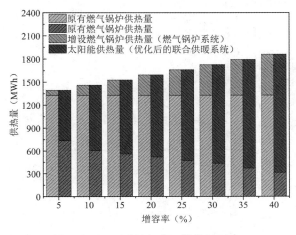

图 8-39　不同增容率下供热量对比

　　以增容率 20%为例，图 8-40 和图 8-41 为优化后的联合供暖系统和燃气锅炉系统的逐日供热量。由图可知，增容后热负荷整体提升，最大日均热负荷由 562.3kWh 提高至674.3kWh。在燃气锅炉系统中，原有燃气锅炉最大日均供热量为 562.3kWh，增设燃气锅炉的最大日均供热量为 119.9kWh。而在优化后的联合供暖系统中，原有燃气锅炉最大日均供热量为 464.1kWh，太阳能供热量为 210.2kWh。对比之下，优化后的联合供暖系统中原有燃气锅炉供热量比燃气锅炉系统降低了 17.5%，剩余部分的热负荷由太阳能供暖系统承担。燃气锅炉系统中燃气锅炉的供热量不低于 216.1kWh，而优化后的联合供暖系统中燃气锅炉的逐日供热量出现 0，由此可知增设的太阳能存在单独承担增容后总热负荷需求的情况。

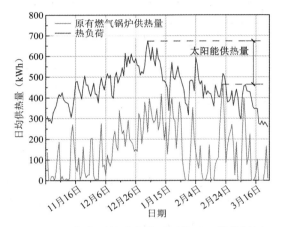

图 8-40　优化后的联合供暖系统逐日供热量图　　　　图 8-41　燃气锅炉系统逐日供热量

### 2. 燃气锅炉启停对比分析

　　图 8-42 描述了燃气锅炉在供暖期的运行情况，虚线为燃气锅炉系统中燃气锅炉的累计运行时长。为满足热负荷需求，燃气锅炉作为系统的唯一热源，始终保持开启状态，累计运行时长即供暖期总时长（3550h）。

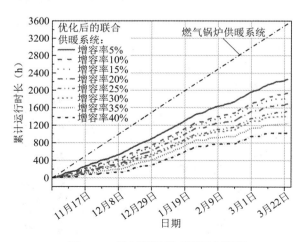

图 8-42　燃气锅炉供暖期运行情况

　　在优化后的联合供暖系统中，不同增容率下燃气锅炉的运行情况不尽相同。由图 8-42

可知，不同增容率下优化后的联合供暖系统中燃气锅炉的累计运行时长低于 3550h。这是因为增设了集热器后，遵循优先利用太阳能的原则，燃气锅炉由原系统的主要热源转变为辅助热源，在太阳能供热量不能满足热负荷需求时，燃气锅炉才启动，并非始终处于运行状态，与燃气锅炉单独供暖时相比，大大降低了燃气锅炉运行时长。随着增容率的增加，燃气锅炉的累计运行时长在缩短，增容率为 5%的情况下，燃气锅炉累计运行时长 2262h，而增容率为 40%时，累计运行时长为 1020h，缩短了 54.9%。这是由于增容率的升高，系统需要满足不断增大的热负荷，增设的集热面积显然也要增加，故进一步缩短了燃气锅炉的运行时长。

昌都地区的最冷月为 1 月，因此选取供暖前期、中期和末期的 11 月、1 月和 3 月作为典型月进行模拟，以增容率为 20%为例，太阳能与燃气锅炉联合供暖系统的典型月运行情况如图 8-43 所示。蓄热水箱水温最高约 60℃，最低约 40℃，在 50℃上下波动。蓄热水箱水温波动的原因如下：

（1）当室外温度高且太阳辐射强时，蓄热水箱的水温迅速上升。

（2）当室外温度低、热负荷较大时，低温回水返回蓄热水箱，导致其水温下降。

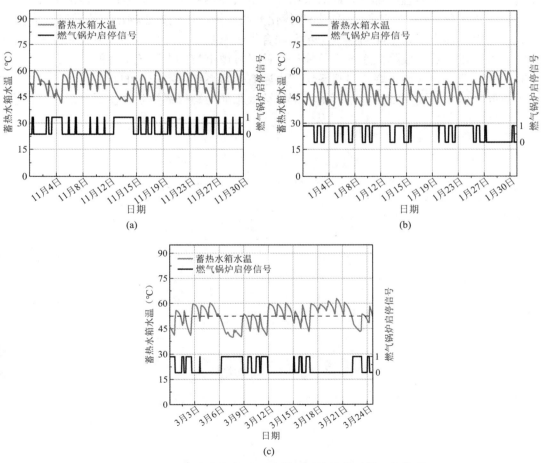

图 8-43　太阳能与燃气锅炉联合供暖系统的典型月运行情况

（a）11 月；（b）1 月；（c）3 月

燃气锅炉启停信号与蓄热水箱水温的波动相对应，燃气锅炉的启停一般由蓄热水箱水温控制。当蓄热水箱水温低于 50℃时，燃气锅炉运行，反之则停止运行。与最冷月 1 月相比，11 月和 3 月的室外温度较高且太阳能充足，因此在 11 月和 3 月蓄热水箱水温大多高于 50℃，降低了燃气锅炉运行频率。在供暖中期，室外气温较低且太阳能不足，蓄热水箱水温低于 50℃时，燃气锅炉开启频率较高。

## 8.5　本章小结

本章以太阳能组合热源的适宜性以及系统优化设计为出发点，分析了不同地区太阳能辅助热源的适宜性，并对太阳能与空气源热泵联合供暖系统以及太阳能与燃气锅炉联合供暖系统优化设计与运行控制进行了介绍。以平准化热成本作为评价指标，对高原地区适宜的辅助热源类型进行计算分析，分别给出了拉萨、日喀则、昌都、林芝四个典型城市适宜的辅助热源形式以及选择不同辅助热源推荐的太阳能保证率；利用模糊综合评价的方法，从能源支撑、技术特性、经济特性、环境效益四个维度，对西北地区常用辅助热源的总优度进行了计算以及适宜性排序。针对太阳能与空气源热泵联合供暖系统，提出了容量匹配和运行同步优化方法，研究表明运行同步优化方法与传统优化方法相比节能降耗优势明显，在此基础上，提出了太阳能与空气源热泵联合供暖系统的按需分时柔性节能调控策略，在系统运行阶段能够有效降低系统运行能耗。针对城镇市政热力系统增容的情况，提出了一种采用太阳能与燃气锅炉联合供暖系统解决原有供暖系统供不应求的新型供暖方法，并给出了不同地区、不同系统保证率下增容型城镇太阳能与燃气锅炉联合供暖系统的最佳容量配比方案。

# 第9章

## 太阳能供暖系统优化匹配方法及软件工具

## 9.1 概述

在太阳能供暖系统设计阶段，确定系统中各组成设备的容量以及掌握设备之间的匹配关系是关键。根据系统组成要素的差异，太阳能供暖系统可分为主动式太阳能供暖系统（简称主动式系统）和主被动组合式太阳能供暖系统（简称组合式系统）。对于主动式太阳能供暖系统而言，主要确定太阳能集热阵列、蓄热装置、辅助热源以及散热末端等设备容量；而对于组合式系统，除了确定主动式系统中各设备容量外，还包括确定建筑形体、空间布局、围护结构保温及被动构件结构等参数设计。此外，建筑供暖模式的改变将导致太阳能供暖系统集蓄热设备容量匹配平衡点偏移，现有太阳能供暖设计方法并未对不同供暖模式进行区分，导致间歇供暖模式下集蓄热设备容量设计不合理的问题。

本章主要对主动式太阳能供暖系统、主被动组合式太阳能供暖系统、间歇供暖模式下太阳能供暖系统的设计与软件工具进行分析与介绍。通过理论分析与数学模拟等方法，总结提出了主动式太阳能供暖系统集蓄热设备容量配比简化计算方法、主被动组合式太阳能供暖系统全链条协同优化模型与方法以及间歇供暖模式下太阳能供暖系统集蓄热设备容量修正计算方法。并在相关设计方法的基础上，开发了主动式太阳能供暖系统匹配优化设计软件以及太阳能主被动供暖系统协同优化设计软件。

## 9.2 太阳能供暖系统集蓄热设备容量简化配比设计

为确定太阳能供暖系统中主要设备之间合理的配比关系，通常需对太阳能供暖系统的动态性能进行仿真优化分析，进而指导工程设计实践。然而，系统建模、优化仿真等科研手段对于工程设计人员而言要求较高。因此，有必要提出一种同时考虑太阳能供暖系统主要设备间协同作用、系统经济性较高以及便于工程实践的简化配比设计计算方法。

### 9.2.1 太阳能供暖系统集蓄热设备简化配比设计原则

太阳能供暖系统集蓄热设备简化配比设计过程主要分为两部分：一是针对太阳能供暖系统动态变化的能量传递特征，提出相应的简化设计方法；二是基于经济性和节能性的双重约束，给出设计参数的推荐范围。通过结合简化设计方法与给出的设计参数推荐范围，可以求解得到系统的设备参数。太阳能供暖系统简化设计计算方法如图 9-1 所示。

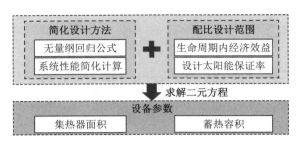

图 9-1　太阳能供暖系统简化设计计算方法

1. 太阳能供暖系统简化设计原则

太阳能供暖系统的简化设计原则主要着眼于研究目的，提出一个既具有普遍适用性又便于工程实践的太阳能供暖系统设计方法。为了确保设计的普遍适用性，在设计过程中需要消除建筑类型、供暖系统规模等因素对设计结果的影响。

太阳能保证率 $SF$ 是评价太阳能供暖系统设计与运行效果的重要指标之一，太阳能保证率 $SF$ 的数学定义为太阳能供暖系统的有效热量与建筑热负荷的比值，其大小主要与系统集热量 $Q_{coll}$、系统热损失 $Q_{loss}$ 和建筑热负荷 $Q_{load}$ 相关。太阳能保证率越大，意味着系统消耗的常规能源越少，即系统节能性越好。

$$SF = \frac{Q_{solar}}{Q_{load}} = \frac{Q_{coll} - Q_{loss}}{Q_{load}} \tag{9-1}$$

$$SF = \frac{Q_{solar}}{Q_{load}} = \frac{Q_{coll}}{Q_{load}} - \frac{Q_{loss}}{Q_{load}} \tag{9-2}$$

式中　$Q_{solar}$——供暖期内系统总供热量，kWh；

$\quad\quad Q_{load}$——供暖期内建筑总热负荷，kWh；

$\quad\quad Q_{coll}$——供暖期内系统总集热量，kWh；

$\quad\quad Q_{loss}$——供暖期内系统总热损失，kWh。

此时太阳能保证率的大小仅与两个无量纲参数密切相关，如图 9-2 所示。对这两个无量纲参数进行数学分析可知，第一个表示系统集热量与建筑热负荷组成的无量纲参数，其大小与太阳能供暖系统的增益有关，第二个表示系统热损失与建筑热负荷组成的无量纲参数，其大小与系统的热损失有关。

图 9-2　参数无量纲化过程

无量纲参数 $X_0$，即系统热损失与建筑热负荷的比值：

$$X_0 = \frac{Q_{loss}}{Q_{load}} \tag{9-3}$$

无量纲参数 $Y_{CH}$，即系统集热量与建筑热负荷的比值：

$$Y_{CH} = \frac{Q_{coll}}{Q_{load}} \tag{9-4}$$

分析可知，太阳能保证率 $SF$ 与无量纲参数 $X_0$、$Y_{CH}$ 直接相关，由于无量纲参数的性质，此关联关系适用于同一地区的所有太阳能供暖系统，消除了建筑类型、供暖系统规模等参数对设计结果的影响。研究获得太阳能保证率 $SF$ 与无量纲参数 $X_0$、$Y_{CH}$ 间的数学关系可为太阳能供暖系统的简化设计奠定理论基础。

由太阳能供暖系统能量传递特性可知，系统运行时刻处于动态变化过程，但无量纲参数 $X_0$、$Y_{CH}$ 所涉及的供暖期内系统总集热量、热损失和建筑热负荷均为供暖期内累计值，为方便工程计算，采用平均参数法来近似替代动态模拟结果。

太阳能供暖系统集热量可用下式计算：

$$Q_{coll} = \eta_A \cdot A_{c,t} \cdot G_{DEC} \cdot \eta_{coll} \cdot t \tag{9-5}$$

式中　$Q_{coll}$——计算得到的供暖期系统集热量，kWh；

$\quad\eta_A$——单个太阳能集热器有效集热面积与总面积的比值；

$\quad G_{DEC}$——水平面 12 月的月平均辐照度，kW/m²；

$\quad\eta_{coll}$——集热器的效率参数；

$\quad t$——供暖时长，h；

$\quad A_{c,t}$——太阳能集热器总面积，m²。

太阳能供暖系统的热损失 $Q_{loss}$ 主要包括集热系统热损失 $Q_{loss1}$、蓄热系统热损失 $Q_{loss2}$ 和管网热损失 $Q_{loss3}$ 三部分。

集热系统热损失：

$$Q_{loss,coll} = \frac{A_{c,t} \cdot F_{ex} \cdot U_L \cdot (T_{ref} - T_{h,a}) \cdot \Delta t}{1000} \tag{9-6}$$

蓄热系统热损失：

$$Q_{loss,tank} = U_{tank} \cdot A_{tank} \cdot (T_s - T_{h,a}) \cdot \Delta t \tag{9-7}$$

$$A_{tank} = 1.845 \cdot (2 + h_{tank}/d_{tank}) \cdot V_s^{(2/3)} \tag{9-8}$$

管网热损失：

$$Q_{loss,pip} = \zeta \cdot Q_{coll} \tag{9-9}$$

式中　$Q_{loss,coll}$——集热系统热损失，kWh；

$\quad F_{ex}$——集热器换热器效率系数；

$\quad U_L$——集热器热损失系数，W/(m²·K)；

$\quad T_{ref}$——供暖期内集热器内的平均温度，℃；

$\quad U_{tank}$——蓄热水箱热损失系数，W/(m²·K)；

$\quad T_{h,a}$——供暖期室外平均计算温度，℃；

$\quad Q_{loss,tank}$——蓄热系统热损失，kWh；

$\quad A_{tank}$——蓄热水箱的表面积，m²；

$\quad h_{tank}/d_{tank}$——蓄热水箱的高径比；

$\quad V_s$——蓄热水箱容积，m³；

$\quad Q_{loss,pip}$——管网热损失，kWh；

$\zeta$——管网热损失率，取 0.2。

2. 集蓄热设备配比原则

太阳能供暖系统的规模主要由集热面积和蓄热容积决定，不同的设备组合方式会带来不同的经济效益。因此，合理的集热与蓄热设备配比在保证系统节能性的同时，对提升系统经济性至关重要。

采用经济效益对太阳能供暖系统进行评价是非常必要的。太阳能供暖系统的经济效益评价体现在多个层面：首先，对于多种不同的供暖系统进行经济效益评价，本质上是对采用不同设计方法的供暖系统经济规律的统一归纳，并通过可对比的量化方式表达出来，这有助于设计人员做出更加明智的选择；其次，在公众可接受的范围内，普遍呈现出理性消费的趋势，因此，可观的经济效益能对设计方案的推广起到积极的宣传引导作用；最后，经济效益的评价还有助于相关部门制定更加合理、科学、符合实际的政策，为政策的制定提供量化的依据，如税费减免、公共产品定价或经济补贴的额度和对象等。

太阳能供暖系统具有初投资高而运行费用低的特点，宜采用平准化热成本 $LCOH$ 作为评价太阳能供暖系统经济性的指标。根据多数地区太阳能供暖系统施工的实际情况，在不考虑政府补贴与土地租金的前提下，系统生命周期内每产生 1kWh 能量的成本由系统初投资、运行和维护费用以及系统总供热量共同构成，这一成本可以用式(8-2)表示。

太阳能供暖系统初投资 $C_0$ 主要包括太阳能集热阵列、蓄热水箱、辅助热源三大部分。则 $C_0$ 可以表示为：

$$C_0 = E_{coll} + E_{aux} + E_v \tag{9-10}$$

式中，$E_{coll}$、$E_{aux}$ 与 $E_v$ 分别为集热系统、辅助热源与蓄热水箱的初投资，元。

集热系统初投资 $E_{coll}$ 主要与集热面积有关，可由集热面积 $A_c$ 进行计算：

$$E_{coll} = 500 \cdot (1 - 1.652 \cdot 10^{-5} A_c + 2.26 \cdot 10^{-10} \cdot A_c^2 - 5.738 \cdot 10^{-16} \cdot A_c^3) \tag{9-11}$$

蓄热水箱初投资与其容积相关，可以表示为：

$$E_v = p_v \cdot V_s \tag{9-12}$$

式中　$V_s$——蓄热容量，m³；

$p_v$——单位蓄热容积的价格，一般取 138 元/m³。

辅助热源需满足供暖期最大热负荷需求，因此辅助热源初投资 $E_{aux}$ 可以表示为：

$$E_{aux} = C_{aux} \cdot p_c \tag{9-13}$$

式中　$C_{aux}$——辅助热源容量，kW；

$p_c$——单位容量辅助热源的价格，元/kW。

系统的运行维护费用常取初投资的 1%～2%，本书中取 1%。运行费用包括辅助热源和循环水泵在整个供暖期内的能源消耗量，循环水泵运行费用按其实际运行时间和功率进行计算，辅助热源运行费用按实际运行时间和功率进行计算，系统总运行费用 $c_{ope}$ 可以表示为：

$$c_{ope} = \int_{t=0}^{t=t_{aux}} p_{aux} \cdot w_{aux} \, dt + \int_{t=0}^{t=t_{pump}} p_{ele} \cdot w_p \, dt \tag{9-14}$$

式中　$p_{aux}$——辅助热源单位功率使用价格，元/kW；

$w_{\text{aux}}$——辅助热源功率，kW；

$t_{\text{aux}}$——辅助热源实际运行时间，h；

$p_{\text{ele}}$——电价，元/kW；

$w_{\text{p}}$——水泵运行功率，kW；

$t_{\text{pump}}$——水泵实际运行时间，h。

### 9.2.2　太阳能供暖系统集蓄热设备简化配比设计方法

通过对大量太阳能供暖系统运行模拟结果的深入分析，探究了太阳能供暖系统设备容量与系统热性能之间的内在联系，进而建立了太阳能供暖系统集蓄热设备简化配比设计方法。

1. 太阳能供暖系统无量纲参数回归分析

对大量的太阳能供暖系统模拟结果进行归纳总结，其中，模型中的自变量包括建筑热负荷、集热面积以及蓄热水箱容积。通过对这些参数进行正交组合，并根据模拟结果研究了不同设备参数对系统热性能的影响。利用所建立的太阳能供暖系统模型，对多种建筑面积（即建筑热负荷）、集热面积和蓄热水箱容积的组合方式进行模拟，同时记录整个供暖期内太阳能供暖系统的集热量、系统热损失以及建筑热负荷。

太阳能供暖系统内部能量传递是涉及多个变量的过程，通过建立动态仿真模型进行研究。采用动态模型对多设备参数的组合工况进行模拟，并对输出的系统性能进行对比分析。随机选取多种建筑面积下的供暖热负荷（$Q_1$、$Q_2$、$Q_3$），改变设备容量进行多次模拟，输出系统热性能，并分别计算系统所对应的太阳能保证率 $SF$ 及平准化热成本 $LCOH$，如图 9-3 所示。计算结果表明，建筑热负荷一定时，太阳能保证率随集热面积的增加而增加，但建筑热负荷不同时，太阳能保证率的增长速率不同。工况不同的太阳能供暖系统，其无量纲参数 $X_0$、$Y_{\text{CH}}$ 与太阳能保证率 $SF$ 表现出良好的一致性。由此可推知，系统热损失与建筑热负荷的比值 $X_0$、系统集热量与建筑热负荷的比值 $Y_{\text{CH}}$ 及其与太阳能保证率 $F$ 在空间中构成一簇三维曲线。通过构建该曲线的数学表达式，可以揭示太阳能供暖系统的性能与无量纲参数之间的数学关系，为简化设计方法的提出奠定了理论基础。

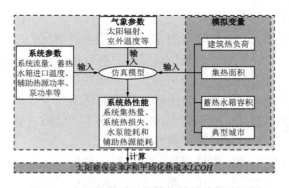

图 9-3　太阳能供暖系统模拟结果分析流程图

回归分析法是一种科研领域常用的数据统计分析方法。此处将被解释的变量作为太阳能保证率 $F$，而解释变量则为无量纲参数 $X_0$、$Y_{\text{CH}}$。建立 $SF$ 与 $X_0$、$Y_{\text{CH}}$ 的回归方程，并在给定解释变量的条件下，通过回归方程预测 $SF$ 的平均值，原理如图 9-4 所示。

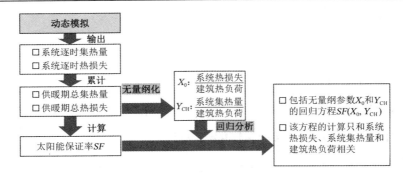

图 9-4 太阳能供暖系统回归方程原理图

将模拟结果累计后进行无量纲化处理，并采用拟合回归分析软件构建无量纲参数 $X_0$、$Y_{CH}$ 和太阳能保证率 $SF$ 三者间的数学表达式：

$$SF = \frac{P_1 + P_2 \cdot X_0 + P_3 \cdot X_0^2 + P_4 \cdot Y_{CH} + P_5 \cdot Y_{CH}^2 + P_6 \cdot Y_{CH}^3}{1 + P_7 \cdot X_0 + P_8 \cdot X_0^2 + P_9 \cdot Y_{CH} + P_{10} \cdot Y_{CH}^2 + P_{11} \cdot Y_{CH}^3}$$

(9-15)

式中，$P$ 为回归系数，典型城市回归系数参数如表 9-1 所示。

典型城市回归系数　　　　　　　　　　　表 9-1

| 城市 | 回归系数 | | | | | | | | | | |
|------|------|------|------|------|------|------|------|------|------|------|------|
| | $P_1$ | $P_2$ | $P_3$ | $P_4$ | $P_5$ | $P_6$ | $P_7$ | $P_8$ | $P_9$ | $P_{10}$ | $P_{11}$ |
| 拉萨 | 0.032 | 0.825 | 0.020 | −0.173 | −0.081 | 0.035 | 0.487 | 0.057 | 0.047 | −0.488 | 0.033 |
| 西宁 | −0.066 | −0.51 | 0.000 | 3.563 | −5.964 | 4.651 | −0.46 | 0.000 | 0.545 | −1.07 | 2.766 |
| 西安 | −0.209 | 3.60 | −1.534 | −6.05 | −14.62 | 60.60 | 3.112 | −2.11 | −9.18 | 3.791 | 56.92 |

通过相关系数检验的方法，证明了太阳能供暖系统回归模型计算所得的太阳能保证率能真实反映通过模拟得到的太阳能保证率。结果表明，太阳能供暖系统的无量纲参数回归模型具有较高的准确性。通过计算 RMSE 与 rRMSE 表明拟合值分布与数据观测值接近，回归模型与实际数值具有较高的一致性。

2. 关键设计参数推荐范围确定流程

太阳能保证率是评价太阳能供暖系统设计效果的关键指标之一。然而，确定太阳能保证率通常需要长期测量或建立动态系统仿真模型，前者耗时较长，后者则要求操作者具备一定的软件基础。鉴于太阳能供暖系统初投资较高的特点，且太阳能保证率的大小与系统的经济性紧密相关，因此，确定一个合适的太阳能保证率对于太阳能供暖系统的设计至关重要。通过分析太阳能供暖系统在不同太阳能保证率下的经济效益，总结并归纳了设计太阳能保证率的推荐范围，其确定流程如图 9-5 所示。

从系统经济性的角度来看，集热器和蓄热水箱的初投资在整个系统初投资中占有较高的比例。而从系统效率方面分析，集热器与蓄热水箱的协同作用对系统热性能具有重要影响。因此，合理的集蓄热设备容量配比是确保系统良好运行和提高经济性的关键。通过模拟分析所得的太阳能保证率，以及太阳能保证率相同时的设备参数，并计算了系统平准化热成本，进而总结并归纳了集蓄比与系统平准化热成本的关系。最后，给出了相应的集蓄比推荐范围，其确定流程如图 9-6 所示。

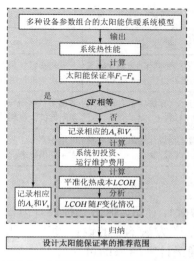
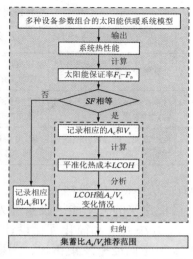

图 9-5 太阳能供暖系统设计太阳能
保证率推荐范围确定流程

图 9-6 集蓄比推荐范围确定流程

### 9.2.3 简化配比方法与现有方法对比

分别采用"标准规范"法、仿真优化设计法以及简化配比设计法三种设计方法进行太阳能供暖系统设计。"标准规范"法首先通过数学公式计算出集热面积，再根据集蓄比的推荐范围确定蓄热水箱容积，进而确定整个系统的规模；仿真优化设计法通过建立动态仿真模型，并利用优化算法获得最符合目标函数的太阳能供暖系统基本参数；简化配比设计法通过求解二元方程式，同时获得较为经济的集热面积和蓄热水箱容积。值得注意的是，"标准规范"法与简化配比设计法均采用了求解数学公式的形式，如图 9-7 所示。

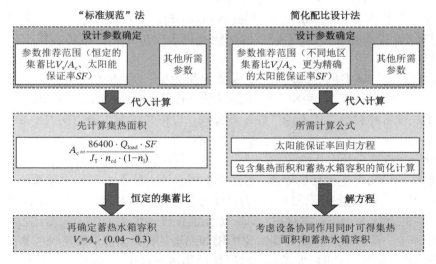

图 9-7 "标准规范"法与简化配比设计法流程对比图

不同的太阳能供暖系统设计方法适用于不同的条件，此处主要比较上述三种设计方法在使用过程中的优缺点及其适用条件，如表 9-2 所示。

三种设计方法对比 表 9-2

| 方法名称 | 优点 | 缺点 | 适用场合 |
|---|---|---|---|
| "标准规范"法 | 计算简单，使用方便 | 忽略集热、蓄热协同作用；弱化动态参数影响；推荐设计范围较为广泛 | 工程初步设计阶段，对太阳能供暖系统规模进行粗略估计 |
| 仿真优化设计法 | 计算准确度高，能较好地符合设计要求 | 动态模拟与优化算法相结合，对设计人员要求较高 | 适用于科学研究领域，得到最优的太阳能供暖系统设备参数 |
| 简化配比设计法 | 使用方便，推荐设计范围更加精准 | 只得出相对优化设计结果，而非最经济时的系统设备参数 | 可用于实际工程，得到较为经济的太阳能供暖系统设备参数 |

1. 三种设计方法所得的计算结果

以拉萨某居住建筑的太阳能供暖系统为设计对象，得出三种设计方法的计算结果。"标准规范"法（方法 M）和简化配比设计法（方法 N）的设计过程，均需在推荐范围内选择合适的太阳能保证率及集蓄比，为确保计算结果的可靠性，在推荐范围内均匀取值，即太阳能保证率选取 60%、70%、80%、90% 和 100%；集蓄比分别选取最小值 $V_s/A_{min}$（方法 M：0.04m³/m²，方法 N：0.15m³/m²）、一个相同的中间值 $V_s/A_{mid1}$（方法 M = 方法 N = 0.18m³/m²）、一个不同的中间值 $V_s/A_{mid2}$（方法 M：0.25m³/m²，方法 N：0.20m³/m²）、最大值 $V_s/A_{max}$（方法 M：0.3m³/m²，方法 N：0.25m³/m²）。分析计算结果可知，当太阳能保证率 $SF$ 选取范围小于 80% 时，简化配比设计法所得集热面积小于"标准规范"法，当太阳能保证率 $SF$ 选取范围大于等于 80% 时，结果相反；由于蓄热水箱容积既与集热面积的大小有关，又与选取的集蓄比相关，因此计算结果未表现出明显的规律性。在进行优化时，需根据采用的优化算法设定优化范围，本书采用编程软件 GenOpt 调用 Hooke-Jeeves 优化算法进行求解，相关变量为集热面积和蓄热水箱容积。采用"标准规范"法设计系统的集热面积（m²）范围为[260.7,435.5]，蓄热水箱容积（m³）范围为[10.4,130.3]，采用简化匹配设计法设计系统的集热面积（m²）范围为[218,749]，蓄热水箱容积（m³）范围为[34.6,181.3]，考虑市场上常见设备规格及一定的扩大范围，设置集热面积 $A_c$（m²）的优化范围为[200,800]，蓄热容积 $V_s$（m³）的优化范围为[1,200]。

经过迭代计算，该案例的优化结果为集热面积 210m²，蓄热水箱容积为 46m³，将设备参数输入动态模型进行模拟，可得太阳能供暖系统的保证率为 65%，将输出的系统热性能、系统耗能量及设备容量参数代入经济性计算公式，可得系统全生命周期内平准化热成本为 0.36 元/kWh。

2. 设计结果性能分析

为了更好地说明上述设计的效果，对比了不同设计方法下太阳能供暖系统的实际运行效果，并利用系统集热量进行系统的运行性能分析。如图 9-8 所示，当采用"标准规范"法（图 9-8 中的方法 M）进行系统设计时，太阳能保证率恒为 60% 而集蓄比发生变化，集热面积保持不变，蓄热水箱容积随集蓄比的增加而增加，太阳能供暖系统的集热量也随之增加，且当集蓄比取最小值时，太阳能供暖系统的集热量最小。采用简化配比设计法（图 9-8 中的方法 N）进行系统设计时，当太阳能保证率恒为 60% 而集蓄比发生变化时，集热面积随集蓄比的增加而减小，太阳能供暖系统通过集热和蓄热系统的协同作用，使得系统集热量维持在恒定状态，这表明简化配比设计法因考虑了太阳能供暖系统集蓄热设备的协同作用，使得设计结果更具有可靠性。

如图9-9所示，随着太阳能保证率的增加，"标准规范"法所设计的太阳能供暖系统的热性能出现较大偏差，以太阳能设计保证率$SF=100\%$为例，采用方法M设计的太阳能供暖系统集热面积一定，系统集热量随集蓄比的增加而增加，且相较于太阳能保证率为60%时增加幅度偏大；采用方法N设计的太阳能供暖系统集热量维持在相对稳定状态，且高于采用方法M得到的集热量。经分析，采用方法M得到的集热面积为434.5m²，小于采用方法N得到的749.0m²。由于集热面积的大小与系统集热量有直接关系，因此采用方法N设计的太阳能供暖系统集热量更多且更符合设计要求。

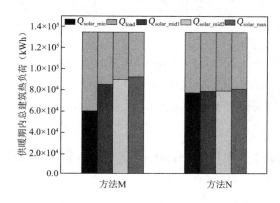

图9-8　太阳能保证率为60%时的集热量

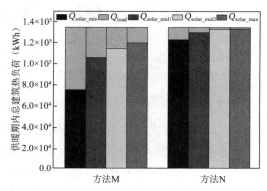

图9-9　太阳能保证率为100%时的集热量

注：方法M为"标准规范"法；方法N为简化配比设计法。

### 3. 可靠性对比

（1）简化配比设计法与"标准规范"法对比

以设计太阳能保证率为60%为例，如图9-10所示。"标准规范"法计算所得集热面积相同，均为260.7m²，蓄热水箱容积随集蓄比的增加而增加，所对应的实际太阳能保证率也随之增加。当集蓄比取最小值0.04m³/m²时，实际太阳能保证率为49%，与设计太阳能保证率60%存在较大偏差；而对于简化配比设计方法，在设计太阳能保证率一定时，集热面积的取值范围也相对稳定，所对应的实际太阳能保证率亦处于相对稳定状态。这是因为简化配比设计法考虑了太阳能供暖系统集蓄热设备的协同作用，使设计结果更具可靠性。当设计太阳能保证率为70%、80%、90%、100%时，此结论依然成立。

为验证所采用的简化配比设计法考虑了系统集蓄热作用对于太阳能保证率的影响，在设计过程中保持推荐设计参数取值相同，即当集蓄比相同时（$V_s/A_c=0.18\text{m}^3/\text{m}^2$），采用两种设计方法分别计算设计太阳能保证率$F$为60%、70%、80%、90%、100%时的集蓄热设备参数，并将这些参数代入太阳能供暖系统动态仿真模型中。绘制实际太阳能保证率$F$的分布结果，如图9-11所示。其中，"标准规范"法得到的太阳能保证率偏差范围为3%～14%，且设计太阳能保证率越大，实际太阳能保证率与设计太阳能保证率的偏差越大；而采用简化配比设计法得到的太阳能保证率偏差范围为2%～8%，与"标准规范"法相比波动范围更小，因此，简化配比设计法更具有可靠性。

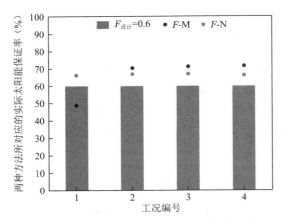

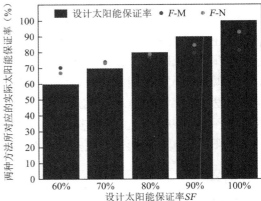

图9-10　设计太阳能保证率为60%时两种设计
方法所对应的实际太阳能保证率

图9-11　集蓄比相同时两种设计方法所对应的
实际太阳能保证率

注：$F$-M指"标准规范"法所对应的实际太阳能保证率，$F$-N指简化配比设计法所对应的实际太阳能保证率。

（2）简化配比设计法与仿真优化设计法对比

由上文可知，通过仿真优化方法获得的系统集热面积为210m²，蓄热水箱容积为46m³，对应的太阳能保证率为65%。经计算，系统集蓄比为0.219m³/m²，处于给出的集蓄比推荐范围（0.15～0.25m³/m²），且实际太阳能保证率（65%）也处于给出的推荐范围内（60%～80%），因此可认为简化配比法具有可靠性。

4. 经济性对比

为分析集蓄比变化对系统经济性的影响，以拉萨为例，分别采用"标准规范"法（方法M）和简化配比设计法（方法N），计算当设计太阳能保证率分别为60%、70%、80%、90%、100%，集蓄比分别取最小值$V_s/A_{min}$（方法M：0.04m³/m²，方法N：0.15m³/m²）、一个相同的中间值$V_s/A_{mid1}$（方法M = 方法N = 0.18m³/m²）、一个不同的中间值$V_s/A_{mid2}$（方法M：0.25m³/m²，方法N：0.20m³/m²）、最大值$V_s/A_{max}$（方法M：0.30m³/m²，方法N：0.25m³/m²）时的太阳能供暖系统设备参数，并对比分析相应系统在生命周期内的$LCOH$，如图9-12所示。

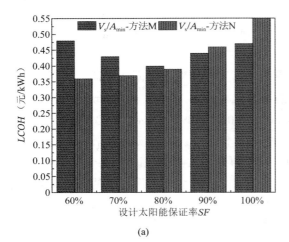

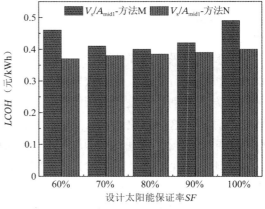

(a)

(b)

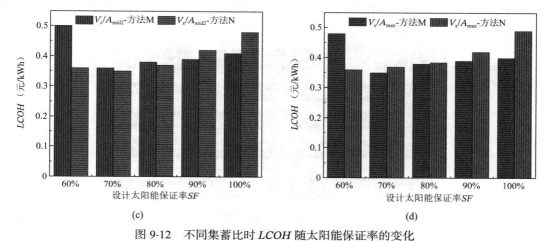

图 9-12　不同集蓄比时 *LCOH* 随太阳能保证率的变化

（a）集蓄比取最小；（b）相同的集蓄比；（c）不同的集蓄比；（d）集蓄比取最大

以设计太阳能保证率为 60% 为例，对比分析图 9-13 中四种不同集蓄比所对应的 *LCOH* 可知，采用"标准规范"法的太阳能供暖系统的 *LCOH* 均大于采用简化配比设计法所对应的系统。经分析可知，采用"标准规范"法计算所得集热面积均为 260.7m²，均大于采用简化配比法计算所得集热面积（230.8m²、226.6m²、224.2m²、218.0m²），这是由于太阳能供暖系统初投资高而运行费用低的特点所导致的。对于"标准规范"法，当集蓄比取最小时，同时对比采用"标准规范"法所设计的太阳能供暖系统，*LCOH* 随着集蓄比的不同呈现变化状态，说明该方法所给出的推荐范围过于宽泛，而简化配比设计法的 *LCOH* 处于相对稳定状态，说明其给出的集蓄比范围相比"标准规范"法更精确。仿真优化法所得太阳能供暖系统的 *LCOH* 为 0.362 元/kWh；比较采用设计方法所得太阳能供暖系统的 *LCOH*，发现在集热面积为 218m²，蓄热水箱容积为 54.5m³，对应的系统 *LCOH* 最小，为 0.384 元/kWh，仅与优化结果相差 6%。

### 9.2.4　太阳能供暖系统匹配优化设计软件开发

1. 匹配优化设计软件概述

太阳能供暖系统匹配优化设计软件是一款太阳能供暖系统辅助设计工具，能够实现对太阳能供暖系统的设计计算和校核计算、太阳能供暖系统优化匹配以及太阳能供暖系统效益评估。软件主要功能包括：①全国典型年气象参数查询（逐时室外温度、逐时太阳辐射）；②集热器铺设倾角的匹配优化计算；③系统集热面积和蓄热水箱容积优化设计；④完成太阳能供暖系统的整体设计计算；⑤系统校核计算；⑥系统节能、环保效益评估；⑦系统经济效益评估。该软件基于 Visual Studio 平台，采用 C# 语言开发，软件兼容 Windows 系统，安装简便，用户界面友好。

2. 匹配优化设计软件系统架构

该软件由输入模块、数据库、计算模块和输出模块四大核心部分组成。用户通过系统交互界面，在输入模块中设定工程参数、经济参数以及各部件参数（集热器、蓄热水箱、辅助热源等）。计算模块则自动从输入模块和数据库中读取所需数据，执行建筑耗热量、倾斜面太阳辐照量、系统效益等一系列计算，并进行相应的优化。最终，通过输出模块将结果直观地展示在界面上或导出至 Excel 文档，辅助用户以图表形式深入理解计算结果。软件系统架构如图 9-13 所示。

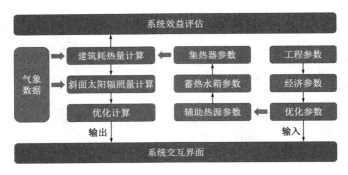

图 9-13　软件系统架构

软件主界面分为五大区域：菜单/工具栏（用于新建、保存工程文件及辅助工具设置）；设计模块（涵盖设计流程的所有功能）；主体输入模块（系统流程图直观展示，点击组件即可设置详细参数）；系统形式选择框（支持多种系统形式选择）；以及过程输出窗口（实时呈现计算过程）。软件主界面布局如图 9-14 所示。

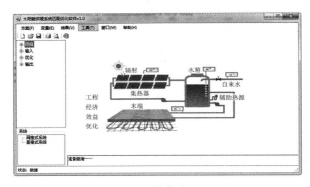

图 9-14　软件主界面

用户通过点击菜单栏的"方案"或设计栏的"项目"，可以便捷地新建工程项目，并在弹出页面中设置项目的基础信息，如工程名称、工程地点、集热器可铺设面积、供暖面积等，如图 9-15 所示。

图 9-15　工程概况设置界面

点击输入模块中的"经济"按钮，可设置系统经济性参数，如常规能源热价、年利率、系统增投资、系统寿命等，如图 9-16 所示。

图 9-16　经济参数设置界面

点击主体输入模块中的"集热器"图标，可设置集热器参数，如图 9-17 所示。选择集热器型号后，系统自动调取该型号集热器数据，包括集热器的热迁移因子、集热器有效透射率与吸收率乘积、集热器单价等参数。此外，可根据工程实际情况设置集热器方位角和铺设倾角以及集热面积。

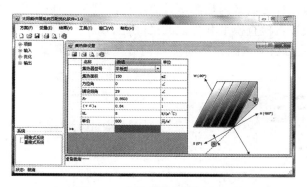

图 9-17　集热器参数设置界面

点击主体输入模块中的"辅助热源"图标，可设置辅助热源参数，如图 9-18 所示。首先选择辅助热源形式（即热发生器），其次设置其对应参数，例如辅助热形式为电加热则设置效率和发电煤耗即可。

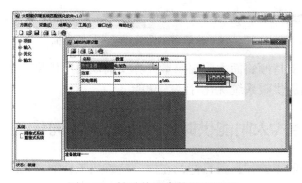

图 9-18　辅助热源参数设置界面

3. 匹配优化设计软件功能

（1）全国典型年气象参数查询

该软件集成了一个开源的气象参数数据库，当前涵盖了全国 25 个主要城市的 epw 格式天气参数文件。每个 epw 文件均以其代表的城市命名，并采用标准化的命名方式，即城市的"省 + 城市名"的汉语拼音形式，如"Beijing.Beijing"代表北京，"Shanxi.Xian"代表西安。这使得用户能够根据所选择建筑所在的城市，迅速、准确地从气象参数库中检索并打印出逐时的气象数据。

（2）建筑逐时供暖热负荷计算

建筑的供暖热负荷受多种因素影响，包括地理位置、方位、围护结构等，其计算主要有稳态计算和动态计算两种方法。稳态法以室外计算参数不变为基础，使用方便，但往往不准确。动态法以逐时气象参数和动态热传递过程为基础，建立建筑的动态热模型，并采用计算机辅助求解，该方法可用于能耗分析及经济性分析和优化等方面。软件在计算建筑供暖负荷时有两种方式，一种是利用气象数据集中的逐时室外温度结合稳态法估算，另一种是导入由其他负荷计算软件求得的数据。

利用 SketchUp（安装 EnergyPlus 用户界面 OpenStudio 插件）中绘制建筑的拓扑结构，并设置墙体、窗户、地板等围护结构的材料，确定导热系数。同时，还需设定建筑地理位置、室内热扰、室内设计参数及内热源等计算条件。基于上述模型和参数，软件将执行模拟计算，并通过错误报告检查模型和参数的准确性。最终，软件将模拟出建筑全年的冷热工况，包括全年逐时的基础室温、逐时热负荷等数据，建筑逐时供暖热负荷计算界面如图 9-19 所示。

图 9-19　建筑逐时供暖热负荷计算界面

此外，该软件还支持倾斜面太阳辐照量计算及铺设倾角优化、蓄热水箱水温计算、系统效益评估以及太阳能供暖系统优化计算等功能。

## 9.3　主被动组合式太阳能供暖系统全链条协同优化

为实现建筑供暖的零能耗运行目标，在提升建筑热工性能、系统能效以及降低用能需求的基础上，还需充分利用太阳能等可再生能源来承担剩余的能耗，实现"节流"与"开源"并重的策略。通过运用建筑形体设计、建筑保温以及被动集蓄热构件等低成本节能技术，在多环节上削减建筑的供暖能耗，并结合主动式太阳能供暖系统进行补充，可形成一条低成本、高保证率的太阳能供暖技术路径。

### 9.3.1　系统介绍

主被动组合式太阳能供暖系统如图 9-20 所示，该系统集成了被动式建筑设计、被动式构件以及主动式太阳能供暖系统。其中，被动式建筑设计涵盖了建筑形体设计（如朝向、层高等）、建筑保温设计（如建筑围护结构的差异化保温等）以及被动式构件设计。对于直接受益式被动太阳房，设计重点包括不同朝向的窗墙面积比、窗户类型等差异化设计；对于附加阳光间式被动太阳房，还需考虑附加阳光间的进深等因素；对于集热蓄热墙式被动太阳房，则主要分析南向集热蓄热墙的面积占比。主动式太阳能供暖系统则包括集热器、蓄热水箱以及低温地面辐射盘管。此系统能够高效利用太阳能的主被动供暖技术，实现建筑供暖零能耗运行，并维持室内良好的舒适温度，以满足用户的热需求。

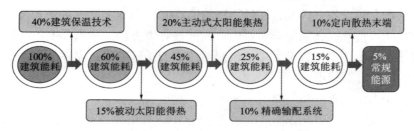

图 9-20　主被动组合式太阳能供暖技术路径

#### 1. 系统理论模型构建

在建筑本体传热模型、被动式集蓄热构件传热模型和户用主动式太阳能供暖系统模型的基础上，以直接受益式系统为例，建立了主被动组合式太阳能供暖系统模型，如图 9-21 所示。建筑的室内热环境不仅与主动式太阳能供暖系统的供热量密切相关，还与建筑本体的热损失有很大的关系。然而，由于建筑围护结构的热量传递存在延迟等，被动式与主动式两种供暖技术对室内热环境的贡献边界较为模糊。

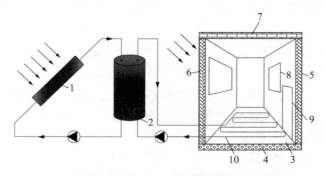

图 9-21　主被动组合式太阳能供暖系统模型

1—集热器；2—蓄热水箱；3—被动式建筑；4—地面保温；5—北墙保温；
6—南墙保温；7—屋顶保温；8—窗户；9—门；10—低温地面辐射盘管。

对于主被动组合式太阳能供暖系统，建立建筑室内空气能量守恒方程：

$$\rho_{\text{air}} V_{\text{room}} c_{\text{p,air}} \frac{\mathrm{d}T_{\text{r}}(\tau)}{\mathrm{d}\tau} = \dot{Q}_{\text{p}}(\tau) + \dot{Q}_{\text{su}}(\tau) + \dot{Q}_{\text{A}}(\tau) \tag{9-16}$$

式中    $\rho_{\text{air}}$——空气的密度，kg/m³；

$V_{\text{room}}$——房间体积，m³；

$c_{\text{p,air}}$——空气的定压比热容，J/(kg·℃)；

$T_{\text{r}}(\tau)$——室内空气温度，℃；

$\tau$——时间，h；

$\dot{Q}_{\text{p}}(\tau)$——被动式建筑的净耗热量，W；

$\dot{Q}_{\text{su}}(\tau)$——室内热源的对流换热量，W；

$\dot{Q}_{\text{A}}(\tau)$——太阳能供暖系统向建筑空间提供的热量，W。

当被动式供暖技术的投入增加时，建筑的能耗会相应减少，主动式供暖系统的供热量也会降低，从而降低了主动式供暖技术的成本；相反，当被动式供暖技术的投入减少时，建筑的能耗会增加，需要由主动式供暖系统提供的热量也会相应增加，导致主动式太阳能供暖系统的成本大幅增加。因此，在计算建筑能耗时，必须考虑主被动式技术之间的反馈作用。通过联立主被动式太阳能建筑室内空气能量守恒方程、建筑外围护结构传热模型、被动式集蓄热构件传热模型以及太阳能供暖系统模型，可以形成完整的主被动组合式太阳能供暖系统的耦合计算模型。

2. 系统性能影响因素分析

从主被动组合式太阳能供暖系统的各个设计环节出发，影响建筑自身能耗的关键因素包括：建筑形体设计、建筑保温性能以及被动式集蓄热构件的设计。而影响系统经济性的主要因素则有：保温材料的价格、建筑保温面积的大小、窗户的价格及类型、直接受益窗的面积、附加阳光间玻璃的面积、集热蓄热墙的面积及其价格、集热器的面积及其价格、蓄热水箱的容积及其价格等。通过深入研究建筑被动式设计参数对供暖能耗的影响，发现系统总造价与上述多个因素（如保温材料价格、建筑保温面积、窗户价格等）均呈现出线性正相关的关系。在建筑的被动式设计中，综合考虑了建筑层高、朝向、差异化保温策略以及三种被动式构件设计参数对建筑能耗的潜在影响。而在主动式太阳能供暖系统方面，则重点分析了集热面积和蓄热水箱容积对系统集热量的影响。

以直接受益窗为例，探究建筑保温、被动式集蓄热构件、设备参数对主被动组合式太阳能供暖系统的综合影响。

（1）建筑朝向对主被动组合式太阳能供暖系统总造价无直接影响，但会显著影响建筑能耗。建筑层高增高，不仅建筑能耗会随之增加，系统的总造价也会相应提升。

（2）建筑保温性能对主被动组合式太阳能供暖系统的综合影响如图9-22所示。保温厚度的变化主要影响建筑的被动造价。当建筑能耗较低时，为了达到更好的保温效果，被动造价会显著增加，即过度强调保温性能会导致系统的总造价大幅上升。

（3）窗墙面积比对主被动组合式太阳能供暖系统的综合影响如图9-23所示。当北向的窗墙面积比增加时，建筑能耗和被动造价均会上升；而当南向的窗墙面积比增加时，虽然建筑能耗有所减少，但被动造价却呈线性增加趋势。

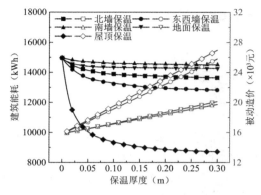

图 9-22　建筑保温性能对主被动组合式
太阳能供暖系统的综合影响

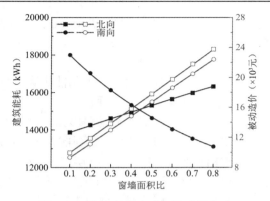

图 9-23　窗墙面积比对主被动组合式
太阳能供暖系统的综合影响

（4）窗户类型对主被动组合式太阳能供暖系统的综合影响如图 9-24 所示。总体而言，随着窗户传热系数的降低，建筑能耗会减少，但被动造价会相应增加。因此，在选择窗户类型时，需要综合考虑其经济性和节能性。

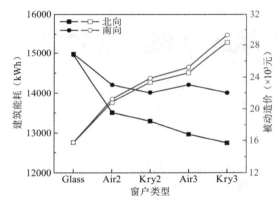

Glass—单层玻璃窗；Air2—双层空气玻璃窗；Air3—三层空气玻璃窗；
Kry2—双层氪气玻璃窗；Kry3—三层氪气玻璃窗。

图 9-24　窗户类型对主被动组合式太阳能供暖系统的综合影响

（5）集热面积和蓄热水箱容积的增大会导致系统集热量的增加，但同时也会使总投资线性上升。为了满足用户的热需求，系统设备的容量不能设置得过小。因此，在确定设备容量时，也需要综合考虑其经济性和节能性。

由于建筑供暖热过程的复杂性以及被动式技术和主动式技术之间的相互作用，设计环节涉及多个相互耦合的参数。因此，仅靠单项参数的变化规律难以确定各参数的最优取值。为了实现建筑供暖的零能耗运行目标，在设计主被动组合式太阳能供暖系统时，除了考虑系统经济性和节能性，还需要充分考虑被动式技术与主动式技术之间的相互作用。这需要对被动式建筑热工与主动式太阳能供暖系统进行协同优化，以确定最优的设计参数组合。

### 9.3.2　系统协同优化

1. 协同优化模型

以主被动组合式太阳能供暖系统总造价为目标函数，如下式所示：

$$\min(C_{\mathrm{obj}}) = \min(C_{\mathrm{T,C}} + C_{\mathrm{pun}}) = \min(C_{\mathrm{build}} + C_{\mathrm{solar}} + C_{\mathrm{pun}}) \tag{9-17}$$

式中　$C_{\mathrm{obj}}$——目标函数的值，元；

　　　$C_{\mathrm{pun}}$——惩罚费用，元；

　　　$C_{\mathrm{T,C}}$——主被动组合式太阳能供暖系统总造价，元；

　　　$C_{\mathrm{build}}$——建筑造价，元；

　　　$C_{\mathrm{solar}}$——主动式太阳能供暖系统造价，元。

为研究主被动组合式太阳能供暖系统，选取多个决策变量，如图 9-25 所示。建筑形体设计参数包括：建筑朝向（$\mathrm{O_{ri}}$）、层高（$h$）；建筑保温设计参数包括：北墙保温厚度（$\delta_{\mathrm{INW}}$）、东西墙保温厚度（$\delta_{\mathrm{IEWW}}$）、南墙保温厚度（$\delta_{\mathrm{ISW}}$）、地面保温厚度（$\delta_{\mathrm{IG}}$）、屋顶保温厚度（$\delta_{\mathrm{IR}}$）；当采取直接受益式建筑时，被动式构件设计参数包括：北向窗墙面积比（$WWR_{\mathrm{N}}$）、南向窗墙面积比（$WWR_{\mathrm{S}}$）、北向窗户类型（$W_{\mathrm{tN}}$）、南向窗户类型（$W_{\mathrm{tS}}$）；当采取附加阳光间式建筑时，被动式构件设计参数包括：北向窗墙面积比（$WWR_{\mathrm{N}}$）、南向窗墙面积比（$WWR_{\mathrm{S}}$）、北向窗户类型（$W_{\mathrm{tN}}$）、南向窗户类型（$W_{\mathrm{tS}}$）、阳光间进深（$Sun_{\mathrm{d}}$）；当采取集热蓄热墙式建筑时，被动式构件设计参数包括：北向窗墙面积比（$WWR_{\mathrm{N}}$）、北向窗户类型（$W_{\mathrm{tN}}$）、南向窗户类型（$W_{\mathrm{tS}}$）、蓄热墙占比（$Tro_{\mathrm{R}}$），南向窗墙面积比固定为 0.45；主动式太阳能供暖系统设计参数包括：集热面积（$A_{\mathrm{c}}$）、蓄热水箱容积（$V_{\mathrm{s}}$）。

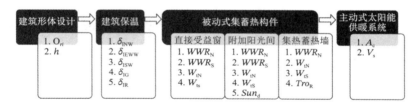

图 9-25　主被动组合式太阳能供暖系统决策变量选择示意图

约束条件：零能耗约束指太阳能供暖系统向建筑空间提供的热量大于或等于建筑热负荷，且系统常规能源消耗量为零，即：

$$Q_{\mathrm{A}}(\tau) \geqslant Q_{\mathrm{L}}(\tau) \tag{9-18}$$

优化模型中决策变量的取值范围如表 9-3 所示。为减少计算成本，加快收敛速度，在设置围护结构差异化保温时，东西墙保温厚度一致。

在初始时刻，蓄热水箱内水温取 45℃，集热器内部工质温度取 10℃。

**优化模型中决策变量取值范围**　　　　　　　　　　　　表 9-3

| 设计阶段 | | 变量名称 | 取值范围 |
|---|---|---|---|
| 建筑形体设计 | | 建筑朝向（°） | −90、−60、−30、−15、0、15、30、60、90 |
| | | 层高（m） | [2.4:0.1:3.3] |
| 建筑保温 | | 北墙、东西墙、南墙、地面、屋顶保温厚度（m） | [0.01:0.01:0.5] |
| 被动式技术 | 直接受益窗 | 北向窗墙面积比 | [0.1:0.1:0.5] |
| | | 南向窗墙面积比 | 0.45、0.5、0.6、0.7、0.8 |
| | | 南北向窗户类型 | Air2、Air3、Kry2、Kry3 |
| | 附加阳光间 | 阳光间进深（m） | [0.3:0.3:1.5] |
| | 集热蓄热墙 | 蓄热墙占比 | [0.1:0.1:0.5] |

续表

| 设计阶段 | 变量名称 | 取值范围 |
|---|---|---|
| 主动式太阳能供暖系统 | 集热器面积（m²） | [2:2:90] |
| | 蓄热水箱容积（m³） | [0.5:0.5:20] |

注：取值范围$[a_0:c:a_1]$表示参数取值下限为$a_0$，上限为$a_1$，步长为$c$。

采用供暖时长保证率的概念，即$Q_A(\tau)$大于或等于$Q_L(\tau)$的总时长与供暖期总时长之比，以适当减少热用户部分舒适时间来控制总造价，避免成本过高。供暖时长保证率如下式所示：

$$f_{gn} = \frac{T_m}{T_z} \tag{9-19}$$

式中　$f_{gn}$——供暖时长保证率，%；

　　　$T_m$——$Q_A(\tau)$大于或等于$Q_L(\tau)$的总时长，h；

　　　$T_z$——供暖期总时长，h。

因此，系统在实际运行过程中只要满足设计供暖时长保证率的要求，则认为系统满足零能耗约束条件。

$$C_{pun} = \begin{cases} 0, & f_{gncal} \geqslant f_{gndesign} \\ M_{pe}, & f_{gncal} < f_{gndesign} \end{cases} \tag{9-20}$$

式中　$f_{gncal}$——系统实际运行过程中计算的供暖时长保证率，%；

　　　$f_{gndesign}$——系统设计供暖时长保证率，%；

　　　$M_{pe}$——系统实际运行过程中不满足设计供暖时长保证率所带来的惩罚值，优化算法的搜索方向取无穷大。

选择遗传算法求解优化问题，具体求解流程如图 9-26 所示。

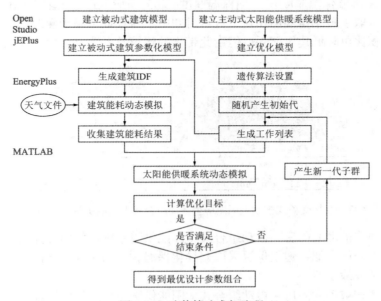

图 9-26　遗传算法求解流程

为判断优化结果是否陷入局部最优解，需对优化结果进行收敛性检验。此处采用单因素检验法，选取拉萨为模拟城市，模拟时间为整个供暖期（11 月 1 日～3 月 12 日），设计供暖时长保证率均取 98%，即供暖期牺牲热用户 63h 的热舒适时长。

拉萨直接受益式、附加阳光间式、集热蓄热墙式被动太阳房的主被动组合式太阳能供暖系统协同优化结果分别如表 9-4、表 9-5、表 9-6 所示。

**拉萨直接受益式被动太阳房主被动组合式太阳能供暖系统协同优化结果　　表 9-4**

| $O_{ri}$ (°) | $h$ (m) | $\delta_{INW}$ (m) | $\delta_{IEWW}$ (m) | $\delta_{ISW}$ (m) | $\delta_{IG}$ (m) | $\delta_{IR}$ (m) | $WWR_N$ | $WWR_S$ | $W_{tN}$ | $W_{tS}$ | $A_c$ (m²) | $V_s$ (m³) | $C_{obj}$ (元) |
|---|---|---|---|---|---|---|---|---|---|---|---|---|---|
| −15 | 2.4 | 0.1 | 0.07 | 0.04 | 0.03 | 0.11 | 0.1 | 0.45 | Air2 | Air2 | 16 | 2 | 35052.4 |

**拉萨附加阳光间式被动太阳房主被动组合式太阳能供暖系统协同优化结果　　表 9-5**

| $O_{ri}$ (°) | $h$ (m) | $\delta_{INW}$ (m) | $\delta_{IEWW}$ (m) | $\delta_{ISW}$ (m) | $\delta_{IG}$ (m) | $\delta_{IR}$ (m) | $WWR_N$ | $WWR_S$ | $W_{tN}$ | $W_{tS}$ | $Sun_d$ (m) | $A_c$ (m²) | $V_s$ (m³) | $C_{obj}$ (元) |
|---|---|---|---|---|---|---|---|---|---|---|---|---|---|---|
| −15 | 2.4 | 0.09 | 0.06 | 0.01 | 0.02 | 0.08 | 0.1 | 0.45 | Air2 | Air2 | 0.3 | 12 | 1.5 | 48163.7 |

**拉萨集热蓄热墙式被动太阳房主被动组合式太阳能供暖系统协同优化结果　　表 9-6**

| $O_{ri}$ (°) | $h$ (m) | $\delta_{INW}$ (m) | $\delta_{IEWW}$ (m) | $\delta_{ISW}$ (m) | $\delta_{IG}$ (m) | $\delta_{IR}$ (m) | $WWR_N$ | $W_{tN}$ | $W_{tS}$ | $Tro_R$ | $A_c$ (m²) | $V_s$ (m³) | $C_{obj}$ (元) |
|---|---|---|---|---|---|---|---|---|---|---|---|---|---|---|
| 0 | 2.4 | 0.07 | 0.07 | 0.01 | 0.02 | 0.09 | 0.1 | Air2 | Air2 | 0.4 | 16 | 2 | 35729 |

**2. 模拟优化结果分析**

直接受益式被动太阳能房主被动组合式太阳能供暖系统最优路径如图 9-27 所示。最优设计路径表明，建筑保温应采取差异化策略，具体为：屋顶保温厚度 > 北墙保温厚度 > 东西墙保温厚度 > 南墙保温厚度 > 地面保温厚度。北向窗应取最小窗墙面积比，以降低建筑能耗。南向窗也取了最小窗墙面积比，分析可知由于窗户成本高于建筑保温成本，虽然增加南向窗墙面积比可降低建筑能耗，但由此带来的建筑及系统总造价会大大增加。

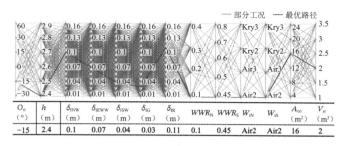

图 9-27　直接受益式被动太阳能房主被动组合式太阳能供暖系统最优路径

附加阳光间式被动太阳房主被动组合式太阳能供暖系统最优路径如图 9-28 所示。与直接受益式被动太阳房类似，建筑保温采取差异化保温，但由于建筑南向有附加阳光间，因此南向保温厚度取最小值。

集热蓄热墙式被动太阳房主被动组合式太阳能供暖系统最优路径如图 9-29 所示。建筑保温同样采取差异化策略。南向窗墙面积比为 0.45，最优蓄热墙占比为 0.4。由于南外墙面积较小，因此建筑南向保温厚度也应取最小值。

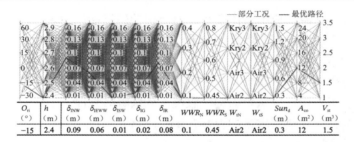

| $O_{ri}$ (°) | $h$ (m) | $\delta_{INW}$ (m) | $\delta_{IEWW}$ (m) | $\delta_{ISW}$ (m) | $\delta_{IG}$ (m) | $\delta_{IR}$ (m) | $WWR_N$ | $WWR_S$ | $W_{tN}$ | $W_{tS}$ | $Sun_d$ (m) | $A_{co}$ (m²) | $V_{st}$ (m³) |
|---|---|---|---|---|---|---|---|---|---|---|---|---|---|
| −15 | 2.4 | 0.09 | 0.06 | 0.01 | 0.02 | 0.08 | 0.1 | 0.45 | Air2 | Air2 | 0.3 | 12 | 1.5 |

图 9-28　附加阳光间式被动太阳房主被动组合式太阳能供暖系统最优路径

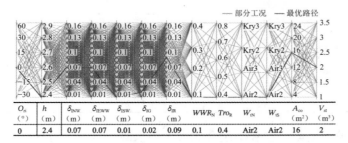

| $O_{ri}$ (°) | $h$ (m) | $\delta_{INW}$ (m) | $\delta_{IEWW}$ (m) | $\delta_{ISW}$ (m) | $\delta_{IG}$ (m) | $\delta_{IR}$ (m) | $WWR_N$ | $Tro_R$ | $W_{tN}$ | $W_{tS}$ | $A_{co}$ (m²) | $V_{st}$ (m³) |
|---|---|---|---|---|---|---|---|---|---|---|---|---|
| 0 | 2.4 | 0.07 | 0.07 | 0.01 | 0.02 | 0.09 | 0.1 | 0.4 | Air2 | Air2 | 16 | 2 |

图 9-29　集热蓄热墙式被动太阳房主被动组合式太阳能供暖系统最优路径

　　为进一步分析被动式构件不同时，主被动组合式太阳能组合供暖系统各环节的设计参数对建筑能耗的影响，逐步带入各设计环节的最优参数进行能耗计算，得出不同被动式构件下建筑形体设计、建筑保温、被动式集蓄热构件、主动式太阳能供暖系统等环节的建筑能耗分摊比例，如图 9-30 所示。被动式构件相同时，各环节建筑能耗分摊比例排序为：建筑保温 > 被动式集蓄热构件 > 主动式太阳能供暖系统 > 建筑形体设计。

　　被动式构件不同时各环节的成本比例如图 9-31 所示。可以看出，在同一被动式构件下，被动式集蓄热构件的成本占比最大，其次是主动式太阳能供暖系统，建筑保温的成本占比最小。附加阳光间式建筑主被动组合式太阳能供暖系统的总造价比直接受益式建筑及集热蓄热墙式建筑提升了约 35%。尽管被动式集蓄热构件承担的建筑能耗有所增加，但由此带来的成本上升幅度较大。

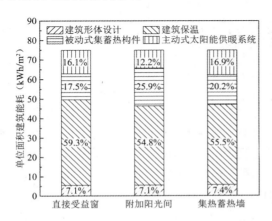

图 9-30　被动式构件不同时各环节的能耗分摊比例

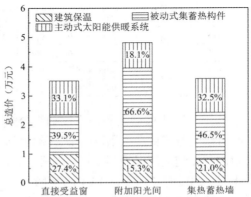

图 9-31　被动式构件不同时各环节的成本比例

综上所述，建筑保温的成本占比最小，但承担的建筑能耗最多。因此，在零能耗建筑设计中，建筑保温应成为建筑节能设计的重点。

3. 分时分区策略下优化结果

在建筑供暖过程中采取分温度、分空间和分时间的分时分区室温调控策略，是零能耗建筑设计的重要技术手段。以拉萨为例，假设设计供暖时长保证率为98%，可按照温度、空间和时间来精细化描述热需求，如表9-7所示。

分时分区热需求工况表　　　表 9-7

| 分时分区工况 | 供暖区域 | 供暖时间 | 供暖温度（℃） |
|---|---|---|---|
| 工况 1 | 全部房间均供暖 | 全天 | 15 |
| 工况 2 | 全部房间均供暖 | 全天 | 18 |
| 工况 3 | 全部房间均供暖 | 全天 | 20 |
| 工况 4 | 客厅卧室主要房间供暖 | 全天 | 18 |
| 工况 5 | 客厅卧室主要房间供暖 | 客厅 8:00~20:00 供暖，主卧全天供暖，次卧 10:00~8:00 供暖 | 18 |

直接受益式被动太阳房主被动组合式太阳能供暖系统分时分区优化结果如表 9-8 所示。随着供暖温度的上升，建筑各向差异化保温厚度总体上逐渐增加；主动式太阳能供暖系统的设备容量逐渐增加；系统总造价也逐渐升高，20℃时总造价比 15℃时增加了约 43%。随着室内供暖区域面积的减少，建筑北向保温厚度大大减小，南向保温厚度增加，其余各向保温厚度均减小，分析可知由于北向多为辅助房间、南向多为主要房间，辅助房间不供暖、主要房间供暖，因此，出现北向保温厚度大大减小，南向保温厚度增加的规律；主动式太阳能供暖系统的设备容量也逐渐降低；系统总造价也逐渐下降，相比于全部房间供暖，总造价减少了约 17%。随着供暖时间的减少，建筑各向差异化保温厚度减小，而主动式太阳能供暖系统的设备容量保持不变，因此，主要降低了建筑保温承担的建筑能耗；系统总造价也减少了，相比于主要房间全天供暖，总造价减少了约 8%。

直接受益式建筑主被动组合式太阳能供暖系统分时分区优化结果　　　表 9-8

| 分时分区工况 | $O_{ri}$（°） | $h$（m） | $\delta_{INW}$（m） | $\delta_{IEWW}$（m） | $\delta_{ISW}$（m） | $\delta_{IG}$（m） | $\delta_{IR}$（m） | $WWR_N$ | $WWR_S$ | $W_{tN}$ | $W_{tS}$ | $A_c$（m²） | $V_s$（m³） | $C_{obj}$（元） |
|---|---|---|---|---|---|---|---|---|---|---|---|---|---|---|
| 工况 1 | 0 | 2.4 | 0.10 | 0.07 | 0.03 | 0.01 | 0.07 | 0.1 | 0.45 | Air2 | Air2 | 10 | 1.0 | 28103.4 |
| 工况 2 | −15 | 2.4 | 0.10 | 0.07 | 0.04 | 0.03 | 0.11 | 0.1 | 0.45 | Air2 | Air2 | 16 | 2.0 | 35052.4 |
| 工况 3 | −15 | 2.4 | 0.08 | 0.10 | 0.06 | 0.06 | 0.11 | 0.1 | 0.45 | Air2 | Air2 | 20 | 3.0 | 40263.4 |
| 工况 4 | −15 | 2.4 | 0.06 | 0.06 | 0.08 | 0.03 | 0.08 | 0.1 | 0.45 | Air2 | Air2 | 10 | 1.5 | 29212.1 |
| 工况 5 | −15 | 2.4 | 0.04 | 0.05 | 0.04 | 0.02 | 0.06 | 0.1 | 0.45 | Air2 | Air2 | 10 | 1.5 | 26973.1 |

附加阳光间式被动太阳房主被动组合式太阳能供暖系统分时分区优化结果如表 9-9 所示。与直接受益式被动太阳房类似，随着供暖温度的上升，建筑各向差异化保温厚度逐渐增加；附加阳光间进深保持不变；主动式太阳能供暖系统的设备容量逐渐增加；系统总造价也逐渐上升，20℃时总造价比 15℃时增加了约 21%。随着室内供暖区域面积的减少，建筑北向保温厚度大大减小，其余各向保温厚度均减小，南向取最小保温厚度，主要是由于南向附加阳光间得热的作用；附加阳光间进深保持不变；主动式太阳能供暖系统的设备容量也逐渐降低；系统总造价也逐渐下降，相比于全部房间供暖，总造价减少了约 12%。随着供暖时间的

减少，建筑各向差异化保温厚度减小；附加阳光间进深保持不变；主动式太阳能供暖系统的设备容量保持不变；系统总造价也减少了，相比于主要房间全天供暖，总造价减少了约3%。

**附加阳光间式被动太阳房主被动组合式太阳能供暖系统分时分区优化结果　表 9-9**

| 分时分区工况 | $O_{ri}$（°） | $h$（m） | $\delta_{INW}$（m） | $\delta_{IEWW}$（m） | $\delta_{ISW}$（m） | $\delta_{IG}$（m） | $\delta_{IR}$（m） | $WWR_N$ | $WWR_S$ | $W_{tN}$ | $W_{tS}$ | $Sun_d$（m） | $A_c$（m²） | $V_s$（m³） | $C_{obj}$（元） |
|---|---|---|---|---|---|---|---|---|---|---|---|---|---|---|---|
| 工况 1 | 0 | 2.4 | 0.09 | 0.04 | 0.01 | 0.01 | 0.08 | 0.1 | 0.45 | Air2 | Air2 | 0.3 | 6 | 1.0 | 43103.8 |
| 工况 2 | −15 | 2.4 | 0.09 | 0.06 | 0.01 | 0.02 | 0.08 | 0.1 | 0.45 | Air2 | Air2 | 0.3 | 12 | 1.5 | 48163.7 |
| 工况 3 | 0 | 2.4 | 0.11 | 0.070 | 0.01 | 0.04 | 0.10 | 0.1 | 0.45 | Air2 | Air2 | 0.3 | 14 | 2.0 | 52059.6 |
| 工况 4 | −15 | 2.4 | 0.04 | 0.06 | 0.01 | 0.01 | 0.06 | 0.1 | 0.45 | Air2 | Air2 | 0.3 | 6 | 1.0 | 41957.0 |
| 工况 5 | 0 | 2.4 | 0.02 | 0.04 | 0.01 | 0.01 | 0.05 | 0.1 | 0.45 | Air2 | Air2 | 0.3 | 6 | 1.0 | 40621.6 |

集热蓄热墙式被动太阳房主被动组合式太阳能供暖系统分时分区优化结果如表 9-10 所示。随着供暖温度的上升，建筑各向差异化保温厚度逐渐增加，蓄热墙占比逐渐增大，主动式太阳能供暖系统的设备容量逐渐增加，系统总造价也逐渐上升，20℃时总造价比 15℃时增加了约36%。随着室内供暖区域面积的减少，建筑北向保温厚度大大减小，其余各向保温厚度均减小，南向取最小保温厚度，主要是由于南向外墙面积很小；蓄热墙占比减小；主动式太阳能供暖系统的设备容量也逐渐降低；系统总造价也逐渐下降，相比于全部房间供暖，总造价减少了约21%。随着供暖时间的减少，建筑各向差异化保温厚度减小，蓄热墙占比减小；主动式太阳能供暖系统的设备容量保持不变；系统总造价也减少了，相比于主要房间全天供暖，总造价减少了约5%。

**集热蓄热墙式被动太阳房主被动组合式太阳能供暖系统分时分区优化结果　表 9-10**

| 分时分区工况 | $O_{ri}$（°） | $h$（m） | $\delta_{INW}$（m） | $\delta_{IEWW}$（m） | $\delta_{ISW}$（m） | $\delta_{IG}$（m） | $\delta_{IR}$（m） | $WWR_N$ | $W_{tN}$ | $W_{tS}$ | $Tro_R$ | $A_c$（m²） | $V_s$（m³） | $C_{obj}$（元） |
|---|---|---|---|---|---|---|---|---|---|---|---|---|---|---|
| 工况 1 | −15 | 2.4 | 0.06 | 0.05 | 0.01 | 0.01 | 0.06 | 0.1 | Air2 | Air2 | 0.4 | 10 | 1.5 | 29367.4 |
| 工况 2 | 0 | 2.4 | 0.07 | 0.07 | 0.01 | 0.02 | 0.09 | 0.1 | Air2 | Air2 | 0.4 | 16 | 2.0 | 35729.0 |
| 工况 3 | −15 | 2.4 | 0.09 | 0.09 | 0.02 | 0.05 | 0.09 | 0.1 | Air2 | Air2 | 0.5 | 18 | 2.5 | 40197.3 |
| 工况 4 | −15 | 2.4 | 0.02 | 0.04 | 0.01 | 0.01 | 0.06 | 0.1 | Air2 | Air2 | 0.4 | 10 | 1.5 | 28369.5 |
| 工况 5 | −15 | 2.4 | 0.01 | 0.01 | 0.01 | 0.01 | 0.06 | 0.1 | Air2 | Air2 | 0.3 | 10 | 1.5 | 26784.9 |

不同分时分区策略下系统总造价的变化如图 9-32 所示。总体而言，供暖温度对系统总造价的影响最大，供暖区域次之，而供暖时间对系统总造价的影响最小。具体来说，总造价的变化幅度最大可达到35%、21%及6%。因此，分时分区策略对于直接受益式建筑、集热蓄热墙式被动太阳房主被动组合式太阳能供暖系统的总造价影响较大，而对附加阳光间式建筑主被动组合式太阳能供暖系统的总造价影响相对较小。

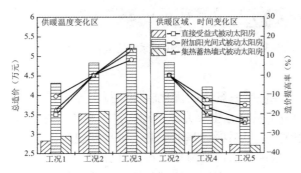

图 9-32　不同分时分区策略下系统总造价变化

### 9.3.3 协同优化设计软件

太阳能主被动供暖系统协同优化设计软件是一款用于主被动组合式太阳能供暖系统的协同优化计算软件。该软件的核心功能包括：

建筑供暖逐时能耗计算；

太阳能供暖系统逐时供热量计算；

建筑供暖经济性计算；

建筑与主动式设备设计参数优化仿真计算；

建筑及主动式设备系统最佳设计参数组合推荐值；

太阳能保证率计算；

建筑供暖节能率计算。

**1. 协同优化设计软件架构**

主被动组合式太阳能供暖系统协同优化设计软件架构如图 9-33 所示。该软件由输入模块、数据库模块、计算模块、后处理模块和输出模块五大核心部分组成。用户通过系统交互界面输入工程设计参数，计算模块则根据这些参数从数据库中调取相关数据执行运算，包括供暖室外逐时温度计算、冬季供暖设计太阳辐射、建筑负荷与能耗计算、太阳能供暖系统供热量计算等。优化仿真计算将给出建筑及主动式设备系统的最佳设计参数组合，随后将这些参数输入到后处理模块进行太阳能保证率和建筑节能率的计算。最终，所有结果将以图表形式通过输出模块展示在系统交互界面上，用户可根据需要输出工程计算说明书。

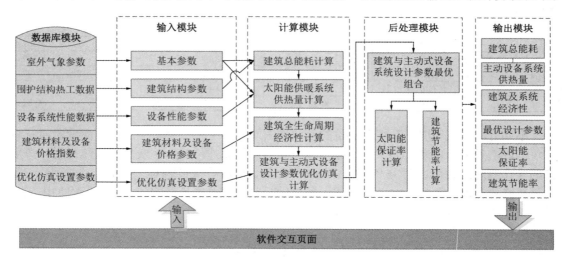

图 9-33　太阳能主被动供暖系统协同优化设计软件架构

**2. 软件运行界面说明**

主被动组合式太阳能供暖系统协同优化软件运行主界面如图 9-34 所示。界面分为五大部分，第一部分为菜单/工具栏，主要完成工程文件的新建、保存以及辅助工具的设置等；第二部分为工程设置模块，包括项目基本信息、被动式建筑构造、主动式设备系统参数、优化参数、价格参数、遗传算法设置参数可在该部分输入，参数输入后即可运行优化；第三部分为优化结果及后处理输出模块，该部分呈现优化结果残差图以及收敛代数和目标函数最优值，在后处理模块输入基准建筑被动式结构参数后，将呈现基准建筑以及优化后建筑的逐时能耗，并实时输出建筑节能率及太阳能保证率；第四部分为数据库模块，用户可自定义添加或修改相应建筑基本结构及保温材料物性参数，供优化过程调取；第五部分为帮助及重置模块。

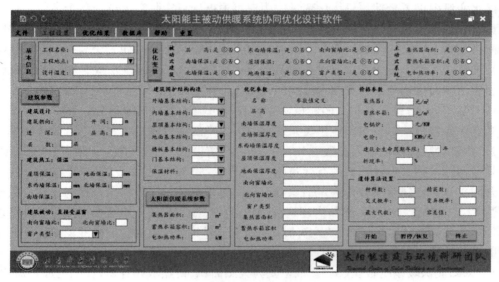

图 9-34　软件主界面

（1）菜单/工具栏

点击菜单栏的"文件"，弹出"新建""打开""保存""另存为"等选项（图 9-35）。点击"新建"，将刷新界面，并重新建一个窗口；点击"打开"，用户可打开已有的工程文件；点击"保存"，将界面输入保存为工程文件；点击"另存为"，将界面输入保存为工程文件并存储在用户自定义位置。

图 9-35　"文件"弹窗界面

（2）工程设置模块

基本信息板块对项目整体工况进行设置。用户可以输入自定义的工程名称；点击"工程名称"后的输入框，可对工程进行命名；点击"工程名称"，可选择工程地点，包括昌都、林芝、格尔木、甘孜等 7 个地区，用户可在数据库工程地点设置中新建并保存其他地区。

优化变量提供了全部预设优化变量，用户可根据项目实际需求选择各个参数是否为优化变量。如选择"层高"为项目优化变量，则选中"是"按钮，相应的建筑参数板块中建筑朝向将变为不可操作区域，用户不能再自定义输入建筑层高；如"层高"不是项目优化变量，则选中"否"按钮，用户可在建筑参数板块自定义输入建筑层高，相应的优化参数板块中建筑朝向优化范围将变为不可操作区域。

1）建筑基本信息参数及太阳能供暖系统界面可输入项目定值参数，若参数为优化变量，则建筑参数板块以及太阳能供暖系统参数板块中的参数输入将变为不可操作区域。

2）建筑参数板块的输入参数可分为 3 类："建筑设计""建筑热工：保温""建筑被动：直接受益窗"。"建筑设计"参数有建筑朝向、开间、进深、层高、层数 5 个参数，建筑朝向、开间、进深、建筑层数作为定值参数，层高可根据项目实际需求选择为优化参数或定值参数。"建筑热工：保温"参数为建筑各围护结构保温厚度，用户可根据项目实际需求将其选择为优化参数或定值参数。"建筑被动：直接受益窗"参数为建筑南北窗墙面积比以及窗户类型，用户可根据项目实际需求将其选择为优化参数或定值参数。

3）太阳能供暖系统板块设计参数主要为集热面积、蓄热水箱容积、辅助电加热器功率，其中辅助热源类型为定值参数，项目需确定采用电锅炉辅助加热，其余参数可根据项目实际需求选择为优化参数或定值参数。

4）建筑围护结构构造板块提供了建筑围护结构的基本构造，用户可参考项目所在地的实际建筑围护结构构造进行选择。若软件预设围护结构构造不符合项目所在地的实际建筑围护结构构造，用户可先在数据库相应围护结构构造处新建围护结构并保存，然后重新在选择框中选择新保存的围护结构构造。

5）优化参数板块可供用户定义各个优化变量的取值范围，若参数为定值变量，则优化参数板块中参数定义将变为不可操作区域。参数定义可采取以下方式：

①{10,13,15,16,17}：这种定义方式将优化变量的离散取值均表示出来，方便用户直观理解。

②[10:10:90]：这种定义方式定义离散优化参数的上下限以及步长，便于用户输入，所给例子的优化参数下限为 10，上限为 90，步长为 10，取值范围为 10、20、30、40、50、60、70、80、90。

③[10:10:90]&{13,15,16,17}：这种定义方式结合①②两种定义方式，所给例子的优化参数取值为 10、20、30、40、50、60、70、80、90、13、15、16、17。

注：①②③均是优化参数为离散参数时定义优化参数的方式。

6）"价格参数"板块可供用户输入主动式设备系统相关价格参数，如集热器造价、蓄热水箱造价、电锅炉造价、建筑全生命周期运行年限、折现率等。

7）"遗传算法设置"板块供用户设置遗传算法基本参数，如种群数、精英数、交叉概率、变异概率、最大代数、容差值等。

8）优化运行板块：用户在设置完以上所有板块的内容后，点击"开始"可进行优化模拟计算。若想中间暂停优化程序，可点击"暂停/恢复"按钮；若想直接结束优化程序，可点击"终止"按钮。

（3）优化结果及后处理输出模块

1）优化结果板块可供用户在优化过程中实时查看优化进程，显示当前代数以及优化残差图和优化参数图等，当优化结果收敛后，用户可查看最优目标函数值及收敛代数（图9-36）。点击"保存优化结果图"可将优化结果图另存为自定义的位置，点击"输出最优参数到 Excel"可将最优组合参数在 Excel 中打开。

2）后处理结果板块根据用户需求判断是否需要输入相应参数，若用户需要得出优化后建筑节能率，需用户输入基准建筑相应的基本构造，如建筑朝向、开间、进深、层高、层数、南北窗墙面积比，选择外墙、外窗、地面、屋顶、楼板、门等基本结构构造，点击"计算建筑节能率"按钮即可计算基准建筑能耗。计算结束后可点击"查看建筑逐时能耗图"来查看基准建筑逐时能耗。若用户想计算最优结果建筑能耗图，则可点击"计算最优参数建筑能耗"按钮即可计算优化后建筑能耗，计算结束后可点击"查看优化后建筑逐时能耗图"来查看优化后建筑逐时能耗图。点击"计算建筑节能率"按钮，软件将根据已计算的基准建筑的能耗以及优化后建筑能耗计算优化后建筑节能率，并将结果显示于空白框中。点击"计算太阳能保证率"按钮，软件将计算优化后系统太阳能保证率，并将结果显示于空白框中，如图9-36所示。

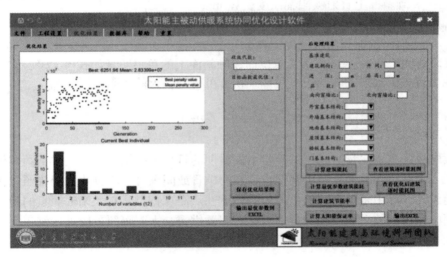

图 9-36　"优化结果"板块

（4）帮助及重置模块

点击"帮助"，弹出用户使用手册。点击"重置"，清空界面，用户须重新输入。

## 9.4　间歇太阳能供暖集蓄热系统容量修正计算方法

通过分析用户的用能习惯及建筑间歇性使用规律，提出了三类典型间歇供暖模式；对比分析了三类典型间歇供暖模式下太阳能供暖系统运行特性，建立了间歇供暖模式下太阳能供暖系统集热、蓄热系统设计方法，为太阳能供暖系统高效利用提供了优化设计方法。

### 9.4.1　间歇太阳能供暖集蓄热系统设计方法

1. 间歇太阳能供暖集热系统设计方法

传统的集热面积设计方法是依据有效集热量满足建筑物耗热量的百分比对集热面积进行设计计算，但该方法应用于间歇太阳能供暖系统集热面积计算中存在以下问题：①传统计算方法中建筑耗热量按照稳态法进行计算，为供暖期室外平均温度下围护结构的传热耗热量、空气渗透耗热量和建筑物内部得热量之和。但受不同间歇模式的影响，间歇供暖时段内室外平均温度会发生变化，因此，传统稳态法得到的建筑耗热量存在偏差。②传统连续供暖模式下，太阳能供暖系统在集热的同时向末端供热。而对于间歇供暖，间歇运行导致集蓄热系统动态耦合关系发生变化，必然导致集蓄热容量配比发生变化。因此传统连续供暖模式下的集蓄热系统设计方法不再适用。由于间歇供暖建筑热负荷存在不同的周期性波动，因此拟通过整个供暖期累计集热量与建筑累计热负荷的匹配关系来计算集热面积，对间歇模式下累计集热量以及累计热负荷进行修正计算。

（1）倾斜面上的太阳能累计辐射量计算

集热器倾斜面上总辐照度由三部分组成：直射太阳辐射辐照度、太阳散射辐射辐照度和地面反射辐射辐照度，即：

$$I_\theta = I_{D\theta} + I_{d\theta} + I_{R\theta} \tag{9-21}$$

式中　$I_{D\theta}$——倾斜面上直射太阳辐照度，$W/m^2$；

$I_{d\theta}$——倾斜面上的太阳散射辐照度，$W/m^2$；

$I_{R\theta}$——地面反射太阳辐照度，$W/m^2$。

在某段时间（$\tau_1 < \tau < \tau_2$）内，单位面积倾斜面上的总辐照量如式(9-22)所示。其中$\tau_1$、$\tau_2$为当地出现太阳辐射的时间段，对该式积分可得到一天的太阳辐照量$I_{inc}$。

$$I_{inc} = \int_{\tau_1}^{\tau_2} I_\theta \, d\tau A_c \tag{9-22}$$

连续供暖计算辐照量时采用的是整个供暖期的日均太阳辐照量。但对于间歇供暖，不仅在一天之中存在间歇期，在供暖期也存在间歇日或间歇月，将日均太阳辐照量代入间歇段太阳能设计计算中是不合理的。考虑到间歇性热需求特点，对太阳辐照量的计算应取整个供暖期中运行期的总太阳辐照量。因此对间歇供暖，太阳辐照量应进行修正，得到如下表达式：

$$I'_{inc} = \sum_1^{N_{int}} \int_{\tau_1}^{\tau_2} I_\theta A_c \, d\tau \tag{9-23}$$

式中　$I'_{inc}$——间歇供暖运行期总太阳辐照量，J；

$N_{int}$——间歇供暖运行天数；

$\tau_1$、$\tau_2$——间歇模式下每日太阳辐照时间段；

$I_\theta$——集热器倾斜面太阳辐照度，$W/m^2$；

$A_c$——集热面积，$m^2$。

（2）建筑累计耗热量计算

建筑耗热量是选取集热系统设备容量的依据，常用计算方法有两种，第一种是稳态法，取供暖期室外平均温度对建筑耗热量进行计算，其中包括由围护结构的传热耗热量、空气渗透耗热量和建筑物内部得热量。但该方法并不适用于间歇供暖建筑耗热量的计算，是因为室外平均温度是在连续供暖情况下的室外温度均值，而对于那些仅在夜间供暖/白天停暖或者夜间停暖/白天供暖的模式，其计算结果并不能代表间歇供暖建筑平均耗热量。第二种是动态计算方法，室外温度取逐时室外温度作为计算参数，建立非稳态条件下房间热过程模型，并对建筑逐时耗热量进行累计，该方法可对不同间歇时段下建筑耗热量进行计算。取间歇供暖建筑供暖期累计热负荷作为太阳能供暖系统的设计参数，得到如下表达式：

$$I'_L = \sum_{l=1}^{N_{int}} \int_{\tau_a}^{\tau_b} Q_{u,l} \, d\tau \tag{9-24}$$

式中　$I'_L$——间歇供暖建筑供暖期累计耗热量，J；

　　$N_{int}$——间歇供暖运行天数；

　$\tau_a$、$\tau_b$——间歇供暖运行启停时段；

　$Q_{u,l}$——间歇供暖建筑逐时热负荷，W。

（3）间歇供暖集热面积计算

以整个供暖期中运行期的累计太阳辐照量与建筑累计热负荷的匹配关系来建立间歇供暖集热器面积计算方法，即：

$$I'_{inc} \cdot \eta_{cd} = I'_L \tag{9-25}$$

综合前文运行期太阳能累计辐照量以及建筑累计耗热量的计算方法，即可得到间歇供暖集热器面积计算公式：

$$A'_c = \frac{\sum_{l=1}^{N_{int}} \int_{\tau_a}^{\tau_b} \dot{Q}_{u,l} \, d\tau \, f_n}{\eta_{cd}(1-\eta_L) \cdot \sum_{\theta=1}^{N_{int}} \int_{\tau_1}^{\tau_2} I_\theta \, d\tau} \tag{9-26}$$

式中　$A'_c$——间歇供暖集热面积，m²；

　　$\eta_{cd}$——供暖期集热器的平均效率；

　　$\eta_L$——蓄热水箱和管路的热损失率；

　　$N_{int}$——间歇供暖运行天数。

2. 间歇太阳能供暖蓄热系统设计方法

太阳能蓄热水箱容积的传统计算方法是按照一定集蓄比来进行计算，短期蓄热，集蓄比推荐值一般为 0.05～0.15m³/m²。但对于间歇太阳能蓄热系统而言，由于不同间歇模式导致太阳能集蓄热系统动态耦合关系发生变化，因此集蓄比差异较大，传统蓄热水箱容积推荐值不再适用于间歇蓄热水箱的容积计算。根据间歇太阳能供暖系统运行特性，提出了间歇太阳能蓄热水箱容积计算方法。

（1）蓄热量计算

根据太阳能供暖系统运行原理可知，蓄热水箱蓄热量是指在白天集热器集热时段，集热量在满足该时段建筑热需求后的剩余热量。对于不同间歇供暖模式，由于热负荷规律不同，导致不同间歇模式下蓄热量存在较大差别。蓄热水箱蓄热量的计算是蓄热水箱容积设计计算中的重要环节，针对不同间歇模式下建筑热负荷与系统集热量之间的动态关系，通过对集热量大于热负荷时段内两者的差值进行积分得到蓄热水箱蓄热量。

蓄热水箱蓄热量根据集热量与逐时热负荷曲线进行积分求差值，如下式所示：

$$\Delta I = \int_{p_1}^{p_2} [I_{\text{inc}}(\tau) - I_l(\tau)] \, \mathrm{d}\tau = \int_{p_1}^{p_2} [I_\theta(\tau) A_c \eta_{\text{cd}} - I_{\text{inc}}(\tau)] \, \mathrm{d}\tau \tag{9-27}$$

式中，$p_1$、$p_2$ 为集热曲线与逐时热负荷曲线相交点。

在整个供暖期，由于室外温度的波动，建筑热负荷与太阳辐照量存在较大波动，若仅以某月内的蓄热量选取蓄热水箱容积会导致容积偏大或者偏小。因此，应计算供暖期蓄热量均值作为蓄热水箱容积计算依据，方法如下：首先计算各月中晴天日平均蓄热量 $\Delta I_i$，假设太阳能供暖系统所在地区供暖期共 $i$ 个月，则将该月内晴天日平均蓄热量标记为 $\Delta I_1$、$\Delta I_2 \cdots \Delta I_i$，取最大蓄热量为：

$$\Delta I_{\text{max}} = \text{MAX}\{\Delta I_1 、 \Delta I_2 、 \cdots \Delta I_i\} \tag{9-28}$$

对于短期蓄热系统来说，最佳蓄热量应取每个月中日均值的最大值，可以保证蓄热水箱储存更多热量，提高系统的集热效率以及太阳能保证率。所以，蓄热水箱有效容积的最佳设计值为 $\Delta I = \Delta I_{\text{max}}$。

（2）蓄热水箱容积计算

太阳能蓄热水箱容积的理论计算原则为"集中供暖系统的蓄热水箱容积应根据供暖热负荷变化曲线以及集热系统的供热能力和运行规律，以及常规能源辅助加热装置的工作制度、加热特性和自动温度控制装置等因素按积分曲线计算确定"。白天集热器在集热的同时为供暖末端提供供暖所需热量，因此，蓄热水箱蓄热量为集热器白天集热量减去供暖末端在该时段所消耗的热量，该部分蓄热量使蓄热水箱温度由 $t_l$ 升高至 $t_{\text{end}}$。通过上述分析可得到蓄热水箱的有效容积 $V_{\text{se}}$ 计算公式：

$$V_{\text{se}} = \frac{\Delta I}{4.187(T_{\text{s,e}} - T_{\text{s,o}})\rho_s} \tag{9-29}$$

式中  $\Delta I$——蓄热水箱蓄热量，kJ；

$T_{\text{s,o}}$——蓄热水箱初始温度，℃；

$T_{\text{s,e}}$——蓄热水箱终止温度，℃；

$\rho_s$——蓄热水箱内介质密度，kg/m³。

### 9.4.2 不同类型建筑典型间歇供暖规律

1. 间歇供暖建筑分类

间歇供暖是依据建筑在不同时段下差异化的热需求，对建筑的供暖时间以及供暖温度有差别地进行供暖，从而达到降低建筑能耗的供暖方式。因此，间歇供暖的首要任务是对间歇供暖建筑的热需求时段、热需求温度以及建筑类型进行划分。

供暖时段的差异包括假期与非假期、周末与周内以及昼夜等间歇时段。供暖温度的差异，可分为正常供暖温度、值班温度以及非供暖时段温度，并且不同类型建筑所需供暖温度也不同。对于建筑类型差异，按照使用功能可分为居住建筑、工业建筑、公共建筑、农业建筑。居住建筑包括住宅、别墅、宿舍、公寓等，其中宿舍类建筑具有较为规律的使用时段，便于进行间歇供暖，因此以宿舍作为典型间歇供暖居住建筑；公共建筑包括办公建筑、文教建筑、科研建筑、旅馆建筑、体育建筑、交通建筑等，其中办公建筑、文教建筑、科研建筑使用时段多为上班及上学时间，其余时段则停止使用，该类建筑都具有较为规律的使用时段，因此，选取办公建筑、文教建筑作为典型间歇供暖办公建筑。综上，可得到如图 9-37 所示的典型间歇供暖建筑分类。

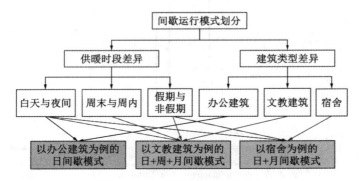

图 9-37　典型间歇供暖建筑分类

### 2. 典型间歇供暖建筑选取及使用规律

间歇供暖是为存在间歇性使用规律的建筑而提出的一种供暖运行模式，因此，实现间歇供暖的首要目标是对建筑在时间上的差异化热需求进行归类。通过调研，对不同类型建筑间歇使用规律进行归纳，建立具有典型代表的间歇供暖建筑模型。

（1）日间歇供暖建筑

日间歇供暖建筑是指在一天中或者较短时段内具有明显的间歇使用规律的建筑。对于大多数公共建筑，根据使用要求不同，其仅在一天中的部分时间段内投入使用。该类型典型建筑主要包括：办公建筑、商场、饭店、电影院、学校等。对于该类建筑都呈现为一日之内分时段间歇使用的规律。选取办公建筑作为典型短期间歇供暖建筑，一方面是因为办公建筑间歇使用的规律较为一致，上下班时间基本统一，另一方面是因为办公建筑在公共建筑中所占比例最大。

办公建筑可以分为国家机关事业单位办公建筑、企业办公建筑以及高校办公建筑等，其中国家机关事业单位实行统一工作时间。通过调研总结得到各类办公建筑冬季作息时间，如表 9-11 所示。

**各类办公建筑冬季作息时间表**　　　　　　　　　　　　表 9-11

| 办公建筑类型 | 上班时间 | 下班时间 | 备注 |
|---|---|---|---|
| 国家机关事业单位办公建筑 | 9:00 | 18:00 | 节假日休息，但有值班人员 |
| 企业办公建筑 | 8:00～8:30 | 17:00～18:00 | 节假日加班情况较多 |
| 学校办公建筑 | 8:00 | 18:00 | 节假日休息，无值班人员 |

根据调研发现，办公建筑上班时间主要集中在 8:00～9:00，所占比例达 90%，在 8:00 前上班的占 8%，9:00 后上班的占 2%。但下班时间较为分散，其中 84% 集中在 17:00～18:00 之间，18:00 之后下班的占 14%，17:00 之前下班的占 2%，同时较多单位有周末加班或值

班的情况。基于上述调研总结及分析，办公建筑间歇使用模式如图 9-38 所示，办公建筑使用时间主要为每日 8:00～18:00，由于周末需要加班或值班，设定办公建筑间歇供暖时段为每日 8:00～18:00。

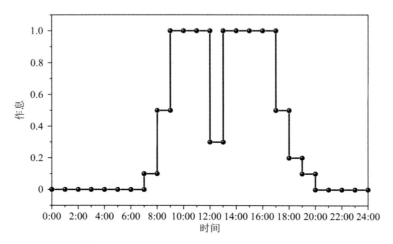

图 9-38　办公建筑间歇使用模式

**（2）日 + 月间歇供暖建筑**

日 + 月间歇供暖建筑指在使用期间存在长期以及短期综合分时段间歇使用模式，例如宿舍是典型的日 + 月间歇供暖建筑，每日只在夜间睡眠时段使用，同时寒假时段全天间歇。虽然宿舍属于居住建筑，但相比于其他住宅建筑，它具有更明显的间歇使用规律。按照使用对象可以分为学生宿舍以及职工宿舍。首先对于中小学宿舍，其使用规律受到学校作息规律的影响，寒暑假期间停止使用，在上学期间投入使用，同时在白天上课时间，宿舍不投入使用，放学后才投入使用。因此中小学宿舍间歇使用模式可依据中小学学校作息规律制定。对于高校宿舍，包括学生宿舍以及教职工宿舍，其使用规律同样受到学校作息规律的影响，但是调研中发现，高校的教学管理是一个相对复杂的体系，涉及不同学校以及不同专业，其作息时间相差较大，因此不便于间歇控制。对于职工宿舍，其使用规律受到工作时间的影响，一般是在非工作时段投入使用，例如工厂的职工宿舍在夜间非工作时段投入使用。综上所述，选取中小学宿舍作为日 + 月间歇供暖建筑进行分析。通过统计获得各类学校作息时间，如表 9-12 所示。

各类学校作息时间表　　　　　　　　　　　　　　　　　　　　表 9-12

| 节次 | 小学 | 中学 | 大学 |
| --- | --- | --- | --- |
| 上午 | 8:30～12:00 | 8:00～11:50 | 8:00～12:00 |
| 中午 | 12:00～14:00 | 11:50～14:00 | 12:00～13:45 |
| 下午 | 14:00～17:00 | 14:00～17:30 | 14:00～18:00 |
| 晚饭 | — | 17:30～18:30 | 18:00～19:00 |
| 晚自习 | — | 19:00～20:30 | 19:00～21:00 |

由表 9-12 可知，中小学学校，上午上课时间较为一致，主要集中在 8:00～8:30 之间，

而下午放学时间差别较大，小学放学较早，一般集中在 17:00 左右，中学有晚自习，放学时间集中在 20:30～21:00。因此取放学时段至次日上课时段作为学校宿舍间歇使用时段。同时，由于学校寒假期间停止供暖，小学寒假时间为 1 月 23 日～2 月 20 日，中学寒假时间为 1 月 30 日～2 月 19 日，假期期间宿舍全天停止供暖。根据相关作息规律，宿舍间歇使用模式如图 9-39 所示。

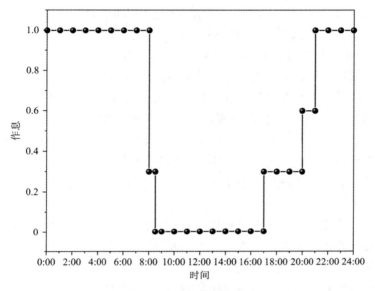

图 9-39　宿舍间歇使用模式

（3）日 + 周 + 月间歇供暖建筑

日 + 周 + 月间歇供暖建筑在整个供暖期中存在着长期、中期以及短期综合间歇使用规律，其中学校教室以及科研办公楼是日 + 周 + 月间歇供暖建筑。即在寒暑假长期间歇段内、周末两天间歇段内和每日非工作时间的短期间歇段内都停止使用。根据表 9-12 中各类学校作息时间表，可得到学校教室间歇使用时段，即周内 8:00～19:00 投入使用，周末以及寒暑假停止使用。图 9-40 为学校教室间歇使用模式。

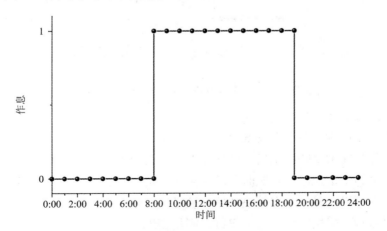

图 9-40　学校教室间歇使用模式

**3. 典型间歇供暖建筑室内设计参数**

间歇供暖建筑的热环境由其使用状态决定，分为以下两部分：①在使用时段内，依据人体热舒适需求设定正常供暖温度；②在间歇时段内，需考虑防止室内系统冻结等而设定值班温度。在根据不同使用时段建立间歇供暖模式的同时，也需要对不同时段内的热需求进行分析。

《民用建筑供暖通风与空气调节设计规范》GB 50736—2012 规定，冬季供暖室内设计温度范围为 18～22℃，相关学者对室内热环境的调研发现，寒冷地区办公建筑室内热期望温度为 20.8℃，同时 90%可接受温度范围为 18～23℃。考虑到办公建筑室内人群着装较厚，设计温度应取较低值，不仅有利于人体健康，还可以降低建筑供暖能耗。因此，综合考虑人体热舒适以及节能，办公建筑在供暖时段的室内设计温度取 18℃。

对于学校类建筑，《中小学校设计规范》GB 50099—2011 中对中小学校房间供暖设计温度做出了规定：对于普通教室，室内设计温度为 18℃。相关研究发现，教室的室内温度对学生的学习效率以及反应能力有较大影响。众多学者通过现场测试以及问卷调查等方式，发现教室的热期望温度为 15℃，且该温度下学习效率最高。因此本书对教室在供暖时段的室内设计温度取 15℃。

宿舍属于居住建筑的一种，但是相比于其他居住建筑其使用功能较为单一，大多数宿舍仅用于夜间睡眠使用。相关规范规定，严寒及寒冷区域冬季供暖室内计算温度为 18℃，舒适供暖温度为 18～24℃。相关学者对冬季睡眠状态下热环境研究发现，人体睡眠状态下热舒适处于中性偏凉状态，且舒适范围较宽，为 11.2～22℃。因此，本书取 18℃作为宿舍在供暖时段的室内设计温度。

根据上述分析，典型间歇供暖建筑室内设计温度如图 9-41 所示。

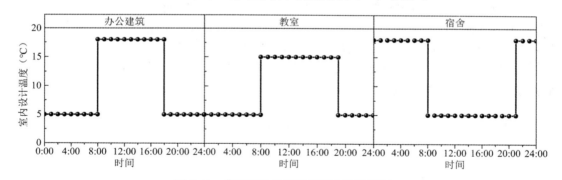

图 9-41　典型间歇供暖建筑室内设计温度

**4. 典型间歇供暖建筑供暖热负荷**

**（1）典型城市的选取及气象参数**

选取拉萨作为间歇供暖模拟研究的典型城市，其原因主要有以下两点：首先，拉萨位于太阳能资源最为丰富地区，日照时间长，年太阳辐照量高，使用太阳能供暖来代替常规能源供暖，不仅可以改善当地建筑热环境，还可以有效保护生态环境。其次，受气候特征以及经济状况影响，采用间歇供暖不仅可以满足当地用户热需求，还可以有效降低建筑供暖能耗。

（2）建筑模型及参数设置

1）办公建筑

办公建筑从体量和体型上可分为 A 类和 B 类，A 类办公建筑体量相对较小，可以自然通风并且建筑物进深较浅，采光条件好，该类建筑在我国办公建筑中所占比例较大，单位面积能耗相对较低，尤其在非集中供暖地区以及西北村镇地区该类办公建筑占比较大。因此本书选取 A 类办公建筑作为模型进行模拟分析，如表 9-13 所示。

办公建筑模型描述　　　　　　　　　　表 9-13

| 建筑类型 | 办公建筑 |
| --- | --- |
| 建筑特点 | 体量较小，可采用自然通风自然采光 |
| 建筑面积 | 610m² |
| 建筑朝向 | 南北 |
| 窗墙面积比 | 0.4 |
| 建筑层数 | 地上 3 层，层高 3m |

2）教室

教室与其他公共建筑相比在设计上有较大差异。首先，教室的使用时间较为规律，一般只在白天使用，同时在使用期间人员较为集中，供暖需求大。其次，教室对采光有一定要求，所以教室的开窗一般比较大，窗墙面积比过大会降低建筑保温性能。另外，教室的建筑层数较低，一般不超过 5 层，且单个房间面积较大，多采用散热器作为供暖末端，易造成室内温度不均现象。在建筑形式上，教室可分为平房式、中廊式、外廊式。其中中廊式建筑占比较大。选取某典型教室进行模拟分析，如表 9-14 所示。

教室模型描述　　　　　　　　　　表 9-14

| 建筑类型 | 教室 |
| --- | --- |
| 建筑特点 | 中廊式建筑，房间较大，采光较好，建筑层数较少 |
| 建筑面积 | 1296m² |
| 建筑朝向 | 南北 |
| 窗墙面积比 | 0.5 |
| 建筑层数 | 地上 3 层，层高 3m |

3）宿舍

在平面布局上宿舍可分为长廊型、方体型、Y 字型、围合型四种平面形式。其中方体型平面形式最为普遍，该类型宿舍具有如下特点：节约用地，南北向房间采光通风较好。本书选择方体型宿舍作为典型建筑进行分析，如表 9-15 所示。

宿舍模型描述　　　　　　　　　　表 9-15

| 建筑类型 | 宿舍 |
| --- | --- |
| 建筑特点 | 方体型建筑，结构布局较为简单 |

| | |
|---|---|
| 建筑面积 | 700m² |
| 建筑朝向 | 南北 |
| 窗墙面积比 | 0.3 |
| 建筑楼层数 | 地上 3 层，层高 3m |

根据《实用供热空调设计手册》（第二版）中对常用围护结构计算参数进行设置，选取符合严寒地区建筑节能设计标准的建筑围护结构设计参数，如表 9-16 所示。

建筑围护结构设计参数　　　　　　　　　　　　　　　　　　表 9-16

| 结构 | 主要材料名称 | 厚度（mm） | 传热系数〔W/(m²·K)〕 |
|---|---|---|---|
| 外墙 | 水泥砂浆 | 20 | 0.42 |
| | EPS 保温板 | 76 | |
| | 黏土砖 | 200 | |
| | 石膏砂浆 | 20 | |
| 内墙 | 黏土多孔砖 | 200 | 2.57 |
| | 水泥砂浆 | 20 | |
| 楼板 | 钢筋混凝土 | 200 | 0.89 |
| | 水泥砂浆 | 20 | |
| 屋面 | 细石混凝土 | 20 | 0.63 |
| | 挤塑聚苯板 | 40 | |
| | 钢筋混凝土 | 120 | |
| 外窗 | 断热铝窗 | — | 1.34 |
| | 双层玻璃 | 24 | |

（3）典型间歇供暖建筑热负荷

对不同间歇供暖模式下建筑热负荷累计值进行对比分析，如表 9-17 所示。可以发现，对于办公建筑，间歇供暖模式下供暖日累计热负荷为 1542kJ/m²，供暖期累计热负荷为 163175kJ/m²；连续供暖模式下供暖日累计热负荷为 1999kJ/m²，供暖期累计热负荷为 212126kJ/m²，间歇供暖模式下年累计热负荷降低 24%。对于宿舍，间歇运行模式下供暖日累计热负荷为 1384kJ/m²，供暖期累计热负荷为 173721kJ/m²；连续供暖模式下供暖日累计热负荷为 1678kJ/m²，供暖期累计热负荷为 199342kJ/m²，间歇供暖模式下年累计热负荷降低 13%。对于教室，间歇运行模式下周累计热负荷为 9491kJ/m²，供暖期累计热负荷为 105841kJ/m²；连续供暖模式下周累计热负荷为 12816kJ/m²，供暖期累计热负荷为 159737kJ/m²，间歇供暖模式下年累计热负荷降低 33%。

**不同间歇供暖模式下建筑热负荷对比**　　　　　　　　　表 9-17

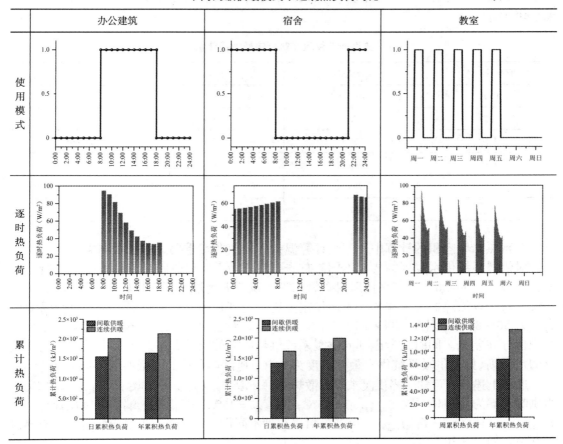

### 9.4.3　典型间歇供暖建筑太阳能供暖系统设计应用

1. 典型间歇供暖建筑太阳能集蓄热系统设计

（1）典型间歇供暖建筑集热面积设计

根据前文所述间歇模式下太阳能辐照量以及建筑耗热量的计算方法，将计算结果列于表 9-18 中，并代入间歇供暖建筑集热面积计算公式中，即可得到典型间歇供暖建筑所需集热面积以及单位供暖面积所需集热面积比。

**典型间歇供暖建筑集热面积设计参数**　　　　　　　　　表 9-18

| 建筑类型 | 办公建筑 | 教室 | 宿舍 |
| --- | --- | --- | --- |
| 供暖期累计热负荷（MJ） | 100648 | 137170 | 121570 |
| 运行期总太阳辐照量（MJ/m²） | 3489.9 | 2672.5 | 2675.1 |
| 所需集热面积（m²） | 72 | 128 | 113 |
| 单位供暖面积所需集热面积比 $A_c/m$ | 0.119 | 0.099 | 0.158 |

（2）典型间歇供暖建筑蓄热水箱容积设计

根据前文所述间歇供暖模式下蓄热量计算方法对三类典型间歇供暖建筑在逐月内晴天

日平均蓄热量进行计算，并取各月中最大蓄热量作为蓄热水箱容积最佳设计值，结果如表 9-19 所示。

典型间歇供暖建筑所需最大蓄热量
表 9-19

| 日均蓄热量（MJ） | 办公建筑 | 教室 | 宿舍 |
|---|---|---|---|
| 11 月 | 1003.2 | 983.3 | 3009.6 |
| 12 月 | 872.4 | 978.6 | 2886.4 |
| 1 月 | 776.1 | 702.3 | 2449.1 |
| 2 月 | 949.8 | — | — |
| 3 月 | 709.7 | 706.7 | 2135.8 |
| $\Delta Q_{max}$ | 1003.2 | 983.3 | 3009.6 |

在蓄热水箱容积的计算中，蓄热计算温差的取值非常重要，对于不同类型的供暖末端，对供暖系统供水温度的要求不同。首先，对于地面辐射供暖系统，所需供水温度较低，一般为 40~50℃；若采用风机盘管末端，供暖温度取值一般也较低，可以取 40~55℃；对于以散热器为末端的太阳能供暖系统，尤其是串联式散热器，所需供暖温度较高，为 50~85℃。因此，当采用不同供暖末端时，对蓄热的要求也不同，对应蓄热水箱容积也存在差别。同时，考虑到向供暖系统供热所需的温差，蓄热水箱水温要比供暖系统的水温高，如果供暖系统供水最低温度为 50℃，则蓄热水箱的最低温度不应低于 55℃。

通过上述分析可知，当供暖末端为散热器时，取 $T_{end 散热器} = 85℃$，$T_{1 散热器} = 55℃$；当供暖末端为地暖时，取 $T_{end 地暖} = 55℃$，$T_{1 地暖} = 45℃$，当供暖末端为风机盘管时，取 $T_{end 风机盘管} = 60℃$，$T_{1 风机盘管} = 45℃$。可以得到不同供暖末端形式下对应的蓄热水箱容积推荐值，如表 9-20 所示。

典型间歇供暖建筑蓄热水箱容积推荐表
表 9-20

| 建筑类型 | 设计蓄热水箱容量（m³） | | | 单位集热器面积所需蓄热水箱容积 $V_s/A_c$（m³/m²） | | |
|---|---|---|---|---|---|---|
| | 散热器 | 地面辐射末端 | 风机盘管 | 散热器 | 地面辐射末端 | 风机盘管 |
| 办公建筑 | 8.0 | 23.9 | 15.9 | 0.12 | 0.32 | 0.23 |
| 教室 | 7.8 | 23.5 | 15.6 | 0.07 | 0.18 | 0.12 |
| 宿舍 | 23.9 | 72.3 | 48.1 | 0.21 | 0.63 | 0.42 |

（3）与传统设计方法下的集蓄热系统容量对比

传统设计方法下，集热面积的计算是以一定太阳能保证率为前提，即利用日均有效集热量满足日均耗热量的百分比来计算集热器面积。间歇太阳能供暖系统属于短期蓄热供暖系统，因此蓄热水箱容积取值范围为 0.05~0.15m³/m²，其中白天供暖/夜间停暖模式下，在集热时段会将一部分热量输送至室内，因此该类间歇太阳能供暖系统蓄热水箱容积相对较小，传统设计方法下宜取 100L/m²。而对于白天停暖/夜间供暖的模式，由于白天集热时段无热量供给，因此该模式下蓄热水箱容积偏大，因此传统设计方法下宜取 150L/m²。将传统设计方法下集蓄热系统容量与动态间歇供暖设计方法进行对比，结果如表 9-21 所示。

两种设计方法下集蓄热系统容量对比　　　　　　　　　　表 9-21

| 两种设计方法对比 | | 办公建筑 | 教室 | 宿舍 |
|---|---|---|---|---|
| 单位供暖面积所需集热面积（m²/m²） | 传统设计方法下连续供暖 | 0.37 | 0.27 | 0.36 |
| | 传统设计方法下间歇供暖 | 0.16 | 0.12 | 0.16 |
| | 动态间歇供暖设计方法 | 0.12 | 0.10 | 0.15 |
| 单位集热面积所需蓄热水箱容积（m³/m²） | 传统设计方法下连续供暖 | 0.1 | 0.1 | 0.1 |
| | 传统设计方法下间歇供暖 | 0.1 | 0.1 | 0.15 |
| | 动态间歇供暖设计方法 | 0.12 | 0.07 | 0.22 |

由表 9-21 可知，采用动态间歇供暖设计方法可以有效降低集蓄热系统容量，其中单位供暖面积所需集热面积可降低 50%～60%，随着集热面积的减少，蓄热水箱容积也减小。可见太阳能供暖系统采用间歇供暖模式，在保证建筑使用时段内的热需求下，可有效减小系统容量，降低系统初投资。

2. 间歇太阳能供暖系统运行性能

以拉萨为例，供暖期主要集中在 11 月至次年 3 月。利用 TRNSYS 软件对不同间歇使用模式下的太阳能供暖系统进行模拟分析。在供暖期内，各间歇太阳能供暖系统逐月建筑累计耗热量、累计有效集热量以及辅助热源累计供热量的情况如图 9-42～图 9-44 所示。由于日 + 月间歇使用模式以及日 + 周 + 月间歇使用模式在 2 月停暖，因此忽略该月太阳能供暖系统供热量。

由图 9-42 可以看出，在供暖期的不同时期太阳能保证率差别较大，在 11 月以及 12 月，由于太阳辐照量较大，且建筑热负荷较低，太阳能保证率较大，分别为 91%、97.7%。而在 1 月及 2 月，由于建筑热负荷增大，同时太阳辐照量降低，导致 1 月以及 2 月的太阳能保证率降低，分别为 82.5%、88.3%。在 3 月，虽然建筑耗热量降低，但该月太阳辐照量波动较大，导致累计有效集热量减少，因此 3 月的太阳能保证率较低，为 69.4%。整个供暖期的太阳能保证率为 86.9%。

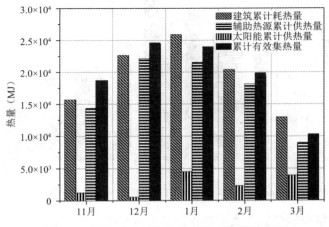

图 9-42　日间歇太阳能供暖系统逐月累计热量

由图 9-43 可以看出，在供暖期的不同时期太阳能保证率差别较大，11 月、12 月太阳辐照量较大，太阳能供暖系统基本可满足建筑热需求，太阳能保证率达到97.4%、98.5%。11月累计有效集热量较高，但是太阳能累计供热量却很低，是因为该月建筑热负荷较低，有效集热量有较多富裕。12月建筑热负荷增大，累计有效集热量以及太阳能累计供热量都明显增大。由于寒假停暖的原因，导致1月的建筑热负荷减少，但由于太阳辐照量较低，1月的太阳能保证率仅为78.0%，3月的太阳能保证率为74.0%。整个供暖期的太阳能保证率为88.2%。

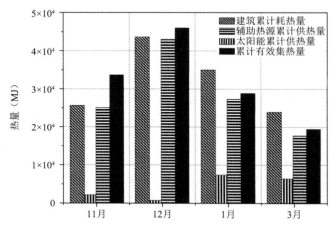

图 9-43　日+周+月间歇太阳能供暖系统逐月累计热量

由图 9-44 可知，同样因为寒假停暖原因，1月与2月的建筑累计耗热量明显降低。由于 11 月和 12 月太阳辐照量大，太阳能供暖系统基本可以满足建筑热需求，太阳能保证率能够达到 97%～100%。而 1 月太阳辐照量降低，导致 1 月的太阳能保证率仅为 75.8%。在 3 月，由于太阳辐照量波动较大，导致 3 月的太阳能保证率仅为 64.7%。整个供暖期的太阳能保证率为 86.4%。

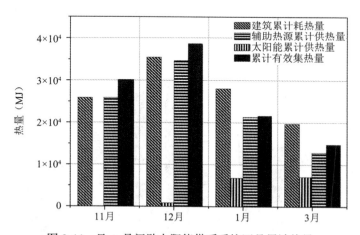

图 9-44　日+月间歇太阳能供暖系统逐月累计热量

综上所述，间歇供暖模式下太阳能保证率有明显提高，所有典型间歇供暖建筑太阳能保证率均可达到 85%～90%，其中教室的太阳能保证率均可达 88.2%，宿舍与办公建筑的太阳能保证率稍低，分别为 86.4% 和 86.9%。

## 9.5　本章小结

　　本章主要对主动式太阳能供暖系统以及主被动组合式太阳能供暖系统的优化匹配方法进行了介绍与分析。针对主动式太阳能供暖系统动态仿真优化设计方法建模难度大、模拟计算参数复杂等问题，以太阳能供暖系统动态变化的能量传递特征与考虑经济性、节能性的双重约束为原则，基于太阳能供暖系统优化模拟计算结果，利用无量纲参数回归分析方法，建立了太阳能供暖系统集蓄热设备简化配比设计计算方法，将简化配比设计法与"标准规范"法、仿真优化设计法进行对比分析，验证了简化配比设计法的可靠性。主被动组合式太阳能供暖系统通过运用建筑形体设计、建筑保温以及被动式集蓄热构件等低成本节能技术，多环节逐级削减建筑的供暖能耗，进而大幅度降低主动式太阳能供暖系统的初始建造成本。建立了太阳能主被动供暖系统协同优化模型，并提出了多维非线性模型的求解方法，以西藏为案例，对住宅中应用主被动组合式太阳能供暖系统的各环节设计参数进行优化分析，获得了主被动组合式太阳能供暖系统最优设计参数，并在此基础上开发出便于工程人员使用的主被动组合式太阳能供暖系统协同优化设计软件。太阳能供暖系统运行模式对于组成设备容量设计取值具有重要影响，本章分析确定了不同类型建筑的典型间歇使用规律，通过对有效集热量、建筑热负荷以及蓄热水箱容量等设计参数进行修正，提出了间歇太阳能供暖系统集蓄热设备容量修正计算方法。

# 参考文献

[1] 清华大学建筑节能研究中心. 中国建筑节能年度发展研究报告 2021 (城镇住宅专题)[M]. 北京: 中国建筑工业出版社, 2021.

[2] 江亿, 胡姗. 中国建筑部门实现碳中和的路径[J]. 暖通空调, 2021, 51(5):1-13.

[3] 何涛, 李博佳, 杨灵艳, 等. 可再生能源建筑应用技术发展与展望[J]. 建筑科学, 2018, 34(9): 135-142.

[4] 中国农村能源行业协会太阳能热利用专业委员会, 中国节能协会太阳能专业委员会. 2023 年中国太阳能光热行业运行状况报告[R]. 北京: 中国农村能源行业协会太阳能热利用专业委员会, 中国节能协会太阳能专业委员会, 2023.

[5] 李元哲. 被动式太阳房热工设计手册[M]. 北京: 清华大学出版社, 1993.

[6] 杨婧. 被动太阳能采暖地区适用技术类型分析[D]. 西安, 西安建筑科技大学, 2020.

[7] 徐平, 刘孝敏, 谢伟雪. 甘肃省被动式太阳能建筑设计气候分区探讨[J]. 建设科技, 2014, 11: 65-66.

[8] 谢琳娜. 被动式太阳能建筑设计气候分区研究[D]. 西安: 西安建筑科大学, 2006.

[9] 中华人民共和国住房和城乡建设部. 民用建筑热工设计规范: GB 50176—2016[S]. 北京: 中国建筑工业出版社, 2016.

[10] 江舸. 青藏高原被动太阳能技术对建筑热环境的改善效果及其设计策略研究[D]. 西安: 西安建筑科技大学, 2020.

[11] 李涛, 王志帆, 毛前军, 等. 分时分区供暖需求下的被动太阳能建筑适宜性研究[J]. 西安工程大学学报, 2021, 35(2): 22-28.

[12] 蒋婧, 王登甲, 刘艳峰, 等. 中小学建筑供暖能需与被动太阳能技术匹配分析[J]. 太阳能学报, 2017, 38(3): 813-819.

[13] 高倩. 多孔渗透型太阳新风预热供暖墙热性能及应用研究[D]. 西安: 西安建筑科技大学, 2020.

[14] 高萌. 外置玻璃盖板型太阳能新风预热供暖墙优化研究[D]. 西安: 西安建筑科技大学, 2021.

[15] 闫光辰. 集成式太阳能集热蓄热墙热工特性及其得热量简化计算方法[D]. 西安: 西安建筑科技大学, 2022.

[16] 胡威. 太阳能热风蓄热楼板供暖系统蓄放热特性及室内热环境研究[D]. 西安: 西安建筑科技大学, 2019.

[17] 宋旺. 多级相变太阳能通风吊顶蓄传热特性及优化设计研究[D]. 西安: 西安建筑科技大学, 2021.

[18] 王登甲, 杨黎黎, 马超. 太阳能直接受益外窗热平衡关系优化分析[J]. 节能技术, 2016, 34(1): 21-24, 32.

[19] 田师果. 附加阳光间型被动式太阳房热负荷简化计算方法研究[D]. 西安: 西安建筑科技大学, 2021.

[20] 刘艳峰, 田师果, 周勇, 等. 附加阳光间型被动式太阳房传热量简化计算方法研究[J]. 太阳能学报, 2022, 43(4): 256-263.

[21] 潘明众. 集热蓄热墙式被动房热负荷简化计算方法研究[D]. 西安: 西安建筑科技大学, 2020.

[22] 潘明众, 刘艳峰, 周勇, 等. 集热蓄热墙式被动构件向房间传热量的简化计算方法[J]. 西安: 西安建筑科技大学学报 (自然科学版), 2020, 52(4): 594-601.

[23] 杨晓华. 太阳能采暖房间动态热负荷计算方法研究[D]. 西安: 西安建筑科技大学, 2010.

[24] 韩娅. 不同海拔地区平板型太阳能集热器热损失规律研究[D]. 西安: 西安建筑科技大学, 2021.

[25] 任育超. 大尺寸平板太阳能集热器热性能及地区适用特性研究[D]. 西安: 西安建筑科技大学, 2020.

[26] DENGJIA WANG, JIN LIU, YANFENG LIU, et al. Evaluation of the performance of an improved solar air heater with "S" shaped ribs with gap[J], Solar Energy, 2020, 195: 89-101.

[27] DENGJIA WANG, XIAOWEN WANG, YINGYA CHEN, et al. Experimental Study on Performance Test of Serpentine Flat Plate Collector with Different Pipe Parameters and A New Phase Change Collector[J]. Energy Procedia, 2019, 158:738-747.

[28] DENGJIA WANG, XINGCHENG HUO, YANFENG LIU, et al. A Study on Frost and High-temperature Resistance Performance of Supercooled Phase Change Material-based Flat Panel Solar Collector[J]. Solar Energy Materials and Solar Cells, 2022, 239: 111665.

[29] 李彤. U 型相变真空管太阳能集热器热性能研究[D]. 西安: 西安建筑科技大学, 2020.

[30] 刘艳峰, 李荟婷, 王登甲, 等. 太阳能集热系统过热影响因素分析[J]. 太阳能学报, 2021, 42(3): 463-468.

[31] 邓林新. 太阳能热水集热场阻力特性及阻力计算方法研究[D]. 西安: 西安建筑科技大学, 2020.

[32] WANG DENGJIA, ZHANG RUICHAO, LIU YANFENG, et al. Optimization of the flow resistance characteristics of the direct return flat plate solar collector field[J]. Solar Energy. 2021, 215(2): 388-402.

[33] 任晓帅. 真空管太阳能空气集热系统阻力特性及其设计参数研究[D]. 西安: 西安建筑科技大学, 2021.

[34] 王登甲, 任晓帅, 刘艳峰, 等. 真空管太阳能空气集热系统阻力影响因素研究[J]. 暖通空调, 2021, 51(8): 36-43.

[35] 任晓帅, 王登甲, 刘艳峰, 等. 真空管太阳能空气集热系统阻力特性实验研究[J]. 西安建筑科技大学学报 (自然科学版), 2022, 54(1): 142-148.

[36] 丁奎, 王登甲, 陈耀文, 等. 真空管型太阳能空气集热系统在西藏地区应用实测分析[J]. 建筑节能 (中英文), 2022, 50(3): 77-82.

[37] 丁奎. 蓄热型太阳能真空管热风供暖集热特性及系统优化设计研究[D]. 西安: 西安建筑科技大学, 2021.

[38] KONG W, WANG G, ENGLMAIR G, et al. A simplified numerical model of PCM water energy storage[J]. Journal of Energy Storage, 2022, 55: 105425.

[39] PAUSCHINGER T, SCHMIDT T, SOERENSEN P A, et al. Design aspects for large-scale Aquifer and pit thermal energy storage for district heating and cooling[C]//16th International symposium on District Heating and cooling; DHC 2018: Humburg Germany, 2018.

[40] XIANG Y, XIE Z, FURBO S, et al. A comprehensive review on pit thermal energy storage: Technical elements, numerical approaches and recent applications[J]. Journal of Energy Storage, 2022, 55(11): 1493-1522.

[41] BAI Y, YANG M, FAN J, et al. Influence of geometry on the thermal performance of water pit seasonal heat storages for solar district heating[J]. 建筑模拟(英文版), 2021, 14(3): 579-599.

[42] WANG D, LIU Y, ZHANG R, et al. Dual-objective optimization of large-scale solar heating systems integrated with water-to-water heat pumps for improved techno-economic performance[J]. Energy and Buildings, 2023, 296(10): 1-21.

[43] ZHANG R, WANG D, LIU Y, et al. Economic optimization of auxiliary heat source for centralized solar district heating system in Tibetan Plateau, China[J]. Energy Conversion and Management, 2021, 243(9): 114385.

[44] 刘艳峰, 王敏, 王登甲, 等. 西北乡域太阳能—生物质能联合采暖资源可行性分析[J]. 太阳能学报,

2018, 39(4): 1045-1051.

[45] 王敏. 西北乡域太阳能供暖辅助热源适宜性分析[D]. 西安: 西安建筑科技大学, 2017.

[46] LIU Y, ZHOU W, LUO X, et al. Design and operation optimization of multi-source complementary heating system based on air source heat pump in Tibetan area of Western Sichuan, China[J]. Energy and Buildings, 2021, 242: 110979.

[47] 祝彩霞. 太阳能与空气源热泵联合供暖系统容量匹配及运行同步优化[D]. 西安: 西安建筑科技大学, 2019.

[48] 闫秀英, 于鹏飞, 王登甲. 太阳能与空气源热泵联合按需分时供暖柔性节能控制策略[J]. 分布式能源, 2023, 8(1): 1-10.

[49] WANG D, CHEN R, ZHOU Y, et al. Optimization and techno-economic analysis of combined gas-fired boiler and solar heating system for capacity-increase cities[J]. Solar Energy, 2022, 243: 225-235.

[50] 陈然. 增容型城镇原有燃气锅炉与太阳能联合供暖系统节能优化研究[D]. 西安: 西安建筑科技大学, 2021.

[51] 刘艳峰, 王登甲. 太阳能采暖设计原理与技术[M]. 北京: 中国建筑工业出版社, 2016.

[52] 中华人民共和国住房和城乡建设部. 太阳能供热采暖工程技术标准: GB 50495—2019 [S]. 北京: 中国建筑工业出版社, 2019.

[53] 潘明众, 刘艳峰, 周勇. 集热蓄热墙式被动构件向房间传热量的简化计算方式[J]. 西安建筑科技大学学报, 2020, 52(4): 594-601.

[54] 王登甲, 王晓文, 刘艳峰, 等. 平板集热器传热模型及热性能研究进展[J]. 建筑热能通风空调, 2018, 37(12): 52-59.

[55] 刘艳峰, 胡筱雪, 周勇, 等. 拉萨新民居建筑冬季室内热环境影响因素分析[J]. 西安建筑科技大学学报(自然科学版), 2019, 51(1): 109-115.

[56] 陈志华. 西藏居住建筑碳排放最小化主被动采暖技术协同优化研究[D]. 西安: 西安建筑科技大学, 2020.

[57] 张亚亚. 零能耗约束下青藏高原民居建筑主被动太阳能组合供暖优化设计研究[D]. 西安: 西安建筑科技大学, 2022.

[58] 王登甲, 刘艳峰, 刘加平, 等. 青藏高原地区 Trombe 墙式太阳房供暖性能测试分析[J]. 太阳能学报, 2013, 34(10): 1823-1828.

[59] 陈晨, 刘艳峰, 王登甲, 等. 集热蓄热墙保温构造形式优化及适应性分析[J]. 太阳能学报, 2016, 37(11): 2889-2895.